国际信息工程先进技术译丛

基于 FPGA 的系统优化与综合

［俄］瓦莱里·斯克里亚洛夫（Valery Sklyarov）
露丽埃·斯科利洛娃（Iouliia Skliarova）
亚历山大·巴卡洛夫（Alexander Barkalov）
拉尔沙·季塔连科（Larysa Titarenko） 著
廖永波 译

机 械 工 业 出 版 社

本书系统介绍了关于FPGA的设计与实现的研究成果。首先，引入数字系统的设计概念，使用FPGA设计实现，并给出基于FPGA的高性能加速的仿真结果；其次，展现更多有限状态机（FSM）的理论，阐述减少FPGA基本资源的方法，并讲述如何在FPGA中实现最小化电路的延时。本书着重介绍了完全综合的硬件描述规范，提供大量基于提出的模型和方法的实际设计，探索了涉及核配置逻辑器件和大量嵌入模块的建模方法。

本书可作为普通高等学校微电子、电气工程、自动化、能源工程等专业本科生和研究生相关课程的教材或参考书，也可为相关专业的工程技术人员对FPGA系统的研究设计提供参考。

译 者 序

近年来，现场可编程门阵列（Field - Programmable Gate Array，FPGA）技术飞速发展，在可再生能源、交通、国防、通信、制造、家电等领域得到越来越广泛的应用。本书着重阐述在数字系统中如何高效运用 FPGA 的编程设计与实现。这是由于作者在多年的研究工作中逐渐意识到 FPGA 技术的发展根源在于半导体技术的发展，新一代电子系统的研发总是伴随着新一代 FPGA 的诞生。不仅要关心宏观性能，还要对微观的半导体物理机制给予足够的重视。FPGA 的高效运用主要在有限状态机（Finite State Machine，FSM）、存储器和数字信号处理等方面的设计方法，这也是困扰我国 FPGA 运用领域工作者的一个越来越突出的问题。

为此，作者在书中对 FPGA 运用的设计和实现两个方面进行了分析，着重介绍了相关的最新科研成果，包括展现更多有限状态机（FSM）的理论方面，阐述减少 FPGA 基本资源的方法，并讲述如何在 FPGA 中实现最小化电路的延时。本书着重介绍了完全综合的硬件描述规范，提供大量基于提出的模型和方法的实际设计，探索了涉及核配置逻辑器件和大量嵌入模块的建模方法。本书对 FPGA 系统运用中有限状态机的研究有助于我国科技工作者更深入地了解国际上的研究现状和最新发展，对我国相关领域的理论分析和技术创新起到积极的推动作用。

全书的翻译工作由廖永波副教授完成。在翻译过程中得到了鞠家欣博士、李红梅硕士等人的建议和帮助，在此表示衷心感谢。机械工业出版社的江婧婧编辑为本书的翻译出版做了大量工作，在此一并表示感谢。

由于译者的水平有限，翻译中难免有错漏和不妥之处，恳请读者指正。

译 者

原书前言

现场可编程门阵列（FPGA）是 Xilinx 公司在 1985 年发明的。FPGA 对工程各个方向的影响持续迅速增长。这样的进步有多方面原因，其中最重要的是 FPGA 的固有配置性及其廉价的升级成本。预测表明 FPGA 的影响会持续增长且应用范围会增加。近代的现场配置芯片合并了多核处理器和重复配置逻辑附件的一些常用器件，如数字信号处理器件和块存储器。基于 FPGA 的系统是可综合的，可在普通计算机使用集成设计环境中执行。这样的系统实验和探索普遍基于连接到相同环境的原型机板。

众所周知，且已证实 FPGA 可高效应用于工程应用中。一个原因是系统复杂性的增长很难使轮船设计不出错。因此，有必要在制造之后修正错误，而这个可在自定义器件中轻松完成。

当代芯片的复杂性随着时间呈指数增长，可用的晶体管数量比有意义的设计能力增长更快。这个情况是众所周知的设计生产力差距，且这个差距还在持续增长。因此，设计生产力是将来系统的真实挑战。尽管在单位产量和收入方面，专用集成电路（Application Specific Integrated Circuits，ASIC）和专用标准产品（Application Specific Standard Products，ASSP）超过了 FPGA，但是预测 FPGA 设计开始数量是领先于 ASIC/ASSP 的设计开始。因此，FPGA 高度参与设计电路和系统，并且需要更佳的设计产品，无疑需要巨大工程资源，这是技术普遍性的主要输出，本书旨在辅助相关课程。

FPGA 的操作时钟频率比普通电脑和 ASIC 更低。最先进器件的成本很高，稍微便宜的芯片操作的时钟频率比不便宜的广泛使用的电脑更低。FPGA 的最重要的应用是改善被执行系统的性能。为了实现通常较慢的器件加速，并行性需要高阶应用。

本书有两个目的，且由两部分组成。第一部分包含第 1 ~ 5 章及附录 A 和 B（由 Valery Sklyarov 和 Iouliia Skliarova 编写），引入数字系统的设计概念，使用现代 FPGA 并将作者所得结果呈现到基于 FPGA 的高性能加速。这一部分由 5 章节组成，这些章节具有扩展主题，通常包含数字系统，在这种方式下讨论基于 FPGA 的设计，由实例例证，由相关便宜的原型机板的实验支持。本书的第二部分包含第 6 ~ 9 章（由 Alexander Barkalov 和 Larisa Titarenko 编写），覆盖更多的有限状态机（FSM）的理论知识，以及减少 FPGA 基本资源的主要目的（器件或查找表），最小化电路的延时，在 FPGA 中达到更佳的基础器件优化。

与 FPGA 领域其他同类书相比，本书具有以下特点：

(1) 每章都提供简明易懂的摘要（甚至对该领域的初学者都是合适的），扩展到更先进的主题，覆盖提出的、作者传播的和实际应用中的众多实例例证的新技术。

(2) 完全综合的硬件描述规范（尤其是 VHDL），对于众多描述的电路和系统，已经可以被测试和组成实际工程设计，对于未毕业和已毕业的学生而言都是必不可少的。

(3) 大量实际设计基于提出的模型和方法，对于完全应用，讨论的领域如数据处理、组合搜索和计算，依赖层次有限状态机模型。

(4) 探索模型和方法，涉及核配置逻辑器件和大量嵌入模块（如存储器和数字信号处理器件）和基于模板的电路。

本书提供以下额外特性：

(1) 设计实例都在 Xilinx 和 Altera FPGA 三类原型机板上测试过。最新的 Nexys -4 板属于 Digilent，最新的 Artix -7 FPGA 属于 Xilinx 7 系列，以及众所周知的 Digilent Atlys 板，属于 Spartan -6 FPGA，用于大量实例中。许多工程也在 DE2 -115 板中测试过，使用 Altera Cyclon -IVe FPGA，这个芯片专为教育设计并广泛应用于大学课程。

(2) 本书中所有 VHDL 例子都是可在线下载的，网址是 http://sweet. ua. pt/skl/Springer2014. html。该网址也提供最新升级的工程。这些工程可以下载测试并立即评估。每个实例包括简明的说明、VHDL 代码、用户约束文件和所选择 FPGA 的比特流。

本书各章内容如下：

第 1 章引入 FPGA 结构，通过表现现代器件的普通结构并解释核器件，以及最重要的嵌入模块，比如存储器和数字信号处理器件。讨论一些典型的基于 FPGA 的设计方案，覆盖了规范阶段，提供物理约束、执行、配置和最后的测试。在这章的摘要部分，设计规范表现在原理图级，其中电路从供应商特供库中的可用器件、用户定义模块或合理定制的知识产权核。给出的一些简化实例可在基于 FPGA 的原型机板上测试。本书用的三类原型机板简要特色化，并介绍了在 FPGA 中执行电路和系统之间的交流。所有处理步骤都通过大量实例进行介绍。

第 2 章简要介绍综合 VHDL，足够用于在没有太多背景知识的情况下理解给出的设计方法和例子。这一章的主要目的是解释基本 VHDL 模块及其规范能力。有许多很好地介绍 VHDL 的书可用于补充本书。我们的初级目的是综合和优化基于 FPGA 的电路和系统，VHDL 是本书用于描述理想功能和结构的工具。因此，本章旨在便于读者阅读后续内容。

第 3 章首先简要介绍广泛使用的简单组合和时序电路。许多实例与在 FPGA 中执行的电路同时给出。接下来介绍众多优化技术，特别强调板并行性，对于基于

FPGA 的应用很重要。引入更复杂的数字电路和系统，比如并行网络用于排序和搜索、汉明权重计数器/比较器、并发向量处理单元和先进的有限状态机。设计这样的电路使得众多操作数据可以并行执行。基于网络的方案，比如排序和计数网络，足够映射电路到 FPGA 原语（查找表）。讨论并评估大量可用竞争方法。所有电路和系统都用 VHDL 描述，在 FPGA 中执行和测试，最后应用各种标准评估。提出的许多新方法都是可综合的，使得很复杂的工程在 FPGA 中完成，用于解决不同领域的先进问题，比如数据处理核组合搜索。

第 4 章首先例证商业可用知识产权核可以嵌入不同设计中。尤其描述了数字信号处理片构建的算术电路和参数化存储块提供支持数据缓冲（如 FIFO，即先进先出）。给出数字信号处理器的更多细节，且表明这些如何高效用于实际电路，如汉明权重计数器/比较器。本章的主要致力于主机和基于 FPGA 的原型机板通过 Digilent 增强并行接口和通用异步接收和传输（Universal Asynchronous Receiver and Transmitter，UART）接口的交互。描述了交流模块的完整细节，包括由 C 语言发展的通用计算机的软件和 FPGA 的硬件。下一部分将设计的模块用于包含不同目的的交流工程。更复杂的设计用于第 3 章基于网络的迭代数据排序，以这种方式执行和测试，并作为完整的功能实例。本章总结简要的描述可编程片上系统（PSoC），组合了嵌入处理系统和重复配置逻辑，通向更高效的应用执行。给出并讨论提出的映射第 3 章的设计到 PSoC 的方法。

第 5 章概述基于层次和并行规范的设计技术。首先引入层次计算图（HGS），使复杂的数字控制算法被解体为更高效的描述。HGS 描述的模块是基本实体，提供技术基础，是自动、完整和潜在可重复使用的器件。必须设计模块如下：①可以独立于其他模块测试；②具有良好定义的外部接口可重复用于不同规范。这表明 HGS（模块）可以在具有栈存储器的层次有限状态机（HFSM）执行。给出许多 VHDL 实例用于例证 HFSM 可以执行层次算法和支持递归算法。描述多类 HFSM 和可综合 VHDL 模板，也讨论并行规范和并行 HFSM。许多全功能的 VHDL 实例对以上所有类型的 HFSM 进行了介绍和评价。这也表明软件程序可以通过使用 HFSM 模块映射到硬件。最后提出 HFSM 的变体优化技术。

第 6 章致力于在 FPGA 执行的 Moore FSM 的逻辑电路优化。给出功能和结构解体方法的普通特性。FPGA 的特色是可分析的，减少查找表（LUT）器件在 Moore FSM 的逻辑电路的数量。对于 Moore FSM，分类的优化方法包括：①状态代码转换为伪等状态代码（PES）；②状态代码表现为 PES 代码的并置和微操作集；③逻辑条件替换（FSM 的输入变量）和其他变量。所有讨论的方法由实例例证。

第 7 章处理 Moore FSM 基于使用嵌入存储块（EMB）。讨论基于简单 EMB 的执行逻辑电路 Moore 和 Mealy FSM 的方法。在这种情况下，一片 EMB 足以执行电路。接下来讨论优化方法，基于逻辑条件替换和微操作集编码。考虑的方法基于编码 FSM 结构表的行。所有这些方法通向两级 Mealy FSM 模块和三级 Moore FSM 模块。

接下来，组合这三种方法用于 FSM 逻辑电路硬件优化。最后一部分考虑将基于 PES 的方法应用在基于 EMB 的 Moore FSM 中。所有讨论的方法均通过实例例证。

第 8 章致力于基于 EMB 的 FSM 的逻辑电路优化。首先讨论基于逻辑条件替换表的设计方法，用于 Moore 和 Mealy FSM。接下来提出优化方法，这些方法基于分离逻辑条件集。这个方法减少了逻辑条件替换块中的电路的 LUT 数量。在 Moore FSM 的情况下，优化方法基于优化状态赋值和状态代码转换到 PES 类代码。所有讨论的方法均通过实例例证。

第 9 章致力于使用数据通路减少基于 FPGA 的 Moore FSM 逻辑电路中的 LUT 数量。首先提出内状态转换的可操作执行准则。基于可操作器件的使用（加法器、计数器、移位器等）对于计算代码的状态转换。接下来，为 Moore FSM 和内状态转换的可操作执行提出综合进程的基本结构。综合进程的结构依赖初始状态，比如 FSM 状态代码操作集。讨论操作执行转换的典型结构。接下来，对于计算状态转换代码，这个方法混合了传统和提出的方法。本章的最后一部分讨论所提出方法的有效性。

附录 A 包含简短描述本书的综合 VHDL 结构和保留字。

附录 B 提供大量代码实例，支持本书第一部分的工程。所有例子都在附录 B 中呈现，以便直接尝试和测试。

本书可作为大学课程辅助材料，包括基于 FPGA 的设计，比如“数字设计”“计算机结构”“电子”“嵌入式系统”“重复配置计算”“通信”和“基于 FPGA 的系统”。本书也可以用于工程实践以及计划设计和调查的基于 FPGA 电路和系统领域中的研究活动。必须注意到完全功能的 VHDL 工程（这也可在线找到，网址是 http：//sweet. ua. pt/skl/Springer2014. html），在许多研究和工程应用中可直接使用。

目　录

FPGA

缩略语

ACP	加速相干接口
ALM	自适应逻辑模块
API	应用编程界面
APSoC	所有可编程片上系统
ARM	先进 RISC 机
ASCII	信息交换的美式标准代码
ASIC	专用集成电路
ASMBL	先进硅模块
ASSP	专用标准产品
AXI	先进可扩展接口
BCD	二进制编码的十进制
BCT	转换代码块
BIMF	输入存储函数块
BMO	微操作块
BOT	转换操作块
BRLC	逻辑条件替换块
BST	状态转换块
BV	二进制向量
CAD	计算机辅助工具
CC	组合电路
CLB	可配置逻辑块
CMO	微操作集
CMT	时钟管理模块
CN	带网络
CNB	带网络块
CPLD	复杂可编程逻辑器件
CT	计数器
DCM	数字时钟管理

DDR	双倍数据速率
DSP	数字信号处理
EG	等效门
EMB	嵌入存储块
EMBer	包含 EMB 的逻辑电路
EPP	增强并行接口
FA	全加器
FIFO	先进先出
FPGA	现场可编程门阵列
FPLD	现场可编程逻辑器件
FSM	有限状态机
FSMD	具有数据通路的有限状态机
GFT	通用转换公式
GPI	通用接口
GSA	图策略算法
HA	半加器
HDL	硬件描述语言
HDMI	高清晰度多媒体接口
HFSM	层次有限状态机
HGS	层次图策略
HID	人性化接口装置
HW	汉明权值
HWC	汉明权值比较器
IGCD	递归最大共除数
IP	知识产权
ISE	集成软件环境
JTAG	联合测试行动组（调试接口）
LAB	逻辑阵块
LC	逻辑条件
LCCPES	的线性链类
LCS	状态线性链
LE	逻辑器件
LED	发光二极管
LSB	最低有效位
LUT	查找表
LUTer	包含查找表的逻辑电路

MI	微指令
MLAB	存储逻辑阵块
MMCM	混合时钟管理
MO	微操作
MSB	最高有效位
OA	操作自动
OAT	转换操作自动
OLC	操作线性链
OP	操作部分
PAL	可编程阵逻辑
PB	并行分支
PC	个人计算机
PEO	伪等输出
PES	伪等状态
PHFSM	并行层次有限状态机
PL	可编程逻辑
PLA	可编程逻辑阵列
PLD	可编程逻辑器件
PLL	锁相环
PLR	流水线寄存器
Pmod	外围设备模块
PROM	可编程只读存储器
PS	处理系统
PSoC	可编程片上系统
RAM	随机存取存储器
RG	寄存器
RGCD	迭代最大共除数
RISC	精简指令集计算机
ROM	只读存储器
RTL	寄存器传输级
SBF	布尔函数系统
SDC	时序数字电路
SDK	软件开发包
SIMD	单指令多数据结构
SHWC	最简汉明权值计数器
SOP	乘积和

SPI	串行外设接口
ST	结构表
STT	可综合转换表
UART	通用异步接收/传送
UCF	用户约束文件
USB	通用串行总线
VHDL	硬件描述语言
VHSIC	超高速集成电路
XDC	赛灵思设计约束
XST	赛灵思综合工具

第一部分 基于 FPGA 的数字电路与系统设计

第1章

FPGA结构、可重构结构、嵌入模块和设计工具

摘要——本章通过列举现代器件的基本结构、解释核心模块和最重要的嵌入模块（例如存储器和数字信号处理器件）来介绍FPGA结构。还将讨论一些典型的基于FPGA的设计场景，包括规范、提供物理约束、实现配置、结构布局和测试等阶段。本章主要介绍基于电路原理图级的规范方法，即从明确的供应商库、用户定义模块或合适的定制IP核中选择合适的器件来构建电路。本章将给出一些简单的例子，这些例子已经在基于FPGA的原型演示版中测试过。本章将简要介绍书中的3个原型演示版，也将介绍在FPGA中实现电路和系统的一般方法，并通过大量实例介绍所有的操作步骤。

1.1 介绍FPGA

现场可编程门阵列（Field - Programmable Gate Arrays，FPGA）的出现已经30多年，它们对工程中不同方向的影响持续增长且极度迅速。FPGA发展如此迅速的原因有很多，其中最重要的是源于它们固有的可配置性和相对便宜的开发费用。

根据预测，在不同应用领域中，FPGA的影响将会持续增长，而且将来会在更多的应用领域中产生影响。当首次提出FPGA时，它主要应用于简单的随机和定制逻辑[1]。如今，每个本科生都有能力基于FPGA开发复杂的数字电路。

1985年，Xilinx公司介绍并上市了世界上第一款FPGA XC2064™。它提供了800个门［85000个晶体管，128个逻辑单元，64个CLB（Configurable Logic Block，可配置逻辑块）——有两个3输入查找表的CLB，最大时钟频率为50MHz］。这个芯片售价55美元，基于2.0μ工艺生产[2]。如今的现场可配置微芯片可以作为传统门阵列和专用集成电路（Application - Specific Integrated Circuit，ASCI）（如ARM双核Cortex - A9）的混合电路，软件和硬件开发可以相对独立地完成（如Zynq的所有可编程片上系统[3]）。FPGA达到了68亿个晶体管[4]，时钟频率超过了千兆赫兹，最先进的技术是20nm工艺[5]（在2014年已经实现了14nm和10nm工艺[5]）。

在一个工程中，基于 FPGA 的计算机辅助设计系统（Computer Aide Design，CAD）允许不同的规范、工具和器件（比如硬件和系统级的描述语言、设计模板、IP 核、软硬件的嵌入模块）链接和组合。在同样的环境中，可以综合、实现和测试相关电路，这个环境安装在 PC 上，PC 机又通过标准端口（如 USB、PCI 和无线）与原型验证系统相连。

如今，在 50 年前提出的基于 PC 上的高性能系统的方法[6]已经实现了。在本章参考文献［7］中详细论述了 FPGA 技术和架构的优点。从 1985 到 2013 年，FPGA的容量增长了 100000 倍，增速非常快。两个最大的公司 Altera 和 Xilinx 持续占领着市场[8]。

Xilinx 公司的基于列的 ASMBL（Advanced Silicon Modular Block）架构的 7 系列 FPGA 如图 1.1 所示[9]。核心可编程电路包含查找表（Look Up Table，LUT）、触发器和进位逻辑。一个 CLB 包含了两个片，将在 1.2 节进行详细介绍。DSP 模块可以实现高效处理数字信号，可以执行乘法、加法、减法和逻辑操作，其操作数位数多达 48 位。FPGA 还包含块存储器、硬 IP 核、输入/输出模块、时钟树和混合信号管理器。我们将在这一章介绍这些模块。

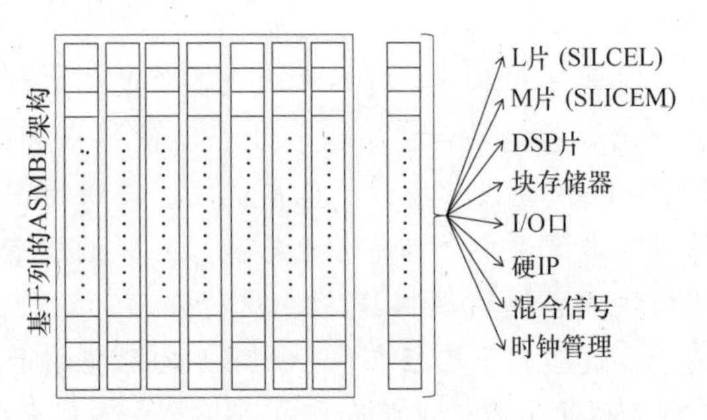

图 1.1　7 系列 Xilinx FPGA 的基本结构

不同 FPGA 模块：

1）配置模块；

2）互连模块。

例如，一个 6 输入/1 输出的 LUT 可以执行任何具有 6 变量的布尔函数，配置可实现指定函数，DSP 可配置为执行算术和逻辑操作的模块，而且对于数字信号，它还提供许多额外的有用特性和随后将讨论的其他进程。互连在不同元件的内部引脚间建立连接，用户定制（配置元件和互连）通过重新加载比特流到 FPGA 中实现，细节详见下面的例子。因为电路和系统的开发不涉及复杂的逻辑工艺，所以 FPGA 非常适用于不同设计思想的原型验证。

图 1.2 例证了所示为基于 FPGA 设计的可能情景，使用 Xilinx 集成软件环境（ISE 发布版本 14.7）、Digilent Adept 软件[10]和 Atlys 原型板[11]，Atlys 原型板包含 Xilinx SPARTAN－6 系列中的 xc6slx45 FPGA。

工程所需的资源在 ISE 中都可以找到，我们使用电路原理图编辑器（见图 1.2 中的点 1）描述一个 3 输入（x_1，x_2，x_3）和 1 输出（y）的电路，探测三位输入向量（“$x_1x_2x_3$”）中的值“1”。因此，当输入向量为｛“001”，“010”，“100”｝时，y＝“1”，其他情况 y＝“0”。这个电路存放在文件 SimpleSchematic.sch 中。把

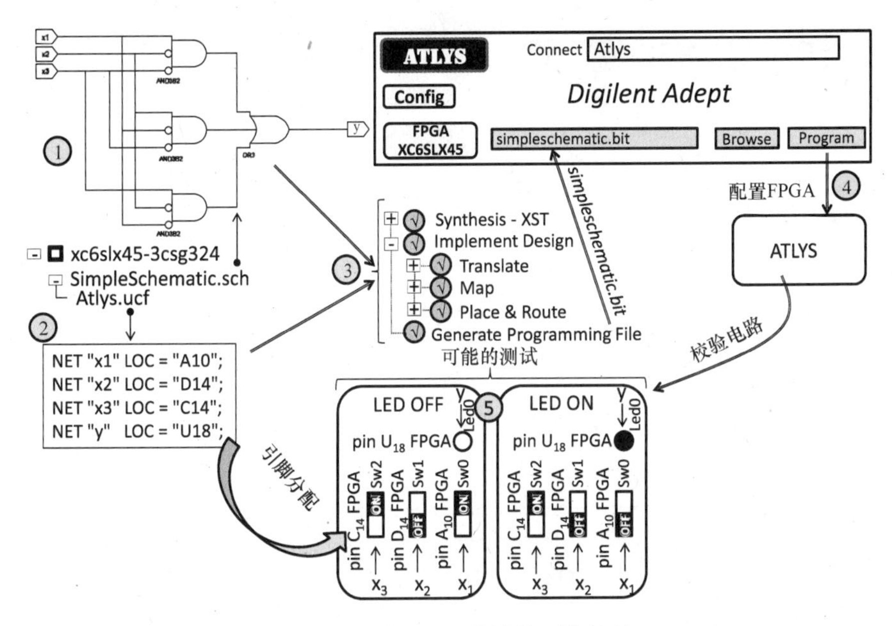

图 1.2　基于 FPGA 设计的可能情况

3 输入（x_1，x_2，x_3）和 1 输出（y）通过 FPGA 引脚依次连接到 Atlys 板上的开关 Sw0、Sw1、Sw2 和 LED（Light Emitting Diode，发光二极管）Led0。这个连接在用户约束文件（UCF）中指明，UCF 命名为 Atlys. ucf（见图 1.2 中的点 2），即 A10、A14、C14 和 U18 用 FPGA 外部封装脚命名，连接开关和 LED（见图 1.2 中的点 5）。NET 关键字用于约束确定的信号（在本案例中指输入和输出信号）。LOC 关键字用来定义设计好的元件在器件中的位置。在本章参考文献［12］中可以找到关于约束的详细信息。我们的 ISE 工程（在图 1.2 的点 1 与点 2 之间）指明选中的 FPGA（xc6slx45－3csg324），即顶层模块（SimpleSchematic. sch）和为顶层模块明确引脚分配的 UCF（Atlys. ucf）。

在我们的工程中，下一阶段是综合、执行和生成程序文件（见图 1.2 中的点 3）。生成的文件 simpleschematic. bit 可以配置 FPGA，可在 ISE 或目标板的软件中完成，比如 Digilent Adept[10]（见图 1.2 中的点 4）。在最后一步（见图 1.2 中的点 5），我们判定 FPGA 中电路的功能，使用板自带开关 Sw0、Sw1、Sw2 提供输入 x_1、x_2、x_3 的值，自带 Led0 检验结果（即 y 的值）。电路很简单，只启用了一片 LUT，而选择的 FPGA 中总共有 27288 片这样的 LUT 可供使用。

设计好的电路可以作为新工程的组成部分，因此将包含一个分层。假设我们可能需要分析三组信号（x_1，x_2，x_3）、（x_4，x_5，x_6）和（x_7，x_8，x_9），查明确实有一组包含一个值“1”。在 ISE 电路原理图编辑器中具有这个功能的电路如图 1.3 所示。

首先，我们创建一个包含图 1.2 中电路（见点 1）的元件。可以在 ISE 中使用

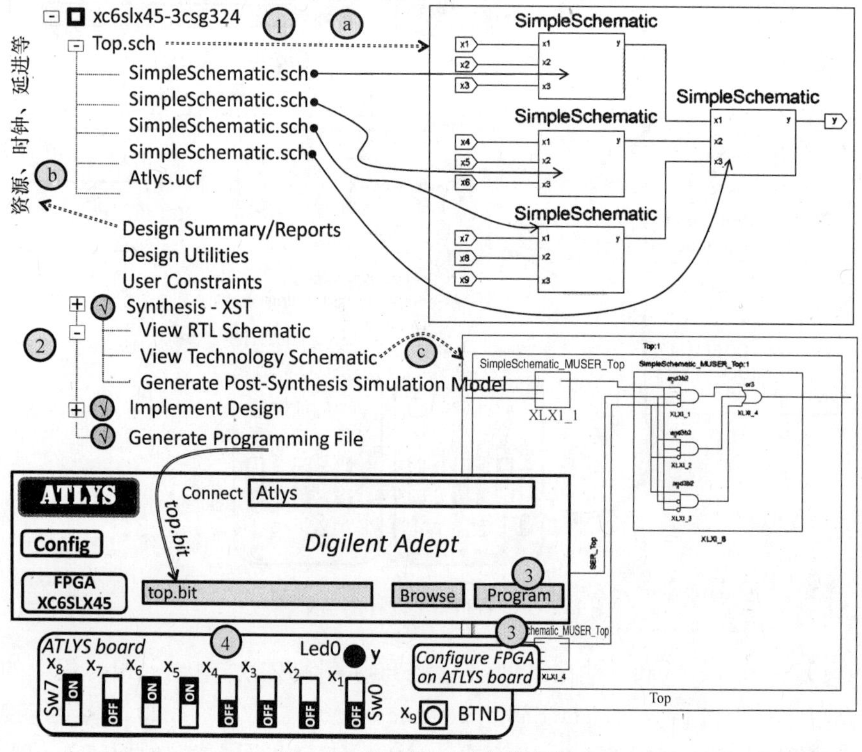

图 1.3　层次设计并分析结果

选项 Create Schematic Symbol 完成。因为在图 1.2 中的整个名字就是 SimpleSchematic，与元件的名字相同（见图 1.3）。元件必须连接在新设计的电路中，就像基本单元库（门）在图 1.2 中的点 1 一样。Atlys. ucf 如下所示：

```
NET "x1" LOC = "A10";    # Sw0
NET "x2" LOC = "D14";    # Sw1
NET "x3" LOC = "C14";    # Sw2
NET "x4" LOC = "P15";    # Sw3
NET "x5" LOC = "P12";    # Sw4
NET "x6" LOC = "R5";     # Sw5
NET "x7" LOC = "T5";     # Sw6
NET "x8" LOC = "E4";     # Sw7
NET "x9" LOC = "P3";     # BTND – onboard button available on the Atlys
NET "y" LOC = "U18";     # Led0
```

符号#表示注释，注释内容用来表明电路引脚、FPGA 外部引脚和原型板的开关以及按钮之间的映射关系。在印制电路板中关于 FPGA 和其他元件的连接关系可在 Atlys 板文档中查看[11]。

图 1.3 中的点 1 例证了有顶层模块 Top. sch 的工程结构。很显然，在结构分层中，顶层模块（Top. sch）由四个更低一级的模块（SimpleSchematic. sch）组成。虚线箭头指向从 ISE 电路原理编辑器中复制的电路 Top. sch。点 2 代表 ISE 设计步骤，前面已经简单讨论过了。Design Summary/Reports（见图 1.3 中的点 b）总结了

不同特性的电路，尤其是使用的资源（在两片FPGA中要求有三片LUT）和延时（最大组合电路的路径延时是9.1ns）。我们有很多其他的选择，比如View RTL（Register Transfer Level，寄存器传输级）Schematic。对于我们的工程，将电路原理图作为设计入口，在电路原理编辑器中也一样（虚线箭头c代表的电路）。但是，电路原理图也可以用ISE工具，即硬件描述语言（Hardware Description Language，HDL）的规范建立，HDL被认为是比电路原理图描述更有效的语言。点3提供了FPGA的配置（编程）。在Atlys板中设计电路的验证见点4。

尽管图1.2和图1.3中的两个工程很简单，但是它们例证了基于FPGA设计的基本步骤，在复杂系统中也一样。对于Altera Quartus环境（稍后在Altera FPGA的Quartus13Web软件中将例证一些例子），也可以使用一个相似的技术。例如，Altera的block editor也能实现电路原理图的输入。注意，电路输入（见图1.2中的点1）只适用于简单电路，因为当电路设计复杂时容易出错，且难于验证，因此HDL变得越来越受欢迎。我们将在第2章介绍VHDL——超高速集成电路硬件描述语言。本章我们将更详细地介绍基本的FPGA元件。

1.2　FPGA器件的基础

CLB是执行数字电路的主要逻辑资源。我们将讨论两大主要公司Altera和Xilinx最近发布的FPGA中使用的这些模块。

1.2.1　Xilinx FPGA的可配置逻辑模块

我们考虑到最近的7系列FPGA中的CLB和常用的Spartan-6系列FPGA中的CLB非常相似。一个CLB由两个连接到一个开关矩阵（实现通用的路由矩阵[9]）的片组成。每片包含①四个LUT；②八个边沿触发的D触发器，其中四个可配置为电平敏感的锁存器；③多路复用器；④算术电路的进位逻辑。包含多路复用器和LUT的片可以实现高达16:1的多路复用器。

有两种类型的片，即SLICEL和SLICEM。每个CLB有两个SLICEL或者一个SLICEL和一个SLICEM。SLICEM支持两个附加的操作，即在片中存储数据，片可用来组成一个分布式的RAM以及可以移位高达32位的数据。

每片LUT有六个独立的输入（x_0，…，x_5），两个独立输出O5和O6，可以实现配置：①任何六个变量（x_0，…，x_5）的布尔函数；②任何五个共用变量（x_0，…，x_4）的两个布尔函数，且x_5必须设为高电平；③三个和两个独立变量的任意两个布尔函数。传播延时独立于LUT中执行的函数。

考虑一个LUT（6，1）例子，有六个输入x_5，x_4，x_3，x_2，x_1，x_0和一个输出y。LUT将用来执行具有六位二进制向量x_5，x_4，x_3，x_2，x_1，x_0的奇偶函数，这样，向量x_5，x_4，x_3，x_2，x_1，x_0，y的汉明权重（Hamming Weight）为奇数（二

进制向量的汉明权重是“1”在向量中的个数)。函数 y 的真值表见表 1.1。

表 1.1　配置 LUT（5，2）和 LUT（6，1）的真值表

$x_4x_3x_2x_1x_3$	y_1y_0	Hex	$x_5x_4x_3x_2x_1x_0$	y	Hex	$x_5x_4x_3x_2x_1x_0$	y	Hex
00000	00	ca	000000	1	9	100000	0	6
00001	01		000001	0		100001	1	
00010	10		000010	0		100010	1	
00011	11		000011	1		100011	0	
00100	11	35	000100	0	6	100100	1	9
00101	10		000101	1		100101	0	
00110	01		000110	1		100110	0	
00111	00		000111	0		100111	1	
01000	01	a5	001000	0	6	101000	1	9
01001	10		001001	1		101001	0	
01010	01		001010	1		101010	0	
01011	10		001011	0		101011	1	
01100	11	59	001100	1	9	101100	0	6
01101	00		001101	0		101101	1	
01110	10		001110	0		101110	1	
01111	01		001111	1		101111	0	
10000	01	a5	010000	0	6	110000	1	9
10001	10		010001	1		110001	0	
10010	01		010010	1		110010	0	
10011	10		010011	0		110011	1	
10100	01	ab	010100	1	9	110100	0	6
10101	11		010101	0		110101	1	
10110	00		010110	0		110110	1	
10111	11		010111	1		110111	0	
11000	01	65	011000	1	9	111000	0	6
11001	10		011001	0		111001	1	
11010	11		011010	0		111010	1	
11011	00		011011	1		111011	0	
11100	01	ab***	011100	0	6	111100	1	9*
11101	11		011101	1		111101	0	
11110	00		011110	1		111110	0	
11111	11		011111	0		111111	1	

在ISE环境中，Hex列包含作为INIT属性的十六进制向量（可通过Obeject Properties获得）。在表1.1中，向量从标有星号的值开始，即第一个数字是9_{16})：9669699669969669_{16}，它代表的二进制输出y向量为1001 0110 0110 1001 0110 1001 1001 0110 0110 1001 1001 0110 1001 0110 0110 1001_2。

图1.4所示为在ISE的电路原理图编辑器中例证配置LUT（6,1）。向量9669699669969669_{16}通过Object Properties赋值给INIT属性（将鼠标放在电路原理图编辑器的LUT上，单击鼠标右键更改Object Properties）。图1.5例证了配置LUT（5,2）执行表1.1中的函数y_0和y_1。

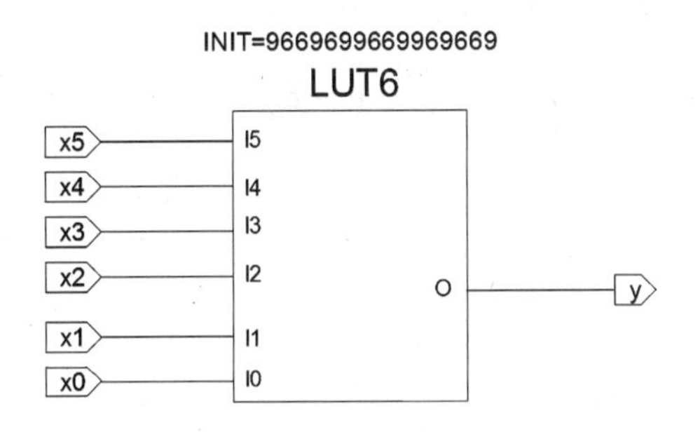

图1.4　使用Xilinx原语LUT6配置LUT（6,1）

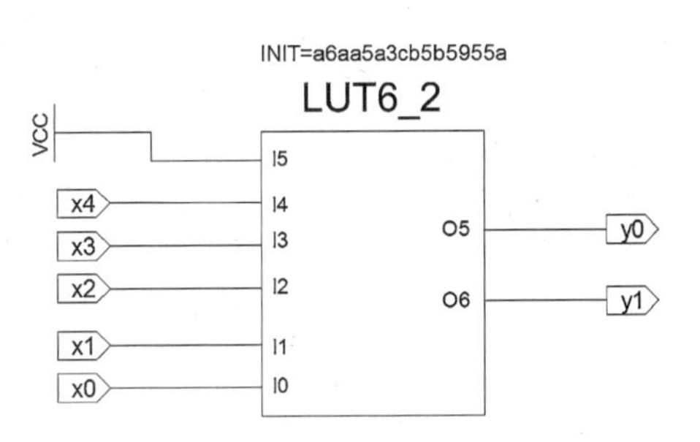

图1.5　使用Xilinx原语LUT6_2配置LUT（5,2）

现在的十六进制向量由16个十六进制阵列成，并分为两个8数字的子向量，这样第一个子向量配置第一个函数，第二个子向量配置第二个函数。在表1.1建立了向量$a6aa5a3cb5b5955a_{16}$。第二个子向量$b5b5955a_{16}$配置函数y_0。

在表1.1中，一个星号（*）代表第一个子向量的始端，两个星号（**）代表第二个子向量的始端。图1.4和图1.5所示电路可以通过开关提供输入和LED显示函数值证明。在图1.5中，使用一个6输入LUT，但提供VCC将高位设为高电平（“1”），配置LUT（5，2）实现两个不同的布尔函数，这两个布尔函数共享五个变量。

在SLICEM中LUT可以执行一个同步的（分布式的）具有单、双或四端口的RAM/ROM。也可以配置SLICEM为不含器件触发器的32位移位寄存器。该寄存器使其输入的串行数据延时1~32个时钟周期后输出。延时时钟数据由专用的5位输入向量控制。图1.6所示为一个电路的例子，包含一个基于LUT的256×1的ROM和一个大小可变的移位寄存器（1~32）。

Xilinx早期的ROM256×1采用如下的INIT属性编程：0f0f0f0f0f0f0f0f0f0f0f0f0f0f0f0f0f0f0f0f0f0f0f0f0f070301013731。现在，值“1”写进地址0（见上述向量的右部分），值“0”写入地址1等。Clock_divider模块输出时钟信号，频率大约为1Hz，VHDL代码见附录B。Xilinx早期的CB8CE是8位二进制计数器，产生ROM地址，大约每秒加1。总线Q（7:0）和线Q（7），…，Q（0）之间通过名字

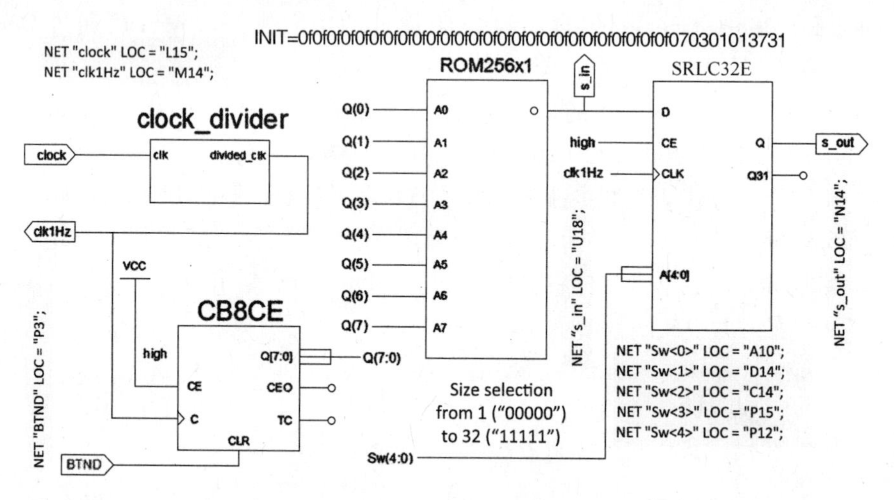

图 1.6　使用 LUT（分布式）存储器（Xilinx 原语 ROM256 ×1）和移位寄存器（Xilinx 原语 SRCL32E）

相同连接，类似线 clk1Hz 和 high 与其相对应信号的连接，如图 1.6 所示。工程在 Atlys 板中已经测试过。开关 Sw4，…，Sw0 用来设置移位寄存器的大小，可以定义为 1（“00000”）~32（“11111”）。所有和 FPGA 引脚的必须连接（见灰色矩形区域）如图 1.6 所示，形成文件 Atlys. ucf。按钮 BTND 提供复位信号（只针对计数器，因为移位寄存器不需要清零）。三个 LED（Led2、Led1、Led0）用来工程验证。Led1 获得 clk 1Hz 信号（时钟频率大致为 1Hz）。因此，所有其他信号可以根据低频信号依次验证（见图 1.7 所示波形）。开关 Sw4，…，Sw0 允许 Led2（移位寄存器输出 s _ out）的延时根据 Led0（移位寄存器输入 s _ in）设置。例如，如果 Sw4，…，Sw0 赋值“00111”，则延时八个时钟周期，波形如图 1.7 所示。工程在 12 个片上执行，一个片用于 ROM，一个片用于移位寄存器。一些其他有用的 LUT 配置见本章参考文献［9］。值得注意的是，基于 LUT 的存储器可用作配置组合电路，在执行期间可改变功能。

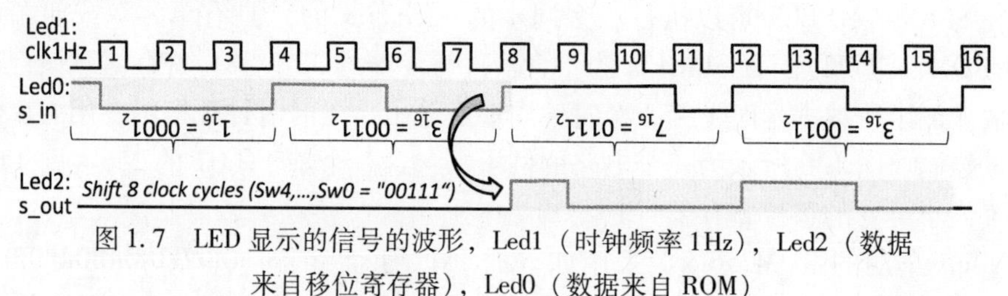

图 1.7　LED 显示的信号的波形，Led1（时钟频率 1Hz），Led2（数据来自移位寄存器），Led0（数据来自 ROM）

1.2.2　Altera FPGA 的逻辑器件

我们考虑最新 Stratix – V 系列的 FPGA 逻辑器件，其有一个核心可重构结构，

称为逻辑阵列模块（Logic Array Block，LAB）[13]，LAB 由适应逻辑单元（Adaptive Logic Memory，ALM）组成，ALM 可以配置来执行逻辑、算术和存储功能。一半的可用 LAB 可作为存储 LAB（Memory LAB，MLAB）。

每个 LAM 包含不同的基于 LUT 的资源，可执行任何多达六个变量的布尔函数。而且可以执行一些其他类型描述电路的布尔函数 F（n，m），有 n 个输入，m 个输出，如 F（4，3）和 F（5，2）。

ALM 操作有四个模式[13]：

（1）常规模式能够执行两个多达五个变量的布尔函数或一个多达六个变量的布尔函数。而且，八个变量数据输入允许实现确定的具有多于六个变量的布尔函数。

（2）扩展模式允许登记执行的布尔函数的结果。

（3）算术模式使用四个 4 输入 LUT，用于将预加法器逻辑连接到两个专用全加器。

（4）共享算术模式允许执行 3 输入加法器。在本章参考文献［13］中给出了详细情况。

MLAB 中的每个 ALM 可以编为 64 ×1 或者 32 ×2 的模块。因为每个 MLAB 支持最大位为 640 位，所以它可配置为 64 ×10 或者 32 ×20 的简单双端口静态 RAM。

对于本书中的一些例子，我们将使用 DE2 – 15 原型机板和 Altera Cyclone – IV FPGA[14]。这个 FPGA 的 LAB 包含逻辑器件组（Logic Elements，LE），一个 LAB 包含 16 个 LE，每个 LE 包含 4 输入 LUT（可以执行任何 4 变量的布尔函数）、一个触发器（在本章参考文献［14］中称为可编程寄存器）、一个进位器和一个寄存器（一个触发器）。

LE 操作分常规和算术模式。对于普通逻辑应用和组合函数，第一个模式是够用的。第二个模式更适于加法器、计数器、收集器和比较器。

因此，Xilinx 和 Altera FPGA 的初期可重构资源是基于 LUT 的。Altera FPGA 的最简单器件是 LE/ALM，它比 Xilinx FPGA 的最简单器件 SLICE 包含更少的资源。两家公司最先进的 FPGA 都包含 6 输入 LUT，该 LUT 可配置来执行逻辑、存储和算术函数。

在 Cyclone – IV FPGA 中，LE 的数量在 6725 ~ 149760 之间变化。在 Stratix – V FPGA 中，LE 的数量在 236K ~ 952K 之间变化。本书中，我们将主要使用 Xilinx FPGA 的 Spartan – 6 和 Artix – 7 系列。多数例子可以轻松转换到 Altera FPGA 中执行，我们将为 Altera Cyclone – IV 器件考虑一些例子。

1.3　嵌入模块

除前面部分描述的基本可重构逻辑外，现代 FPGA 还拥有大量的嵌入模块，这些模块可在图 1.1 中 Xilinx 7 系列 FPGA 的基本结构中看到（相似的嵌入模块也适用于 Altera FPGA[13]）。我们将讨论这些模块及其在不同工程中的使用情况，并通过一些嵌入存储器和 DSP 器件（Spartan－6 系列和 Xilinx FPGA 系列 7）的例子来说明。

1.3.1　嵌入存储器

嵌入存储模块或 RAM 模块在现代 FPGA 中普遍使用，用于高效地存储和缓冲数据。Spartan－6 系列的 FPGA 有 12～268 个 RAM 模块，每个 RAM 模块存储多达 18KB 的数据，可以配置为两个独立的 9KB 的 RAM 或者一个 18KB 的 RAM。每个 RAM 可通过两个端口寻址，也可配置为单端口 RAM。一个 18KB 的 RAM 的两个端口宽度可相互独立配置为 16K×1，8K×2，4K×4，2K×8，1K×16，512×32（当不使用奇偶位时）或 16K×1，8K×2，4K×4，2K×9，1K×18，512×36（当使用奇偶位时）。数据可以写入任意单端口或者双端口，可以从任意单端口或者双端口读出[15]。每个端口都有其地址，数据输入、数据输出、时钟、时钟使能和写入使能。读出和写入操作是同步且需要有效的时钟边沿。RAM 模块在 FPGA 器件中组成柱状（见图 1.1），可互连为更广泛、更深入的存储结构。将在下章详细讲解 RAM 模块的特征，并编写 VHDL 代码来初始化存储内容。知识产权（Intellectual Property，IP）核发生器和电路原理图库原语也可以使用（第 4 章将给出一些例子）。

7 系列 FPGA 有 135～1880 个 RAM 模块，每个 RAM 模块可存储多达 36KB 的数据。FPGA 支持 36 和 18KB 的 RAM 模块[16]，该模块为先进先出（First Input First Output，FIFO）逻辑。每个 36KB 的 RAM 模块可以配置为 32K×1，16K×2，8K×4，4K×8，2K×16，1K×32，512×64（当不使用奇偶位时）或者 32K×1，16K×2，8K×4，4K×9，2K×18，1K×36，512×72（当使用奇偶位时）。7 系列器件中 RAM 模块的其他特点允许其使用输出寄存器。图 1.8 所示为 RAM 模块的简化结构，n_A/n_B 是端口 A/B 的输入数据大小，m_A/m_B 是端口 A/B 的输出数据大小，k_A/k_B 是端口 A/B 的地址大小。

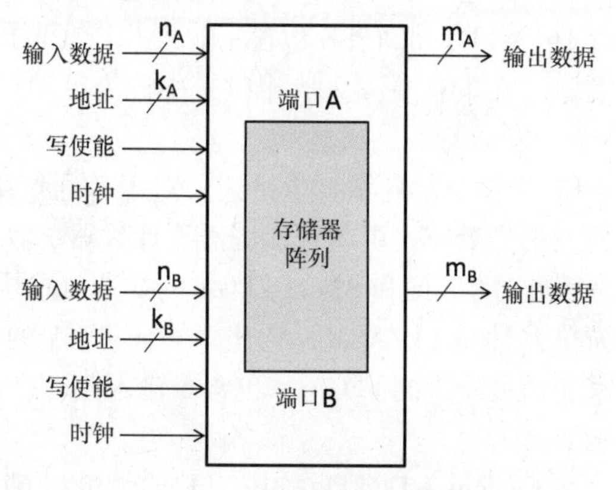

图 1.8　块 RAM 的简化结构

每个 RAM 模块有两个完全独立的端口，对于读写操作共用相同的存储阵列（即建立真正的双口存储）。在写操作时需避免潜在冲突，这个问题在本章参考文献［16］中已经陈述过。

前面已经提到过RAM模块（7系列器件是36KB，Spatran-6系列器件是18KB）可以分解为两个独立的RAM模块（7系列器件是18KB，Spatran-6系列器件是9KB），每块的功能都类似于初始模块。如果需要，则一些RAM模块可以组成更大的存储器。

器件中，每个存储器的进入（读或写）都由时钟控制[15,16]。所有的输入、数据、地址、时钟使能和写使能都是存在寄存器中的。时钟地址意味着数据保存不变，直到下一时钟周期到来。

现在，对于Atlys原型机板上的Spartan-6 FPGA，我们考虑两个简单的使用单、双端口嵌入式存储器的例子。Xilinx LogiCore存储生成器将生成RAM模块[17]。首先，在Xilinx ISE中，增加一个新资源（选项Preject→New Source），然后选择IP和一个SinglePort。核生成器将开始，除了下述操作其他都保持不变（列为六步）：定义Memory type（步骤2）为单端口RAM、Write Width（步骤3）为8、Write Depth（步骤3）为65536（即使用一些大小为64KB的RAM模块来生成一个存储器）和验证Load Init File选项（步骤4）（即上传一个文件类型为COE的初始化文件）。COE是文本文件（如在记事本中产生的文件），标志memory_initialization_radix（有效值为2、10或16）和memory_initialization_vector（它包括每个存储器的值，在本例中是8位的字）。任何值都以memeory_initialization_radix定义的基数写入。下面的例子将展现一个工程中使用的有效COE文件（另外的细节可在本章参考文献［17］中找到）：

```
memory_initialization_radix = 16;
memory_initialization_vector =
00, 18, 3c, 7e, ff, 7e, 3c, 18, 00,
80, 40, 20, 10, 08, 04, 02, 01, 00,
01, 02, 04, 08, 10, 20, 40, 80, 00,
80, c0, 60, 30, 18, 0c, 06, 03, 01, 00,
80, c0, e0, 70, 38, 1c, 0e, 07, 03, 01, 00;
```

系数是由一个空格、一个逗号或在每一行中放置一个值和一个回车来分隔的。分号表示确定行，如“memory_initialization_radix = 16;”。在本例中，存储器的前48字节由COE文件填充，剩余的字节赋值FF_{16}（验证了步骤4的选项Fill Remaining Memory Locations，并选定FF）。按钮Show使COE文件的内容可显示和检测。

在初代之后，单端口存储可以用于ISE原理图编辑器，有点像Xilinx库原语。图1.9所示为一个简单电路的例子，该电路从RAM中读数据，并通过Atlys的LED显示，序列部分如图1.10所示（很像图1.6，Atlys.ucf的相关约束见图1.9）。

图1.10中的序列在COE文件中的第一行（00，18，3c，7e，ff，7e，3c，18，00）和第二行（80，40，20，10，08，04，02，01，00）明确了。如果按下BTND按钮，则开关数据写入RAM，并通过LED灯显示。因此，我们可以检验写和读操作。从ISE Design Summary中我们可以看出分配了32个RAM板块。一个相似的存储可以被定义为HDL器件。

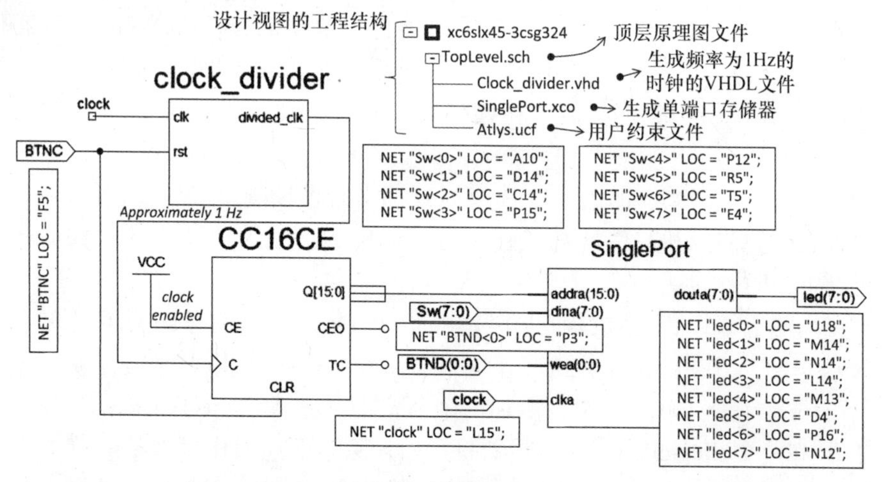

图 1.9　单端口块 RAM 建立存储器的简单例子（CC16CE 是 Xilinx 库原语，是 16 位的二进制计数器）

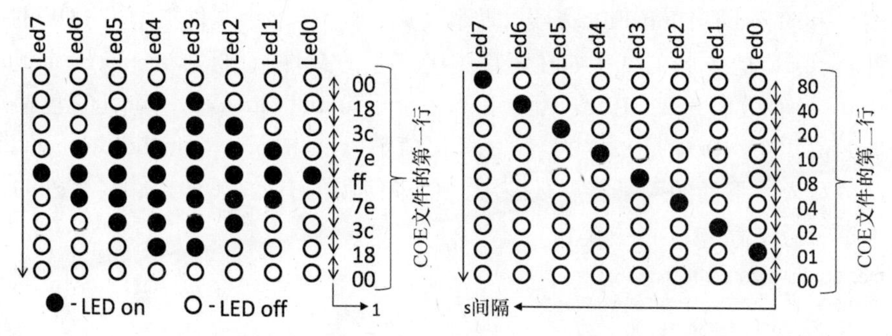

图 1.10　初始化(COE)文件指定 LED 上的可见序列

现在我们建立一个双端口存储器，步骤类似于单端口存储器。LogiCore 生成器的大多数操作除下述外都保持不变：定义 Memory type（步骤 2）为简单的双端口 RAM、A 端口 Write Width 为 8（步骤 3）、A 端口 Write Depth 是 8192（步骤 3）（即使用最大为 8KB 的一些 RAM 模块来生成一个存储器）、B 端口 Write Width 为 1（步骤 3）、验证 Load Init File 操作（步骤 4）。因此，A 端口配置为 8192 ×8，B 端口配置为 65536 ×1。使用的下面的 COE 文件（注意现在 radix 为 2）：

```
memory_initialization_radix = 2;
memory_initialization_vector =
11001010, 00001100, 00001111, 00001111,
11111111, 00000000, 11111111, 00000000;
```

图 1.11 所示为一个简单电路的例子，该电路从 COE 文件中，通过 A 端口用字节值初始化 8192 ×8 RAM，然后从 RAM 中读出，通过 B 端口（65536 ×1 RAM）单独输出 Led0 信号，在 Atlys 板最右边的 LED 上显示。

在本例中，存储器的前八字节填满上面的 COE 文件，剩余字节赋值 FF_{16}（验

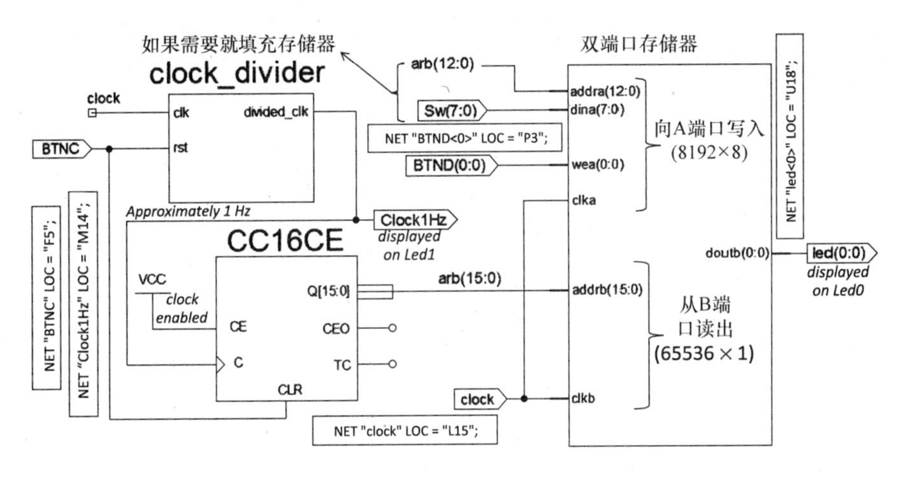

图 1.11　简单双端口块 RAM 建立存储器的例子（CC16CE 是 Xilinx 库原语，是 16 位二进制计数器）

证选项 Fill Remaining Memory Locations 在步骤 4，选择值 FF_{16}）。减小的时钟信号频率（大约 1Hz）在 Led1 显示。因此 Led0（B 端口输出）随 Led1（相关的时钟信号减少频率）改变而改变，这些改变如图 1.12 所示。通过二进制 8 位向量在 COE 文件中明确理想序列。从 ISE Design Summary 中可以看到分配了四个 RAM 模块。第二个例子清楚证明了双端口的相同 RAM 可以有不同的比率（8192 ×8 对于 A 端口，65536 ×1 对于 B 端口）。数据以字节写入到 RAM，以位读出。因此，许多有用的转换可以在存储器中直接产生，不需要附加逻辑。所有必需的细节可以在本章参考文献［15－17］中找到。

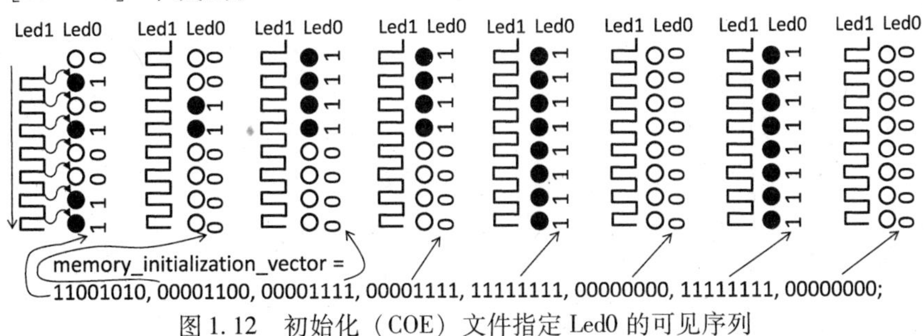

图 1.12　初始化（COE）文件指定 Led0 的可见序列

1.3.2　嵌入 DSP 模块

Spartan－6 系列的器件包括 8～180 个数字信号处理器 DSP48A1，该器件支持一些函数，包括乘法器、乘法累加器、累加器之后的预加法器/减法器、加法器之后的乘法器、宽总线多路复用器、大型比较器和大计数器[18]。这些类型的函数在 DSP 应用中经常使用。也可以连接大量的 DSP48A1 器件来形成广泛的数学函数、DSP 滤波器和不使用普通 FPGA 逻辑的复杂算术，而 FPGA 逻辑是低消耗、高性能

的。基本上，DSP48A1 器件包含一个 18 位输入前加器，接一个 18×18 的二进制补码全乘法器和一个 48 位的符号扩展加法器/减法器/累加器。图 1.13 所示为该器件的简化结构[18]，其中 A、B、D 是 18 位操作数，C 是 48 位操作数，P 是 48 位结果。配置灰色多路复用器 M，M 负责锁住或不锁住寄存器 Rg，其中 Rg 可在管道中使用。连接线 D［11:0］、A［17:0］、B［17:0］可以直接作为多路复用器控制的右手加法器/减法器的操作数，多路复用器不在图 1.13 中。结果 P 也可以作为加法器/减法器的操作数。DSP48A1 器件有模式输入，允许单个器件明确理想函数，例如加法器是否实现了加操作、减操作，或者失效，如何联系进位信号以及如何建立管道和其他一些情况等。DSP 模块排列在竖直 DSP 柱中（见图 1.1），可以在不使用普通路由源的情况下轻松相互连接。这些器件可以在 ISE 工具的帮助下举例和配置，并将在本书的 4.1 节和 4.2 节例证，也会用到 IP LogiCore 生成器。

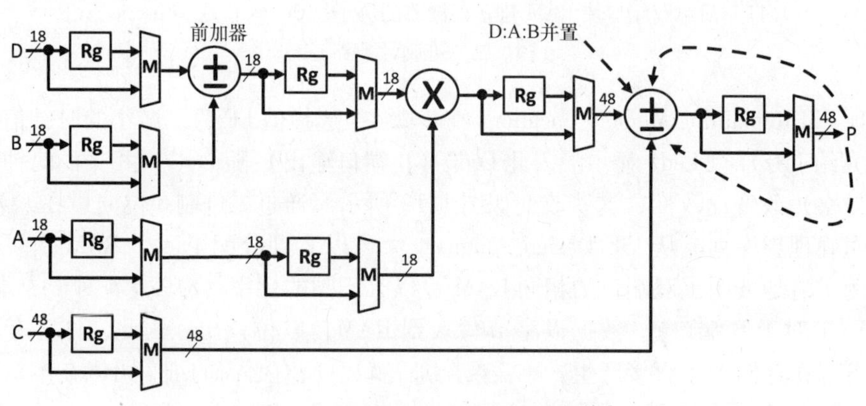

图 1.13　DSP48A1 片的简化结构[18]

DSP48E1 器件扩展了 DSP48A1 器件的功能[19]，提高了其特性，如图 1.14 所示。在 7 系列 FPGA 中有 240～3600 个器件可供使用。乘法器是 25×18 的结构，寄存器 A 扩展为 30 位，加法器/减法器用算术逻辑单元替换，48 位操作数可执行按位逻辑函数，而且还加入了模式探测器和 17 位移位器。

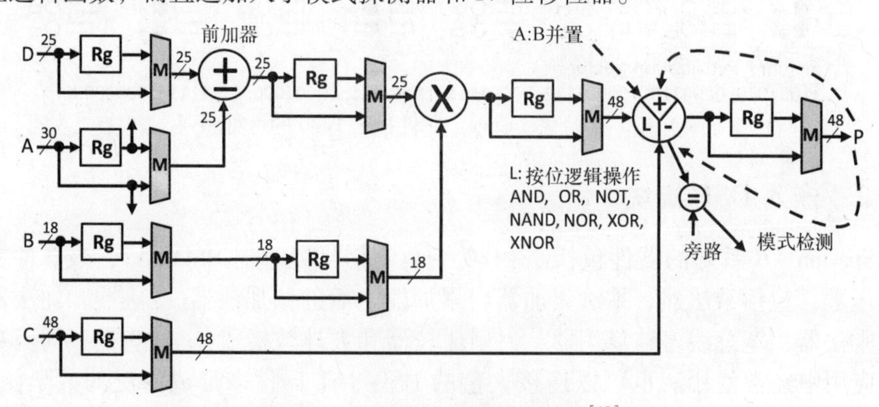

图 1.14　DSP48E1 片的简化结构[19]

我们将用一个简单的例子来证明 Spartan－6 系列的 DSP 模块在 Atlys 原型机板上的潜在功能。DSP 可由 Xilinx LogiCOre DSP48 宏命令生成和配置[17]。跟前面部分很类似，首先添加一个新资源在 Xilinx ISE（选项 Project →New Source），然后选择 IP，标明名字 DSP_slice，启动核心生成器。在第一步，我们明确在模块 DSP_slice 中的算法结构，如图 1.15 所示。它们可以通过代码（即输入 sel（1:0））选择，输入 sel（1:0）左和右的位由按钮 BTNL 和 BTNR 各自提供。

我们定义四个操作数 A、B、C、D 的大小为 3。最高有效位（2）代表信号，如果其值为 0，则该数为正，否则为负。因为在图 1.15 中，D（2）总是等于 0，D 值总是为正。其他操作数 A、B、C 可正可负，符号可由各自按钮 BTNU、BTNC 和 BTND 选择（见图 1.15）。当按下图 1.15 中的任何按钮时，产生值“1”。两位无符号操作数来自开关，如图 1.15 所示。结果由 LED（Led6，…，Led0）显示。因此，如果所有的开关都是 ON，则结果等于如下值：

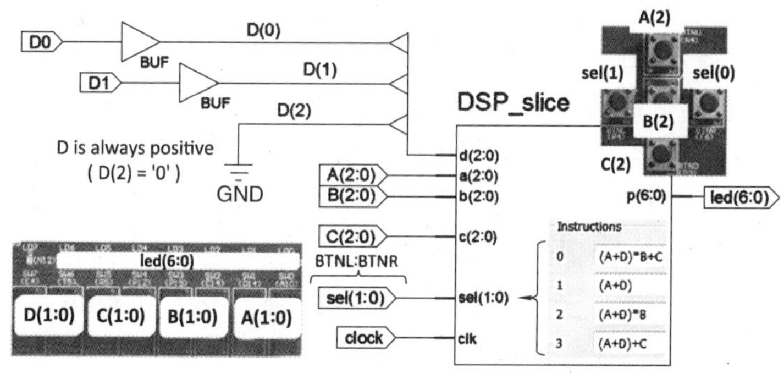

图 1.15　简单应用 Spartan－6 FPGA 的 DSP 片

1）“0010101”，当 sel＝“00”时，因为 $(3+3)*3+3=21_{10}=0010101_2$；

2）“0000110”，当 sel＝“01”时，因为 $3+3=6_{10}=0000110_2$；

3）“0010010”，当 sel＝“10”时，因为 $(3+3)*3=18_{10}=0010010_2$；

4）“0001001”，当 sel＝“11”时，因为 $(3+3)\ +3=9_{10}=0001001_2$；

如果按下按钮 BTND，则操作数 C 变为负值 －1（使用二进制补码）。因此，当 sel＝“00”时，结果为“00010001”：$(3+3)*3-1=17_{10}=00010001_2$。从 ISE Design Summary 可以看出，使用的是一个 DSP 器件。4.1 节和 4.2 节以及附录 B 将给出一些更复杂的例子用于探索许多 DSP 器件的额外能力。这表明 DSP 器件在 HDL 编码中作为器件更有效。因为对于 7 系列 FPGA 的 DSP 器件可以执行按位逻辑操作，通过二进制向量和矩阵高效解决组合问题。而且，以四个独立的 12 位操作数的形式，48 位操作数的算法可在一个 DSP 器件中实现。

1.4　时钟分配和复位

为确保高效时钟分布，FPGA 包含专用时钟输入、缓冲和路由。这些资源由

CAD 工具自动使用。

为了提供高性能的时钟计时，Spartan - 6 系列器件包含 2 ~ 6 个时钟管理（Clock Management Tiles，CMT）。每个 CMT 有两个数字时钟管理（Digital Clock Managers，DCMs）和一个锁相环（PIL，Phase - Locked Loop）。CMT 用于相移时钟信号，消除时钟偏移（对于组成给定电路的不同器件，时钟偏移指一个时钟边沿的到达时间不同），倍频和分频，时钟频率综合，转化即将到来的时钟信号使其符合不同 I/O 标准[20]。

Spartan - 6 FPGA 的时钟特性是独一无二的，如今已用新的 7 系列 FPGA 时钟结构替代[21]。PLL 是混合模式时钟管理（Mixed Mode Clock Manager，MMCM）的子集，移除和替换了 Spartan - 6 FPGA 的一些时钟原语，具体细节见本章参考文献［21］。

复位是一个同步或非同步信号，设置必要的存储元素到理想状态。在本章参考文献［22］中提到过，不管何种类型（同步或非同步），复位信号都需要与时钟同步。这个避免了触发器的潜在亚稳态。而且，在一些电路中（如状态机和计数器），所有触发器的复位必须在同一时钟边沿失效，以避免最终转换到非法状态。根据本章参考文献［22］，复位（高电平有效）可以更好地利用器件来提高性能。

复位桥电路如图 1.16 所示[16]，提供了一个机制来插入同步复位（即使没有有效时钟它也能正常工作）和失效复位同步。

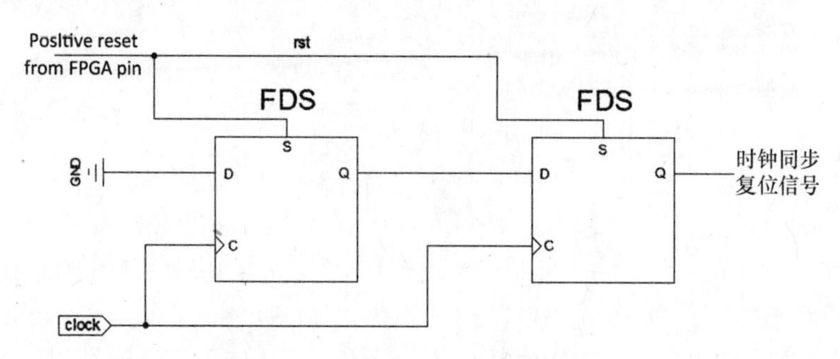

图 1.16　时钟同步复位信号的产生

当配置和重新配置一个 Xilinx FPGA 时，每个单元（包括触发器和模块 RAM）的初始化更像是在全局复位下完成的，即所有的存储将设置为它们明确的初始状态。因此，全局复位不是总要求的。从本章参考文献［22］中我们可以看出，设计工具同步信号初始化，如此在下面的 VHDL 代码中，值 0 赋给信号 rg 的所有 8 位（具体细节见第 2 章）：

```
signal rg: std_logic_vector (7 downto 0) := (others <= '0');
```

信号 rg 的初始值（全是零）在配置期间变成 INIT 值，并载入到相关的触发器中。相似模块 RAM 初始化，和 COE 文件一起见 1.3.1 节。因为许多嵌入器件使用

同步复位能力，并且同步复位扩展了 FPGA 的使用，所以，总是使用同步复位，很少使用异步复位。

1.5　设计工具

一个典型的基于 FPGA 的设计流程如图 1.17 所示。

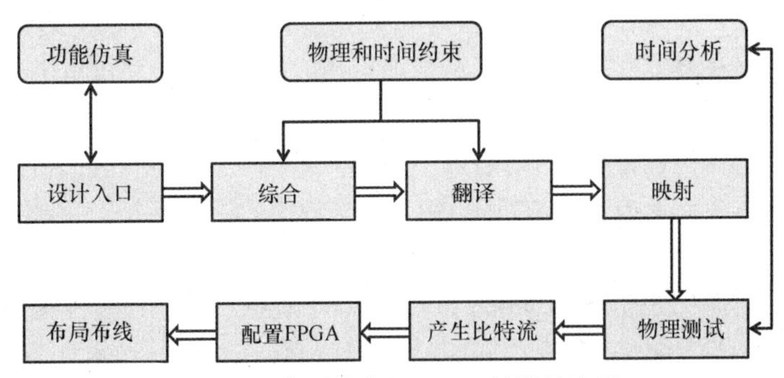

图 1.17　典型的基于 FPGA 的设计流程

我们从设计入口开始，设计入口可以通过一系列方法完成，如上述考虑的原理图和 HDL 将在第 2 章讨论。一旦明确了给定电路或系统的理想功能，我们便可以通过 functional simulation（功能模拟）模拟其行为。如果所有的器件随输入立即变化，即不考虑用于执行电路的电子器件的时间特性，则功能模拟可以验证电路的功能是否正确。如果发现问题，那么设计者必须返回到电路的规范，并做出相应的改变。

在简单电路的模拟期间，可以生成和运用输入，以及手动观察输出。对于更大的设计，通常会创建 test bench（试验台）。试验台是程序/规范，通常使用与待测电路相同的语言，自动运用输入到电路中，最终比较电路的输出值和期望值。

一旦设计模拟正确，我们就可以进行电路综合。在这个水平，所有指定器件的特性（如封装、速度等级等）必须添加到相关的 CAD 工具中，如此综合才能完成。CAD 工具实现综合，综合转换规范为器件集（如 LUT、触发器、存储器、DSP 器件等），可以在 FPGA 中实现。因此，结构明确的设计网表就生成了。

翻译阶段合并了所有的综合网表、物理和时间约束，用于产生类数据库文件。映射阶段从网表中分类出逻辑符号并放入物理器件中。输出以电路描述形式存储，包含开关延时信息。如果设计超出可用资源，或违背了用户定义的时间约束，则映射阶段会报错。布局布线阶段执行映射的元器件在物理 FPGA 器件上的布局布线，并再次验证时序约束。翻译、映射、布局布线组成设计执行阶段，转换综合逻辑设计为可用器件资源。这可能意味着选择和编程单个 LUT，在目标 FPGA 的物理约束中找到连接它们的方法。这个阶段的输出是比特流文件，可上传到所选择的器件中。

执行之后，可以分析电路的时间性能、器件资源的利用情况和功率消耗。分析的结果可能会迫使设计者改变电路规范、设计约束或综合策略等来实现在相关的 CAD 工具中优化目标。之后，重新运行综合和/或执行。

一旦满意执行结果，产生的比特流文件就可以上传到 FPGA 中来合理配置器件。然后，将得到的物理电路在电路测试中进行最后的测试。

在本书中，我们主要使用 Xilinx ISE 发布的版本 14.7，其中包含所有的设计步骤，从电路规范到模拟、综合和执行。其他的 CAD 工具也可以以类似的方式参与，因为基本思想是一样的，只是相关的软件环境不同。对于 Altera FPGA 的一些例子，我们也会使用 Quartus Ⅱ13 Web 版本软件。

为了总结前面讨论过的设计流程，即执行简单的全加器并在 Atlys 原型机板上测试，我们再次考虑所有需要在 ISE 中完成的步骤。注意那是 ISE 的免费版本，叫做 WebPACK，可从 Xilinx 网站下载[23]。

我们开始新建一个工程（option File→New Project），并明确目标 FPGA 的名字、位置和所有的特性。我们选择“Spartan - 6” FPGA 系列，并指明器件 XC6SLX45 和封装 CSG324。这些数据可以在设备共存的文档中找到[11]，也可以写入合适的微芯片。电路原理图再次选为顶层资源类型（设计入口）。

一旦创建了一个新工程，便默认 ISE 端口分为四个区域（见图 1.18）：

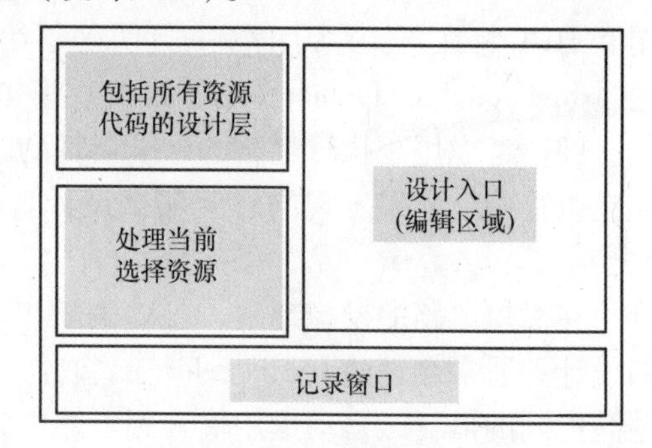

图 1.18　ISE 的默认界面

（1）设计层次用来展示文件，关联当前工程和它们的层次组织。我们还没有创建任何文件，因此这些区域的初始情况是空白的。

（2）Processes 区域是与上下文相关的，总是显示对于当前选择资源可用的进程。双击进程名就可开始进程。进程允许综合特别的设计入口文件，明确用户约束，产生编程文件等。

（3）Editor 区域在右边，支持多种形式的设计入口，比如电路原理图编辑、VHDL 文本文件编辑等。

（4）Transcript 窗口显示进程编译和在综合/执行阶段可能出现的错误/警告信息。

为了明确全加器的电路原理图文件，在我们的工程中增加一个新的设计入口。它可以在选择操作中完成：Project→New Source…→Schematic 并明确一个名字，例如 FA。假定我们创建一个简单的层次设计，由两个半加器（Half Adder，HA）和一个或（OR）门构成 FA。因此，我们创建另一个名为 HA 的电路原理图资源。图 1.19a 所示为 HA 电路，用 ISE 库原语的 XOR2 和 AND2 描述。接下来为半加器创建原理图符号，可以作为类似 ISE 库原语的用户库原语使用。图 1.19b 所示为由两个半

加器（即提前创建的原语）和 OR2 门（在 ISE 库原语中已经存在）组成的全加器。

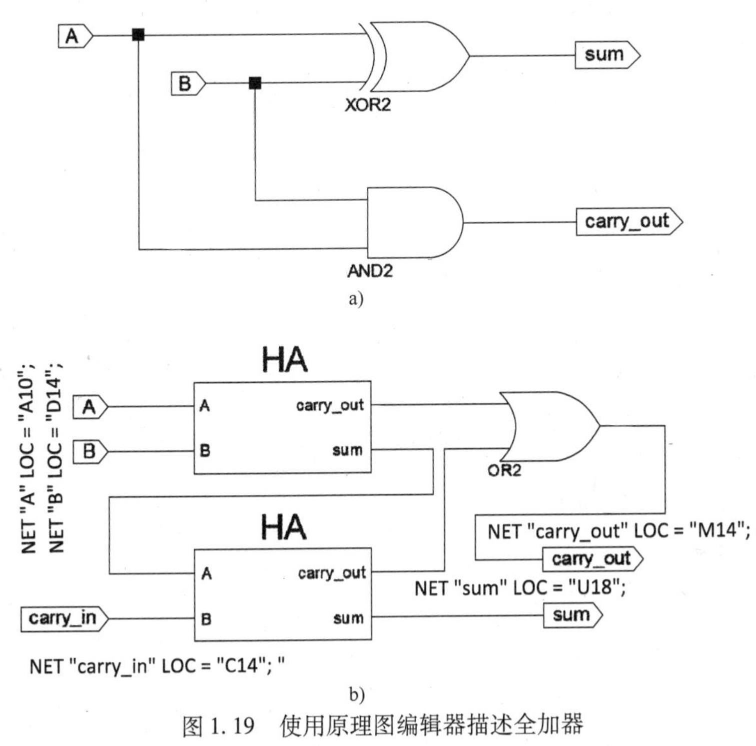

图 1.19　使用原理图编辑器描述全加器

a）半加器　b）全加器

为了在 Atlys 原型机版上测试该加法器，我们需要布置加法器的输入和输出到原型机板上的一些器件上，以便与电路互动。举例说明，我们可以使三个开关作为输入值，通过两个 LED 观察输出值，如图 1.20 所示。有必要约束的 Atlys. ucf 文件行直接如图 1.19b 所示。引脚位置可以通过查看 Atlys 原型机版的文献［11］找到，Atlys 板的完整 UCF 文件可在网上找到[25]。当需要在不同的板上或者使用不同的 FPGA 执行设计时，需要调节使目标 FPGA 和 UCF 文件一致。在 UCF 文件中所有行注释以“#”开始，对于 Atlys 板的保留行的语法如下：

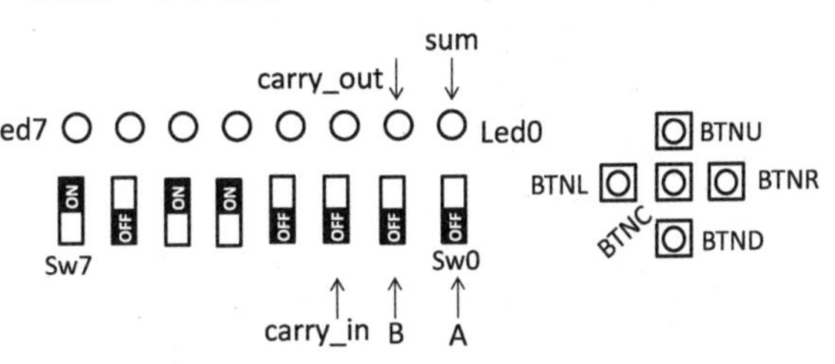

图 1.20　提供输入并观察全加器的输出

```
NET "Input or output name in the top module" LOC = "name of the PIN to connect to";
```

现在，执行图 1.17 中的步骤产生工程的比特流。通过 Adept 软件上传比特流到 Atlys 板[10]（见图 1.2）或者直接从 ISE 中的 Processes 区域选择操作 Configure Target Device。在后一种方法中启动了 iMPACT，使比特流上传到 Atlys 板。最后该工程可在硬件中测试。从 ISE Design Summary，可以看出图 1.19b 中的电路只占用了两个 FPGA 片（有 6822 个可用片）。

仿真在测试工作台的帮助下完成。因为测试工作台可以用 HDL 描述，所以我们将在下章讲述其特征（见 2.7 节）。

没有必要一个一个地运行综合、执行设计和产生程序文件进程。相反，可以从 ISE 直接进行到产生程序文件（或者到配置目标器件）选项，这将自动执行前面要求的所有进程。

对于 Atlys 板[11]（和 Nexys－4 板[26]），我们主要使用如图 1.21 所示简要描述的设计步骤 1～8，并描述为如下的对应点：

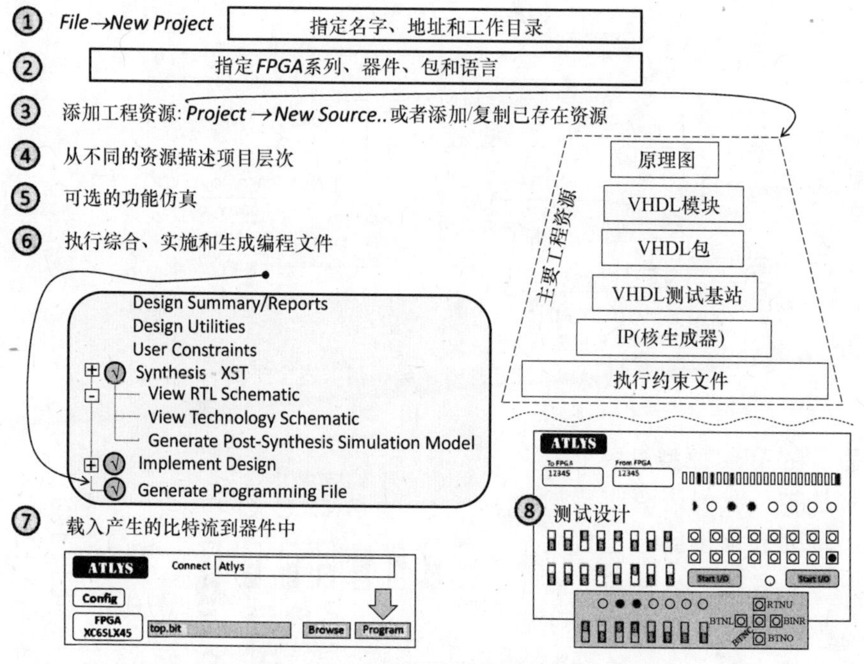

图 1.21　本书中使用的设计步骤

（1）介绍工程的名字、位置、工作目录。

（2）选择 FPGA 系列（如 Spartan－6）、FPGA 器件（如 XC6SLX45）、封装（如 CSG324）、速度（如－3）和语言（如 VHDL）。

（3）明确新的或已存在的工程资源（设计入口）。本书中将使用图 1.21 中的主工程资源。

（4）基本上，一个工程明确设计层次，从不同资源中，顶层模块引起较低模块产生。这一步我们运用自上而下、自下而上或者混合设计策略。

（5）可选的功能仿真在不同层次水平执行。我们将在接下来的一章讨论其特征。

（6）激活 Generate Programming File（或者 Configure Target Device）进程，有序

执行所有的主要设计步骤，最终（如果工程正确的话）产生比特流（见图1.21）。

（7）产生的比特流上传到FPGA。可以使用不同条件来达到目的，我们将在之后讨论它们。重新配置系统的一个重要特征就是原型机的可能性、执行设计、试验以及与现有FPGA板数量的比较。

（8）像前面做的那样在硬件中测试工程。在随后的内容中，我们将使用原型机板进行简要的讨论。执行电路的证明可以用不同的方法和工具完成，比如运行时间信号分析仪（如Xilinx ChipScope）、板上及其连接的外部器件、存在使能更高层次的计算系统会话的端口，以及其他。本书中使用的方法和工具将在1.7节进行简要介绍。

本书中描述的大多数工程也在Xilinx Vivado设计套件（版本2013.4）中执行和测试过。每个VHDL工程可在地址http：//sweet. ua. pt/skl/Sprigner2014. html找到，有一个压缩包，压缩包里面有：

（1）ISE的Atlys文件（如果只有UCF文件包含给定的Atlys）；

（2）ISE的Nexys-4文件（如果只有UCF文件包含给定的Nexys）；

（3）ISE的Atlys和Nexys-4文件（如果存在目录ISE，在目录ISE中存在Atlys/Nexys4子目录）；

（4）Vivado Nexys-4文件（如果存在目录Vivado）。

开始时，需要将压缩文件解压到一套器件中，器件可能有：

（1）电路原理图文件*.sch；

（2）由IP core *.xco文件在子目录ipcore _ dir产生；

（3）*.vhf文件的VHDL说明，由ISE从电路原理图中产生；

（4）用户约束文件*.ucf，对于ISE；

（5）Xilinx设计约束文件*.xdc，对于Vivado；

（6）VHDL文件*.vhd；

（7）比特流*.bit，对于程序FPGA。

在ISE中的任意工程建立过程如下：

（1）创建一个新工程；

（2）增加资源副本，如*.sch，*.vhd，*.ucf，*.xco文件，后者来自目录ipcore _ dir；

（3）复制可用初始化文件（如coe，txt）到工程目录中；

（4）如果存在电路原理图文件，则打开它；如果要求更新，则更新此文件；

（5）运行综合、执行和产生程序文件；

（6）配置目标器件（上传比特流到目标器件），在FPGA中测试器件。

请注意，外部器件（转换开关、按钮和LED），对于Atlys和Nexys-4板通常是不一样的（验证在设计端口和前连接FPGA引脚之间的响应）。

在Vivado中，任何工程可能建立过程如下：

（1）创建一个新工程；

（2）增加资源副本，如 *. vhf，*. vhd，*. xdc，*. xco 文件；

（3）鼠标右键单击 *. xco 文件（如果这个文件可用的话），升级 IP；

（4）运行综合、执行和产生程序文件；

（5）配置目标器件（上传比特流到目标器件，使用硬件管理器），在 FPGA 中测试设计。

请注意，在 VHDL 文件中为 Vivado 工程做了小改变，这些改变可以见网址 http://sweet. ua. pt/skl/Sprigner2014. html。

举例证明 ISE 工程移出到 Vivado 工程可以在附录 B 的末尾找到。移出的最重要的点在于：

（1）本书中描述的所有资源文件均可以加入到 Vivado 工程中，和期待的电路原理图（*. sch）文件一起。但是，由 ISE 从电路原理图文件中产生的 *. vhf 文件可以被使用，而不是 *. sch 文件。因此，第 1 章的所有工程也可以在 Vivado 中测试。

（2）ISE UCF 文件不许转化为 XDC（Xilinx Design Constraints）格式，在本书中作为一个例子完成过程如下：①对于 ISE Design Suite，打开 PlanAhead；②对于 Nexys -4，在 PlanAhead 中打开 ISE 工程（如果设计在电路原理图中，则需要手动增加 *. vhf 文件）；③运行综合，打开综合的设计；④在 PlanAhead 的 Tcl Console 中运行命令 write _ xdc < directory >/ < name >. xdc（如 write _ xdc c：/tmp/Nexys4. xdc，在目录 c：中必须提前创建子目录 tmp）；⑤在 Vivado 中使用产生的 *. xdc文件（从 c：/tmp）。在附录 B 中有增加的细节。注意对于 Nexys -4，完整的 XDC 文件可以从 Digilint 网站 http：//www. digilentinc. com/Data/Products/NEXYS4/Nexys4 _ Master _ xdc. zip 上下载。

1.6 执行和原型机

市场上有很多基于 FPGA 的原型机，在硬件中简化 FPGA 配置进程并提供支持测试用户电路和系统。本书中第 1 章的所有例子为 Atlys 原型机板准备[11]，Atlys 原型机板由 Digilent 制造，其包含一个 Spartan -6 系列的 Xilinx FPGA xc6slx45[17]。随后章节的例子将使用三个原型机板，即 Nexys -4[26]，Atlys[11]，DE2 -115[28]，接下来简要介绍。

Digilent 制造的 Nexys -4 板包含一个来自 7 系列 FPGA 的 FPGA Artix -7 xc7a100t[29]。在 2. 5 节和附录 A、附录 B 中几乎所有的例子都在 Nexys -4 中执行和测试过。本书中所有工程的 VHDL 编码、用户约束文件、比特流可在网址 http://sweet. ua. pt/skl/Sprigner2014. html 中找到。将包含如下板上器件（在本章参考文献［26］中可以找到所有必要细节）：

（1）Xilinx Artix -7™ FPGA xc7a100t -csg324[29]；

（2） USB - JTAG 和 USB - UART；

（3） 100MHz 时钟振荡；

（4） 8 个 7 段显示；

（5） 16 片转换开关；

（6） 16 个用户 LED；

（7） 5 个用户按钮；

（8） Pmod 扩大连接器；

（9） USB 主连接器。

在 Nexys - 4 板上的 FPGA 可以用一些方法配置[26]。本书中，我们将用如下两个方法配置板：

（1） 从 ISE 环境（选项 Configured Target Device） 和 iMPACT 工具，通过 USB JTAG/UART；

（2） 从 USB 存储操纵杆连接 USB 主连接器。

请注意，从 Adept 软件中配置板是不支持的，Digilent 器件 IOExpansion（和考虑使用 Atlys 板的例子）也是不能使用的[30]。

第 2.5 节的许多例子也将在 Atlys 原型机板中测试[11]。将包含如下板上器件（所有关于这些器件的必要细节可在本章参考文献［11］中找到）：

（1） Xilinx Spartan - 6 xc6slx45 - csg324 FPGA[27]；

（2） 对于编程和数据传送的 USB - UART 和 USB 端口；

（3） 100MHz 时钟振荡；

（4） 8 片转换开关；

（5） 8 个用户 LED；

（6） 5 个用户按钮；

（7） 复位按钮。

本书中，我们将用下面的两个方法配置 Atlys 板：

（1） 从 ISE 环境（选项 Configured Target Device） 和 iMPACT 工具，通过 USB JTAG/UART；

（2） 从 Digilent Adept 软件[10]，通过 USB JTAG/UART。

Atlys 板有有限个板上用户开关和 LED，但是它由 Adept 软件支持，通过虚拟窗口和主机互连，连接许多虚拟外部元素[11]，方便开展电路的简单测试。本书后面的例子中，虚拟器件可用是支持 Atlys 板的主要因素。

几乎第 2 章的所有例子和 3.5 节的一些例子也在 DE2 - 115 板上测试[28]，包含一个 Altera Cyclone - IVe EP4CE115 FPGA。主目标是例证工程的主要任务是技术独立，可在不同公司的 FPGA 中实现。将包含如下板上器件（所有关于这些器件的必要细节可在本章参考文献［28］中找到）：

（1） Altera Cyclone - IV EP4CE115F29C7 FPGA[14]；

(2) FPGA 程序的 USB Blaster 端口;

(3) 50MHz 时钟振荡;

(4) 8 个 7 段显示;

(5) 18 片转换开关;

(6) 26 个用户 LED (18 个红色和 8 个绿色);

(7) 4 个用户按钮。

从主机的 FPGA 编程的唯一方法就是本书中使用的通过 USB Blaster 端口。

在 4.5 节我们将简要描述 Xilinx 的所有可编程片上系统 (All Programmable Systems on Chip, APSoC), 特别是 Zynq 系列。ZedBoard 可使用一片这样的微芯片 (xc7z020)[31]。因为器件 xc7z020 组成 Xilinx Artix-7 FPGA, 所以可直接使用本书的所有例子, 而且它们的主要部分在 ZedBoard 上已经测试过。但是在随后的章节中不再考虑相关的执行。

表 1.2 和表 1.3 给了关于上述的 Xilinx (见表 1.2) 和 Altera (见表 1.3) FPGA的一些细节。这里, N_S 是 FPGA 片的数量; N_{LUT}是 FPGA LUT 的数量; N_{ff}是 FPGA 的数量; N_{DSP} 是对于 xc6slx45 (xc7a100t/xc7z020) 微芯片的 DSP48A1/DSP48E1 的数量; N_{BR}是对于 xc6slx45/(xc7a100t/xc7z020)微芯片数量; M_{KB}是嵌入模块 RAM 的大小 (KB) 的 18/36KB 模块 RAM 的数量; N_{LE}是逻辑器件的数量; N_{EB}是嵌入 18 位操作数乘法器的数量 (即 18×18)。

表 1.2 Xilinx FPGA 的特性 (Atlys, ZedBoard, Nexys-4)

板	FPGA/APSo	N_S	N_{LUT}	N_{ff}	N_{DSP}	N_{BR}	M_{KB}
Atlys	xc6slx45	6822	27288	54576	58	116	2088
ZedBoard	xc7z020	13300	53200	106400	220	140	5040
Nexys-4	xc7al005	15850	63400	126800	240	135	4860

表 1.3 Altera FPGA 的特性 (DE2-115)

板	FPGA	N_{LE}	M_{KB}	N_{EB}
ED2-115	4CE115	114480	3888	266

Xilinx FPGA 的工程将在 Xilinx ISE 14.7 软件中创建。在专用工程中使用器件的总数量和可用的总数量可在 ISE Design Summary/Reports 中找到。如果验证在前面已经完成的工程, 则可以发现占用的 FPGA 资源的数量和可用资源的总数量相比是微不足道的。因此, 所选择的板 (尽管是低成本的) 可以完成复杂电路和系统。在 Altera FPGA 中设计的工程将在 Quartus II 版本 13 Web Edition 软件中创建。

在随后的内容中描述的方法和工程将覆盖一些区域, 如图 1.22 所示。应特别关注图 1.22 的右边部分。

每个工程将使用 1.7 节介绍的方法和工具在硬件中进行验证。

因为两种原型机板 (来自 Digilent 的 Atlys[11] 和 Nexys-4[26]) 将用于本书中的所有例子, 因此我们回顾更多关于这些板子的细节。除了上述器件, 许多其他器件

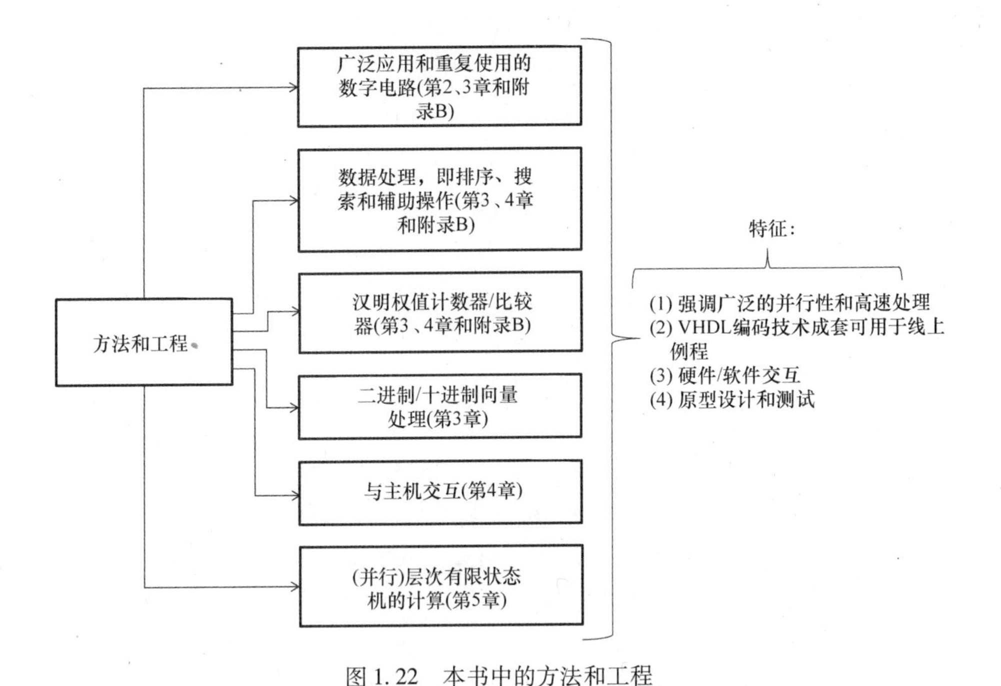

图 1.22　本书中的方法和工程

允许扩展已完成的工程以及设计新的更先进的电路和系统。这些特征对于教育特别有价值。我们简要描述 Atlys 和 Nexys－4 板的基本能力和布局（DigilentInc 授权）。

Atlys[11] 的主要器件和连接器如下（见图 1.23）：

图 1.23　Digilent 的 Atlys 原型机板的简化布局

（1）Xilinx Spartan－6 xc6slx45 FPGA；

（2）128MB DDR2（Double Data Rate），16 位带宽数据；

（3）16MB（×4）SPI（Serial Peripheral Interface）Flash，对于配置和数据存储；

（4）10/100/1000 以太网；

（5）USB2（Universal Serial Bus）端口，对于编程和数据传送；

（6）USB－UART（Universal Asychronous Receiver/Transmitter）和 USB－HID（Human Interface Device）端口（对于鼠标/键盘）；

(7) HDMI (High - Definition Multimedai Interface) 视频输入和输出端口;

(8) AC -97 Codec (Coder - Decoder), USB - HID (Human Interface Device), line - in, line - out, mic, headphone;

(9) 100MHz 振荡时钟资源;

(10) 8 个用户 LED;

(11) 5 个按下按钮;

(12) 8 个滑动开关;

(13) 电力连接器和接电 LED 指示器;

(14) 2 ×7 编程 JTAG (Joint Test Action Group) 连接器;

(15) PMod (Peripheral Module) 扩展连接器 (2 ×6);

(16) 高速扩展连接器;

(17) 复位按钮。

板上 FPGA 可用以下三个方法配置:

(1) 从 USB 连接的电脑对比 Adept USB - JTAG 端口 (见图 1.23 的 5), 或者直接从 JTAG 连接器 (见图 1.23 的 14);

(2) 从 SPI Flash (见图 1.23 的 3), 提供配置文件, 提前在闪存中存好;

(3) 从一个 USB 内存条连接到 USB HID 端口 (见图 1.23 的 6)。

跳线 (图 1.23 中没有) 允许选择要求的配置方法 (细节可在本章参考文献 [11] 中找到)。

Nexys - 4[26] 包括一个 7 系列 Xilinx 的 Artix - 7 xc7a100t FPGA。主要的器件和连接器如下 (见图 1.24):

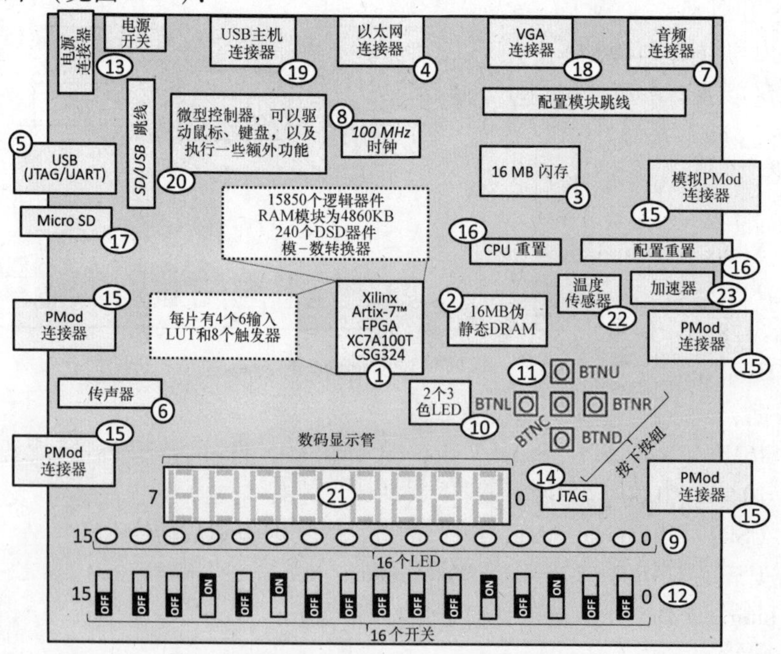

图 1.24 Digilent 的 Nexys - 4 板的简化布局

(1) Xilinx Artix - 7™ FPGA xc7a100t - csg324;

(2) 128Mb = 16MB Celluar RAM;

(3) 128Mb = 16MB SPI (4倍 - SPI) Flash;

(4) 10/100 以太网;

(5) USB - JTAG 编程和 USB - UART;

(6) 传声器;

(7) 音频连接器;

(8) 100MHz 时钟振荡;

(9) 16 个用户 LED;

(10) 2 个 3 色用户 LED;

(11) 5 个用户按钮;

(12) 16 个滑动开关;

(13) 电力连接器和上电 LED 指示器;

(14) JTAG 端口;

(15) 5 个 Pmod 扩展连接器 (2×6);

(16) 2 个复位按钮;

(17) 微 SD 卡插槽;

(18) VGA 连接器;

(19) USB 主连接器;

(20) 微控制器;

(21) 8 个 7 段显示器;

(22) 温度传感器;

(23) 加速器。

Nexys - 4 板上的 FPGA 可使用以下 4 种方法配置，即 Quad - SPI、SD 卡、USB JTAG、USB 内存条。图 1.24 中的跳线选择要求的配置模式，具体细节见本章参考文献 [26]。

1.7 基于 FPGA 的电路和系统的交互

在 FPGA 上执行的电路和系统需要与外部器件通信，外部器件提供初始数据并使用结果，往往涉及运行共存的不同类型。当问题解决器在 FPGA 中，尤其是在外部器件中执行时，后者是需要的。本书中使用的互连如图 1.25 所示。

最常涉及的外部器件是图 1.25 中的器件 1 (也可以见图 1.23 和图 1.24)。因为这类器件的数量和可用性随不同原型机板改变，所以使用类结构和约束可能会遇到困难。而且，支持简单数字控制的电路也可能不同。例如，DE2 - 115 板的 7 段显示器单独管理，并且在 Nexys - 4 中，所有具有相同名字的部分 (数量/索引) 相

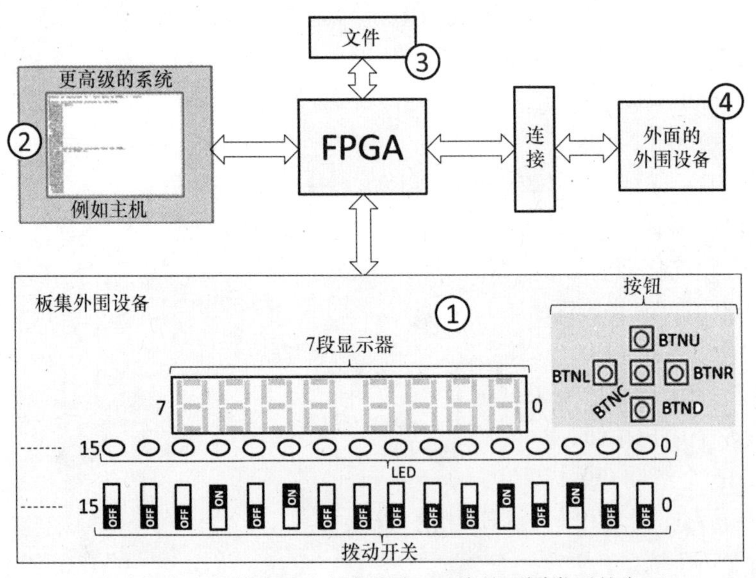

图 1.25 本书使用具有外部设备/系统的不同类型的交互

互连接。这意味着显示控制器（在附录 B 中用 VHDL 编码描述）可以用于 Nexys－4 板，也可以稍加改变后用于其他 Diligent 板，这些板都有分段显示区（如 Nexys－2/Nexys－3），DE2－115 板（除分段解码器外）不要求。

在本书接下来的章节中，我们将考虑板的特性，并非总能提供普遍可参数化的规范。当完成的电路和系统通过外部器件互连时，它们依赖于选择的原型机板。提到的依赖性不意味着完成的电路和系统是技术导向且不能被其他板使用的，只需做一些修改（主要是输入/输出端口的设计和引脚分配）就可以被其他板使用。这也是为什么在接下来的章节中我们经常指定具体需要使用的板。

更高水平的系统（见图 1.25 的点 2）对于互连、试验、评估结果非常有用。大多数实际应用中，由于显著的通信开销，FPGA 不能在这类互连中作为硬件加速器使用。但是，很多有用的设置可视为是恰当的。例如，一个更高水平的系统，如一个主机，可以对在 FPGA 中的进一步进程提供初始数据，评估在 FPGA 电路中执行的运行特性，接收和验证进程结果等。对于此类进程，我们将使用图 1.25 中的互连 2。

为了读出初步存储的可用于填充阵列和嵌入存储的文本数据集，我们将重现文件（见图 1.22 的点 3）。文件也可能从硬件描述写入，用于保持可能对排除故障有帮助的常量。

外面的外围设备（见图 1.22 的点 4）可以通过连接器（如 Digilent 产品的 PMod[11]）连接。但是很少这样用，而主要是用于原型机板互连，使外围设备的数量（如滑动开关和 LED）增加，因为接触板的器件也可能被使用。

开发的电路和系统中的参数化通过常数和类的参数的使用来实现，这些值可以轻松改变，以引起电路和系统的改变，最后定制复杂设计。因此，设计以适应不同维度问题进行调整。尽管要求此类技术，但它不总是可行的，尤其是当使用的器件有不同的不相容结构时。而且，对于一个公司的 FPGA 涉及专用库、原语和嵌入模块等许多特征在建立时，不能等同地应用到另一家公司的有不同类型的专用库、原语和嵌入模块的 FPGA 中。在随后的内容中，所有涉及 Xilinx 原语和库的工程，只可以在具有兼容 Xilinx FPGA 的结构中执行。提供必要的调制，它们也可以被其他的 FPGA 使用。而且，对于执行电路的资源有效性和表现性可能也会不一样。

从 1.6 节可知，外部器件的数量是有限的。在随后的内容中，我们执行和评估的电路和系统要求更大数量的输入和输出，通常超出了可用 FPGA 的引脚数。以下的两个技术将被使用：①辅助电路评估设计，辅助电路提供输入信号并分析输出信号（如随机数生成器、比较器和计数器）；②通过与更高水平的系统的互联（如一台主机）。

现在再多讨论一点 2。对于 Digilent 原型机板，探索三个类型的互联，如图 1.26 所示。

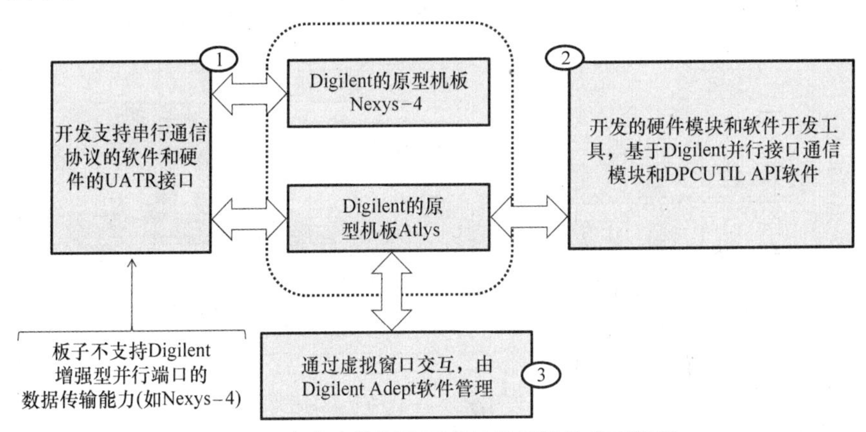

图 1.26　本书中使用的更高级的系统的交互类型

第一类针对原型机板，不支持 Digilent 增强并行端口（Enhanced Parallel Port，EPP）数据传送能力。完成的软件和硬件模块见 4.3 节和 4.4 节。

第二类用于支持 Digilent EPP 数据传送能力的原型机板（见 4.3 节和 4.4 节）。

第三类用于由 Digilent Adept 软件管理的虚拟窗口实现的互连，涉及用 VHDL 描述的相关 Digilent IOExpansion 器件。因为这和类型完全基于 Digilent 产品[30]，所以和 Atlys 板一起将在随后章节的一些例子中使用，并展现更多细节。

初始的目标是扩展可用输入/输出器件的数量。这个特性由 Digilent 板提供，Digilent 板提供支持 EPP[10]。例如，Atlys，Nexys -2 和 Nexys -3 板支持这类特性，但是 Nexys -4 不支持。

扩展的输入/输出控制包括：

（1）24 个灯管；

（2）8 个 LED；

（3）16 个按钮；

（4）16 个滑动开关；

（5）32 位数据，由主机传输到 FPGA（可用二进制、十六进制、十进制，可用有符号和无符号形式）；

（6）32 位数据，由 FPGA 传输到主机（可用二进制、十六进制、十进制，可用有符号和无符号形式）。

在本部分，我们将例证两个简单的工程，使用 Digilent IOExpansion VHDL 器件，后者可从本章参考文献［30］下载。第一个工程执行如下操作（更多的细节见图 1.27）：

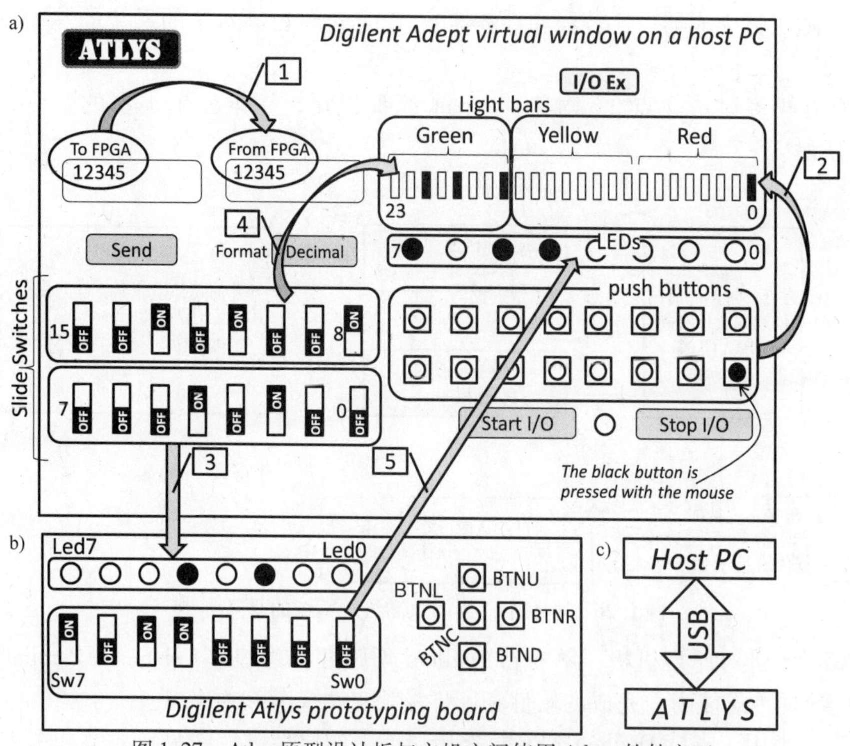

图 1.27　Atlys 原型设计板与主机之间使用 Adept 软件交互

a）主机的虚拟窗口　b）Atlys 板的板集设备　c）交互

（1）接收来自主机虚拟窗口的 32 位数据条，然后送回到主机；

（2）接收来自虚拟窗口按钮的 16 位向量，然后在前 16 个灯管上展示这些向量（它们是红色和黄色的），这些灯管是在虚拟窗口位于右手边的 24 个灯管；

（3）接收来自电脑窗口更低开关的 8 位向量，在 Atlys 板的可用 LED 上显示这些向量；

（4）接收来自电脑窗口更高开关的 8 位向量，在最后 8 个灯管上显示（它们是绿色的），这些灯管是电脑窗口的 24 个灯管左手边的灯管；

（5）接收来自 Atlys 板上可用转换开关的 8 位向量，在电脑窗口 LED 上显示这

些向量。

工程的顶层设计入口可以在 ISE 的电路原理图编辑器中准备，如图 1.28 所示。开始时，IOExpansion 器件的 VHDL 文件必须从本章参考文献［30］中下载，电路原理图符号 IOExpansion 必在 ISE 中创建。其他器件（OBUF8 和 BUF）是 Xilinx 库原语。

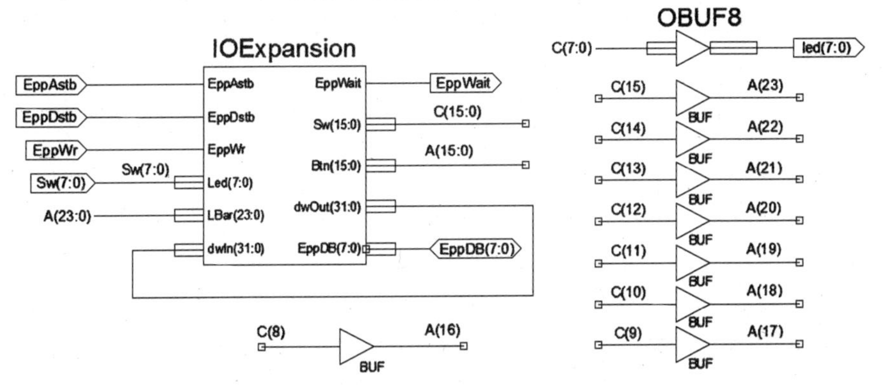

图 1.28　用于与主机交互的工程

工程要求如下用户约束文件：

```
NET "EppAstb"     LOC = "B9";     # UCF for the Atlys board
NET "EppDstb"     LOC = "A9";
NET "EppWr"       LOC = "C15";
NET "EppWait"     LOC = "F13";
NET "EppDB<0>"    LOC = "A2";
NET "EppDB<1>"    LOC = "D6";
NET "EppDB<2>"    LOC = "C6";
NET "EppDB<3>"    LOC = "B3";
NET "EppDB<4>"    LOC = "A3";
NET "EppDB<5>"    LOC = "B4";
NET "EppDB<6>"    LOC = "A4";
NET "EppDB<7>"    LOC = "C5";
NET "led<0>"      LOC = "U18";    # remove for the second project
NET "led<1>"      LOC = "M14";    # remove for the second project
NET "led<2>"      LOC = "N14";    # remove for the second project
NET "led<3>"      LOC = "L14";    # remove for the second project
NET "led<4>"      LOC = "M13";    # remove for the second project
NET "led<5>"      LOC = "D4";     # remove for the second project
NET "led<6>"      LOC = "P16";    # remove for the second project
NET "led<7>"      LOC = "N12";    # remove for the second project
NET "Sw<0>"       LOC = "A10";    # remove for the second project
NET "Sw<1>"       LOC = "D14";    # remove for the second project
NET "Sw<2>"       LOC = "C14";    # remove for the second project
NET "Sw<3>"       LOC = "P15";    # remove for the second project
NET "Sw<4>"       LOC = "P12";    # remove for the second project
NET "Sw<5>"       LOC = "R5";     # remove for the second project
NET "Sw<6>"       LOC = "T5";     # remove for the second project
NET "Sw<7>"       LOC = "E4";     # remove for the second project
```

执行下列步骤测试电路：

（1）生成比特流（见图 1.21 的步骤指示），连接 Atlys 板到主机，通过合适的 USB 插座，使用 Adept 软件将生成的比特流上传到板上；

（2）在虚拟窗口选择可用的 I/O Ex 标签；

（3）按下开始 I/O 按钮（见图 1.27a）；

（4）板互连，一些例子如图 1.27a 和图 1.27b 所示，假定虚拟窗口的黑色按钮用鼠标按下。

第二个工程是使全加器（1.5 节描述的）在虚拟窗口测试，如图 1.29 所示。

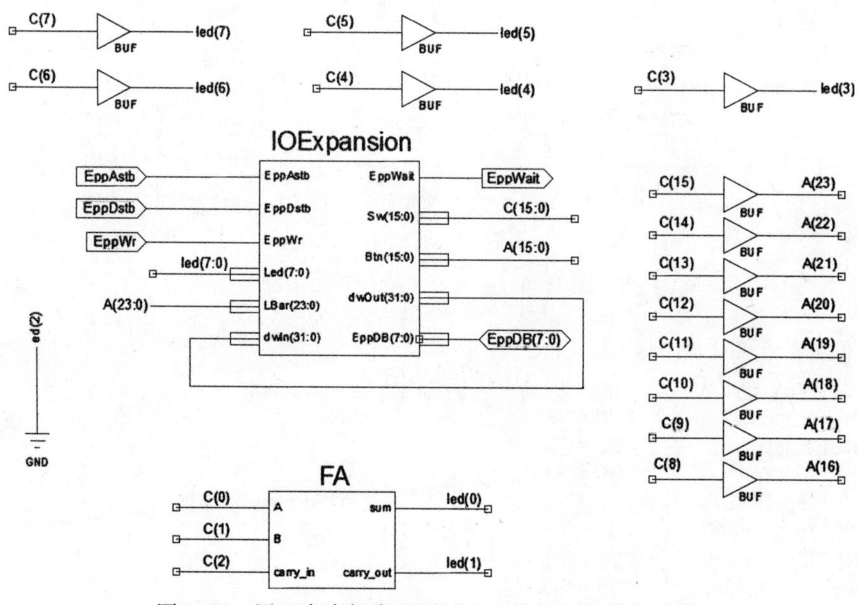

图 1.29　用于在虚拟窗口测试 1.5 节的全加器的工程

开始时，电路原理图符号 FA 在 ISE 中创建，表示全加器电路，如图 1.19b 所示。因为现在我们不需要 LED 和开关，所以有 16 行必须从 UCF 文件中（用注释 *# remove for the second project* 标记）移除。相同的 1 ~ 4 步骤在前面已经完成了。全加器的功能通过使用虚拟窗口开关和 LED 测试，如图 1.30 所示。注意一些在工程端口中没有使用的连接，实际上在图 1.29 中已经使用过了（如虚拟 LED2 总是 OFF，因为它接地）。

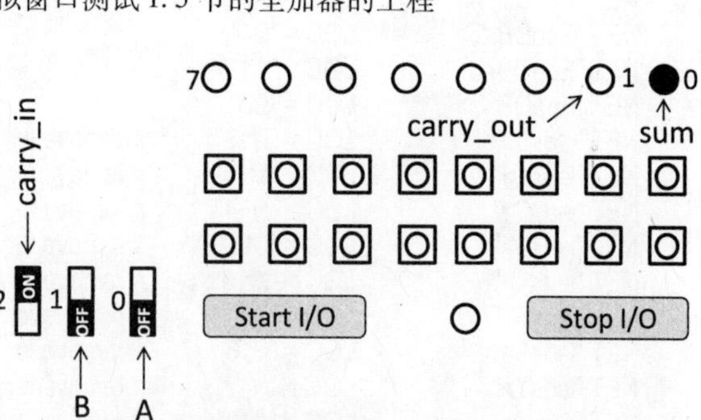

图 1.30　测试全加器的虚拟窗口的元素

Adept 软件通过其他选项提供支持原型机板与主机的互连[10,11]。

第 1 章选择的电路原理图设计入口仅提供基于 FPGA 电路的介绍，而没有描述

许多通常要求的增补话题。电路原理图的框图能力是有限的。所有使用的器件，包括来自 LogiCore 的，都可以用 HDL 描述，以一种更紧凑且易理解的形式描述。层次设计应用也与之类似。编辑 HDL 文件更简单，语言让工作既有结构（电路原理图编辑使用的形式），又有行为，而且混合（行为加结构）规范。并且，HDL 和电路原理图框图可在相同的工程中组合（如果要求的话）。下一章将简要介绍 VHDL，在随后的章节中会用 VHDL 描述所有的电路和系统。

参考文献

1. Hauck S (1998) The roles of FPGAs in reprogrammable systems. Proc IEEE 86(4):615–638
2. Roelandts W (1999) 15 years of innovation. Xcell J 32(2):4–8
3. Santarini M (2011) Zynq-7000 EPP sets stage for new era of innovations. Xcell J 75(2):8–13
4. Xilinx Press Releases (2011) Xilinx ships world's highest capacity FPGA and shatters industry record for number of transistors by 2X. http://press.xilinx.com/2011-10-25-Xilinx-Ships-Worlds-Highest-Capacity-FPGA-and-Shatters-Industry-Record-for-Number-of-Transistors-by-2X. Accessed 10 Oct 2013
5. Altera Corp. (2013) Expect a breakthrough advantage in next-generation FPGAs. http://www.altera.com/literature/wp/wp-01199-next-generation-FPGAs.pdf. Accessed 10 Oct 2013
6. Estrin G (1960) Organization of computer systems—the fixed plus variable structure computer. In: Proceedings of the western joint computer conference, New York, 1960
7. Skliarova I, Sklyarov V, Sudnitson A (2012) Design of FPGA-based circuits using hierarchical finite state machines. TUT Press, Tallinn
8. SourceTech411 (2013) Top FPGA companies for 2013. http://sourcetech411.com/2013/04/top-fpga-companies-for-2013/. Accessed 10 Oct 2013
9. Xilinx Inc. (2012) 7 series FPGAs configurable logic block. http://www.xilinx.com/support/documentation/user_guides/ug474_7Series_CLB.pdf. Accessed 10 Oct 2013
10. Digilent Inc. (2010) Digilent Adept software. http://www.digilentinc.com/Products/Detail.cfm?NavPath=2,66,828&Prod=ADEPT2. Accessed 10 Oct 2013
11. Digilent Inc. (2013) Atlys™ board reference manual. http://www.digilentinc.com/Data/Products/ATLYS/Atlys_rm.pdf. Accessed 19 Nov 2013
12. Xilinx Inc. (2013) Constraints guide (UG625). http://www.xilinx.com/support/documentation/sw_manuals/xilinx14_5/cgd.pdf. Accessed 10 Oct 2013
13. Altera Corp. (2013) Stratix V device handbook. http://www.altera.com/literature/hb/stratix-v/stratix5_handbook.pdf. Accessed 10 Oct 2013
14. Altera Corp. (2013) Cyclone-IV devices handbook. http://www.altera.com/literature/hb/cyclone-iv/cyclone4-handbook.pdf. Accessed 10 Oct 2013
15. Xilinx Inc. (2011) Spartan-6 FPGA block RAM resources user guide. http://www.xilinx.com/support/documentation/user_guides/ug383.pdf. Accessed 10 Oct 2013
16. Xilinx Inc. (2012) 7 series FPGAs memory resources user guide. http://www.xilinx.com/support/documentation/user_guides/ug473_7Series_Memory_Resources.pdf. Accessed 10 Oct 2013
17. Xilinx Inc. (2012) LogiCORE IP block memory generator v7.3 product guide. http://www.xilinx.com/support/documentation/ip_documentation/blk_mem_gen/v7_3/pg058-blk-mem-gen.pdf. Accessed 10 Oct 2013
18. Xilinx Inc. (2011) Spartan-6 FPGA DSP48A1 slice user guide. http://www.xilinx.com/support/documentation/user_guides/ug369.pdf. Accessed 10 Oct 2013
19. Xilinx Inc. (2013) 7 series DSP48E1 slice user guide. http://www.xilinx.com/support/documentation/user_guides/ug479_7Series_DSP48E1.pdf. Accessed 10 Oct 2013
20. Xilinx Inc. (2013) Spartan-6 FPGA clocking resources user guide. http://www.xilinx.com/support/documentation/user_guides/ug382.pdf. Accessed 10 Oct 2013

21. Xilinx Inc. (2013) 7 series FPGAs clocking resources user guide. http://www.xilinx.com/support/documentation/user_guides/ug472_7Series_Clocking.pdf. Accessed 10 Oct 2013
22. Srikanth E (2011) How do i reset my FPGA? Xcell J 76(3):44–49
23. Xilinx Inc. (2013) ISE WebPACK design software. http://www.xilinx.com/products/design-tools/ise-design-suite/ise-webpack.htm. Accessed 10 Oct 2013
24. Xilinx Inc. (2012) ISE in-depth tutorial. http://www.xilinx.com/support/documentation/sw_manuals/xilinx14_3/ise_tutorial_ug695.pdf. Accessed 10 Oct 2013
25. Digilent Inc. (2010) Master UCF file for Atlys. http://www.digilentinc.com/Data/Products/ATLYS/AtlysGeneralUCF.zip. Accessed 10 Oct 2013
26. Digilent Inc. (2013) Nexys-4™ reference manual. http://www.digilentinc.com/Data/Products/NEXYS4/Nexys4_RM_VB1_Final_3.pdf. Accessed 9 Nov 2013
27. Xilinx Inc. (2011) Spartan-6 family overview. http://www.xilinx.com/support/documentation/data_sheets/ds160.pdf. Accessed 10 Oct 2013
28. Terasic technologies Inc. (2010) DE2-115 user manual. http://www.terasic.com.tw/cgi-bin/page/archive.pl?Language=English&CategoryNo=139&No=502&PartNo=4. Accessed 10 Oct 2013
29. Xilinx Inc. (2013) 7 series FPGAs overview. http://www.xilinx.com/support/documentation/data_sheets/ds180_7Series_Overview.pdf. Accessed 10 Oct 2013
30. Digilent Inc. (2009) Adept I/O expansion reference design. http://www.digilentinc.com/Products/Detail.cfm?NavPath=2,66,828&Prod=ADEPT2. Accessed 9 Nov 2013
31. Avnet Inc. (2013) ZedBoard (Zynq™ evaluation and development) hardware user's guide. http://www.zedboard.org/sites/default/files/documentations/ZedBoard_HW_UG_v1_9.pdf. Accessed 10 Oct 2013

第2章 基于FPGA器件的综合VHDL

摘要——本章简要介绍综合VHDL，VHDL是有效的设计工具，在没有很多背景知识的情况下，VHDL有助于理解随后章节的例子。本章的主要对象是解释VHDL模块的基础及其规范的能力，并不进行详细介绍。有几本很好的关于VHDL的书，有助于完成本书的学习。我们最初的对象是基于FPGA的电路和系统的综合和优化，VHDL是本书使用的描述理想功能和结构的工具。因此，学习本章就可以在不阅读其他材料的情况下理解接下来章节的内容，理解所有提出的基于FPGA的原型机板测试的电路。

2.1 介绍VHDL

美国政府在20世纪80年代的赞助计划创建了VHSIC（Very High Speed Integrated Circuits Hardware Description Language（VHDL）[1]。这个语言在1987年实行标准化（1993年、2002年、2008年各完成一个版本），并广泛获得设计者们的认可。

本节的对象是通过一些简单例子来简要介绍VHDL。主要目的是介绍本书中将用于FPGA工程的结构。VHDL是一门复杂的语言，具有广泛的规则，且不是所有的VHDL都是可综合的。本章后面的小节将介绍FPGA设计中使用的VHDL基础知识。本章参考文献［1，2］提及了深入学习VHDL语言的书。

VHDL语言编写的数字电路的规范包括两个主要部分，即定义电路接口（声明外部电路连接器）的实体声明和描述内部功能的结构体。有三种结构体，即结构级、行为级和混合级。

结构级结构体提供所有必要的介于库原语或已完成的电路之间的内部连接。图2.1所示为一个电路的结构级VHDL描述，这个电路开始是作为图1.2所示电路原理图的入口。

VHDL代码的前两行确定标准库IEEE和包std _ logic _ 1164，这对规范是很重要的定义。特别是，我们使用std _ logic类型和包中定义的相关操作。std _ logic类型有9个值（“U”—未初始化，“X”—未知，“0”—0，“1”—1，“Z”—高阻抗，“W”—弱未知，“L”—弱0，“H”—弱1，“ - ”—不关心），这使得信号可

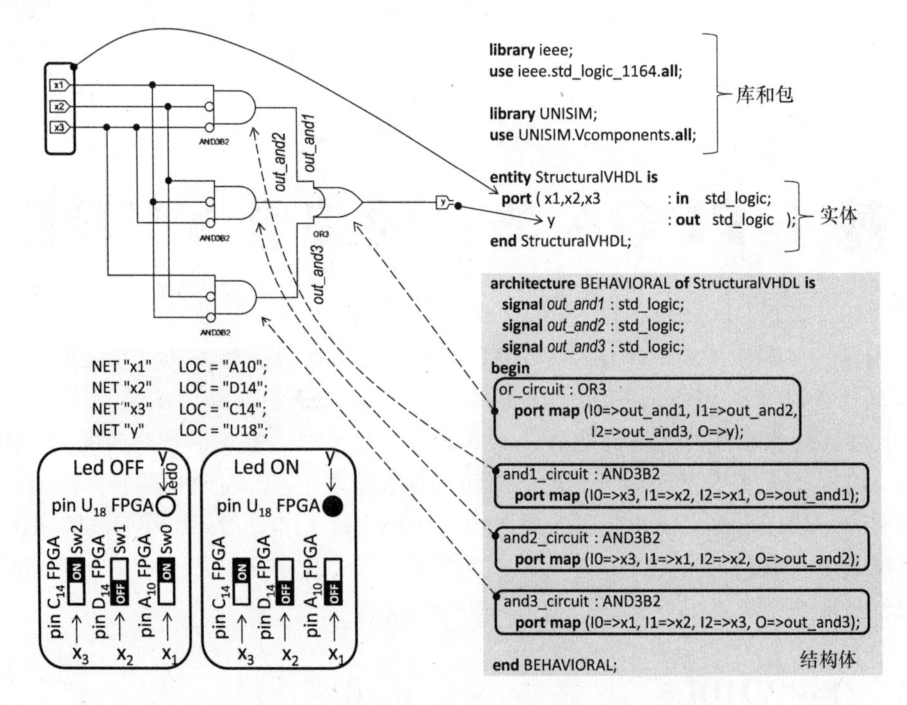

图 2.1　图 1.2 中的电路的结构 VHDL

改变为强、弱或高阻抗。目前，我们只需要九个值中的两个值，即“0”和“1”（引号表示其逻辑值，区别于数字 0 和 1）。VHDL 不是敏感语言，应区分大小写。这也是为什么我们使用 STD _ LOGIC 命名，而不使用 std _ logic。

VHDL 代码的接下来两行确定库 UNISIM. vcomponents（带有 vcomponents 包），具有 Xilinx 原语的器件声明，并定义了仿真需要的模型。

从图 2.1 中可看出，VHDL 代码具有三部分：

（1）库和包的说明；

（2）接口（实体）的说明；

（3）结构体的说明。

器件 OR3 和 AND3B2 是 Xilinx 库原语，它们对应于图 1.2 中相关电路的原理图符号。声明的内部信号 out _ and1、out _ and2 和 out _ and3 用于描述库原语之间的内部连接（原语 AND3B2 的例子有三个，即 and1 _ circuit、and2 _ circuit、and3 _ circuit，一个原语 OR3 的例子，即 or _ circuit）。连接通过逗号表示，限制在 port map 关键字后面，例如 port map（I0 = > x3，I1 = > x2，I2 = > x1，O = > out _ and1）。器件 AND3B2 在 UNISIM 库（文件 unisim _ VCOMP. vhd）中定义如下：

```
component AND3B3
 port (O          : out   std_ulogic;   -- std_ulogic is unresolved type [1] similar to std_logic
       I0, I1, I2 : in    std_ulogic);
end component;
```

VHDL 关键字 signal 使信号在结构体声明部分声明（在开头 architecture 和关键字 begin 之间）。VHDL 的信号类似于硬件电路的线。

本书程序中的关键字（保留字）用黑体表示。在 VHDL 中，两个连续短线（--）表示单行注释，它们也用黑体表示。每个接口都有一个命名（如 O，I0，I1，I2），且是输入（in）或输出（out）。其他类型（即 inout 和 buffer）也是允许的，见附录 A。对于每个接口，我们确定其类型和该端口值的范围。上述例子中，每个接口都是 std _ ulogic 类型。请注意每个接口的说明后面是分号（除最后一个接口）。std _ ulogic 类型的信号类似于 std _ logic，但其不包含提前定义的分辨函数（细节可在本章参考文献［1，3］找到）。在器件声明中的接口信号命名 O，I0，I1，I2 出现在映射栏：port map（I0 = > x3，I1 = > x2，I2 = > x1，O = > out _ and1）。后者为命名连接，即每个器件接口 I0，I1，I2，O（见上述器件 AND3B3）连接信号 x3，x2，x1 和 out _ and1，这些信号来自使用该器件的实体（见图 2.1 中的 StructuralVHDL 实体）。内部信号（在实体 StructuralVHDL 中用于连接）明确声明为

```
signal out_and1 : std_logic;      -- signal and component declarations appear in the declarative
signal out_and2 : std_logic;      -- part of architecture which is between the keywords
signal out_and3 : std_logic;      -- architecture...of...is and begin (see example in Fig. 2.1)
```

除了命名连接，还可以使用位置连接，位置连接是下面例子使用的结构说明，也可见附录 A。

行为级结构体抽象地代表了电路的理想功能，类似于一般的编程语言。但是，VHDL 语言在很多方面都区别于一般的编程语言，主要是因为硬件描述语言固有的并发性以及可操作单位和多位的高级运算操作。

对于上面提及的结构级结构体，相等的行为级说明如下：

```
library ieee;                   -- note that the UNISIM library is not needed now
use ieee.std_logic_1164.all;

entity BehavioralVHDL is        -- the entity name (such as BehavioralVHDL) is chosen by the designer
  port (x1, x2, x3 : in   std_logic;
        y          : out  std_logic);
end BehavioralVHDL;

architecture behavioral of BehavioralVHDL is
begin -- and/not/or are VHDL logical operators for AND/NOT/OR logical operations
y <=  (x1 and not x2 and not x3) or (not x1 and x2 and not x3) or
      (not x1 and not x2 and x3);          -- <= is VHDL signal assignment operator
end behavioral;
```

综合电路的功能实质上是一样的，即结构级和行为级规范相互补充，对不同工程有不同效果。因此，在混合级结构体中组合它们是合理的，混合级结构体组合了行为和结构规范。在复杂工程中，这样的混合级结构体是最常用的。

图 2.2 所示 VHDL 模块器件简化结构（VHDL 语言写的设计入口）足够用于介绍 VHDL。

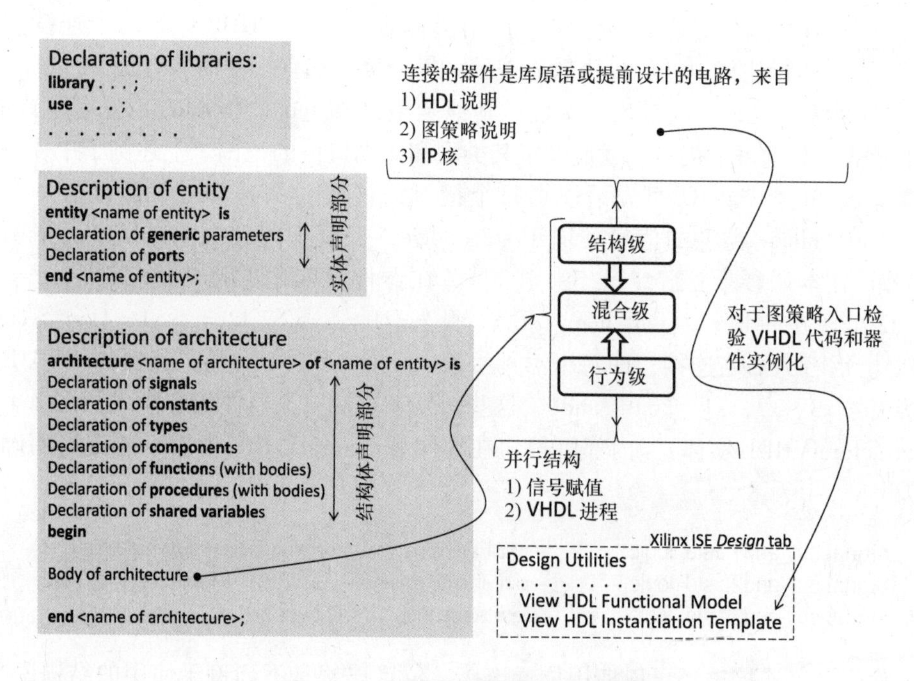

图 2.2　VHDL 模块器件的简化结构

目前为止，图 2.2 中如下关键字还没有介绍过：

（1）generic 描述紧凑扩展和参数设计（细节见 2.5 节和附录 A）；

（2）constant 声明常数值（细节见 2.2 节和附录 A）；

（3）type 声明新类型，包括阵列和枚举；

（4）function 和 procedure（子过程）让具有一定功能的代码在设计中多次使用（细节见 2.4 节和附录 A）；

（5）shared variable 是 variable 的扩展形式，允许进程之间的通信，注意在结构中不能直接声明变量，变量只能在进程或子过程中声明（function 或者 procedure），变量赋值用：= operator；

（6）process 是并发执行语句（见 2.3 节和附录 A）。

本章后面的内容将涉及上面提及的和其他的 VHDL 关键字（保留字）的细节。附录 A 中总结了保留字的使用规则。

下面的代码例证了行为级 VHDL 说明，是在 1.5 节讨论过的半加器。半加器的外部接口和真值表如图 2.3 所示。

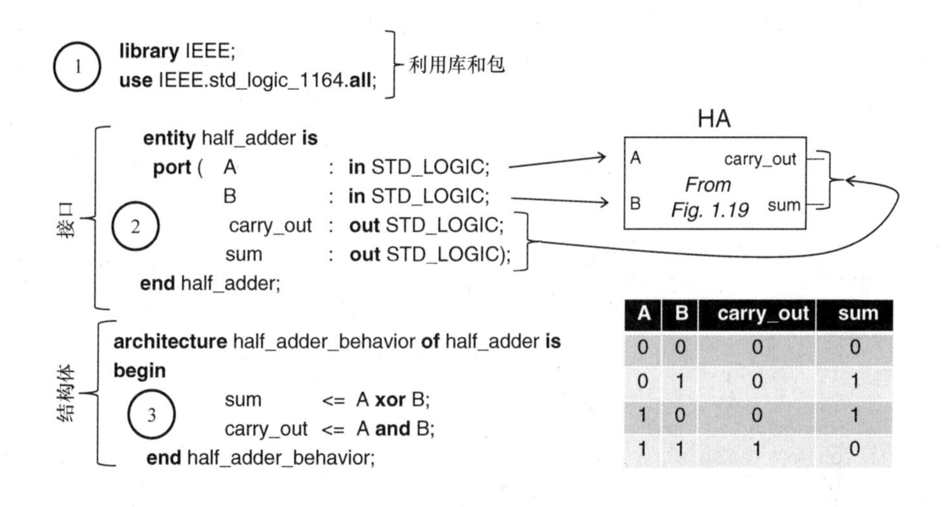

A	B	carry_out	sum
0	0	0	0
0	1	0	1
1	0	0	1
1	1	1	0

图 2.3　VHDL说明和半加器的真值表

```
library IEEE;
use IEEE.std_logic_1164.all;

entity half_adder is
   port (A         : in std_logic;
         B         : in std_logic;
         carry_out : out std_logic;
         sum       : out std_logic);   -- there is no semicolon following the specification
end half_adder;                        -- of the last port

architecture half_adder_behavior of half_adder is
begin
        sum       <= A xor B;          -- xor is a VHDL keyword for XOR logical operation
        carry_out <= A and B;          -- and is a VHDL keyword for AND logical operation
end half_adder_behavior;
```

半加器的每个接口都有命名（A，B，carry _ out，sum）。结构体名为 half _ adder _ behavioral，关联 half _ adder 入口。这些命名可随意选择，但必须遵守 VHDL 的语法规则，即用户自定义只能有字母、数字和下划线，必须以字母开头，不能有两个连续下划线，末尾不能有下划线。

下面的例子是混合级 VHDL 规范，是由两个结构级器件（半加器）和一个 2 输入 OR 门的行为级结构体组成的全加器carry_out <= s2 **or** s3；（见图 1.19b）。

```
library IEEE;
use IEEE.std_logic_1164.all;

entity FULLADD is
port ( A, B, carry_in        : in   std_logic;
       sum, carry_out        : out std_logic );
end FULLADD;

architecture STRUCT of FULLADD is
signal s1, s2, s3 : std_logic;

component half_adder
 port(A,B                    : in   std_logic;
      carry_out, sum         : out std_logic);
end component;

begin
      u1:   half_adder    port map(A, B, s2, s1);
      u2:   half_adder    port map(s1, carry_in, s3, sum);
      carry_out <= s2 or s3;
end STRUCT;
```

The Component half _ adder is described explicitly using the VHDL keyword component. If we comment the lines:

```
component half_adder
 port( A,B                   : in   std_logic;
      carry_out, sum         : out std_logic);
 end component;
```

出现如下错误：<half _ adder> is not declared。但是，因为所有的 VHDL 模块都编译到 work 库中，所以可通过以下方式直接在 work 库中使用 half _ adder 器件：

```
architecture STRUCT of FULLADD is
  signal s1, s2, s3 : std_logic;
begin    -- getting the half_adder from the library work in the construction: entity work.half_adder
      u1:   entity work.half_adder           port map(A, B, s2, s1);
      u2:   entity work.half_adder           port map(s1, carry_in, s3, sum);
      carry_out <= s2 or s3;
end STRUCT;
```

现在代码没有报错，产生的电路功能和图 1.19b 中的电路一样。器件通过外部（A，B，carry _ in，sum，carry _ out）和内部（s1，s2，s3）信号连接，这里采用的是位置连接。例如，半加器有四个接口 A，B，sum，carry _ out。在器件 u1 中，外部信号 A，B 和内部信号 s1，s2 对应连接。在器件 u2 中，s1（内部信号）连接 carry _ in（外部信号），s3（内部信号）连接 sum（外部信号）。从图 2.4 中应该能理解其他细节（也可见附录 A）。

上面的例子采用的是结构级、行为级和混合级 VHDL 规范的一般结构。在下一节将列举关于不同 VHDL 结构细节的例子，重点在于理解可以直接综合、执行并在 FPGA 电路中测试的例子。本书有两个附录（附录 A 和附录 B），附录 A 为可综合的结构和 VHDL 关键字。附录 B 为常用模块的代码举例。

总结 2.1 节，首先明确指出本书不是关于 VHDL 的，只是介绍了基本的

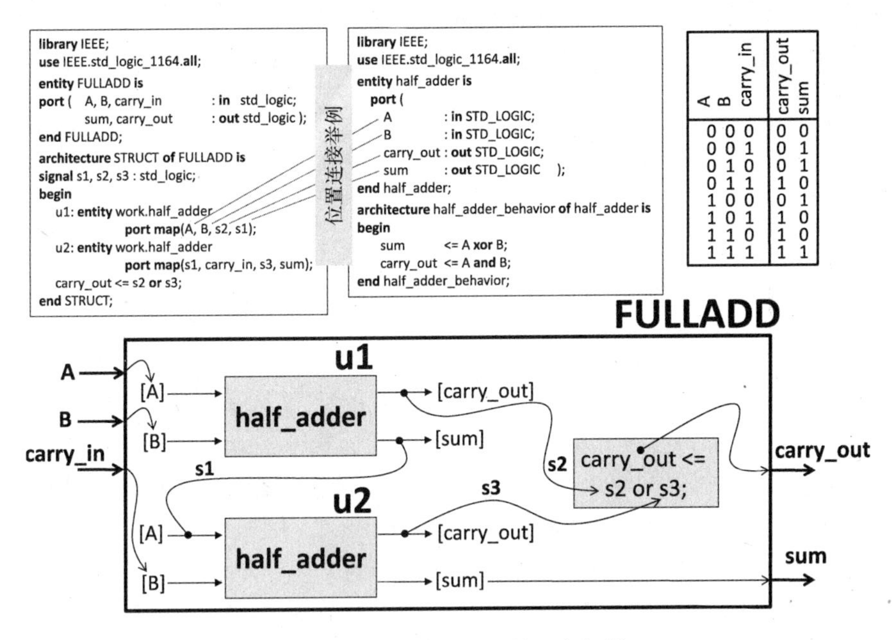

图2.4　结构体VHDL描述全加器

VHDL，足够用来描述对象FPGA电路和系统。本书的局限性如下：

（1）只使用了std _ logic类型中的两个值“0”和“1”。

（2）本书的例子主要使用的是值为“0”和“1”的无符号向量，类型声明是std _ logic _ vector。只有少数的例子使用的是有符号（signed）和无符号（unsigned）类型（见2.2节和附录）。

（3）考虑到假设1和2，在下述的许多例子中，std _ logic _ vector类型的使用同unsigned类型，尽管后者可能更正确，例如，对于比较、算术和一些其他操作。这个方法不会对本书中的结果（综合和实施）电路产生任何问题，而且可以使转换函数最小化。这是因为我们主要关注设计方法和电路描述，而不是通常使代码更难分析和理解的补充结构。

（4）本书中涉及的许多设计方法同样适用于有符号向量，假定已经很好地理解并测试过给定的例子，则要求的必要（最微小的）改变可以轻松做到。

2.2　数据类型、对象和操作数

我们考虑VHDL的基本数据类型：①enumerated（包括先前定义和用户定义的）；②bit vector；③integer；④record。

先前定义的enumerated类型是：①bit（值“0”和“1”）；②boolean（值false和true）；③IEEE std _ logic _ 1164包定义的std _ logic（值“U”“X”“0”“1”

“Z”“W”“L”“H”“_”，前面描述过的）。

用户定义的 enumerated 类型经常用于命名有限状态机的状态，例如：

```
type FSM_states is (begin, run, end); -- begin, run, end are user-defined names of FSM states
```

bit vector 是每个元素为位类型的标准位向量，或定义在 IEEE std _ logic _ 1164 包 std _ logic _ vector 中，元素为 std _ logic 类型。std _ logic 和 std _ logic _ vector 是本书最常用的类型。给出两个例子如下：

```
signal sw        :    std_logic_vector(3 downto 0);
signal my_bit    :    bit_vector(2 to 3);
```

第一个例子声明一个向量 sw，sw 有 4 个元素 sw(3)，sw(2)，sw(1)，sw(0)。例如，如果 sw < =“1100”，则 sw(3) =“1”，sw(2) =“1”，sw(1) =“0”，sw(0) =“0”。如果在第二个例子中，my _ bit < = “01”，则 my _ bit(2) =“0”，my _ bit (3) =“1”。在单引号之间写入单个位的值，而在双引号之间写入多个位的值。

Integer 类型声明整数，整数的值域可以明确定义，例如：

```
signal my_int : integer range 3 to 8; -- allowed values now are only 3, 4, 5, 6, 7, and 8
```

record 类型让不同类型的数集组合到一个已命名的结构中，例如：

```
type user_defined_record is record  -- the name of the structure is user_defined_record
   data1 : std_logic_vector(7 downto 0);        -- record fields
   data2 : integer range 0 to 7;                -- a field can also be of type record
end record;
```

数据类型可以形成阵列。尽管可以选择任何维数，但是通常要求限制维数。例如，本章参考文献［3］中维数限制为 3。如下的类型声明一个阵列，名为 my _ array，有 16 个整数，值可能为 0，1，2，3，4：

```
type my_array is array (0 to 15) of integer range 0 to 4;
```

如下代码声明有四个整数集的二维阵列：

```
type my_table is array (3 downto 0) of my_array; -- the type my_array is declared above
```

在这里，我们考虑三个 VHDL 对象，即信号（signal）、变量（variable）、常量（constant）。

信号在结构（见图 2. 2 中，介于行 architecture…… 和 begin 之间）声明部分用关键字 signal 声明，并在该结构中使用。

变量在进程或子过程（函数或过程）声明部分用关键字 variable 声明，并在该进程或子过程中使用。

常量在结构、进程、子过程（函数或过程）声明部分用关键字 constant 声明。进程、函数或者过程声明部分介于行 process……/function……/procedure…… 和 begin 之间。

一个完整实例如下：

```
library IEEE;   -- in future VHDL modules we will assume including these libraries
use IEEE.STD_LOGIC_1164.all;
use IEEE.STD_LOGIC_ARITH.all;          -- see also appendix A and section 2.6
use IEEE.STD_LOGIC_UNSIGNED.all;       -- for conversion functions

entity types_and_objects is  -- sw and led are signals from switches and to LEDs
  port (sw  : in std_logic_vector(3 downto 0);
        led : out std_logic_vector(7 downto 1));
end types_and_objects;

architecture Behavioral of types_and_objects is
  type my_array is array (0 to 15) of integer range 0 to 4;
  constant Hamming_weight : my_array := (0,1,1,2,1,2,2,3,1,2,2,3,2,3,3,4);
  signal index : integer range 0 to 15;
begin
  led(4 downto 1)      <= sw;
  index                <= conv_integer(sw(3 downto 0));
  led(7 downto 5)      <= conv_std_logic_vector(Hamming_weight(index), 3);
end Behavioral;
```

这里，conv _ integer（将 std _ logic _ vector 类型改为 integer 类型）和 conv _ std _ logic _ vector（将 integer 类型改为 std _ logic _ vector，std _ logic _ vector 大小为 n，其中 n 是第二个变量）是转换函数，为了使用转换函数，需要增加上述代码指明的包。如下行：

```
constant Hamming_weight : my_array := (0,1,1,2,1,2,2,3,1,2,2,3,2,3,3,4);
```

声明和初始化常量 Hamming _ weight，是一维整数阵列。具有索引 i_{10} 的每个整数都是 i_2 的汉明权重，即二进制向量 i_2 中值“1”的数量。而且，如果 $i_{10}=5$，则 my _ array（5）=2，i_2 = “0101”有两个数字“1”。这个一维阵列在这行中声明了新的 type my _ array，即 `type my_array is array (0 to 15) of integer range 0 to 4;`。图 2.5 所示为工程和工程功能使用的用户约束文件（User Constraints File，UCF）。

在后面的 VHDL 模块中，我们将使用下面衍生的数据类型（也在附录 A 中描述）：

（1）natural 声明非负整数（0，1，2，…）；

（2）positive 声明正整数（1，2，…）；

（3）unsigned 声明基于 std _ logic 类型的无符号向量，例如，在 VHDL 包 std _ logic _ arith 中（见 2.6 节）；

（4）signed 声明基于 std _ logic 类型的有符号向量，例如，在 VHDL 包 std _ logic _ arith 中（见 2.6 节）；

（5）character 是 7 位 ASCII 码；

（6）string（positive）是字符阵列。

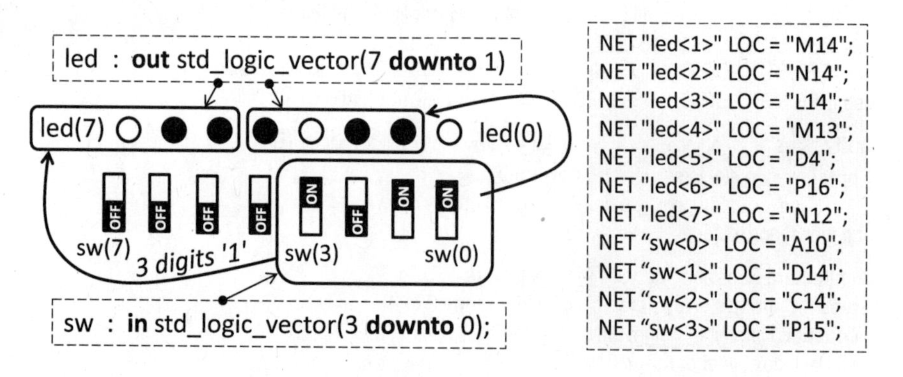

图 2.5　Altys 板集的 UCF 和具有实体 types _ and _ objects 的工程功能

如下两行代码给出了声明字符和字符串的实例：

```
signal my_string : string(1 to 3); -- declaration of signal my_string of type string(1 to 3)
signal my_char   : character;      -- declaration of signal my_char of type character
```

接下来的几行代码是在结构体中完成赋值的实例：

```
my_char <= '3';                    -- my_char receives the ASCII code of digit 3
my_string(1) <= '5';               -- my_string(1) receives the ASCII code of digit 5
my_string(2) <= my_char;           -- my_string(2) receives the value of my_char
my_string(3) <= '9';               -- my_string(3) receives the ASCII code of digit 9
led <= std_logic_vector(conv_unsigned(character'pos(my_char), 8));
```

最后一行代码在 ASCII 中找到 my _ char 的位置（character′pos（my _ char）），然后变换这个位置给一个 std _ logic 的 8 元素无符号向量（conv _ unsigned（<position>，8）），最后将这个无符号向量变换给 std _ logic _ vecter（std _ logic _ vecter（<unsigned vector>）），假定用八个 LED 显示。

下面的操作将在本书中的例子中使用：

（1）算术：+（加），-（减），*（乘），/（除），通常，只有当右边的操作数为 2 的幂数时才支持除法；

（2）赋值：< =（用于信号），: =（用于变量）；

（3）并置：&；

（4）逻辑：and，nand，nor，not，or，xor，xnor（见附录 A）；

（5）关系：=（等于），/ =（不等于），<（小于），< =（小于等于），>（大于），> =（大于等于）；

（6）移位：sll（逻辑左移），srl（逻辑右移），sla（算术左移），sra（算术右移），rol（逻辑循环左移），ror（逻辑循环右移），相关例子和补充解释见附录 A，通常使用逻辑等价操作（见附录 A 中的移位操作）；

（7）其他：abs（取绝对值），rem（取余），mod（取模），**（乘方）。通

常，只有在右边的操作数是一个常数且是 2 的幂数时，才支持 rem 和 mod 操作[3]。

大多数操作数的使用已经清楚了。下面是第一个 VHDL 模块，我们将讲解其中的一部分。

```
entity abs_rem_mod is  -- the project was tested in the ISE 14.7 and Atlys board
port ( sw                                   : in std_logic_vector(7 downto 0);
       led                                  : out std_logic_vector(7 downto 0);
       BTNU, BTNC, BTND, BTNL, BTNR         : in std_logic); -- onboard buttons in the Atlys
end abs_rem_mod;

architecture Behavioral of abs_rem_mod is
  signal result  : integer range 0 to 16;
  signal but     : std_logic_vector(4 downto 0);
begin
  but <= BTNU & BTNC & BTND & BTNL & BTNR;     -- concatenation of five signals
  result <=  16 when conv_integer(sw(3 downto 0)) = 0 else   -- 16 indicates "divide by 0"
          conv_integer(sw(7 downto 4)) mod conv_integer(sw(3 downto 0))
          when but = "00001" else              -- only BTNR is pressed
          conv_integer(sw(7 downto 4)) rem conv_integer(sw(3 downto 0))
          when but = "00010" else              -- only BTNL is pressed
          conv_integer(sw(7 downto 4)) / conv_integer(sw(3 downto 0))
          when but = "00100" else              -- only BTND is pressed
          abs(-10) when but = "01000" else     -- abs(-10) = 10 (only BTNC is pressed)
         abs(5) when but = "10000" else 0;     -- abs(5) = 5 (only BTNU is pressed
  led <= conv_std_logic_vector(result, 8);
end Behavioral;
```

这里引入的 when…else 是条件信号赋值语句，可以在简洁的代码中描述更多的操作数。条件赋值的一般格式如下：

```
<name> <= <expression> when <condition> else  <expression>;
```

可以重复无数次。例如，如果只有 but = “00001”，则执行 mod 操作，即只按下 BTNR 按钮。而且，信号 but 是五个按钮信号的并置（&）（BTNU&BTNC&BTND&BTNL&BTNR）。有些操作在上面的注释中已经解释过，其他见表 2.1。例如，使用取模（A mod B）运算改变结果，从 A = 0 到 B − 1，然后再从 0 到 B − 1，直到遍历完所有 A 的值（上述操作的明确定义见本章参考文献［1］）。从表 2.1 中可知，对于任何整型操作数，除（/）和求余（rem）在 Xilinx ISE 14.7 运行中都给出了正确结果（本章参考文献［3］指出，这两个操作都只支持当第二个操作数为 2 的幂数或所有的操作数都是常数时的运算）。表 2.1 中带 * 号的操作（mod *，rem *，/ *）适用于第一个操作数为正数且第二个操作数为负数的声明。

```
conv_integer(sw(7 downto 4)) mod (-conv_integer(sw(3 downto 0)))
conv_integer(sw(7 downto 4)) rem (-conv_integer(sw(3 downto 0)))
conv_integer(sw(7 downto 4)) / (-conv_integer(sw(3 downto 0)))
```

表 2.1　mod，rem 和除（/）操作的结果

A = sw (7:4)	B = sw (3:0)	Mod	mod*	rem (rem*)	/(/*)
0000_2 (0_{10})	mod，rem，/：	(0000_2) 0_{10}	(00000_2) 0_{10}	(0000_2) 0_{10}	0 (0)
0001_2 (1_{10})	0101_2 (5_{10})	(0001_2) 1_{10}	(11100_2) -4_{10}	(0001_2) 1_{10}	0 (0)
0010_2 (2_{10})		(0010_2) 2_{10}	(11101_2) -3_{10}	(0010_2) 2_{10}	0 (0)
0011_2 (3_{10})	mod*，rem*，/*	(0011_2) 3_{10}	(11110_2) -2_{10}	(0011_2) 3_{10}	0 (0)
0100_2 (4_{10})	(-5_{10})	(0100_2) 4_{10}	(11111_2) -1_{10}	(0100_2) 4_{10}	0 (0)
0101_2 (5_{10})	即符号被强制改变	(0000_2) 0_{10}	(00000_2) 0_{10}	(0000_2) 0_{10}	1 (-1)
0110_2 (6_{10})		(0001_2) 1_{10}	(11100_2) -4_{10}	(0001_2) 1_{10}	1 (-1)
0111_2 (7_{10})		(0010_2) 2_{10}	(11101_2) -3_{10}	(0010_2) 2_{10}	1 (-1)
1000_2 (8_{10})		(0011_2) 3_{10}	(11110_2) -2_{10}	(0011_2) 3_{10}	1 (-1)
1001_2 (9_{10})		(0100_2) 4_{10}	(11111_2) -1_{10}	(0100_2) 4_{10}	1 (-1)
1010_2 (10_{10})		(0000_2) 0_{10}	(00000_2) 0_{10}	(0000_2) 0_{10}	2 (-2)
1011_2 (11_{10})		(0001_2) 1_{10}	(11100_2) -4_{10}	(0001_2) 1_{10}	2 (-2)
1100_2 (12_{10})		(0010_2) 2_{10}	(11101_2) -3_{10}	(0010_2) 2_{10}	2 (-2)
1101_2 (13_{10})		(0011_2) 3_{10}	(11110_2) -2_{10}	(0011_2) 3_{10}	2 (-2)
1110_2 (14_{10})		(0100_2) 4_{10}	(11111_2) -1_{10}	(0100_2) 4_{10}	2 (-2)
1111_2 (15_{10})		(0000_2) 0_{10}	(00000_2) 0_{10}	(0000_2) 0_{10}	3 (-3)

因为（A mod B）结果的符号与 B 和 abs（result）< abs（B）一样，（A mod B）的结果不同于（A mod（－B））。（A rem B）结果的符号与 A 一样，因此（A rem B）=（A rem（－B））。显然（A/B）≠（A/（－B））。表 2.1（其中负数使用二进制补码，正数取绝对值）为 A（取不同值）和 B（取值 510 和 －510）运算的例子。列/（/*）只有十进制值。更多细节见附录 A。

2.3　组合进程和时序进程

VHDL 进程是并行执行的，而进程内部是使用串行描述的。本书中，我们使用具有敏感信号的进程，敏感信号出现在 process 关键字后面的圆括号内（由本章参考文献［3］可知这类具有敏感信号的进程非常灵活）。在附录 A 中有一些不使用敏感信号进程的例子（见 on 和 until）。任何敏感信号的改变都会激活该进程（即假设这些信号事件发生）。对于仿真对象（见 2.7 节）使用没有敏感信号的 wait 进程（wait 进程不允许使用敏感信号）。其他细节见附录 A。

2.3.1　组合进程

每次执行进程时，如果进程中的所有信号/变量都赋有新值，则这类进程是可组合的[3]。因此，敏感信号必须包括：①条件语句中的所有信号；②所有信号位于赋值操作的右边（< =或者：=）。如果任何值需要从前面的执行中存储，则后者不能是组合逻辑。

很多VHDL结构可在进程中使用。其中一些（本书非常需要）将在下面的例子中涉及。如果输入向量sw的值介于low带和high带之间（if（sw > low）and（sw < high）then led < = sw;）或者小于low带（elseif sw < low then led < = not sw;），则测试如下组合进程：

```
entity TestCombProc is    -- simplified syntax rules for processes are given in appendix A
port ( sw        : in  std_logic_vector(7 downto 0);              -- onboard switches
       led       : out std_logic_vector(7 downto 0));             -- onboard LEDs
end TestCombProc;

architecture Behavioral of TestCombProc is
  constant low   : integer := 5;
  constant high : integer := 10;
begin

cp1: process(sw)          -- cp1 (combinational process 1) is an optional label
begin    -- A simplified syntax rule for if...elsif...else...end if statement is given in appendix A
  if (sw > low) and (sw < high) then led <= sw;
  elseif sw < low then led <= not sw;
  else led <= (others => '0');
  end if;
end process cp1;          -- cp1 (combinational process 1) is an optional label

end Behavioral;
```

如果sw的值大于low小于high，则值在LED显示。如果sw < low，则所有sw元素的值取反（应用not操作）并在LED显示。否则，所有的LED都熄灭。语句led < =（others = >‘0’）；使信号led的值全为“0”（相应的所有LED都熄灭）。条件语句（第一或第二）在结构体中直接使用，代替在cp1进程中执行完全相同的操作，如下：

```
led <= sw when (sw > low) and (sw < high) else          -- the first conditional assignment
       not sw when sw < low else (others => '0');        -- see also Appendix A
with conv_integer(sw) select          -- the second (alternative) conditional assignment
       led <= sw         when low+1 to high-1,
       not sw            when low-1 downto 0,
       (others => '0')   when others;        -- see also Appendix A
```

If语句可以用case语句代替，在下面的cp2进程中，类似cp1进程的功能如下：

```
cp2: process(sw) -- A simplified syntax rule for case statement is given in Appendix A
begin
  case conv_integer(sw) is
       when low+1 to high-1    => led  <= sw;
       when low-1 downto 0     => led  <= not sw;
       when others             => led  <= (others => '0');
  end case;
end process cp2;
```

接下来的组合进程 cp3 可以用来找到 sw 的汉明权重（Hamming Weight，HW），即 sw 中 1 的数量。

```
cp3: process(sw) -- numerous examples with for statement are given in appendix A
variable HammingWeightCount : integer range 0 to 8;
begin
  HammingWeightCount := 0;
  for i in sw'range loop   -- HW for sw(7), sw(6), ... , sw(0)
       if sw(i) = '1' then HammingWeightCount := HammingWeightCount+1;
       end if;
  end loop;
  led <= conv_std_logic_vector(HammingWeightCount,8);
end process cp3;
```

for i in sw′range loop 这一行开始循环组合执行，造成循环体描述的逻辑重复。索引 i 不用提前声明，根据向量 sw 的范围自发增加（如 7 downto 0 的时序：7，6，5，4，3，2，1，0）。除了范围可以用 i 表示外，还有其他一些 VHDL 特性，见附录 A。举例如下：

```
for i in sw'left downto sw'right+4 loop        -- HW for sw(7 downto 4): i.e. for i values 7,6,5,4
for i in sw'reverse_range loop                 -- the order of i values is: 0,1,2,3,4,5,6,7
for i in sw'length-4 downto 0 loop             -- HW for sw(4 downto 0), because the length is 8
for i in 5 downto 3 loop                       -- the order of i values is: 5,4,3
```

接下来的组合进程 cp4 为如何使用 exit 语句，exit 语句让随后的索引值在循环中被跳过：

```
cp4: process(sw)
  variable left_1, right_1 : integer range 0 to 8;
begin
  left_1 := 8; right_1 := 8; -- the value 8 is chosen to indicate all zeros in the sw
  for i in sw'range loop   -- exit as soon as the first '1' from the left is encountered
       if sw(i) = '1' then left_1 := i; exit;
       end if;
  end loop;
  for i in sw'reverse_range loop -- exit as soon as the first '1' from the right is found
       if sw(i) = '1' then right_1 := i; exit;        -- see also exit in Appendix A
       end if;
  end loop;
  led(7 downto 4) <= conv_std_logic_vector(left_1, 4);
```

```
    led(3 downto 0) <= conv_std_logic_vector(right_1, 4);
  end process cp4;
```

关键字 next 使循环在当前 i 值停止，并使循环以下一个 i 值继续。注意，任何具有特定索引值的迭代在时序电路中都不是循环。每次迭代在循环体中复制逻辑值，循环体介于 loop 和 end loop 之间。循环 while（在 VHDL 中同样适用）功能类似于循环 for。细节见附录 A。

进程使用信号和变量。信号和变量区别很大。变量赋值（:=）为立即赋值（没有延时），信号赋值（<=）为在进程挂起时赋值。进程中的语句时序执行（从顶部执行到底部）。如果在进程中人为重新赋值信号，则信号值不会立即更新。例如，如果 A 和 B 是整型信号，则初始化为 A=10，B=20。

```
A <= 5;        -- initialized before with the value 10
B <= A;        -- initialized before with the value 20
```

然后，进程结束时（单独调用）B=10（而不是5），因为上面的 A，B 语句在进程结束时同时完成（即进程挂起时）。因此，B=10（A 的初值），A=5（上述赋值语句 A<=5 的值）。

在一些实际应用中要求迭代调用相同的语句，例如，语句 A<=A+1 可以在组合进程中循环执行，用 for 或者 while 语句。信号 A 的结果是显然错误的，是因为①信号 A 必须放在进程的敏感信号中（因为它出现在上面表达式的右边）；②A 的任何改变（任何 A 事件发生）迫使同一进程重新调用；③创建组合循环，在此例中这是错误的，因为变量立即赋值，一个类似的进程使用变量不会产生任何问题。且看如下实例：

```
entity TestLoops is
  port ( led_signal      : out  std_logic_vector (3 downto 0);
         led_variable    : out  std_logic_vector (3 downto 0);
         sw              : in std_logic_vector(7 downto 0) );
end TestLoops;
architecture Behavioral of TestLoops is
  signal count_sig : integer range 0 to 15;
begin

use_of_signals: process(sw, count_sig)      -- this process gives definitely wrong results
begin            -- warnings in ISE about a combinational loop are displayed
  count_sig <= 0;
  optional_label: for i in sw'range loop      -- DO NOT USE SIGNALS IN SUCH LOOPS
       if(sw(i) = '1') then count_sig <= count_sig+1;   -- this is definitely wrong
       end if;
  end loop optional_label;
  led_signal <= conv_std_logic_vector(count_sig, 4);
end process use_of_signals;

use_of_variables: process(sw)      -- this process gives correct results
```

```
variable count_var         : integer range 0 to 15;
begin
  count_var := 0;
  optional_label: for i in sw'range loop                    -- this loop is correct
        if(sw(i) = '1') then count_var := count_var+1;     -- now this line is correct
        end if;
  end loop optional_label;
  led_variable <= conv_std_logic_vector(count_var, 4);
end process use_of_variables;

end Behavioral;
```

很容易测试出第一个进程 use _ of _ signals 产生错误结果，第二个进程 use _ of _ variables 产生正确结果。

2.3.2 时序进程

如果之前赋值的信号保持它们之前的值，则该进程顺序执行，因此，在新进程执行时不明确赋值[3]。主要考虑时钟边沿触发的时序进程，有敏感信号，也可能有同步重置，描述如下：

```
<optional label:> process(clock)    -- clock is the name of the clock signal
< optional declarative part>
begin
  if rising_edge(clock) then          -- the same as: if clock'event and clock = '1' then
     <sequential (possibly conditional) statements>
  end if;
end process <optional label>;
```

下面的例子证明时序进程之间的通信。第一个进程 CP1 有条件赋值语句（用 - - * * 标记），描述减少时钟（clk）频率的电路。

```
sp1: process(clk)
begin
  if rising_edge(clk) then internal_clock <= internal_clock+1; end if;
end process sp1;                                     -- sw is a 3-bit vector (2 downto 0)
divided_clk <= internal_clock(internal_clock'left - conv_integer(sw))        --**
                 when falling_edge(clk);                                      --**
```

下面的声明必须在结构声明部分完成：

```
signal internal_clock      : unsigned(how_fast downto 0); -- how_fast = 30
signal positive_reset      : std_logic; -- this signal will be needed in examples below
signal divided_clk         : std_logic;
```

因为 internal _ clock 是 31 位无符号向量（也可以使用 std _ logic _ vector），所以信号 divided _ clk 在向量 internal _ clock 中占一位（internal _ clock'left - conv _ integer（sw）），时钟 clk 的频率由 $2^{how\_fast+1-conv\_integer(sw)}$ 划分。如果 conv _ integer（sw）=0，则 Atlys 板的基频（100MHz）由 $2^{31}=2147483648$ 划分。因此，divided _ clk 的时钟周期变为约 21.5s。如果 conv _ integer（sw）=7，则基频由 $2^{31-7}=16777216$ 划分，因此时钟周期变为约 0.16s。sw 的值越大，divided _ clk 提供的频

率越高（较短周期）。

在sp1进程体中的条件信号赋值语句（在代码中用--**标记的）可用如下代码代替：

```
if falling_edge(clk) then
	divided_clk <= internal_clock(internal_clock'left - conv_integer(sw));
end if;
```

The next sequential process sp2 describes functionality of a binary counter:

```
sp2: process (divided_clk)   -- signal count keeps the result of the counter
begin
  if rising_edge(divided_clk) then -- using divided_clk enables the results to be observed visually
     if positive_reset = '1' then count <= (others=>'0'); -- synchronous reset of the counter
     else
       if count_enable = '1' then  -- increment/decrement of the counter
            if increment='1' then   count <= count + 1;
            else                    count <= count - 1;
            end if;
       end if;
     end if;
  end if;
end process sp2;
```

这里，count _ enable是计数器的使能信号，increment选择加计数器（increment = "1"）或减计数器（increment = "0"）。

最后一个时序进程sp3描述移位寄存器的功能，如下：

```
sp3: process (divided_clk)          -- signal shift keeps the result of the register
begin                               -- the size of shift is chosen to be (6 downto 0)
  if rising_edge(divided_clk) then -- using divided_clk enables the results to be observed visually
     if positive_reset = '1' then shift <= (others=>'0'); -- reset of the register
     else
       if load_enable = '1' then  shift <= count;  -- loading the register
       elsif right = '1' then  -- shift right/left of the register
            shift <= shift(0) & shift(5 downto 1);
       else
            shift <= shift(4 downto 0) & shift(5);
       end if;
     end if;
  end if;
end process sp3;
```

这里，load _ enable是寄存器使能信号（允许载入计数器的计数值），信号right选择右移（right = "1"）或者左移（right = "0"）。

如下代码包含了所有上述描述的进程：

```
entity sequential_processes is            -- pins are given below for the Atlys board
  generic (how_fast: integer := 30  ); -- generic how_fast constant with the default value 30
port ( clk                  : in std_logic;                    -- clock 100 MHz   – pin L15
       load_enable          : in std_logic;                    -- signal from sw(6) – pin T5
       count_enable         : in std_logic;                    -- signal from sw(7) – pin E4
       increment            : in std_logic;                    -- signal from sw(3) – pin P15
       right                : in std_logic;                    -- signal from sw(4) – pin P12
       count_shift          : in std_logic;                    -- signal from sw(5) – pin R5
       sw                   : in std_logic_vector(2 downto 0); -- pins C14, D14, A10
       rst                  : in std_logic;                    -- RESET button     – pin T15
       led                  : out std_logic_vector(7 downto 0)); -- see pins in Fig. 2.5 above
end sequential_processes;
architecture Behavioral of sequential_processes is
  signal internal_clock     : unsigned(how_fast downto 0);
  signal positive_reset     : std_logic;
  signal divided_clk        : std_logic;
  signal shift, count       : std_logic_vector(5 downto 0);
begin
  positive_reset <= not rst;  -- the onboard RESET button for the Atlys produces 0 when pressed
   -- the described above sp1 process
   -- the described above sp2 process
   -- the described above sp3 process
  led(7 downto 2) <= count when count_shift = '1' else shift;  -- the results of count or shift
  led(1) <= '0';  -- LED1 is set to OFF
  led(0) <= divided_clk;   -- divided_clk with the selected by sw frequency
  divided_clk<=internal_clock(internal_clock'left-conv_integer(sw))
                when falling_edge(clk);
end Behavioral;
```

图 2.6 所示为例证如何测试以上工程的结果。

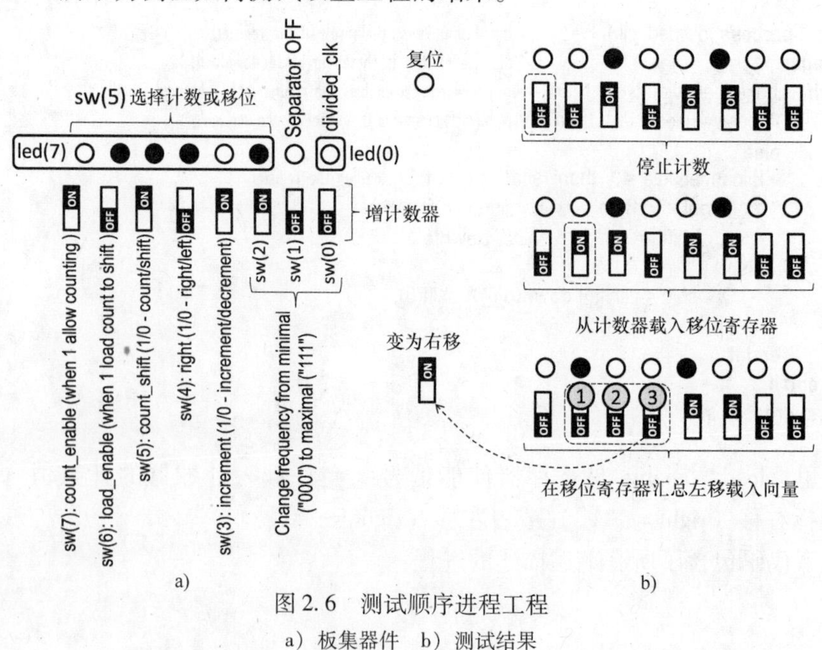

图 2.6　测试顺序进程工程

a）板集器件　b）测试结果

在之前已经提过进程使用的信号和变量之间存在显著不同。图 2.7 所示为其他时序进程的例子，模块用 1 标记且执行过一次。进程 test _ assign 中有两个信号 A 和 B。这些信号只在进程挂起时更新。因此，在进程 test _ assign 的 if 语句处，信号 led (1) 和 led (0) 赋值 A 和 B 之前的值，而这个结果可能并不是期望的那个值。

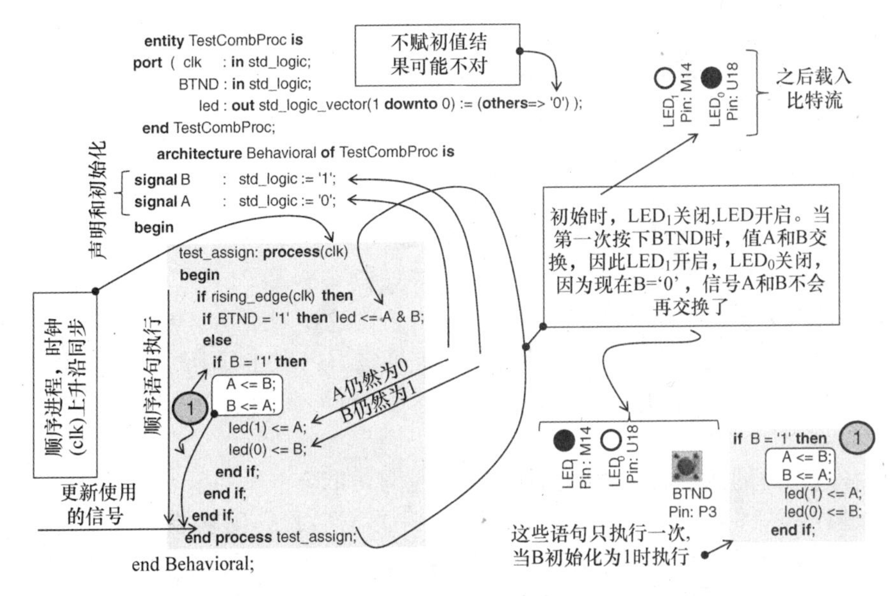

图 2.7　执行进程 test _ assign 的例子

```
if B = '1' then     A <= B;          B <= A;
                    led(1) <= A;     led(0) <= B;
end if;
```

如果使用的是变量，而不是信号，则赋值立即执行，因此 led (1) 将收到更新的 A 值，led (0) 将收到更新的 B 值。

总结，考虑有两个进程的完整例子，即 test _ variable 有变量 vA；test _ signal (看着相似) 有信号 sA。

```
entity TestProc is
port ( clk     : in std_logic;
       sw      : in std_logic_vector(3 downto 0);
       led     : out std_logic_vector(7 downto 0));
end TestProc;
architecture Behavioral of TestProc is
  signal sA              : std_logic_vector(3 downto 0) := (others =>'0');
  signal divided_clk     : std_logic;
begin  -- the lines of the test_variable process are similar to the lines of the test_signal process
test_variable: process(divided_clk)
  variable vA : std_logic_vector(3 downto 0) := (others =>'0');
```

```
begin  -- the functionality of the test_variable and the test_signal processes is not the same
  if rising_edge(divided_clk) then
       vA := sw(3 downto 0);          -- a new value is assigned without delay
       led(7 downto 4)    <= vA;      -- the new value is displayed
  end if;
end process test_variable;

test_signal: process(divided_clk)
begin
  if rising_edge(divided_clk) then
       sA <= sw(3 downto 0);          -- a new value is assigned
       led(3 downto 0) <= sA;         -- the new value is delayed until the next activation
  end if;                             -- of the test_signal process
end process test_signal;

low_freq: entity work.clock_divider
          port map (clk, divided_clk);

end Behavioral;
```

如果开关 sw3，sw2，sw1，sw0 的值改变，则这些改变首先出现在 LED7，6，5，4 上，且仅在一个时钟信号 divided _ clk 周期之后出现在 LED3，2，1，0 上。这个功能可轻松测试，因为时钟频率被（clock _ divider）划分在可见范围内（1Hz 等）。

解释过前面的例子后发现在循环中使用信号可能会产生问题。例如，在 2.3 节中如果进程 sp3 的变量 HammingWeightCount 用信号替代，则功能将异于我们期望的那样（最终导致错误）。在组合进程中，综合工具能识别许多这类潜在的问题并产生组合循环警告。总之，时序进程（类似上例和图 2.7 中的例子）是在进程挂起时进行赋值的，而不是在进程执行时赋值。

2.4 函数、进程和模块

函数和进程用于代码模块，在设计中被引用无数次。它们描述类似于组合进程的功能。函数总是用 return 结束，计算并返回一个值。附录 A 给出了简化的函数和进程语法规则。注意，输入参数可以不被约束，即它们没有界限。我们描述在 2.3 节的进程 sp3 中实现的函数汉明权重如下：

```
function HammingWeight (input: std_logic_vector) return integer is
  variable HammingWeightCount : integer range 0 to input'length;
begin          -- the "input" parameter is unconstrained above because bounds are not declared
  HammingWeightCount := 0;
  for i in input'range loop
       if input(i) = '1' then HammingWeightCount := HammingWeightCount+1;
       end if;
  end loop;
  return HammingWeightCount;
end HammingWeight;
```

函数的代码需要在结构的声明部分定义。

函数可以有多个参数，并且可以激励另一个函数。例如，如下 HammingWeightComparator 函数有三个参数，并调用第一个函数为 HammingWeight：

```
function HammingWeightComparator (input: std_logic_vector;
        thresholdLow: integer; thresholdHigh: integer) return Boolean is
begin
  if HammingWeight(input) < thresholdLow          then return false;
  elsif HammingWeight(input) > thresholdHigh      then return false;
  else                                            return true;
  end if;
end HammingWeightComparator;
```

以下代码展示了调用 Hamming Weight 和 Hamming Weight Comparator 函数模块的完整描述：

```
entity TestFunctions is
port ( BTND    : in std_logic;                        -- signals from the onboard BTND
       sw      : in std_logic_vector(7 downto 0);     -- signals from the onboard switches
       led     : out std_logic_vector(7 downto 0));   -- signals to the onboard LEDs
end TestFunctions;

architecture Behavioral of TestFunctions is
  -- the code of the function HammingWeight given above
  -- the code of the function HammingWeightComparator given above
begin -- invocations of the functions are shown below on simple examples
  led(6 downto 0)<=conv_std_logic_vector(HammingWeight(sw),7) when BTND='0'
       else conv_std_logic_vector(HammingWeight(not sw(7 downto 4)), 7);
  led(7) <= '1' when HammingWeightComparator(sw, 3, 6) = true else '0';
end Behavioral;
```

函数允许使用不在函数参数列中的信号。但是，在这种情况下，函数必须声明为 impure（所有的函数默认为 pure）。移除函数 HammingWeightComparator 的第一个参数，检测如下代码：

```
impure function HammingWeightComparator  -- error without the use of the impure keyword
(thresholdLow: integer; thresholdHigh: integer) return Boolean is
begin
  -- the lines from the function HammingWeightComparator given above
end HammingWeightComparator;
```

在 testfunction 实体中的 led（7）行必须改变（因为现在只有两个参数）为如下：led（7） < = ‘1’ when HammingWeightComparator（3，6） = true else ‘0’;。现在，功能和之前完全一样。

关键字 impure 是函数的可选项，这个选项扩展了变量和信号的范围，使在函数外声明的变量和信号可在函数内部使用。因此，一个 impure 函数（对比 pure 函数）可能对相同参数返回不同的函数值（很类似上述例子）。

函数可以接收和返回用户定义类型的值。看如下实例：

```
entity FunctionSort is    -- this function was tested for the Nexys-4 board
port ( sw      : in std_logic_vector(15 downto 0);        -- the onboard switches
       led     : out std_logic_vector(15 downto 0));      -- the onboard LEDs
```

```
end FunctionSort;

architecture Behavioral of FunctionSort is
  type array4vect is array (0 to 3) of std_logic_vector(3 downto 0); -- user-defined type
  signal my_array         : array4vect;

  function sort (Data_in : in array4vect) return array4vect is
    variable data_l1       : array4vect;
    variable data_l2       : array4vect;
    variable Data_out      : array4vect;

  begin
    for i in 0 to 1 loop
      if data_in(i*2) <= data_in(i*2+1) then
                Data_l1(i*2) := data_in(i*2+1);        Data_l1(i*2+1) := data_in(i*2);
      else      Data_l1(i*2) := data_in(i*2);          Data_l1(i*2+1) := data_in(i*2+1);
      end if;
    end loop;
    for i in 0 to 1 loop
      if data_l1(i) <= data_l1(i+2) then
                Data_l2(i) := data_l1(i+2);            Data_l2(i+2) := data_l1(i);
      else      Data_l2(i) := data_l1(i);              Data_l2(i+2) := data_l1(i+2);
      end if;
    Data_out(i*3) := data_l2(i*3);
    end loop;
    if data_l2(1) > data_l2(2) then
                Data_out(1) := data_l2(1);             Data_out(2) := data_l2(2);
    else        Data_out(1) := data_l2(2);             Data_out(2) := data_l2(1);
    end if;
    return Data_out;
  end sort;

begin
my_array <= (sw(15 downto 12), sw(11 downto 8), sw(7 downto 4), sw(3 downto 0));
(led(15 downto 12), led(11 downto 8), led(7 downto 4), led(3 downto 0)) <=
      sort(my_array);
end Behavioral;
```

对于四个 4 位数据项，可用函数实现组合奇偶合并归类网络。目前在函数中如何写奇偶合并归类网络的代码并不重要。这样的网络将在 3.4.1 节描述。我们只例证如何使用用户定义类型的输入和返回参数（如上面的代码中的 array4vect 类型）。这个例子可以在 Nexys－4 板中测试，使用 16 个开关和 16 个 LED。从四组开关得到数据项，正如上面赋值给 my _ array 的一样。结果通过 LED 显示，LED 分为相似的组（每组四个 LED，在上述例子中调用函数 sort 的地方。数据项以降序显示（最大值在 led（15 downto 12），最小值在 led（3 downto 0））。

过程不同于函数，因为它们允许产生多个对象。下面的例子是过程 left1 _ right1，在提供的向量（sw）中找到首尾“1”的位置。每个位置的数量代表与右边起始值为 1 的开关的相关度（即假定右边的开关为 1 非 0，则当开关为 ON 时避免所有的 0 显示在 LED 上），如图 2.8 所示。

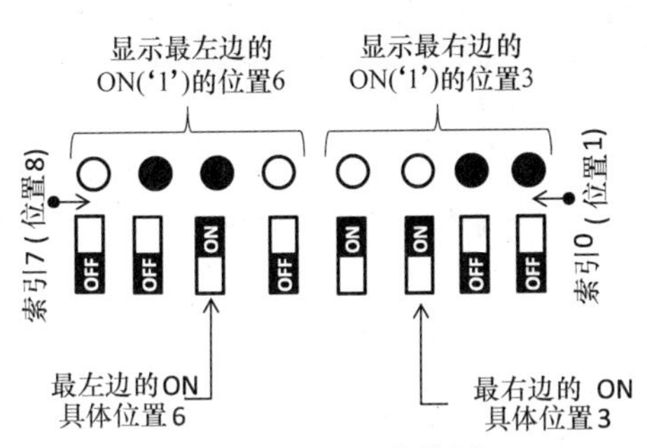

图 2.8　测试程序举例

```
entity TestProcedure is              -- see Fig. 2.8 for additional explanations
port ( sw        : in  std_logic_vector(7 downto 0);    -- the onboard switches
       led       : out std_logic_vector(7 downto 0));   -- the onboard LEDs
end TestProcedure;

architecture Behavioral of TestProcedure is

procedure left1_right1
  (signal sw      : in std_logic_vector;
  -- sw is an input vector (all parameters are unconstrained; see appendix A)
  signal f_left   : out std_logic_vector; -- f_left is the first result (the leftmost value 1 in the sw)
  signal f_right  : out std_logic_vector) is
  -- f_right is the second result (the rightmost value 1 in the sw)
  variable first_left, first_right        : integer range 0 to 8;
begin            -- initially the leftmost and the rightmost positions of '1' are assigned to be 0

  first_right := 0;   first_left := 0;

  for i in sw'range loop   -- the first loop finds the leftmost position of '1' (from N-1 downto 0)
       if sw(i) = '1' then first_left := i+1; exit;   -- the range of first_left is from N downto 1
       end if;
  end loop;   -- f_left below receives the value of the leftmost '1' in the given vector

  f_left <= conv_std_logic_vector(first_left, 4);

  for i in sw'reverse_range loop    -- the second loop finds the rightmost '1' (from 0 to N-1)
       if sw(i) = '1' then first_right := i+1; exit;    -- the range of first_right is from 1 to N
       end if;
  end loop;   -- f_right below receives the value of the rightmost '1' in the given vector

  f_right <= conv_std_logic_vector(first_right,4);

end left1_right1;                                                    -- end of the procedure

  signal first_left, first_right           : std_logic_vector(3 downto 0);

begin
  left1_right1(sw, first_left, first_right);  -- use of the procedure left1_right1
  led(7 downto 4) <= first_left;   -- in this example the vector is taken from 8 switches and the
  led(3 downto 0) <= first_right; -- results are displayed on groups of LEDs (7,6,5,4) and (3,2,1,0)
end Behavioral;
```

如果我们像下面一样声明过程：

```
procedure left1_right1 (  sw : in std_logic_vector;
        -- sw is an input vector (all parameters are unconstrained; see appendix A)
                         f_left: out std_logic_vector;
        -- f_left is the first result (the leftmost value 1 in the sw))
                         f_right: out std_logic_vector) is
        -- f_right is the second result (the rightmost value 1 in the sw)
```

则综合工具会报错，说输出参数必须为变量，然而应用于过程的参数 sw，f _ left 和 f _ right 在上面的实体 TestProcedure 中声明为信号。但是，在进程调用过程中，参数 first _ left 和 first _ right 声明为变量，如下面：

```
process (sw)   -- note that the signal sw does not appear on the left-hand side of assignments in the
               -- procedure left1_right1 and the signal declaration does not give rise to any problem
  variable first_left, first_right : std_logic_vector(3 downto 0);
begin -- pay attention to the correct use of operators <= and := in the procedure left1_right1
  left1_right1(sw, first_left, first_right);
  led(7 downto 4) <= first_left;
  led(3 downto 0) <= first_right;
end process;
```

考虑另一个例子，程序找到数据项集（在函数 FunctionSort 中使用过的）中的最小值和最大值。

```
entity ProcMaxMin is      -- this function was tested for the Nexys-4 board
port ( sw        : in std_logic_vector(15 downto 0);    -- the onboard switches
       led       : out std_logic_vector(7 downto 0));   -- the onboard LEDs
end ProcMaxMin;

architecture Behavioral of ProcMaxMin is
  type array4vect is array (0 to 3) of std_logic_vector(3 downto 0);
  signal my_array          : array4vect;
  procedure max_min (  signal Data_in     : in array4vect;
                       signal max_v       : out std_logic_vector;
                       signal min_v       : out std_logic_vector)   is
  variable data_out        : array4vect;

  begin
    for i in 0 to 1 loop
       if data_in(i*2) <= data_in(i*2+1) then
                 Data_out(i*2) := data_in(i*2+1);  Data_out(i*2+1) := data_in(i*2);
       else      Data_out(i*2) := data_in(i*2);    Data_out(i*2+1) := data_in(i*2+1);
       end if;
    end loop;
    if Data_out(0) > Data_out(2) then          max_v <= Data_out(0);
    else                                       max_v <= Data_out(2);
    end if;
    if Data_out(3) < Data_out(1) then          min_v <= Data_out(3);
    else                                       min_v <= Data_out(1);
    end if;
  end max_min;
begin
```

```
my_array <= (sw(15 downto 12), sw(11 downto 8), sw(7 downto 4), sw(3 downto 0));
max_min(my_array, led(7 downto 4), led(3 downto 0));
end Behavioral;
```

在组合电路中寻找最大值和最小值的方法将在 3.6 节描述（见图 3.16）。这里只介绍如何使用不同类型的过程。上面的例子可以在原型机板上测试，用 16 个开关和八个 LED。数据项类似于上面的函数 FunctionSort。结果在 LED 上分组显示，led（7 downto 4）用于显示最大值，led（3 downto 0）用于显示最小值。

块是使在设计分段的同时发生语句。它们用于明晰 VHDL 模块的分层结构（尽管不广泛使用），对一些工程还是有用的。块的简化语法规则见附录 A。我们在以后的章节中不使用块，下面仅给出一点相关的细节。这里分段描述上面的模块，在两个标为 block_with_one_function 和 block_with_another_function 的块中使用两个函数 HammingWeight 和 HammingWeightComparator。

```
entity TestBlock is
port ( sw        : in std_logic_vector(7 downto 0);     -- onboard switches
       led       : out std_logic_vector(7 downto 0));   -- onboard LEDs
end TestBlock;

architecture Behavioral of TestBlock is
  signal HW : integer range 0 to 8;
begin
  block_with_one_function: block is          -- the first line of the first block
  -- code of the function HammingWeight given above
  begin
      led(6 downto 0) <= conv_std_logic_vector(HammingWeight(sw), 7);
      HW <= HammingWeight(sw);
  end block block_with_one_function;         -- the last line of the first block

  block_with_another_function: block is      -- the first line of the second block
  -- code of the impure function HammingWeightComparator given above
  begin -- see example available at the Internet (http://sweet.ua.pt/skl/Springer2014.html)
      led(7) <= '1' when HammingWeightComparator(3,6) = true else '0';
  end block block_with_another_function;     -- the last line of the second block
end Behavioral;
```

分段设计的功能跟前面的一样。新信号 HW（在结构声明部分）用于将第一个块的结果送到第二个块中。

块语句有 guarded signal 赋值，只当块守护条件为真时才赋值，举例如下：

```
entity TestBlockGuarded is
port ( clk              : in std_logic;
       enableBTND       : in std_logic;     -- the onboard BTND button
       BTNU             : in std_logic;     -- the onboard BTNU button
```

```
        sw                  : in std_logic_vector(7 downto 0);     -- onboard switches
        led                 : out std_logic_vector(7 downto 0));   -- onboard LEDs
end TestBlockGuarded;

architecture Behavioral of TestBlockGuarded is
  signal shift_rg           : std_logic_vector(7 downto 0);
  signal divided_clk        : std_logic;
begin
  -- the block below copies sw to LEDs when BTND=1 and shifts the copied values left
  -- when BTND=BTNU=1
  my_block:    block (enableBTND='1' and rising_edge(divided_clk)) is
  begin        -- the guarded assignment below is done only if the condition above is true
      shift_rg <= guarded sw when BTNU = '0' else shift_rg(6 downto 0) & shift_rg(7);
  end block my_block;   -- the end of the block

  led <= shift_rg;          -- the value of shift_rg is displayed on the onboard LEDs

  -- the clock divider below reduces the clock frequency to observe the changes of the LEDs visually
  low_freq: entity work.clock_divider port map(clk, divided_clk);   -- see appendix B

end Behavioral;
```

如果按下 BTND 按钮，则将开关的状态复制到 shift _ rg；如果按下 BTNU 按钮，则复制的值在 divided _ clk 的每个上升沿左移。

2.5 类和生成

通过提供向量大小、值域、重复元素的数量等参数，类语句支持可升级设计。在实体声明部分声明默认类。第一个例子将介绍如何使用不同类型的类。

```
entity TestGenerics is      -- it is assumed to be used for the Atlys board
  generic( name             : string := "7954321";-- generic parameters with default values
          position          : integer := 2;          -- indicated after the characters ":="
          max_length        : integer := 7;
          my_char0          : character := '0';

          my_char9          : character := '9';
          MSL               : integer  := 4;
          bool_value        : Boolean := true);
  port (led                 : out std_logic_vector(2*MSL-1 downto 0));
end TestGenerics;

architecture Behavioral of TestGenerics is
  signal tmp : Boolean := false;
  begin
  assert (MSL <= 4)                 -- if MSL > 4 the message "wrong size for LEDs" is displayed
  report "wrong size for LEDs"      -- the message indicated here is displayed if MSL > 4
  severity FAILURE;                 -- severity can be NOTE, FAILURE, WARNING and ERROR
  assert position <= name'length    -- check the position
  report "position is wrong"
```

```
    severity FAILURE;                     -- severity FAILURE terminates the synthesis
    assert name'length <= max_length      -- check the maximal length
    report "max length is wrong"
    severity WARNING;   -- for severity WARNING the warning message "max length is wrong"
                        -- (if activated) appears in the Design Summary/Reports
    led(2*MSL-1 downto MSL) <=std_logic_vector(conv_unsigned
            ((character'pos(name(position))-character'pos(my_char0)), MSL));
    tmp <= bool_value when character'pos(name(position)) >
                  character'pos(my_char9) else not bool_value;
    led(MSL-1) <= '1' when tmp else '0';
    led(MSL-2 downto 0) <= conv_std_logic_vector(name'length,MSL-1); -- name'length =7
  end Behavioral;
```

LED显示的结果为10010111。前四个数字（1001）是ASCII表中的符号“9”和“0”的位置差值。下一位是0，因为“9”的位置不比“9”的位置大（字符串“7954321”的第二个字符是“9”，my _ char9是“9”）。最后三位（111）代表字符串“7954321”的长度。

类行name：string ： =“7954321”；定义一个类参数name，是一个字符串，默认值为“7954321”（见附录A中literal）。在“7954321”中最左边的字符“7”的位置为1，最右边的字符“1”的位置为7。character′pos（name（position））部分使用pos特性（见附录A中attribute）。在这个例子中，position的默认值（即2）使character′pos（name（2）） =character′pos（“9”）返回字符“9”在ASCII表中的位置，即$57_{10}=39_{16}$。可通过如下语句检验：

```
led(2*MSL-1 downto 0) <=
              std_logic_vector(conv_unsigned( (character'pos(name(2)) ), 8 ));
```

LED显示的结果是“00111001”，是等式$57_{10}=39_{16}$的二进制表达式。conv _ unsigned和std _ logic _ vector提供必要转换。相似的结果也可由下面的语句获得：

```
led(2*MSL-1 downto 0) <= conv_std_logic_vector(character'pos(name(2)), 8);
```

提供的LED值为“00111001”。

从上面的代码可以看出设计是可升级的。而且对于合适的需要，可以改变类参数来适应模块。例如，tmp信号指name中是否存在低于字符“9”在ASCII表中位置的字符。如果改变my _ char9的默认值，例如改为5，则字符检验到相关的字符“5”的位置。

声明语句确保满足一些约束。例如下面的语句：

```
assert position <= name'length      -- check position
report "position is wrong"
severity FAILURE;
```

已经检验position是否少于或者等于name′length。如果条件（less or equal：< =）不满足，则停止综合（因为选项severity FAILURE;），且显示信息“positon is wrong”。发现类似的其他错误和警告在上面的注释中显示。

现在使用实体TestGenerics作为更高等级实体的组成部分，如下：

```
entity NowForNexys4Board is        -- it is assumed to be used for the Nexys-4 board
generic (name  : string := "FBCD"; -- the default value "7954321" was changed to "ABCD"
         new_position    : integer := 3; -- the default value 2 was changed to 3
         max_length      : integer := "FBCD"'length; -- the default value 7 was changed to 4
         my_char_F       : character := 'F'; -- the default value '0' was changed to 'F'
         -- the default value '9' for the my_char9 was unchanged
         MSL             : integer  := 8);   -- the default value '4' was changed to '8'
         -- the default value true for the bool_value was unchanged
port (led                : out std_logic_vector(2 * MSL-1 downto 0));
end NowForNexys4Board;

architecture Behavioral of NowForNexys4Board is  -- the code is adjusted for the Nexys-4
begin
  assert (MSL <= 8)        -- now the MSL is tested for the value 8
  report "wrong size for LEDs"
  severity FAILURE;
  assert new_position <= name'length -- the name new_position is used instead of the position
  report "position is wrong"
  severity FAILURE;
  assert name'length <= max_length
  report "max length is wrong"
  severity WARNING;
  To_test: entity work.TestGenerics  -- unchanged generics my_char9 and bool_value are
                                     -- not used in the generic map statement below
   generic map (name => name, position=> new_position,
           max_length => max_length,  my_char0 => my_char_F, MSL => MSL)
   port map (led => led);

 end Behavioral;
```

上面的例子用于 Nexys－4 板，LED 显示结果为 1111110110000100（generic map 结构允许默认类值用新类值代替）。前 8 位 11111101 代表二进制补码 -3_{10}，是 ASCII 表中“C”（即 67_{10}）和“F”（即 70_{10}）位置的差值（即“C”的位置减“F”的位置）。请注意，所有不在类绘图中使用的类名保持不改变。

第二个例子为在 2.4 节描述的 HammingWeight 函数中使用类参数。为第 1 章的图 1.6 中的工程创建一个电路原理图符号。开始的时候，需要从 1.2.1 节复制电路原理图资源（见图 1.6）到新工程，即创建新工程且在 ISE 中选择选项 Project→Add Copy of Source…，从先前的工程中添加文件 DistTop. sch 到新工程。下一步，增加新资源，即顶层模块。然后，在 Design Utilities 选项下双 View HDL Instantiation Template 并复制如下代码到顶层模块：

```
UUT: DistTop port map (-- UUT is a label and we remind that VHDL is not case sensitiv
        s_in => ,
        clk1Hz => ,
        Sw => ,
        s_out => ,
        clock => ,
        BTND => );
```

最后，顶层模块TestGenerics1Top需要如下代码：

```
entity TestGenerics1Top is
generic( number_of_bits : integer  := 48;      -- generic parameters with default values
         max_bits       : integer := 52;
         bits_sr   : std_logic_vector(4 downto 0) := (4 downto 2 => '0', others=>'1');
         rst            : std_logic := '0');
port (   clk            : in std_logic;
         led            : out std_logic_vector(7 downto 0));
end TestGenerics1Top;

architecture Behavioral of TestGenerics1Top is
  signal Rg : std_logic_vector(number_of_bits-1 downto 0):=(others=> '0');
  signal s_in, clk1Hz, s_out : std_logic;
  signal limit : integer range 0 to max_bits + conv_integer(bits_sr) := 0;
  -- code of the function HammingWeight given above in section 2.4
  begin

  process(clk1Hz)  -- the process takes bits from the output s_out of the project from Fig. 1.6
  begin            -- and pushes them to the shift register RG
    if rising_edge(clk1Hz) then
      if limit <= (max_bits + conv_integer(bits_sr)) then  -- less than or equal operator <=
        limit <= limit+1;                                   -- assignment operator <=
        Rg <= Rg(number_of_bits-2 downto 0) & s_out;
      else Rg <= Rg;

      end if;  -- after (max_bits+conv_integer(bits_sr)) clock periods the Rg will contain max_bits
    end if;    -- shifted values. Note that bits_sr bits are skipped because the LUT-based shift register
 end process;  -- involves the bits_sr delay (see details in Fig. 1.7: sw(4 downto 0) = bits_sr)

 led(7 downto 3) <= conv_std_logic_vector(HammingWeight(Rg), 5);

 led(2) <= s_out;    led(1) <= clk1Hz;

 UUT: entity work.DistTop
    port map(  s_in => led(0),          -- see also map in Appendix A
               clk1Hz => clk1Hz, Sw => bits_sr, s_out => s_out, clock => clk, BTND => rst);
    end Behavioral;
```

从图1.6可以看出，基于LUT的256×1 ROM用INIT值初始化，即0f0f0f0f0f0f0f0f0f0f0f0f0f0f0f0f0f0f0f0f0f0f0f0f0f0f0f070301013731。这64个十六进制数字代表64×4=256二进制数（位）。max _ bits =52个最低有效位获得最后的number _ of _ bits =48位（即最新复制到寄存器Rg中的值）。模块计数强调数字的汉明权重，将结果复制到led（7 downto 3）。所有剩余的LED作用同图1.6。因此，默认类的值是led（7downto3）=10010，即在$f07030101373_{16}$ = $111100000111000000011000000010000000100110111 0011_2$有18个1。改变类参数number _ of _ bits和max _ bits用于计算上述INIT值中不同子向量的汉明权重。

类参数

```
bits_sr  : std_logic_vector(4 downto 0) := (4 downto 2 => '0', others=>'1');
```

涉及已命名的联合，元素 4，3，2 为值“0”，剩余元素为值“1”（细节见附录 A）。

生成结构应用到示例器件的阵列中。如下代码是用 2.1 节中描述的全加器创建的类值为 N 的逐位进位加法器：

```
entity Top is    -- it is assumed to be used for the Atlys board
generic( N       : integer := 4);        -- the default value of N is 4
port(    Op1     : in std_logic_vector(N-1 downto 0);
         Op2     : in std_logic_vector(N-1 downto 0);
         led     : out std_logic_vector(N downto 0));
end Top;

architecture Behavioral of Top is
  assert N <= 4
  report "cannot be used for the Atlys board because there are just 8 switches"
  severity FAILURE;
  signal carry_in           : std_logic_vector(N downto 0);
   signal carry_out          : std_logic_vector(N-1 downto 0);
   signal sum                : std_logic_vector(N-1 downto 0);
 begin

 carry_in(0) <= '0';         -- carry in signal for the least significant full adder is zero

 generate_adder:             -- an initial line with the label generate_adder at the beginning
 for i in 0 to N-1 generate  -- "for" is used to generate a network from connected full adders
 FA:   entity work.FULLADD          -- connections are provided through indexed links
           port map( Op1(i), Op2(i), carry_in(i), sum(i), carry_out(i));
       carry_in(i+1) <= carry_out(i);
 end generate generate_adder;

 led <= carry_out(N-1) & sum;  -- the results are displayed on the onboard LEDs

 end Behavioral;
```

图 2.9 所示为关于 N =4 的逐位进位加法器是如何产生的。图中也给出了用户约束文件，且涉及了如何对其测试。

可使用嵌套生成，而且使用嵌套生成创建网络的例子将在第 3 章讨论。任何 VHDL 器件都可以使用类，默认类参数可通过提供 generic map 结构用新值替换。在描述以上的 Now For Nexys Board 实体时，我们已经对这样的环境做出了解释。例如，考虑如下的更高级别的器件：

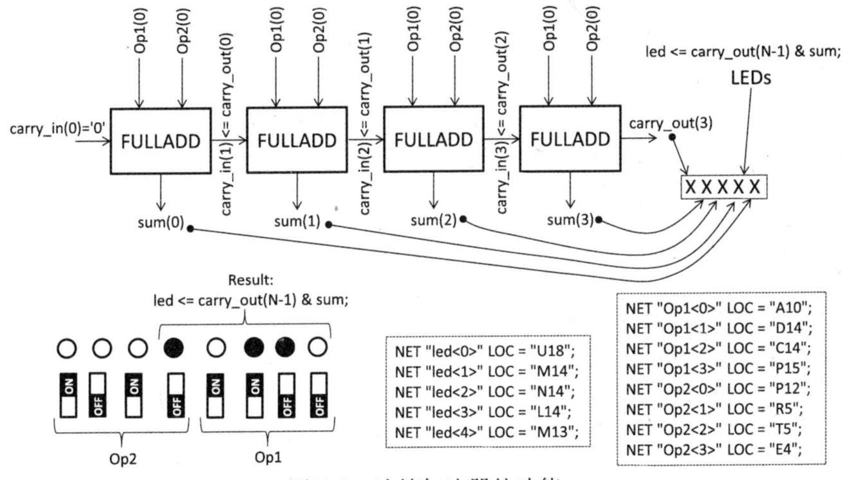

图2.9　连续加法器的功能

```
entity higher_level is
generic( New_N          : integer := 3);
   port( A              : in std_logic_vector(New_N-1 downto 0);
         B              : in std_logic_vector(New_N-1 downto 0);
         result         : out std_logic_vector(New_N downto 0));
end higher_level;

architecture Behavioral of higher_level is
begin
-- other statements
h_level: entity work.Top   -- generic map permits default generics to be replaced with new generics
      generic map( N=> New_N)            -- now N = New_N = 3
      port map(Op1=>A, Op2=>B, led=>result);
-- other statements
end Behavioral;
```

generic map 结构让默认类（在本例中的 Top 实体 N = 4）用新值（本例中 New _ N = 3）代替。

2.6　库、包和文件

库是工程设计单元（实体或者结构和封装）的位置。默认库命名为 work，包含工程的所有可综合资源文件。例如 2.5 节的最后一个工程，work 显示了以下五个文件：Atlys. ucf，Full _ adder. vhd，Half _ adder. vhd，higher _ lever. vhd，Top. vhd。前面介绍过的实体 TestGenerics1Top 显示了四个文件，且其中一个包含电路原理图，即 Atlys. ucf，Clock _ divider. vhd，DispTop. sch，GenericsAndAssert. vhd。需要的话可以创建用户定义库，并命名为 MyLibrary。这样，在 ISE 中可以完成如下步骤：①选择 Project→New VHDL library→ < specify the name MyLibrary and location (directory) of the library >；②将需要文件移动到 MyLibrary（选择模块和选项

Source→Move to Library → MyLibrary）。新库 MyLibrary 需要声明如下：

```
library MyLibrary;          -- the default library work does not need to be declared
use MyLibrary.all;
```

work 库（h _ level：entity work. Top ）需要用新行（h _ level：entity MyLibrary. Top）代替。

包让函数、过程、常数、类型和器件在不同的文件（该文件可以共享）中描述。它提供一种分类收集相关的服务相同对象的声明方法。下面三组：①提前定义的标准包；②提前定义的 IEEE 包；③用户定义包。组①是默认包含的，定义在 std 和 IEEE 标准库中，描述基本类型为 bit，bit _ vector，integer，natural，real（组合工具通常不支持 real）和 boolean。组②定义在 IEEE 包（必须声明），描述普通数据类型、函数和过程。这里只考虑 XST 支持的包[3]，即 std _ logic _ 1164（描述 std _ logic，std _ ulogic，std _ logic _ vector 和 std _ ulogic _ vector 类型，和相关的转换函数）；std _ logic _ arith（描述基于 std _ logic 类型的无符号和有符号向量以及相关的算术操作和函数）；std _ logic _ unsigned（描述基于 std _ logic 和 std _ logic _ vector 类型的无符号算术操作）；std _ logic _ signed（描述基于 std _ logic 和 std _ logic _ vector 类型的有符号算术操作）；std _ logic _ textio（提供支持基于文本文件的 I/O）。注意，另一个可用包 numeric _ std 类似于 std _ logic _ arith。包 std. textio（定义在 std 标准库）提供支持简单的基于文本的 I/O。

用户定义包（组③）可以从工程模块中进入共享定义。简化的语法规则见附录 A。包需要声明，其主体需要定义。且看如下实例：

```
library IEEE;
use IEEE.STD_LOGIC_1164.all;
package MyPackage is                 -- declarative part of the package MyPackage
    constant limit      : integer := 10;
    type my_array is array (0 to limit-1) of std_logic_vector(1 downto 0);
    function HammingWeight (input: std_logic_vector) return integer;
    component clock_divider
      port( clk : in std_logic; divided_clk : out std_logic );
    end component;
end MyPackage;
package body MyPackage is        -- body of the package MyPackage
-- code of the function HammingWeight given above in section 2.4
end MyPackage;
```

在 ISE 中选择新资源（Project→New Source…）创建包，然后选择 VHDL Package。现在，包可以在其他模块中使用，如下：

```
library IEEE;
use IEEE.STD_LOGIC_1164.all;
use IEEE.STD_LOGIC_ARITH.all;
use work.MyPackage.all;              -- this line is required

entity UsesPackage is                -- we would like to use MyPackage from the work library
port ( clk          : in std_logic;
```

```
        sw          : in std_logic_vector(7 downto 0);
        led         : out std_logic_vector(7 downto 0));
end UsesPackage;
architecture Behavioral of UsesPackage is
  signal divided_clk        : std_logic;
begin
-- other eventual statements that might use objects declared in the MyPackage
led <= conv_std_logic_vector(HammingWeight(sw),8) when divided_clk = '1'
          else (others => '0');
my_divider : clock_divider port map (clk, divided_clk); -- positional association
end Behavioral;
```

因为器件 clock _ divider 在 MyPackage 中声明，所以明确的库指代（如 my _ divider：entity work. clock _ divider）是不需要的。

在 1.7 节将描述 Atlys 板和主机使用 Digilent 的 IOExpansion 器件的互连。模块 IOExpansion 可以取自库，例如：

```
IO_interface : entity work.IOExpansion
      port map(EppAstb, EppDstb, EppWr, EppDB, EppWait, MyLed,
               MyLBar, MySw, MyBtn, data_from_PC, data_to_PC);
```

或在包中声明，例如：

```
package InteractionWithPC is
component IOExpansion is          -- all the names have to be taken from the IOExpansion [4]
   port (EppAstb: in std_logic; EppDstb: in std_logic; EppWr : in std_logic;
        EppDB  : inout std_logic_vector(7 downto 0); EppWait: out std_logic;
        Led    : in std_logic_vector(7 downto 0);        -- 8 LEDs on the PC side
        LBar   : in std_logic_vector(23 downto 0);       -- 24 light bars on the PC side
        Sw     : out std_logic_vector(15 downto 0);      -- 16 switches on the PC side
        Btn    : out std_logic_vector(15 downto 0);      -- 16 buttons on the PC side
        dwOut  : out std_logic_vector(31 downto 0);      -- 32-bit user-data from PC side
        dwIn   : in std_logic_vector(31 downto 0) );     -- 32-bit user-data to PC side
end component;
end InteractionWithPC;

package body InteractionWithPC is         -- the package body is empty
end InteractionWithPC;
```

例证图 1.27 的相同互连（见 1.7 节）。

```
use work.InteractionWithPC.all;

entity TestIntPC is
port ( sw          : in std_logic_vector(7 downto 0);   -- onboard switches
       led         : out std_logic_vector(7 downto 0);  -- onboard LEDs
       EppAstb : in std_logic;                          -- signals for the IOExpansion component
       EppDstb : in std_logic;
       EppWr     : in std_logic;
       EppDB     : inout std_logic_vector(7 downto 0);
```

```
      EppWait  : out std_logic);
end TestIntPC;
architecture Behavioral of TestIntPC is
  signal MyLed          : std_logic_vector(7 downto 0);  -- declarations of user signals
  signal MyLBar         : std_logic_vector(23 downto 0);
  signal MySw           : std_logic_vector(15 downto 0);
  signal MyBtn          : std_logic_vector(15 downto 0);
  signal data_to_PC     : std_logic_vector(31 downto 0);
  signal data_from_PC   : std_logic_vector(31 downto 0);
begin
  data_to_PC <= data_from_PC;   -- data received from the host PC are sent back to the PC
  MyLed      <= sw;     -- onboard switches are displayed on virtual LEDs (PC side)
  led        <= MySw(7 downto 0); -- 8 switches (PC side) are displayed on the board LEDs
  MyLBar     <= MySw(15 downto 8) & MyBtn;  -- 8 switches and MyBtn are displayed

  IO_interface : IOExpansion
      port map(EppAstb, EppDstb, EppWr, EppDB, EppWait, MyLed,
               MyLBar, MySw, MyBtn, data_from_PC, data_to_PC);
end Behavioral;
```

行 use work. InteractonWithPC. all 可以移除，IO _ interface：IOExpansion 需要替换成 IO _ interface ：entity work. IOExpansion。

XST（Xilinx Synthesis Technology）有限支持工作文件，在本章参考文献［3］中有描述。下面这个例子关于如何从文件 data. txt 中读 8 位字，并用阵列 my _ array 记录这些字。

```
use std.textio.all;                -- this package has to be used
use ieee.std_logic_textio.all;     -- this package has to be used

entity TestTextFile is             -- text file data.txt has to be recorded in the same directory
  port ( clk    : in std_logic;    -- ports can be initialized if required (see below)
         led    : out std_logic_vector(7 downto 0) := (others=>'0'));
end TestTextFile;
architecture Behavioral of TestTextFile is
  type my_array is array(0 to 15) of std_logic_vector(7 downto 0);
  impure function read_array (input_data : in string) return my_array is
    file my_file           : text is in input_data;
    variable line_name     : line;
    variable a_name        : my_array;
  begin
    for i in my_array'range loop
      readline (my_file, line_name); -- reading a line from the file my_file
      read (line_name, a_name(i));  -- reading std_logic_vector from the line line_name
    end loop;
    return a_name;
  end function;
  signal array_name :  my_array:=read_array("data.txt"); -- initializing the signal array_name
  signal divided_clk  :  std_logic;                       -- a low-frequency clock

begin
```

```
process(divided_clk)  -- changes are done with a low frequency and can be appreciated visually
  variable address : integer range 0 to 15 := 0;
begin
  if rising_edge(divided_clk) then
       led <= array_name(address); -- displaying on the LEDs lines from the file data.txt
       address := address+1;          -- incrementing the address to get the next vector
  end if;
end process;

divider: entity work.clock_divider    port map (clk, divided_clk);

end Behavioral;
```

文件 my _ file 声明为 file myfile : text is in inout _ data；其中，input _ data 是有文件名的字符串（如例子中为 data. txt），应用到函数 read _ array 作为参数（见 signal array _ name : my _ array: = read _ array （“data. txt”）;）。两个函数 readline（text，line）（在包 std. textio 中定义）和 read（line，std _ logic _ vector）（在包 std _ logic _ textio 中定义）用来从文件 data. txt 中得到数据，其中变量 my _ file 和 line _ name 各自有类型 text 和 line。变量 a _ name 是有 16 个向量的阵列，其类型为 std _ logic _ vector（7 downto 0）。因此，首先读出行 a _ name：readline（my _ file，line _ name）；然后，向量 a _ name（i），其类型为 std _ logic _ vector（7 downto 0），被函数 read（line _ name，a _ name（i））；从函数 read _ array 返回。一个相似的技术在本章参考文献［3］中用过，即从文件像 data. txt 中初始化嵌入存储器。图 2. 10 所示为 TextTextFile 如何在 Atlys 板中测试（文件 data. txt 可以在任何文本文件编辑器中准备，保存在工程中相同的目录中）。其他例子见附录 A。

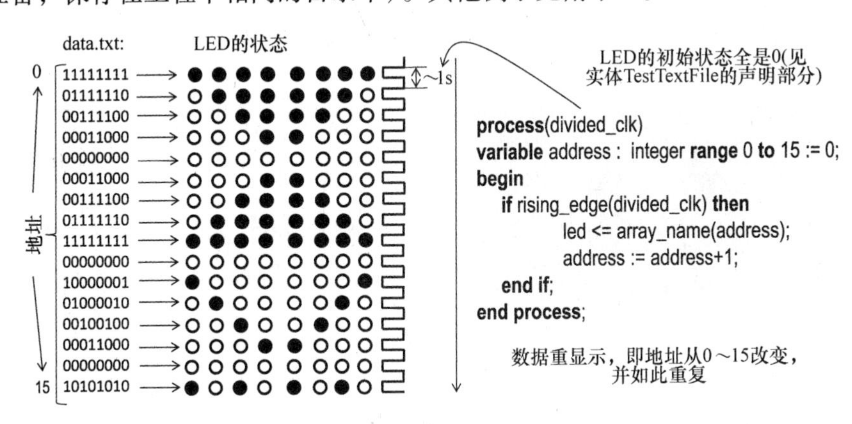

图 2. 10　测试工程从文件 data. txt 中读出数据

在综合期间，从文件中读数据有利于填充存储/阵列，类似于初始化。写进一个文件不能从正在工作的工程中完成（因为在综合期间完成）。它可用于查错，写明确常量或类值。一些例子可在本章参考文献［3］中找到，在附录 A 中给出了一个例子（见 file）。

2.7 行为仿真

本节简要介绍的行为（功能）仿真可以在工程执行前完成，验证工程模块中的逻辑是否正确。其他细节见本章参考文献［5，6］。我们将使用 Xilinx ISim 仿真器，在安装 ISE 时已自动安装（在需要时选择 ISE 的 Design Properties 对话框）。

图 2.11 解释了行为仿真是如何组织的，需要两个文件类型：①测试的模块（VHDL 或者例子中的电路原理图）；②为模块创建的 test bench 文件。而且如果在设计中使用 Xilinx 原语或 IP 核，则必须包含环境明确的器件仿真库（如 Xilinx 原语和 IP 核库）。Test bench 文件为专用工程创建且用于给模块提供激励。在 ISE 中通过增加新资源（VHDL test bench 类型）创建 test bench 文件，并将文件与已综合过的模块进行连接。

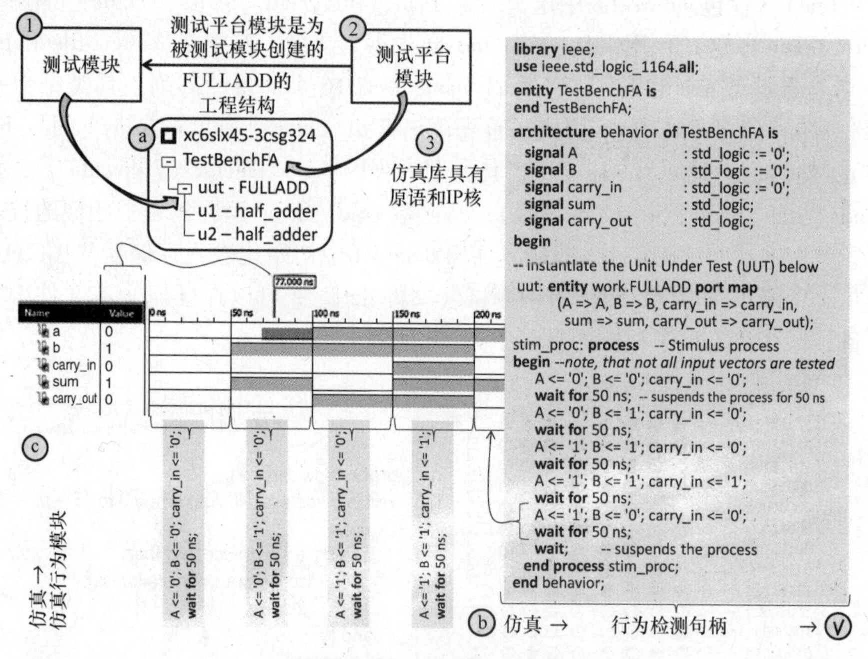

图 2.11　全加器的行为仿真

下面将介绍三个例子。第一个例子例证全加器的行为仿真，这个全加器在 2.1 节介绍过，是组合电路。第二个例子例证时序电路的仿真，这个时序电路是 up/down 二进制计数器，具有时钟使能和同步高电平重置功能。该计数器来自 ISE 模板，通过选择 Edit→Language Templates…→VHDL→Synthesis Constructs→Coding Examples→Counters→Binary→Up/Down Counters。最后一个例子是测试在 ISE 电路原理图编辑中使用 Xilinx 库原语创建的电路（见第 1 章的图 1.6）的行为。

第一个例子的所有步骤（a，b，c）如图 2.11 所示。第一步 a，创建用于仿真的工程，即增加一个试验台文件（名为 TestBenchFA）用于连接试验台和 FULLADD 模块。ISE 提供试验台模板，但需要改变代码，见图 2.11 的右边。实体 FULLADD 模块在结构中实例化，工程结构如图 2.11 所示，靠近标号 a。结构体中有一个进程（stim _ proc）用于产生激励（FULLADD 的输入每 50ns 改变一次，直到达到最后的 wait 语句）。第二步 b，检验试验台的错误。在这个例子中是没有错误的，因此直接进入到最后一步 c，激活 Simulate Behavioral Model 选项。结果，打开了有仿真波形的 ISim 窗口。为了更好地分析波形，需要放大缩小波形（见图 2.11）。光标检验特定时间的波形值（图 2.11 描述的在 77ns 之后）。

如下模块将在第二个例子中仿真：

```
entity Counter is
  port (      reset, clock        : in  std_logic;
              clock_enable        : in  std_logic;
              inc_dec             : in  std_logic;
              outputs             : out  std_logic_vector (3 downto 0));
end Counter;

architecture Behavioral of Counter is
  signal count : std_logic_vector(3 downto 0);
begin

process (clock)
begin
  if rising_edge(clock) then
    if reset='1' then        count <= (others => '0');  -- synchronous reset
    elsif clock_enable='1' then
      if inc_dec='1' then    count <= count + 1; -- if inc_dec=1 then increment the counter
      else                   count <= count - 1;  -- if inc_dec=0 then decrement the counter
      end if;
    end if;
  end if;
end process;

outputs <= count;

end Behavioral;
```

添加下面的 test bench for _ counter 并与 Counter 连接：

```
entity for_counter    is
end for_counter;

architecture behavior of for_counter    is
  signal reset                 : std_logic := '0';
```

```
  signal clock            : std_logic := '0';
  signal clock_enable     : std_logic := '0';
  signal inc_dec          : std_logic := '0';
  signal outputs          : std_logic_vector(3 downto 0);
  constant clock_period   : time := 30 ns;    -- clock period definitions (valid for simulation only)
begin

uut: entity work.Counter port map          -- instantiate the unit under test (uut)
      (reset => reset, clock => clock, clock_enable => clock_enable,
       inc_dec  => inc_dec, outputs => outputs );

clock_generator  : process            -- clock process definitions
begin -- the process generates clock pulses
  clock <= '0';
  wait for clock_period/2;             -- duty cycle for the clock is 50%
  clock <= '1';
  wait for clock_period/2;
end process clock_generator    ;

stim_proc:  process                   -- stimulus process
begin
  reset <= '1';                  -- the first line **reset<='1'**
  wait for 30 ns;                -- set the reset signal to '1' and wait for 30 ns
  reset <= '0'; clock_enable <= '0'; inc_dec <= '1';
  wait for 20 ns;                -- change signals as it is indicated above and wait for 20 ns
  reset <= '0'; clock_enable <= '1'; inc_dec <= '1';
  wait for 150 ns;               -- change signals as it is indicated above and wait for 150 ns
  reset <= '0'; clock_enable <= '1'; inc_dec <= '0';
  wait for 55 0 ns;              -- change signals as it is indicated above and wait for 550 ns
end process;                     -- begin from the line **reset<='1'** after 30+20+150+550=750 ns

end behavior;
```

因为 Counter 是时序电路，试验台需要提供时钟信号，在 clock _ generator 进程中完成。仿真结果和其他细节如图 2. 12 所示。

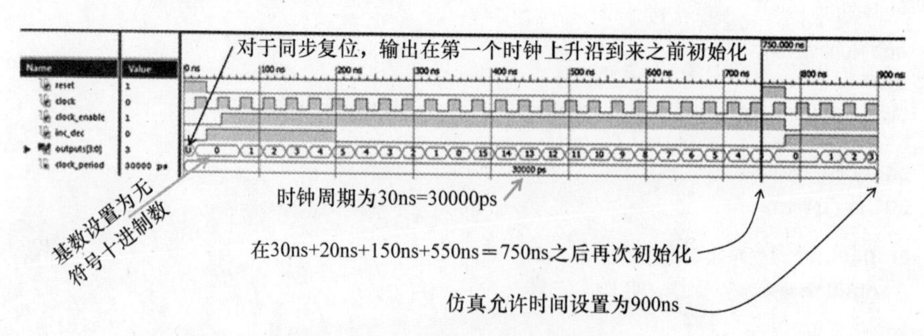

图 2. 12　COUNTER 的仿真结果

最后一个是仿真图 1. 6 中移除了 clock _ divider 的电路，如图 2. 13 所示。而

且，出于仿真目的，低频时钟是不需要的。唯一区别是增加的试验台和顶层电路原理图实体的连接（例子中的DistTop. sch）。

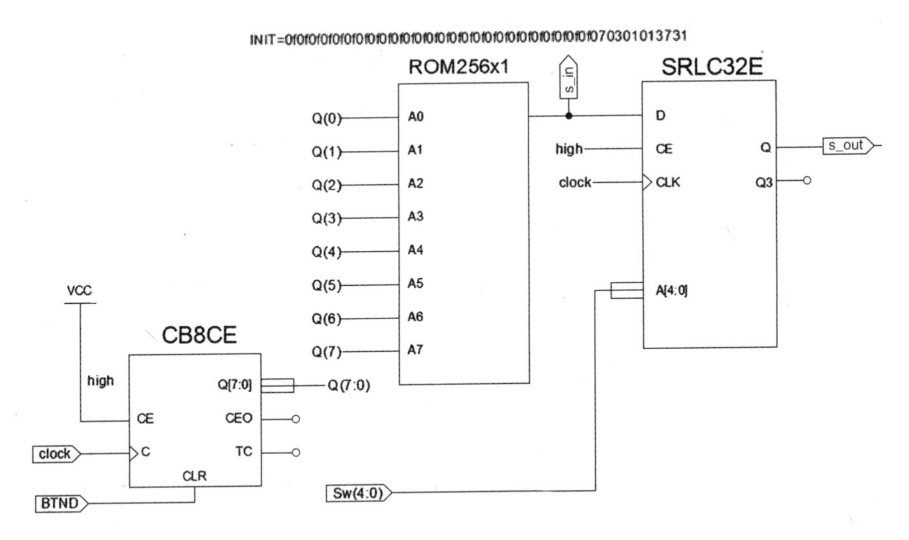

图2.13 图1.6的电路，没有clock _ divider

创建如下试验台：

```
library unisim;  -- include other libraries before this line
use unisim.Vcomponents.all; -- this package is needed for Xilinx primitives used in the schematics

entity DistTop_DistTop_sch_tb is
end DistTop_DistTop_sch_tb;

architecture behavioral of DistTop_DistTop_sch_tb is
  signal s_in, s_out       :std_logic;
  signal sw                :std_logic_vector (4 downto 0);
  signal BTND              :std_logic;
  signal clock             :std_logic;
  constant clock_period  : time := 30 ns;
begin
module_to_test: entity work.DistTop port map
          (s_in => s_in, sw => sw, s_out => s_out, BTND => BTND, clock => clock);

clock_generation: process          -- clock process definitions
begin                              -- the process generates clock pulses
  clock <= '0';
  wait for clock_period/2;
  clock <= '1';
  wait for clock_period/2;
end process clock_generation;

-- a stimulus process is not needed because we would like the values
```

```
-- of sw and BTND to be permanently assigned in the line below
sw <= (4 downto 3 => '0', others=>'1'); BTND <= '0'; -- settings are the same as in Fig. 1.7
-- if required the values of sw and BTND may be changed in the relevant stimulus process, which
-- will be used instead of the line above

end behavioral;
```

仿真结果就是图 1.7 中的结果。为了更清楚，图 2.14 所示为图 1.7 中的波形和使用试验台给出的行为仿真结果。

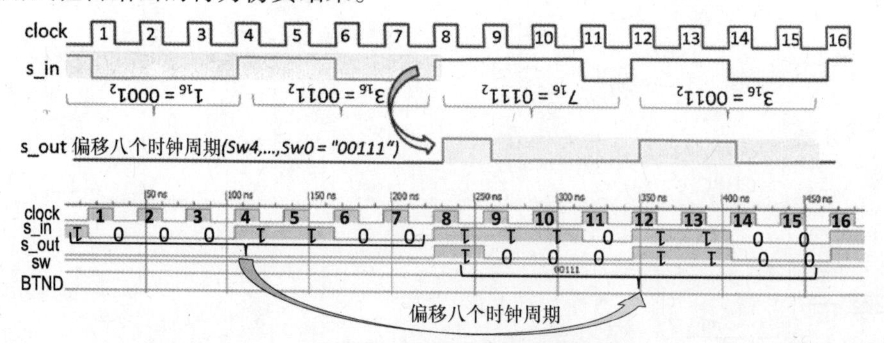

图 2.14　对比图 1.7 的物理测试结果和行为仿真

本书没涉及的仿真方法还有很多，可在本章参考文献［5，6］中找到。

2.8　原型机

本章涉及的例子可在 1.6 节描述的不同原型机板上执行和测试。显然，用户约束文件（即引脚分配）和 FPGA 型号必须也做出适当改变。

如下实例在 DE2－115 板中已经测试过（Xilinx 用户约束文件已经更改为正确的 Altera 的设置文件）：

```
library IEEE;
use IEEE.STD_LOGIC_1164.all;
use IEEE.STD_LOGIC_ARITH.all;

entity AlteraProject is                -- all names (except clock and reset) are the same as in [7]
generic( size           : integer := 18;-- the size of vectors for the HammingWeight function
         n_LEDs         : integer := 5);-- the number of the used LEDs

port ( clock            : in std_logic; -- PIN_Y2
       reset            : in std_logic; -- PIN_M23 for key0
       sw               : in std_logic_vector(size-1 downto 0);
       ledr             : out std_logic_vector(n_LEDs-1 downto 0);
       ledg             : out std_logic_vector(n_LEDs-1 downto 0));
end AlteraProject;

architecture Behavioral of AlteraProject is
 -- code of the function HammingWeight from section 2.4 without any change
signal count          : integer range 0 to size-1;

signal divided_clk    : std_logic;
```

```
begin
process (divided_clk)
begin
  if rising_edge(divided_clk) then
    if not reset ='1' then count <= 0;          -- when the key0 is pressed then count is zero
    else   -- if HammingWeight(sw)>0 then count is changed from 1 to HammingWeight(sw)
      count <= (count mod HammingWeight(sw))+1; -- mod is the VHDL modulo operator
    end if;
  end if;
end process;
ledr <= conv_std_logic_vector(count, n_LEDs);
ledg <= conv_std_logic_vector(HammingWeight(sw), n_LEDs);
divider: entity work.clock_divider
         port map (clock, divided_clk);
end Behavioral;
```

如果一个或多个开关处于 ON 状态（HammingWeight（sw）>0），则 count 从 1 到 HammingWeight（sw）循环改变。如果 reset 处于激活状态（key0 按钮按下），则 count =0。HammingWeight（sw）的值显示在绿色 LED 上（ledg），count 的值显示在红色 LED 上（ledr）。reset 信号低电平有效（这也是为什么将信号取非）。

本书中的一些工程使用指定厂家的库和相关技术的器件。VHDL 代码如下：

```
library IEEE;                     -- Xilinx LUT-based computation of the Hamming weight (
use IEEE.STD_LOGIC_1164.all;      -- the simplest Hamming weight counter in section 3.9)
library UNISIM;                   -- Xilinx library UNISIM for LUT primitives that are used below
use UNISIM.VComponents.all;
entity LUT_6to3 is
  port ( SixBitInput       : in  std_logic_vector (5 downto 0);   -- 6-bit input vector
         ThreeBitOutput    : out std_logic_vector (2 downto 0)); -- 3-bit Hamming weight
end LUT_6to3;
architecture Behavioral of LUT_6to3 is -- Xilinx LUTs below are configured in such a way that
begin   -- permits the Hamming weight of 6-bit input vector to be produced in a combinational circuit
LUT6_inst1 : LUT6        -- Xilinx LUT primitive LUT6
  generic map (INIT => X"fee8e880e8808000")        -- LUT Contents
  port map   (ThreeBitOutput(2), SixBitInput(0), SixBitInput(1), SixBitInput(2),
              SixBitInput(3), SixBitInput(4), SixBitInput(5));
LUT6_inst2 : LUT6        -- Xilinx LUT primitive LUT6
  generic map (INIT => X"8117177e177e7ee8")        -- LUT Contents
  port map   (ThreeBitOutput(1), SixBitInput(0), SixBitInput(1), SixBitInput(2),
              SixBitInput(3), SixBitInput(4), SixBitInput(5));
LUT6_inst3 : LUT6        -- Xilinx LUT primitive LUT6
  generic map (INIT => X"6996966996696996")        -- LUT Contents
  port map   (ThreeBitOutput(0), SixBitInput(0), SixBitInput(1), SixBitInput(2),
              SixBitInput(3), SixBitInput(4), SixBitInput(5));
end Behavioral:
```

上面的代码不能在 Altera FPGA 中的 QUARTUS 环境中综合。但是，用下面的代码替换上面的代码，即使用常量而不是 Xilinx LUT6 原语，可在 Altera 和 Xilinx FPGA 综合，且工作得都很好。

```
library IEEE;                    -- the code below is tested in the DE2-115 board
use IEEE.STD_LOGIC_1164.all;     -- with the Altera Cyclone-IVE FPGA
use IEEE.STD_LOGIC_UNSIGNED.all; -- this package is needed for type conversions below

entity LUT_6to3 is
  port ( SixBitInput     : in std_logic_vector (5 downto 0);
         ThreeBitOutput : out std_logic_vector (2 downto 0));
end LUT_6to3;

architecture Behavioral of LUT_6to3 is

type LUT is array (2 downto 0) of std_logic_vector(63 downto 0);
-- array below contains the same constants as used in the INIT statements in the code with LUTs above
constant conf_LUT  :  LUT := (    X"fee8e880e8808000",   -- array of constants
                                  X"8117177e177e7ee8",   -- is used here
                                  X"6996966996696996");

begin             -- Hamming weight is found in the statements below

ThreeBitOutput <=         conf_LUT(2)(conv_integer(SixBitInput)) &
                          conf_LUT(1)(conv_integer(SixBitInput)) &
                          conf_LUT(0)(conv_integer(SixBitInput));

-- alternatively the following generate statement can be used:
-- gen: for i in conf_LUT'range generate
--        ThreeBitOutput(i) <= conf_LUT(i)(conv_integer(SixBitInput));
--end generate gen;

end Behavioral; -- the same code can be used for Xilinx FPGAs without any change
```

上面给出的两个代码描述了相似的功能，即在组合电路中计算 6 位输入向量的汉明权重。第一个代码明确配置 Xilinx LUT，第二个代码模糊配置相同的 LUT，但是不需要供应商特定的库。Altera Quartus 建立的电路占用八个逻辑元件，Xilinx ISE 建立的电路对于 Nexys－4 板占用三个 LUT。这样，本书的工程也可以在其他公司的 FPGA 板上执行和测试。

相似的，本章描述的大多数其他模块都在 DE2－115 板中测试过。

更多其他例子见本章参考文献［8，9］。

参考文献

1. Ashenden PJ (2008) The designer's guide to VHDL, 3rd edn. Morgan Kaufmann
2. Ashenden PJ (2008) Digital design: an embedded systems approach using VHDL. Morgan Kaufmann
3. Xilinx Inc (2013) XST user guide for Virtex-6, Spartan-6, and 7 series devices. http://www.xilinx.com/support/documentation/sw_manuals/xilinx14_7/xst_v6s6.pdf. Accessed 17 Nov 2013
4. Digilent Inc (2009) Adept I/O expansion reference design. http://www.digilentinc.com/Products/Detail.cfm?NavPath=2,66,828&Prod=ADEPT2. Accessed 9 Nov 2013

5. Xilinx Inc (2011) ISE In-Depth Tutorial. http://www.xilinx.com/support/documentation/sw_manuals/xilinx13_1/ise_tutorial_ug695.pdf. Accessed 17 Nov 2013
6. Xilinx Inc (2009) Synthesis and simulation design guide. http://www.xilinx.com/support/documentation/sw_manuals/xilinx11/sim.pdf. Accessed 17 Nov 2013
7. Altera Inc (2013) Quartus II setting file with pin assignments for DE2-115. http://www.altera.com/education/univ/materials/boards/de2-115/unv-de2-115-board.html. Accessed 17 Nov 2013
8. Skliarova I, Sklyarov V, Sudnitson A (2012) Design of FPGA-based circuits using hierarchical finite state machines. TUT Press, Tallinn
9. Sklyarov V, Skliarova I (2013) Parallel processing in FPGA-based digital circuits and systems. TUT Press, Tallinn

第3章

设计技术

摘要——本章开头将简要介绍广泛使用的简单组合和时序电路。许多实例都在FPGA电路中执行过。接下来将讨论多种优化技术，特别强调板级，其对基于FPGA的应用非常重要。介绍更复杂的数字电路和系统，如排序和搜索的并行网络，汉明权重计数器/比较器，并发向量处理单元和高级有限状态机。设计这样的电路用于有大量数据的操作可以并发执行。基于网络的解决方法（如排序和计数网络）和电路有效映射到FPGA原语（查找表）的实例。讨论并评估一些可用方法。所有的电路和系统均用VHDL语言描述，在FPGA中执行和测试，最后提供各种标准评估。提出的许多新奇的解决方法都将参数化，这使得非常复杂的工程可以在FPGA中实现，用于解决各个领域的高级问题，如数据处理和组合搜索。

3.1 组合电路

组合电路（Combinational Circuit，CC）没有存储器，因此电路的输出值仅依赖当前输入值。本节将简要介绍广泛使用（组1）的和特殊应用（组2）的CC，描述它们在行为级VHDL中的功能。

第一组包括译码器、解码器、多路复用器、比较器、算术电路和逻辑移位器。第二组包含从给定布尔函数系统综合而来的电路，例如：

$$y_0 = f_0\ (x_{n-1},\ \cdots,\ x_1,\ x_0);$$

$$y_1 = f_1\ (x_{n-1},\ \cdots,\ x_1,\ x_0);$$

$$\cdots\cdots\cdots\cdots\cdots\cdots\cdots\cdots\cdots\cdots\cdots\cdots.$$

$$y_{m-1} = f_{m-1}\ (x_{n-1},\ \cdots,\ x_1,\ x_0);$$

其中，y_0，y_1，…，y_{m-1}是电路的二进制输出，依赖于二进制输入x_{n-1}，…，x_1，x_0；f_0，f_1，…，f_{m-1}是布尔函数的F系统，描述如何转换输入值到输出值，即对于任何输入向量$X_j = (x_{n-1},\ \cdots,\ x_1,\ x_0)$构建输出向量$Y_i = (y_0,\ y_1,\ \cdots,\ y_{m-1})$，$Y_i = F(X_j)$。对于m=1，在n变量的布尔函数中为2的幂数$2^n$，如果m>1，则不同布尔函数的数量急剧增加。表3.1为$2^{8=2 \text{ in power } 3} = 256$个布尔函数（n=3个变量）$F_{255}$，$F_{254}$，…，$F_2$，$F_1$，$F_0$。

表 3.1 3 个变量的不同布尔函数（n = 3，m = 1）

x_2	x_1	x_0	F_{255}	F_{254}	……	F_{11}	F_{10}	F_9	F_8	F_7	F_6	F_5	F_4	F_3	F_2	F_1	F_0
0	0	0	1	1	… …	0	0	0	0	0	0	0	0	0	0	0	0
0	0	1	1	1	… …	0	0	0	0	0	0	0	0	0	0	0	0
0	1	0	1	1	… …	0	0	0	0	0	0	0	0	0	0	0	0
0	1	1	1	1	… …	0	0	0	0	0	0	0	0	0	0	0	0
1	0	0	1	1	… …	1	1	1	1	0	0	0	0	0	0	0	0
1	0	1	1	1	… …	0	0	0	0	1	1	1	1	0	0	0	0
1	1	0	1	1	… …	1	1	0	0	1	1	0	0	1	1	0	0
1	1	1	1	0	… …	1	0	1	0	1	0	1	0	1	0	1	0

表 3.1 最右边的四个函数可描述如下：

$y_0 = F_0(x_2, x_1, x_0)$；

$y_1 = F_1(x_2, x_1, x_0) = x_2 \text{ and } x_1 \text{ and } x_0$；

$y_2 = F_2(x_2, x_1, x_0) = x_2 \text{ and } x_1 \text{ and not } x_0)$；

$y_3 = F_3(x_2, x_1, x_0) = (x_2 \text{ and } x_1 \text{ and } x_0) \text{ or } (x_2 \text{ and } x_1 \text{ and not } x_0) = x_1 \text{ and } x_2$；

注意，函数 y_3 用组合定理简化。布尔函数的最小化方法见本章参考文献［1，2］，本书不做介绍。函数 y_0，y_1，y_2，y_3 可用 VHDL 描述，可用综合器会优化相关电路。

表 3.2 为布尔函数 F_{ort} 和 F_{int} 的两个经常使用的操作，即正交性（orthogonality）和交集（intersection），用如下的一般形式定义：

$$y_{ort} = \bigvee_{i=1}^{n-1} (a_i \text{ xor } b_i); y_{int} = \text{not } y_{sot};$$

最右边的符号 not 要求取反操作。从表 3.2 可以看出 2 位向量的差分对的结果。为了与后面需要使用的十六进制数字联系，正交列的位值分为 4 位一组的集。

表 3.2 布尔函数用于正交和交集操作

向量 A = {a_1，a_0}		向量 B = {b_1，b_0}		正交		交集
a_1	a_0	b_1	b_0	$y_{ort} = F_{ort}$（A，B）		$y_{int} = F_{int}$（A，B）
0	0	0	0	0	E	1
0	0	0	1	1		0
0	0	1	0	1		0
0	0	1	1	1		0
0	1	0	0	1	D	0
0	1	0	1	0		1
0	1	1	0	1		0
0	1	1	1	1		0
1	0	0	0	1	B	0
1	0	0	1	1		0
1	0	1	0	0		1
1	0	1	1	1		0
1	1	0	0	1	7	0
1	1	0	1	1		0
1	1	1	0	1		0
1	1	1	1	0		1

如下 VHDL 函数描述正交操作：

```
function ort (A : std_logic_vector; B : std_logic_vector) return std_logic is
  variable result : std_logic := '0';
begin
  for i in A'range loop
       result := result or (A(i) xor B(i));
  end loop;
return result;
```

通过评估函数 ort（A，B）和 not ort（A，B）的返回值可以测试正交 and/or 交集。

如下 VHDL 组合进程给出了另外一种描述：

```
process(A,B)   -- A and B are two input vectors with equal generic sizes (size)
begin
  intersected <= '1'; -- intersected and orthogonal are output ports: intersected : out  std_logic;
  orthogonal <= '0';                                          -- orthogonal : out  std_logic;

  for i in size-1 downto 0 loop     -- size is a generic parameter
      if A(i) /= B(i) then orthogonal <= '1'; intersected <= '0'; exit;
      end if;
  end loop;

end process;
```

任意的布尔函数可以直接在 VHDL 中描述。例如，函数表 3.1 中的 y_3 可描述为 y3 = x1 and x2。可用真值表（表 3.1 和表 3.2）直接映射到 FPGA 查找表——LUT 中。例如以下 VHDL 代码使用初始配置 LUT（4，1）来测试2 位的向量 A 和 B 的正交：

```
library IEEE;
use IEEE.STD_LOGIC_1164.all;
library UNISIM;
use UNISIM.vcomponents.all;       -- for using LUT primitives this library has to be included

entity TestOrt is
      generic ( size                 : integer := 2);
      port (    A                    : in  std_logic_vector (size-1 downto 0);
                B                    : in  std_logic_vector (size-1 downto 0);
                orthogonal           : out  std_logic );
end TestOrt;

architecture Behavioral of TestOrt is
  LUT4_inst : LUT4         -- LUT instantiation from the ISE Devise Primitive templates
  generic map (INIT => X"7BDE") -- the initialization constant 7BDE is taken from Table 3.2
  port map (
    O => orthogonal,       -- LUT general output
    I0 => B(0),            -- LUT input
    I1 => B(1),            -- LUT input
    I2 => A(0),            -- LUT input
    I3 => A(1)             -- LUT input
  );
end Behavioral;
```

其他描述体现在组 1 中广泛使用的电路实例中。更多细节见本章参考文献

[1]。

3.1.1 译码器

如下 VHDL 代码（可直接在结构体中使用）是组合二进制译码器实例：

```
encoder_result <= "00" when encoder_input = "0001" else
                  "01" when encoder_input = "0010" else
                  "10" when encoder_input = "0100" else
                  "11" when encoder_input = "1000" else "00";
```

左边的 2 位代码是右边的 4 位代码中值“1”的索引。例如，代码“01”指代码“0010”的值“1”的位置。

可以以相似的方法创建处理多位的电路。与前面的实例很相似，译码器（还有之后描述的其他电路）可映射到 FPGA LUT。

3.1.2 解码器

如下 VHDL 代码是组合二进制解码器的实例：

```
-- the next lines can be used in architecture body
decoder_result <= "0001" when decoder_input = "00" else
                  "0010" when decoder_input = "01" else
                  "0100" when decoder_input = "10" else
                  "1000" when decoder_input = "11" else
                  "1111";
```

左边的 2 位代码是右边的 4 位代码中值“1”的索引。例如，因为右边的值为“10”，所以左边的代码为“0100”。

而且普通的二进制解码器需要其他的电路。例如，为了显示十进制数，可以设计出 7 段显示解码器。4 输入接收二进制代码，7 输出控制各自显示段（a ~ g），如图 3.1a 所示。

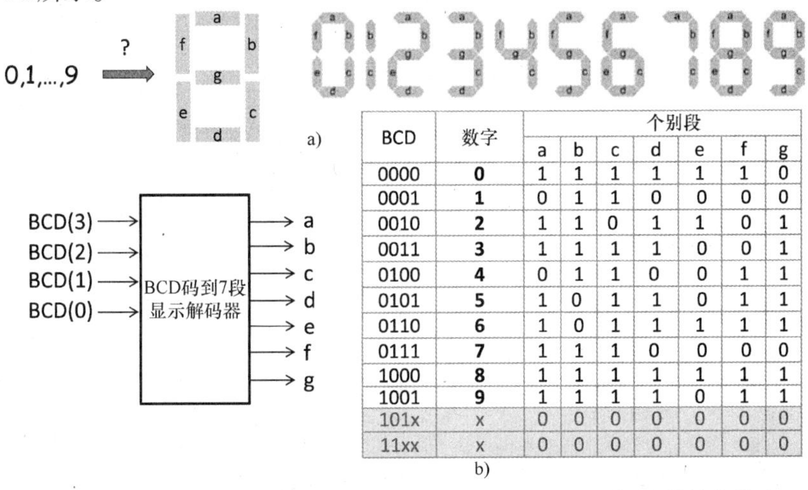

BCD	数字	个别段						
		a	b	c	d	e	f	g
0000	**0**	1	1	1	1	1	1	0
0001	**1**	0	1	1	0	0	0	0
0010	**2**	1	1	0	1	1	0	1
0011	**3**	1	1	1	1	0	0	1
0100	**4**	0	1	1	0	0	1	1
0101	**5**	1	0	1	1	0	1	1
0110	**6**	1	0	1	1	1	1	1
0111	**7**	1	1	1	0	0	0	0
1000	**8**	1	1	1	1	1	1	1
1001	**9**	1	1	1	1	0	1	1
101x	x	0	0	0	0	0	0	0
11xx	x	0	0	0	0	0	0	0

图 3.1 a）7 段显示解码器的段确认 b）BDC 到 7 段显示解码器的真值表

十进制数可用 BCD 码编写，BDC 码包含 0000～1001 的 4 位组合，代表十进制数 0～9，如图 3.1b 所示（组合 1010～1111 不使用）。

解码器可用 VHDL 描述如下：

```
with BCD select -- the segment is active when the corresponding bit in 7-bit vector below is one
  segments <= "1111110" when "0000", -- digit 0
              "0110000" when "0001", -- digit 1
              "1101101" when "0010", -- digit 2
              "1111001" when "0011", -- digit 3
              "0110011" when "0100", -- digit 4
              "1011011" when "0101", -- digit 5
              "1011111" when "0110", -- digit 6
              "1110000" when "0111", -- digit 7
              "1111111" when "1000", -- digit 8
              "1111011" when "1001", -- digit 9
              "0000000" when others; -- not valid input combinations
end Behavioral;
```

这里，显示段 a～g 为高电平有效，组成 7 位输出向量 segment（符号 a 对应向量中最高有效位，符号 g 对应向量中最低有效位）。

可用如下常数代替上面的代码：

```
type my_array is array (0 to 15) of std_logic_vector (6 downto 0);
constant converter : my_array :=  ("1111110", "0110000", "1101101", "1111001",
                                   "0110011", "1011011", "1011111", "1110000",
                                   "1111111", "1111011", "0000000", "0000000",
                                   "0000000", "0000000", "0000000", "0000000");
```

如下代码完成显示段的解码：

```
segmentsP <= converter(conv_integer(BCD));
```

因为一些原型机板中显示段低电平有效，所以需要加入如下代码：

```
segments      <= not segmentsP;  -- segments are active low
```

注意附录 B 中解码器的 VHDL 编码，使所有的十六进制数（0，…，A，B，C，D，E，F）可在 7 段显示管的显示区显示。

3.1.3 多路复用器

如下组合进程描述 4:1 多路复用器的功能，即 4 输入 A，B，C，D，1 输出 O：

```
architecture Mux of Entity_for_Mux is
begin -- 2-bit signal sel_ect permits one of four inputs (A,B,C,D) to be selected
  process (A, B, C, D, sel_ect)
  begin
    case sel_ect is
      when "00" => O <= A;                -- input A is sent to output O
      when "01" => O <= B;                -- input B is sent to output O
      when "10" => O <= C;                -- input C is sent to output O
      when "11" => O <= D;                -- input D is sent to output O
      when others => O <= A;
```

```
    end case;
  end process;
end Mux;
```

可以以相似的方式创建处理更复杂的电路。

3.1.4 比较器

组合比较器描述如下（如果A的值大于等于B的值，则结果为“1”，其他为“0”）：

```
-- the next line can be used in architecture body
comparator_result <= '1' when A >= B else '0';
```

相似的比较器可用组合进程描述：

```
process(A,B)
begin
  if (A >= B)  then          comparator_result <= '1';
  else                       comparator_result <= '0';
  end if;
end process;
```

本章的后面将在排序网中使用比较器/交换器，它们的描述相似，例如：

```
maximum_of_A_B <= A when A >= B else B; -- signal maximum_of_A_B keeps the maximum
minimum_of_A_B <= B when A >= B else A; -- signal minimum_of_A_B keeps the minimum
```

3.1.5 算术电路

算术电路已在2.1节描述过。这里将给出另外的实例，包括加（+）、减（-）、乘（*）、除（/）和求余（rem）操作。

```
result <=  255 when (B = 0) and (but = "01000") else   -- "divide by 0" (only BTNC is pressed)
        A + B when but = "00001" else                  -- only BTNR is pressed
        A - B when (but = "00010") and (A>=B) else     -- only BTNL is pressed
        B - A when (but = "00010") and (A<B) else      -- only BTNL is pressed
        A * B when (but = "00100" else                 -- only BTND is pressed
        A / B when but = "01000" else                  -- only BTNC is pressed
        A rem B when but = "10000" else                -- only BTNU is pressed
        0;
```

不同的信号声明如下：

```
signal result   : integer range 0 to 255;
signal but      : std_logic_vector(4 downto 0);
signal A,B      : integer range 0 to 15;
```

初始数据可从开关dip和按钮BTNU、BTNC、BTND、BTNL和BTNR上获得（见图1.23和图1.24）。

```
but    <= BTNU & BTNC & BTND & BTNL & BTNR;
A      <= conv_integer(dip(7 downto 4));
B      <= conv_integer(dip(3 downto 0));
```

结果可用LED显示和检验。

```
led <= conv_std_logic_vector(result, 8);
```

3.1.6 桶形移位器

4 位桶形移位器有四个数据输入 D3…，D0，四个数据输出 Y3…Y0，两个控制输入 C1C0。输出向量 Y3…Y0 等于输入向量 D3…D0，由控制输入指定位的位置的数旋转。例如，如果输入信号是 ABCD（每个字母代表一位），控制输入 10，则输出向量是 CDAB。如下代码描述桶移位器的功能：

```
Y <=    D                               when C="00" else
        D(2) & D(1) & D(0) & D(3)       when C="01" else
        D(1) & D(0) & D(3) & D(2)       when C="10" else
        D(0) & D(3) & D(2) & D(1);
```

可以用相似的方式创建处理多位的电路。许多 CC 的其他细节见本章参考文献[3，4]。

3.2 顺序电路

大多数数字电路是具有组合块的时序电路。时序数字电路（Sequential Digital Circuit，SDC）中的基本概念是状态由当前输入和过去的 SDC 功能共同决定。状态保存在电路分配的存储区，可由特殊信号时钟（同步）或者输入事件（异步）改变。本书只讲同步 SDC。

类似组合电路，SDC 可以分为两组，广泛使用的（组 1）和特殊应用的（组 2）的 SDC。后者可进一步分为大量没有清楚定义的子组。例如有很多共性的设备，比如有限状态机（Finite State Machine，FSM）、接口、特殊应用的加速器。系统的一个共同表现称为寄存器传输级（Register Transfer Level，RTL），RTL 定义数据如何在寄存器/存储器中转移，这些数据通过组合逻辑和时序控制电路驱动。后者可以是 FSM 或异步时钟等。通常，描述所有的 SDC 很困难甚至不可能。因此，本书集中在 3.2 节介绍一些简单的设备（第一组），即寄存器、移位寄存器、计数器及有累加器的算术器件。特殊应用组的 SDC 将在后面的章节中介绍。

3.2.1 寄存器

由普通时钟（可能有复位）输入的 R 触发器（如 D 触发器）组成的 SDC 称为寄存器，用 VHDL 描述如下：

```
process (clk)    -- D is an input vector and Q is an output vector
begin            -- clk is a clock and rst is a synchronous reset with active high value
  if rising_edge(clk) then
     if rst = '1' then      Q <= (others => '0');
     else                   Q <= D;
     end if;
  end if;
end process;
```

以下代码也可使用：

```
Q <=  (others => '0')      when rising_edge(clk) and (rst = '1')  else
      D                    when rising_edge(clk);
```

3.2.2 移位寄存器

移位寄存器是使存储的数据在每个循环中移动一位（或者更多）的 R 位寄存器。以下 VHDL 代码描述并行输入并行输出的移位寄存器。并行输入 to_set 提供将被写入并行寄存器的触发器中的新向量。然后，寄存器中的向量可以在每个时钟循环中（divided_clk）右移或者左移一位，方向由信号 shift_direction 的值决定。

```
process (divided_clk)
begin
  if rising_edge(divided_clk) then
    if rst = '1' then
      reg <= (others => '0');                 -- setting all flip-flops of the register to zero
    elsif set = '1' then
      reg <= to_set;                          -- copying data to the register
    elsif clock_enable='1' then               -- shift dependently on direction
      if shift_direction='1' then             --  if shift_direction is 1 then shift right
        reg <= reg(0) & reg(7 downto 1);      -- shifting right
      else                                    --  if shift_direction is 0 then shift left
        reg <= reg(6 downto 0) & reg(7);      -- shifting left
      end if;
    end if;
  end if;
end process;
```

如下行代码使其可以读出寄存器中的向量：

```
led <= reg;     -- to display the result from the register
```

如果需要，则可以多位移动。例如，以下代码在每个时钟周期中移动三位：

```
if shift_direction='1' then                      --  if shift_direction is 1 then shift right
  reg <= reg(2 downto 0) & reg(7 downto 3);  -- shifting right
else                                             --  if shift_direction is 0 then shift left
  reg <= reg(4 downto 0) & reg(7 downto 5);  -- shifting left
end if;
```

3.2.3 计数器

计数器是时序电路，通过一个固定的状态周期重复。同步计数器连接其所有的触发器时钟输入到相同的普通时钟信号，以这种方式迫使所有触发器的输出同时改变。最常用的是二进制计数器，由 R 触发器组成，从 $0 \sim 2^R - 1$ 计数，返回 0 然后再次开始计数。如下 VHDL 代码是计数器，有 clock_enable 和 count_direction 信号（所有必要的解释见注释）：

```
process (divided_clk)
begin
  if rising_edge(divided_clk) then
    if rst='1' then
      count <= (others => '0');       -- setting all flip-flops of the counter to zero
    elsif clock_enable='1' then       -- counting dependently on direction
      if count_direction='1' then     -- if count_direction is 1 then increment the counter
        count <= count + 1;           -- incrementing the counter
      else                            -- if count_direction is 0 then decrement the counter
        count <= count - 1;           -- decrementing the counter
      end if;
    end if;
  end if;
end process;
```

计数的结果可显示类似于前面移位寄存器的实例。可用计数器完成增加/减少的值大于1。例如，以下增2减3代码：

```
if count_direction='1' then       -- if count_direction is 1 then increment the counter
  count <= count + 2;             -- incrementing the counter by 2
else                              -- if count_direction is 0 then decrement the counter
  count <= count - 3;             -- decrementing the counter by 3
end if;
```

3.2.4 有累加器的算术电路

这里使用的电路可以执行任何操作 accu + B，值 accu 存在特殊寄存器中（称为累加器，在第一个操作前置为0），特殊寄存器保存之前操作的结果。例如，如果 B = 3，则信号 accu 按序累积如下：3，6，9，12…。且看如下声明：

```
signal B, accu        : integer range 0 to 255;           -- declaration of operand and accumulator
signal divided_clk    : std_logic;                        -- clocks from a clock divider
signal accu_enable    : std_logic;                        -- signal enable for the accumulator
signal op_sel         : std_logic_vector(1 downto 0);     -- op_sel selects an operation
```

以下 VHDL 代码描述一个有累加器 accu 的算术电路，具有信号 reset 和 accu_enable（所有必要的解释见注释）：

```
process (divided_clk)
begin
  if rising_edge(divided_clk) then -- low frequency clock to observe the functionality visually
    if (reset = '0') then accu <= 0; -- on active reset (zero) the accu is filled with zeros
    else
      if accu_enable = '1' then     -- arithmetical operation is allowed if accu_enable = '1'
        case op_sel is              -- op_sel selects the desired arithmetical operation
              when "00" => accu <= accu + B;   -- accumulating the results of addition
              when "01" => accu <= accu - B;   -- accumulating the results of subtraction
              when "10" => accu <= accu * B;   -- accumulating the results of multiplication
              -- if B is not zero accumulating the results of division in the next line
              when "11" => if B /= 0 then accu <= accu / B; else null; end if;
              when others => null;             -- each element of op_sel may have
```

```
        end case;                              -- any from 9 values of std_logic type
      end if;
    end if;
  end if;
end process;
```

一些其他顺序和组合电路的描述可在 ISE/Quartus 模板中找到。

3.3 有限状态机

有限状态机（Finite State Machine，FSM）可能是数字电路中使用最广泛的特殊应用 SDC。这也是为什么可以用自动设计工具允许 FSM 在规定的格式说明中综合。因为一个 FSM 是时序电路，可用状态为 a_0，…，a_{M-1}，在状态和操作（在状态和状态转换期间）之间转换。状态数有限。

基本有两类应用需要 FSM，它们是：

（1）由更复杂的数字系统组成的自动时序模板。例如，FSM 可以读位序，探测顺序 2 或者更多连续值。许多相似的实例，如 rising edge detector，debouncing circuit 等，见本章参考文献［4，5］。

（2）控制电路。例如，基于 FSM 单元的组合进程，见本章参考文献［6］。许多其他的实例见本章参考文献［7，8］。

图 3.2 所示为 FSM 的一般结构，由寄存器（保持 FSM 状态）和组合电路（提供状态转换和产生输出）组成。

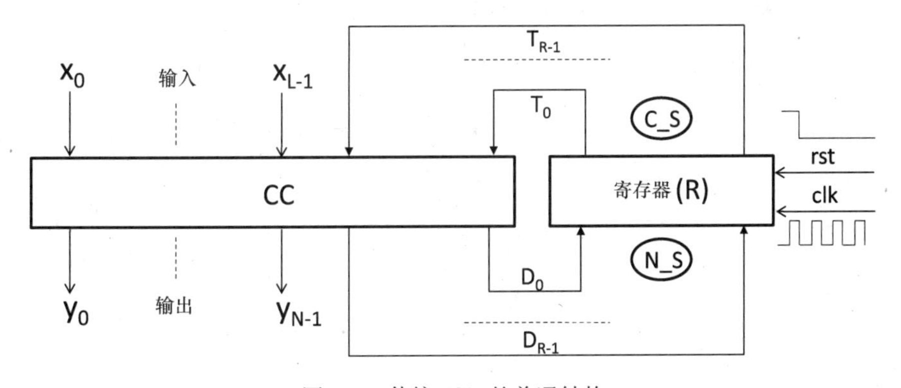

图 3.2　传统 FSM 的普通结构

最普遍的 FSM 模型是 Mealy 和 Moore，它们产生输出的方法不同。Mealy FSM 中，输出信号直接依赖当前状态和当前输入，如下：

$$D_0 = \Psi_0(T_0,\cdots,T_{R-1},X_0,\cdots,X_{L-1});$$
$$D_{R-1} = \Psi_{R-1}(T_0,\cdots,T_{R-1},X_0,\cdots,X_{L-1});$$

$$y_0=\varphi_0(T_0,\cdots,T_{R-1},X_0,\cdots,X_{L-1});$$
$$y_{N-1}=\varphi_{N-1}(T_0,\cdots,T_{R-1},X_0,\cdots,X_{L-1})$$

其中，Ψ_0，…，Ψ_{R-1}是转换函数，φ_0，…，φ_{N-1}是输出函数；X_0，…，X_{L-1}是输入信号；y_0，…，y_{N-1}是输出信号；信号T_0，…，T_{R-1}代表当前状态（C_S）；信号D_0，…，D_{R-1}代表下一状态（N_S）。

在 Moore FSM 中，输出信号直接只依赖于当前状态如下：

$$y_0=\varphi_0(T_0,\cdots,T_{R-1});$$
$$y_{N-1}=\varphi_{N-1}(T_0,\cdots,T_{R-1});$$

两种方法都可如图 3.2 所示方法描述结构。因此，主要的不同是组合电路的代表，尽管同步机制也可以不同。

通常，FSM 有一个初始状态。一旦接上电源，信号 rst 便在图 3.2 中设置（重新设置）FSM 到初始状态。信号 clk 同步状态转换，即从一个状态到另一个状态。通常，这样的转换在信号 clk 上升沿或者下降沿执行。

有许多方法来描述 FSM 功能，如状态转换图、状态转换表、曲线图等。

有数据通路的 FSM（FSM with Datapath，FSMD）包含具有执行单元的 FSM，如寄存器、计数器等，在 RTL 级处理操作。考虑在寻找两个非负整数的最大公因子的电路中设计 FSMD。如下 C 函数 IGCD 给出了对于无符号整数的灵活重复执行代码：

```
unsigned int IGCD(unsigned int A, unsigned int B)
{  unsigned int tmp;
   while (B > 0)
       {  if (B > A)        { tmp = A; A = B;    B = tmp; }
          else              { tmp = B; B = A%B; A = tmp; }          }
   return A;
}
```

图 3.3a 所示为 FSM 功能类似函数 IGCD。图 3.3c 所示为 VHDL 代码关于 FSMD 计算两个无符号整数的最大公因数。代码中有两个进程。第一个时序进程描述状态转换和改变 3 个寄存器（FAM_A，FAM_B，Res）的状态，使数据在组合进程中改变，在寄存器之间转移。例如，寄存器中的数据可被交换（FSM_A < = FAM_B，FSM_B_next < = FSM_A）或者找到余数（FSM_B < = FSM_A rem FSM_B）。

顺序数（①~⑤）指 C 代码（见图 3.3b）中和 VHDL 代码（见图 3.3c）中的状态转换图（见图 3.3a）中的操作类似。

注意，图 3.3a 和图 3.3b 中的 FSM 根据 Mealy 模型建立。在所有状态中的操作依赖 FSM 的所有状态和一些测试值（如 FSM_B >0 和 FSM_B > FSM_A）。

以下 VHDL 代码可以轻松应用于 1.6 节提及的任何原型机板的工程。这个工程从板集开关读取 8 +8 位数据，计算数据的最大公因数，并在 LED 上显示结果。

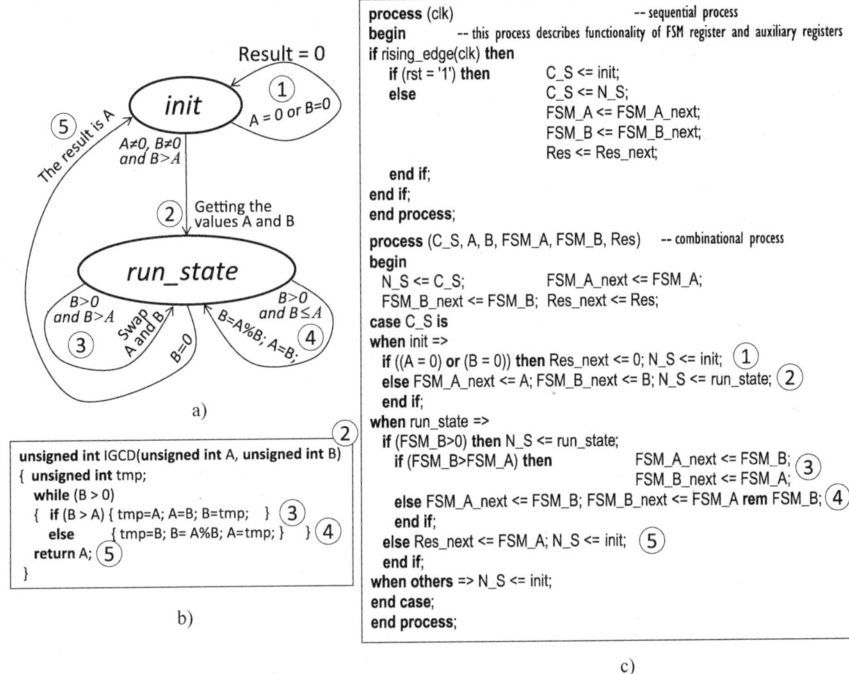

图 3.3 在 FPGA 执行递归算法计算最大公因数
a）状态转换图 b）C 语言代码 c）VHDL 代码的 FSM

```
entity FSM_OneEdge_GCD is  -- circuit with synchronization by one clock edge
port (          clk      : in std_logic;
                rst      : in std_logic;        -- BTNC button
                Ain      : in std_logic_vector(15 downto 0);  -- two 8-bit operands
                Result   : out std_logic_vector(7 downto 0)); -- 8-bit result (on LEDs)
end FSM_OneEdge_GCD;

architecture Behavioral of FSM_OneEdge_GCD is -- the circuit was tested in Nexys-4 board
  signal A, B, FSM_A, FSM_B, FSM_A_next, FSM_B_next : integer range 0 to 255;
  type state_type is (init, run_state);         -- enumeration type for the FSM states
  signal C_S, N_S          : state_type;
  signal Res, Res_next     : integer range 0 to 255;
begin
  A <= conv_integer(Ain(15 downto 8));          -- the first 8-bit operand from onboard switches
  B <= conv_integer(Ain(7 downto 0));           -- the second 8-bit operand from onboard switches
   -- copy here the FSM description from Fig. 3.3c
  Result <= conv_std_logic_vector(Res, 8);
end Behavioral;
```

考虑根据 Moore 模型建立 FSM 的实例。顺序数①和②表明输出在哪里形成。可见，输出不依赖输入，只依赖状态（count 和 final_state）。字母 a，b，c 指在状态转换图（见图 3.4a）和 VHDL 代码（见图 3.4b）中可能的转换。以下为该实例中信号和类型的声明：

```
signal index, next_index             : integer range 0 to number_of_bits-1;
signal A                             : std_logic_vector(number_of_bits-1 downto 0);
signal Res, next_Res, n_o_ones, next_n_o_ones
                                     : integer range 0 to number_of_bits;
type state_type is (count, final_state);        -- enumeration type for the FSM states
signal C_S, N_S                      : state_type;
signal rst                           : std_logic;
```

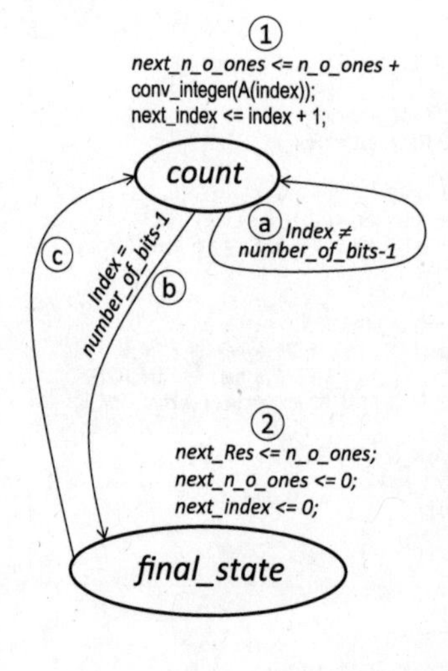

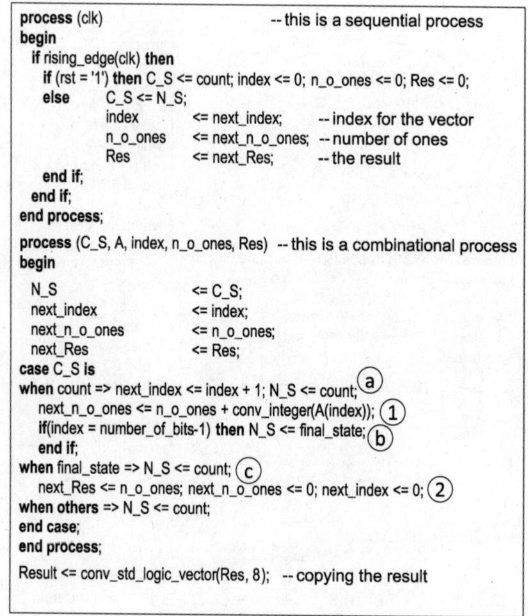

a)　　　　　　　　　　　　　　　　b)

图 3.4　计算给定二进制向量中 1 的数量的 Moore FSM

a）状态转换图　b）VHDL 代码的 FSM

其中，number_of_bits 是类参数。值“1”的数量（即汉明权重）是来自 Nexys－4 板集开关的 16 位向量的计数。这样的电路可能是有趣的比较组合（见第 2 章）和顺序汉明权重计数。顺序电路占用八片 Artix－7 FPGA，最大可获得时钟频率为 560MHz（这些细节来自 Xilinx ISE 14.7 Design Summary/Reports）。从图 3.4b 可以看出寻找 16 位二进制向量的汉明权重需要 16 个时钟循环。因此，延时大约为 28.6ns。

如果要求，则也可以建立组合 Mealy 和 Moore 模型的 FSM。许多额外的实例将在第 5 章介绍。

3.4　基于 FPGA 电路和系统的优选

工作在比非可配置的特殊应用的集成电路以及特殊应用的标准产品和板集并行机制更低的时钟频率上的 FPGA 显然要与潜在的替代品竞争。许多研究工作致力于

解决这个问题，旨在在不同水平应用并发性。我们描述一些设计高并行性电路和系统技术并在 FPGA 上执行。主要讨论以下 3 个区域：

（1）基于网络的解决方法，将在 3.5 节讲述并用在：

1）具有大量并行转换的组合电路（如排序网络[9]和计数网络[10]）同时完成；

2）部分组合和部分顺序的电路具有高并行重复使用的部分。这样可以在资源和性能中找到更好的折中方案；

3）寄存器组成的管道线和寄存器间的高并行组合电路；

4）高并行电路在大的二进制和三进制向量上执行并发操作。

（2）片上系统使特殊应用软件和硬件加速器并行运行，执行方案见点（1）。将在第 4 章涉及软件/硬件互连。

（3）特殊应用顺序电路同时执行算法的多重分支。将在第 5 章讨论这样的技术。

3.4.1 ~3.4.3 节将给出更多关于上述区域的细节，以及基于 FPGA 执行有效的应用实例。

3.4.1 高并行性的基于网络的解决方案

高并行性的基于网络的解决方案使并发操作可以在大数据中执行。例如，已知最快的并行排序方法是基于奇偶合并和双调合并的网络。第一类网络如图 3.5 所示。

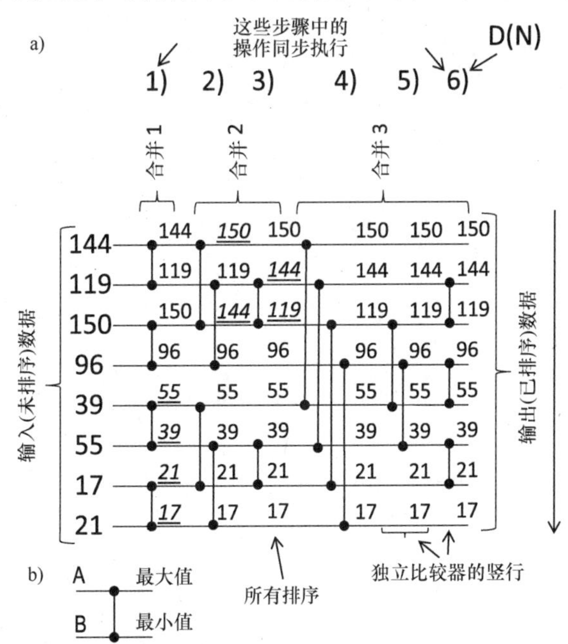

图 3.5 奇偶合并排序网络，N = 8（可用于任意 N 值）

a）网络 b）比较器/交换器

这有比较器/交换器的 6 行代码，每个比较器可用 VHDL 代码描述如下：

```
MaxValue <= A when A >= B else B; -- A and B are input data items
MinValue <=  B when A >= B else A;
```

给定数据（如 144，119，150，96，39，55，17，21）以递减顺序排序。每个竖行组成比较器/交换器，总共 $C(N=2^p) = (p^2-p+4)\times 2^{p-2}-1$ 个这样的器件，N 是需要排序的数据的数目。如果数据被交换，则在图 3.5 中用斜体和下划线表示。注意，关于结果的决定可以在传播所有竖行之后提前执行（如图 3.5 中的实例）。但是，我们不能从提前得到的结果（即在传播所有竖行之前产生的结果）中获得益处，因为网络是硬连线的。

分析图 3.5 中的网络。对于最左边的竖行，四个并行比较器/交换器可以并行执行。所有这样的操作没有任何数据依赖性，即剩下的操作不需要它们产生的任何结果。网络的深度 D（N），即排序 N 数据是数据相互依赖的最少顺序执行的步骤 1，..，D（N）。在图 3.5 中，D（N）=6 和并行操作数 n_p^s 在步骤 s=1，…，6 中是 $n_p^1=4$；$n_p^2=4$；$n_p^3=2$；$n_p^4=4$；$n_p^5=2$；$n_p^6=3$。排序时间等于 $D(N)\times t$，其中 t 是任何竖行的延时，即一个比较器/交换器的延时。众所周知，奇偶合并网络中 $D(N=2^p)=p\times(p+1)/2$[15]。在图 3.5 所示网络中，$p=[\log_2 N]=3$，$D(N)=6$。因此，奇偶合并网络非常快。例如，如果 N=1024，则 D（N）仅为 55。

以下结构体 VHDL 代码描述图 3.5 中的网络：

```
use work.set_of_data_items.all;-- the package where the type set_of_8items is declared
entity EvenOddMerge8Sort is
 generic (      M                    : integer := 4;
                N                    : integer := 8 );       -- cannot be changed for this project
  port (        unsorted_items       : in set_of_8items;    -- the type set_of_8items is declared in
                sorted_items         : out set_of_8items);  -- the package set_of_data_items
end EvenOddMerge8Sort;
architecture Behavioral of EvenOddMerge8Sort is
  signal out1_in2, out2_in3, out3_in4          : set_of_8items;
  signal out4_in5, out5_in6, sorted            : set_of_8items;
begin
  -- even-odd merging network
  merge1:      -- see the fragment Merge 1 in Fig. 3.5
  for i in N/2-1 downto 0 generate  -- the first two parameters of the comparator are two operands
    group1merge1:  entity work.Comparator
      generic map (M => M)
      port map(unsorted_items(i*2), unsorted_items(i*2+1),
               out1_in2(i*2), out1_in2(i*2+1));
  end generate merge1; -- the last two parameters of the comparator are the maximum and the minimum
  merge2:      -- see the fragment Merge 2 in Fig. 3.5
  for i in 0 to N/4-1 generate
    incide_merge2:          -- the first data independent segment in merge 2
     for j in 0 to N/4-1 generate
       group1merge2:  entity work.Comparator
         generic map (M => M)
```

```
        port map(out1_in2(i*4+j), out1_in2(i*4+j+2), out2_in3(i*4+j), out2_in3(i*4+j+2));
        out3_in4(i*4+j*3) <= out2_in3(i*4+j*3);
    end generate incide_merge2;

    group2merge2: entity work.Comparator -- the second data independent segment in merge 2
        generic map (M => M)
        port map(out2_in3(i*4+1), out2_in3(i*4+2), out3_in4(i*4+1), out3_in4(i*4+2));
  end generate merge2;

  merge3:        -- see the fragment Merge 3 in Fig. 3.5
  for i in N/2-1 downto 0 generate -- the first data independent segment in merge 3
    group1merge3:  entity work.Comparator
      generic map (M => M)
      port map(out3_in4(i), out3_in4(i+4), out4_in5(i), out4_in5(i+4));
    step1merge3:          if (i >= 2 and i <= 3) generate
      group2merge3:  entity work.Comparator -- second data independent segment in merge 3
        generic map (M => M)
        port map(out4_in5(i), out4_in5(i+2), out5_in6(i), out5_in6(i+2));
    end generate;

    step2merge3: if (i < 2) generate
      out5_in6(i) <= out4_in5(i);
      out5_in6(i+6) <= out4_in5(i+6);
      sorted_items(i*7) <= out5_in6(i*7);
    end generate;

    step3merge3: if (i < N/2-1) generate  -- the third data independent segment in merge 3
      Comp2merge3      : entity work.Comparator
        generic map (M => M)
        port map(out5_in6(2*i+1), out5_in6(2*i+2), sorted_items(2*i+1),
               sorted_items(2*i+2));
    end generate;
  end generate merge3;
end Behavioral;
```

set_of_data_items 包包含如下行：

```
constant N : integer := 8; -- cannot be changed for this project
constant M : integer := 4;
type set_of_8items is array (N-1 downto 0) of std_logic_vector (M-1 downto 0);
```

现在，器件 EvenOddMerge8Sort 可在 N = 16 的网络中使用，如图 3.6 所示。附录 B 中有这样的电路实例。

再次，新器件 EvenOddMerge16Sort（见附录 B）可被创建并在 N = 32（见图 3.7）的网络中使用。任何大小的网络都可类似创建。但是这里存在问题，即当 N 增加时，网络的复杂性（比较器的数量 C（N））急剧增加，如图 3.8 所示。这样也增加执行了合并操作，如图 3.9a 中的奇偶网络。初始时合并每个子集（由两个数据组成的子集）。然后把产生的结果分成两个数一组的子集并合并，产生的结果组成已排序的四个数据的子集。接着再以这样的方式重复，直到产生完全排序的数据。任何块中要求的比较器/交换器的数量以矩形表示。图 3.9b 所示表格给出了比较器/交换器在最后一步（即已排序的子集合并的步骤）的数量，在所有步骤中比较器的数量 N 从 8 改变到 2048。

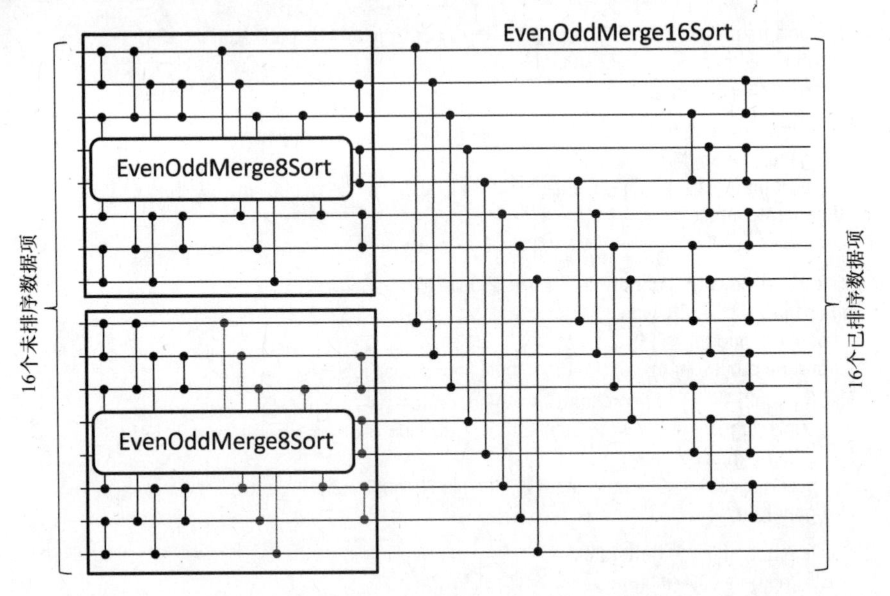

图 3.6　奇偶合并排序网络，N＝16（也可见附录 B）

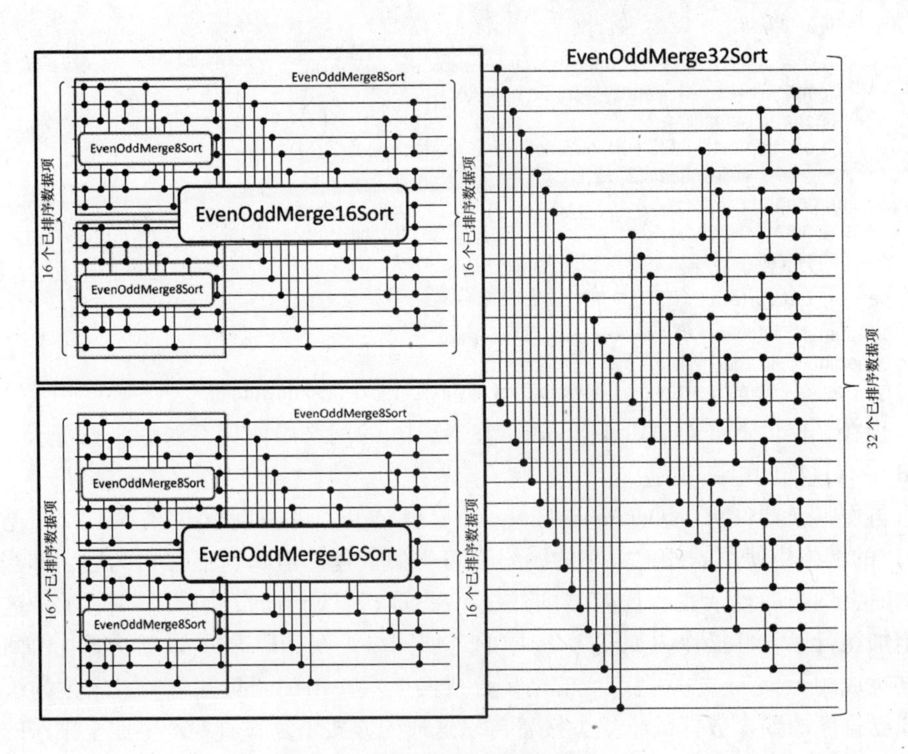

图 3.7　奇偶合并排序网络，N＝32

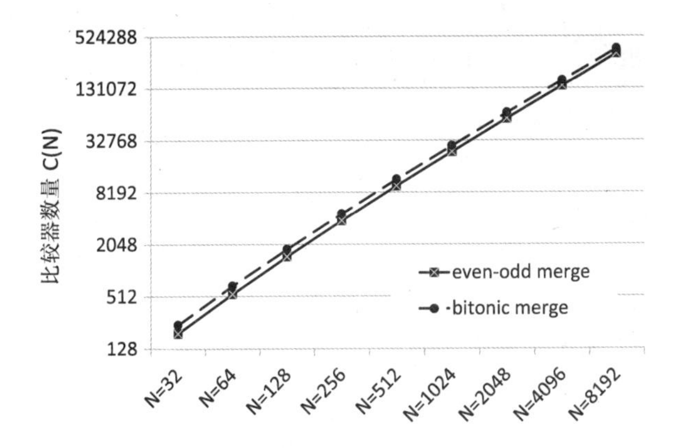

图 3.8 比较器数随 N 数据的变化

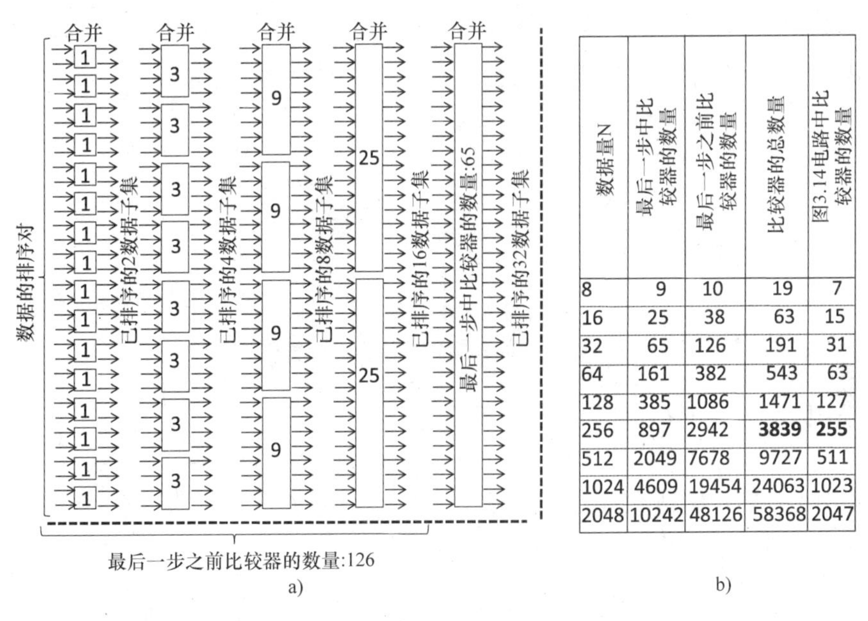

数据量N	最后一步中比较器的数量	最后一步之前比较器的数量	比较器的总数量	图3.14电路中比较器的数量
8	9	10	19	7
16	25	38	63	15
32	65	126	191	31
64	161	382	543	63
128	385	1086	1471	127
256	897	2942	**3839**	**255**
512	2049	7678	9727	511
1024	4609	19454	24063	1023
2048	10242	48126	58368	2047

图 3.9 a）奇偶合并网络的结构 b）N 个不同值的比较器数量

在 FPGA 网络中，通过长组合通路的传播延时增加，由比较器/交换器和必须插入的多路复用器（即使在一般电路中也要插入的）以及互相连接构成。这样的路由开销可能是显著的。双调合并网络也和奇偶合并网络一样快，但是后者消耗的资源较少（见图 3.8）。

部分组合和部分顺序的电路允许在资源和性能之间找到更好的折中方案，具体将在 3.5 和 3.6 节介绍，其中还会讨论管道线方案。在大的二进制和三进制向量中执行相似的并行操作将在 3.10 节举例说明。

3.4.2 硬件加速器

从图 3.8 和图 3.9 中很容易得出，当数据的数量 N 相对较小时，排序网络可在 FPGA中执行，而实际应用要求处理大量的数据。一个可行的方法是先在 FPGA 中排序小的子集，然后在更高系统级别的软件中合并子集，如图 3.10 所示。要被排序的初始数据分为 Z 个子集，每个子集有 N 个数据。每个子集使用前面讨论过的网络在 FPGA 中排序。合并执行如图 3.11 所示，在与 FPGA 链接的主机系统/处理器中执行。

将在第 4 章讨论两类更高级别的（主机）系统，如图 3.11 所示，即①主机通过可用接口与 FPGA 通信；②在片上高性能接口的帮助下，所有可编程片上芯片（All Programmable System on Chip，APSoC）Zynq 的处理系统（Processing System，PS）与可编程逻辑（Programmable Logic，PL）互连。

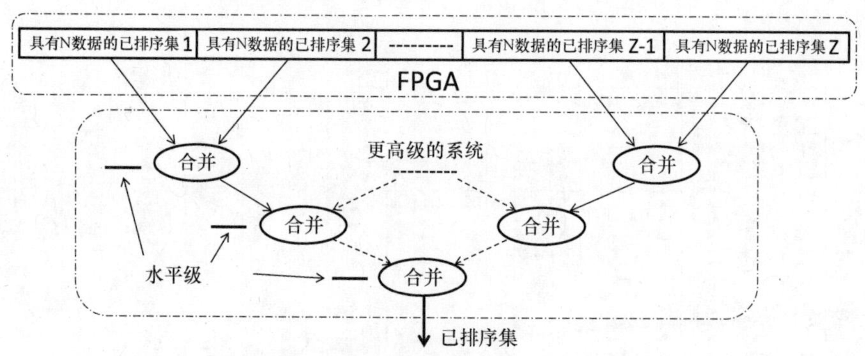

图 3.10 在软件的较高级系统合并已排序的子集

对于以上考虑的问题，当主机系统/处理器合并已排序的子集时，FPGA 加速数据子集的排序。因此，数据需要转移到 FPGA 和从 FPGA 转移出，通信的开销或许是显著的，尤其是图 3.11a 所示系统。但是，这样的系统在不同类型的试验中，支持必需的数据交换也是有效的。而且，类似图 3.11b 所示系统是非常快的，因为数据可通过非常高速的 32/64 位内部接口转移。

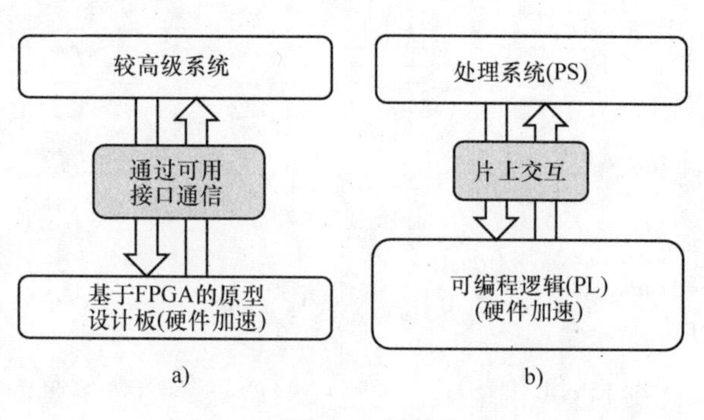

图 3.11 较高级系统的两类交互
a）通过外部接口（如 USB） b）片上

3.4.3 块化分层 FSM 运行的并行算法

块化分层 FSM（Hierarárchial FSM，HFSM）执行层次块组成的控制算法[18]。

块通过一个自动状态转换图描述，类似图 3.3a 和图 3.4a。考虑用于穿越$\mathcal{N}$元树的 HFSM 的实例。

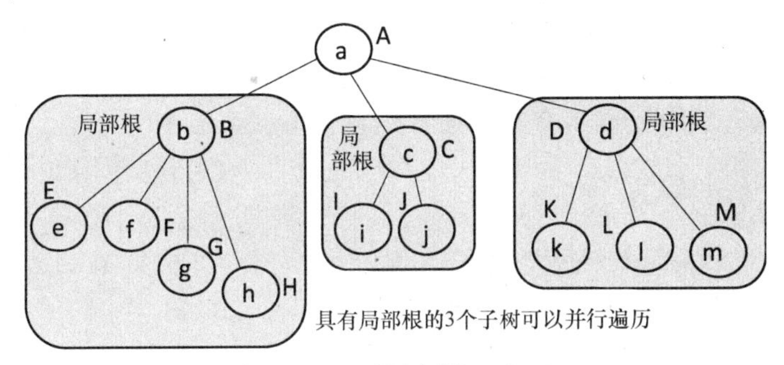

图 3.12 $\mathcal{N}$元树实例，$\mathcal{N}=4$

$\mathcal{N}$元树是根连通图，不包含循环，任何内部节点最多有$\mathcal{N}$个子节点[19]。图 3.12 所示为$\mathcal{N}$元树实例（$\mathcal{N}=4$），可看作代表操作的 A，B，C，D，E…，M 连接树节点 a，b，c，d，e，..，m，操作之间的关系通过树边表示。另外，这个树可以表现根据给定关系连接的数据集。在这种情况下，认为符号 A，B，C，D，E，…，M 为数据子集，树边代表子集之间的关系。

很显然可以创建这样的树，并通过迭代或递归过程穿越。例如，以下递归 C 函数（来自本章参考文献［12］）可以完成遍历：

```
void traverse_tree(treenode* root, int depth)
{       depth++;
if (root == 0) {  depth--; return;  } // if root (node) does not exist it is equal to 0
if (depth == max_depth) {     executing_leaf_operation (root); depth--; return; }
for (int i = 0; i < N; i++)
   traverse_tree(root->node[i],depth);
depth--;                                        }
```

其中，treenode 是一个 C 结构，可描述如下（N 是 C 程序中的常数 N）：

```
struct treenode        {
 // other declarations    -- other declarations are collections of data or operations associated with the node
 treenode* node[N];  }; -- array of pointers to children (an element is equal to 0 if a child does not exist)
```

类似地，迭代函数 void iterative_traverse_tree（treenode * root，int depth）建立具有指针指向父节点的 treenode 结构。

第 5 章将讲述像 traverse_tree 等函数如何描述为硬件块并在 HFSM 中执行。允许一些函数（HFSM 模板）并行激活，例如图 3.12 中的局部根，因此，可以完成更快地遍历树。将在第 5 章讲述不同类型的 HFSM。

3.5 并行排序的设计实例

排序是许多计算系统中都需要的过程[13]。对于许多实际应用，排序吞吐量非常重要。两个最常研究的并行排序是基于排序[13]和线性[20]网络的。排序网络是比较器组成的竖行数据集，可以通过在输入多数据向量中交换数据来改变它们的位置。数据从左向右传播，在最右边竖行的输出上产生已排序的多数据向量。研究3类这样的网络即纯组合的（如本章参考文献［3，15，21］），管道线的（如本章参考文献［3，15，21］）和组合的（如本章参考文献［3，16］）。

已经在3.4.1节提过，大多数排序网络在硬件上执行都使用Batcher的奇偶合并和双调合并。假定需要排序N个数据，每个数据大小为M位。本章参考文献［15，21］的结果表明上面提及的排序网络不能用于N>64（M=32）的情况，甚至在来自Xilinx Virtex-5系列的相当高级的FPGA FX130T中都不能建立，因为硬件资源不够。当N增加时，电路的复杂性（比较器C（N）的数量）急速增加(见图3.8)。比较奇偶合并和双调合并排序网络（已知的最快网络），且具有奇偶过渡网络[22]，这个网络具有速度非常缓慢和消耗资源巨大的缺点。尽管如此，这是最常规的网络且可在FPGA上高效执行。

图3.13所示为奇偶过渡网络用于与图3.5a相同的数据排序。

图3.13中的网络有$C(N)=N\times(N-1)/2$个比较器/交换器，排序N数据的网络最大深度$D(N)$为N。例如，如果$N=8C(N)=28$，则$D(N)=8$。注意，对于奇偶合并电路（见3.4.1节），如果$C(N)=19$，则$D(N)=6$。但是对于图3.13所示电路，由两行（奇和偶）比较器组成的子电路是完全一样的，可以以这种方法重复使用，如图3.14所示。这让比较器/交换器的数量以因子N/2减少（即现在$C(N)=7$），全组合电路变成两个可重复使用的顺序子电路，子电路高并行执行操作。因此，排序N个数据要求迭代N/2次，但是两行子电路的延时比总延时小得多，因此，执行迭代的时钟频率高。

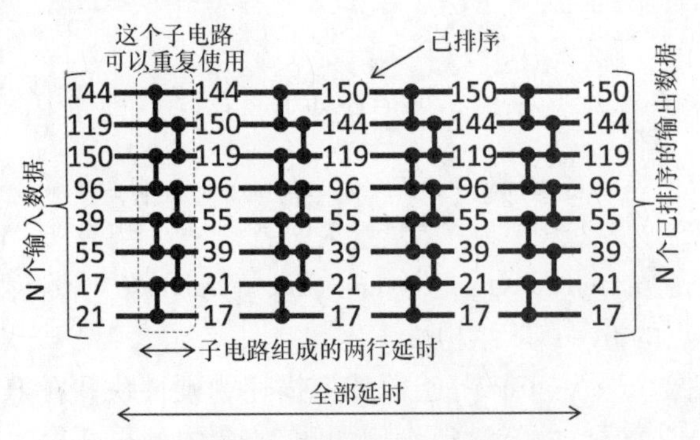

图3.13　奇偶转换排序网络，N=8（可用于任意N）

图3.14中的电路很常规，容易调整，当写入输入数据和从寄存器R中顺序读出排序后的输出数据时不要求任何附加器件，只应用了移位操作。将数据并行送到寄存器R中（处理之前从外部送入的数据，在处理时从比较器中送入数据）需要

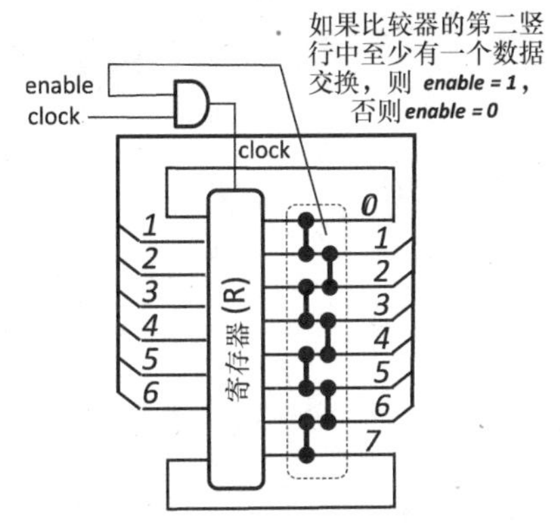

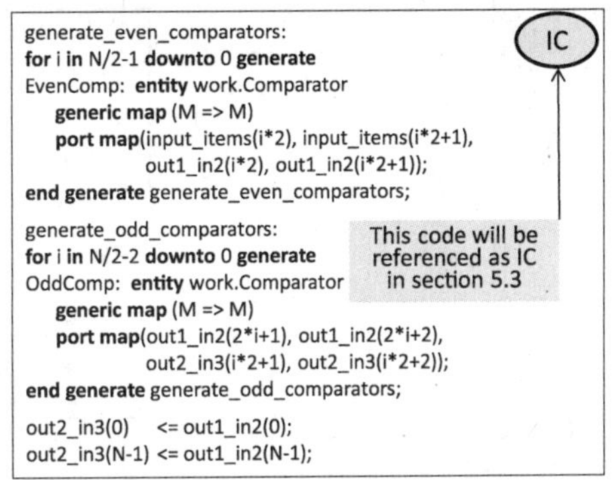

图 3.14　奇偶转换排序网络，具有可重复使用的奇和偶行（右边的 VHDL 代码 IC 将在后面引用）

使用 N 路复用器。而且在图 3.14 所示奇偶过渡网络中，时钟周期数（N/2）可以小于 N/2。这里引入使能信号 enable，当图 3.14 所示电路的任何第二竖行没有数据交换时，enable 信号为 0。一旦 enable = 0，则所有的数据完成排序。假定偶尔收到的已排序的数据需要顺序，不妨设为 8，7，6，5，4，3，2，1。顺序电路（见图 3.14）具有在时间 2 × t 内已排序的数据，t 是图 3.14 中的竖行延时（即一个比较器/交换器的延时）。图 3.5 和图 3.13 中的组合电路仍需要时间 D(N) × t，因为它们是硬布线的。因此，图 3.14 中的简单电路可以减少步数，而图 3.5 和图 3.13 中的电路无法实现，第 5 章将介绍一些实例。

管道线可用于图 3.5（见图 3.15a）、图 3.13（见图 3.15b）和图 3.14（见图 3.15c）中的所有网络。采用管道线时，需要的资源几乎一样，因为 FPGA 片触发器可直接使用，不需要附加器件。管道线寄存器（Pipeline Register，PLR）的位置如图 3.15a ~ c 所示。图 3.15d 所示为网络（见图 3.15c）排序最佳和最差的向量顺序（记录在寄存器 R 和 PLR 中）。后者使用 enable 信号（见图 3.14），测试该信号的有限状态机的简单部分如图 3.15e 所示。有 enable 信号的完整电路的 VHDL 代码将在 5.3.1 节给出。对于图 3.15a ~ c 所示所有电路，VHDL 频率可增加。再重申一次，图 3.15c 所示电路是消耗资源最少的。

奇偶合并网络似乎比图 3.14 中的电路更快。而且这些网络采用管道线可以获得更好的结果。但是实际上，即使奇偶/双调合并快一些，也无法利用这样高速的优势。得到这个结论的原因如下。甚至简单的实验都表明图 3.14 所示电路的路径消耗更低。由于通信开销，在实际应用中无法达到很高的吞吐量。而且，初始数据需要送入排序器，结果必须送出排序器，通信速度是瓶颈。后者对于处理小数据集的网络更严峻，因此需要更频繁地交换数据（因为数据传输的量实际上是非常小的，很难应用全突发模式容量）。混合排序器（部分执行在软件，部分执行在硬

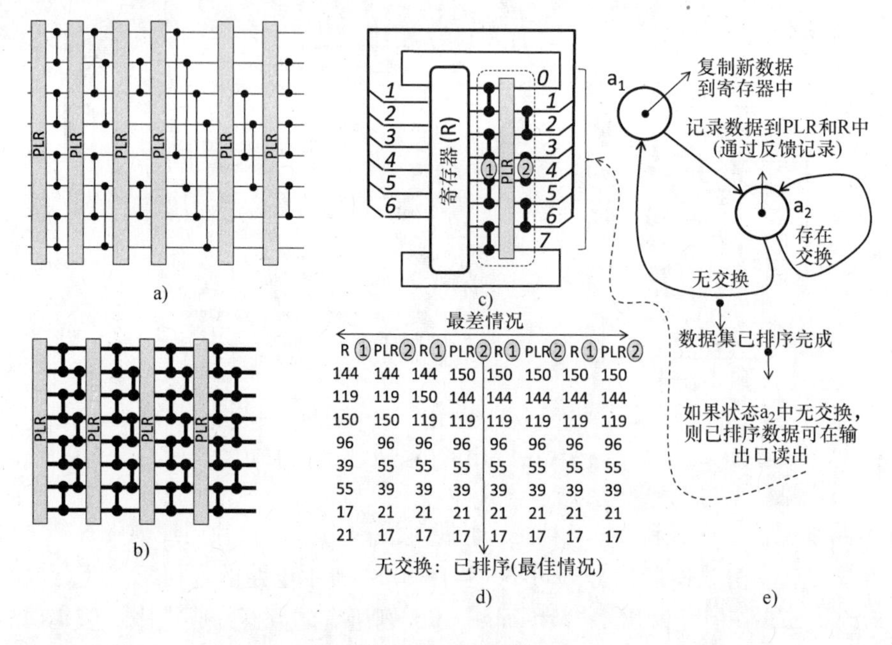

图 3.15　管道执行

a）图3.5的奇偶合并排序　b）图3.13的奇偶转换排序　c）图3.14的电路
d）记录在寄存器和PLR中的向量顺序　e）控制图3.14中的电路的状态转换图的部分

件）的处理系统和可编程逻辑之间的密集通信不能达到理想性能，因为处理系统经常被必要的数据交换打断。

以下实例给出了完整的VHDL代码，使图3.14所示电路在Atlys板中检验，其中N=16，M=4。功能可在主机PC中测试（在虚拟窗口中）。细节见1.7和2.6节。Nexys-4板的其他细节将在4.1节和4.4.2节中给出。

```
entity EvenOddTransitionIterative is          -- this code is for the Atlys board
generic (        M                            : integer := 4;
                 N                            : integer := 16 );
  port (clk                                   : in std_logic;
        BTNC, BTNU, BTND, BTNL, BTNR          : in std_logic;
        Sw                                    : in std_logic_vector(7 downto 0);
        EppAstb : in std_logic;      -- for the component IOExpansion from Digilent
        EppDstb : in std_logic;
        EppWr   : in std_logic;
        EppDB   : inout std_logic_vector(7 downto 0);
        EppWait : out std_logic);
end EvenOddTransitionIterative;
architecture Behavioral of EvenOddTransitionIterative is
  signal MyLed                      : std_logic_vector(7 downto 0);
  signal MyLBar                     : std_logic_vector(23 downto 0);
  signal MySw                       : std_logic_vector(15 downto 0);
  signal MyBtn                      : std_logic_vector(15 downto 0);
```

```
  signal data_to_PC              : std_logic_vector(31 downto 0);
  signal data_from_PC            : std_logic_vector(31 downto 0);
  signal unsortedSwBtn           : std_logic_vector(31 downto 0);
  type set_of_16items is array (N-1 downto 0) of std_logic_vector (M-1 downto 0);
  signal input_items             : set_of_16items;
  signal sorted                  : set_of_16items;
  signal out1_in2, out2_in3      : set_of_16items;
begin
  -- 32-bit signal unsortedSwBtn contains values from virtual (MySw, MyBtn) and onboard (Sw, BTN) components
  unsortedSwBtn <= MySw & Sw & BTNU & BTND & BTNL & BTNR &
                   MyBtn(3 downto 0);
  MyLBar       <= MySw & MyBtn(15 downto 8); -- these two lines are for tests only and can
  MyLed        <= MyBtn(7 downto 0);         -- be removed
process(sorted, BTNC) -- displaying the results of sorting in virtual window (signal data_to_PC)
begin
  if BTNC = '0' then        -- onboard button BTNC enables different 32-bit data (8 items) to be sent to PC
    for i in N/2-1 downto 0 loop
       data_to_PC((i+1)*M-1 downto i*M) <= sorted(i);
    end loop;
  else
    for i in N/2-1 downto 0 loop
       data_to_PC((i+1)*M-1 downto i*M) <= sorted(i+8);
    end loop;
  end if;
end process;
process(clk) -- control of iterations in the network in Fig. 3.14 without the enable signal
  variable index : integer range 0 to N := 0;
begin -- the signal input_items is used instead of the register in Fig. 3.14
  if rising_edge(clk) then
    if (index < N) then     index := index+1;
                            input_items <= out2_in3;
    else index := 0; sorted <= out2_in3;
      for i in N/2-1 downto 0 loop  -- input_items keeps 16 4-bit unsorted items
        input_items(i) <= data_from_PC((i+1)*M-1 downto i*M);
        input_items(i+N/2) <= unsortedSwBtn((i+1)*M-1 downto i*M);
      end loop;
    end if;
  end if;
end process;
IO_interface : entity work.IOExpansion          -- link with the IOExpansion component from Digilent
                port map(EppAstb, EppDstb, EppWr, EppDB, EppWait, MyLed,
                         MyLBar, MySw, MyBtn, data_from_PC, data_to_PC);
-- even-odd transition sequential circuit shown in Fig. 3.14 (see also VHDL code IC on the right-hand side)

    generate_even_comparators:
  for i in N/2-1 downto 0 generate
    EvenComp    : entity work.Comparator
      generic map (M => M) -- the signal out1_in2 below provides connections between even and odd lines
        port map(input_items(i*2), input_items(i*2+1), out1_in2(i*2), out1_in2(i*2+1));
  end generate generate_even_comparators;

  generate_odd_comparators:
```

```
for i in N/2-2 downto 0 generate
  OddComp     : entity work.Comparator
        generic map (M => M) -- the signal out2_in3 below provides connections with the register
        port map( out1_in2(2*i+1), out1_in2(2*i+2), out2_in3(i*2+1), out2_in3(i*2+2));
end generate generate_odd_comparators;

out2_in3(0)       <= out1_in2(0);       -- signals from the even line (because there are
out2_in3(N-1)     <= out1_in2(N-1);     -- no passes through the odd line)

end Behavioral;
```

比较器描述如下：

```
entity Comparator is
      generic (M : integer := 4);
      port(   Op1, Op2          : in std_logic_vector(M-1 downto 0);
              MaxValue          : out std_logic_vector(M-1 downto 0);
              MinValue          : out std_logic_vector(M-1 downto 0));
end Comparator;
architecture Behavioral of Comparator is
begin
process(Op1,Op2)
begin
  if Op1 >= Op2 then     MaxValue <= Op1; MinValue <= Op2;
  else                   MaxValue <= Op2; MinValue <= Op1;
  end if;
end process;
end Behavioral;
```

综合电路占用 132 片 FPGA（从 6822 可用片中），等效的奇偶合并网络需要 196 片。对于 M = 32，综合的结果和电路的执行表明奇偶合并网络可在考虑的 FPGA 中实现，仅当 n = 32（由于资源不足）时，图 3.14 所示电路可以自定义和执行更大数量的 N。注意，实体 EvenOddTransitionIterative 的类值依赖于虚拟和板集外围设备，通常不能改变。但是，奇偶过渡迭代网络是自定义的，即它可以在不同 N 和 M 值的情况下使用，见 4.4 节。

3.6 并行搜索的设计实例

如图 3.16 所示网络，用于寻找数据（N = 8）的最大值和最小值[3,23]。

很像图 3.13 所示网络，图 3.16 所示网络可以用图 3.17 所示方法组合或顺序执行。最后一个实例中的硬件资源明显减少。而且图 3.16 所示电路需要 $N + \sum_{n=1}^{(\log_2 N)-2} 2^n$ 个比较器/交换器，而图 3.17 所示电路需要 N/2 个比较器/交换器。图 3.17 所示执行是很常规的，对于任何 N 是可以轻松调整的，没有负责连接。最小值和最大值可在 T_f 时钟周期中找到，其中 $T_f = [\log_2 N] - 1$。而且，在最后一次迭代（T_f）中，结果已经输出至比较器/交换器。

本章参考文献［23］表明，轻微调整图 3.17 的电路，就可以用于非常大的数

据（超出百万个数据）集中搜索最大值和最小值。而且，这样的电路也可用于确定类型的排序，也在本章参考文献［23］中涉及过。

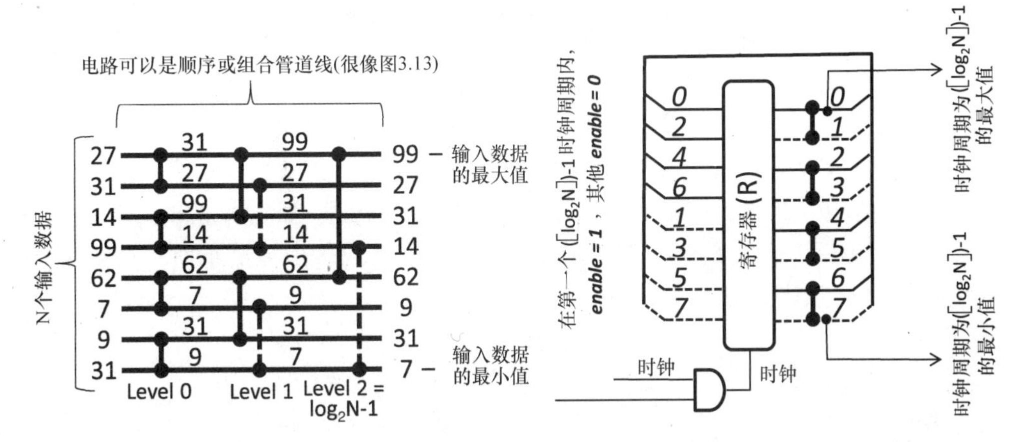

图 3.16　发现最小值和最大值网络，N = 8（可用于任意 N 值）

图 3.17　发现最大值和最小值的电路

以下 VHDL 代码描述图 3.16 所示全组合电路，仅用于寻找最大值（类参数 M，L 和 N 的默认值为 4，4，16；L 是图 3.16 中的水平等级，在以下代码中分别为 0，1，2，3）：

```
-- the same ports as for the entity EvenOddTransitionIterative in the example above without clk and BTNC signals
architecture Behavioral of MaxCombinational is -- the name of the entity now is MaxCombinational
  -- the same first 7 lines as in the architecture above (for the entity EvenOddTransitionIterative)
  type set_of_16items is array (N-1 downto 0) of std_logic_vector (M-1 downto 0);
  type set_of_levels is array (0 to L) of set_of_16items;
  signal to_level, from_level : set_of_levels;  -- input/output signals for each level in Fig. 3.16
begin                                           -- this code is for the Atlys board

  -- concurrent assignments for unsortedSwBtn, MyLBar and MyLed are the same as in the architecture above

  data_to_PC <= (31 downto 4 => '0') & to_level(L)(0);

process(data_from_PC, unsortedSwBtn)
begin -- preparing input data for the circuits in Fig. 3.16
  for i in N/2-1 downto 0 loop
       to_level(0)(i) <= data_from_PC((i+1)*M-1 downto i*M);
       to_level(0)(i+N/2) <= unsortedSwBtn((i+1)*M-1 downto i*M);
  end loop;
end process;

-- declaration of the component IOExpansion is the same as in the architecture above
generate_comparators:   -- generation of the circuit in Fig. 3.16 to find out the maximum value
for j in 1 to L generate
  one_level:     -- the code below is fully parameterized and can be used for any values of N and L
  for i in N/2**j-1 downto 0 generate          -- for a given L, N= 2**L
    EvenComp : entity work.Comparator -- the comparator is generic
               generic map (M => M)
```

```
                    port map(to_level(j-1)(i*(2**j)), to_level(j-1)(i*(2**j)+2**(j-1)),
                             from_level(j-1)(i*(2**j)), from_level(j-1)(i*(2**j)+2**(j-1)));
   end generate one_level;
   to_level(j) <= from_level(j-1); -- connects outputs of a previous level with inputs of the next level
  end generate generate_comparators;

  end Behavioral;
```

因为 $N=2^L$，所以在代码中关于 N 的类可以移除，并用 2 ∗ ∗ L 代替 N。寻找最小值就完成了。在比较器中交换两行是有效的（见 3.5 节），即送入第三接口 MinValue 和第四接口 MaxValue（而不是 3.5 节的 MaxValue 和 MinValue）。

以下 VHDL 代码描述图 3.17 所示电路，用于寻找最大值和最小值。只有两个类参数 M，L，默认值为 4，4，并将 N 替换为 2 ∗ ∗ L。

```
-- the same ports as for the entity EvenOddTransitionIterative in the example above without the BTNC signal
architecture Behavioral of MaxMinIterative is -- the name of the entity now is MaxMinIterative
  -- the same first 7 lines as in the architecture above (for the entity EvenOddTransitionIterative)
  type set_of_16items is array (2**L-1 downto 0) of std_logic_vector (M-1 downto 0);
  signal MyRegister, from_comparators        : set_of_16items;
  signal ResultMax, ResultMin                : std_logic_vector(M-1 downto 0);
begin
  -- concurrent assignments for unsortedSwBtn, MyLBar and MyLed are the same as in section 3.5
  data_to_PC <= (31 downto 8 => '0') & ResultMin & ResultMax;

process(clk)
  variable iterations : integer range 0 to L-1 := 0;
begin
  if rising_edge(clk) then
    if iterations < L-1 then
      MyRegister <= from_comparators;
      iterations := iterations+1;
    else iterations := 0;    ResultMax <= from_comparators(0);
      ResultMin <= from_comparators(2**L-1);
      for i in 2**L/2-1 downto 0 loop
                MyRegister(i) <= data_from_PC((i+1)*M-1 downto i*M);
                MyRegister(i+2**L/2) <= unsortedSwBtn((i+1)*M-1 downto i*M);
      end loop;
    end if;
  end if;
end process;

-- declaration of the component IOExpansion is the same as in the architecture above (in section 3.5)
single_line:       -- generating a single line of comparators shown in Fig. 3.17
for i in 2**L/2-1 downto 0 generate -- the code is parameterized and can be used for any value of L
  Comp: entity work.Comparator -- the comparator is generic
      generic map (M => M)
      port map(MyRegister(i*2), MyRegister(i*2+1),
      from_comparators(i), from_comparators(i+2**L/2));
end generate single_line;

end Behavioral;
```

3.5 节和 3.6 节以及后面章节中的所有工程可在虚拟窗口中测试（细节见 1.7 节和 2.6 节）。

回顾图3.16。假定第一个和最后一个数据的索引是 $I_{first}=0$，$I_{last}=N-1$，那么图3.16中的电路使用如下：①寻找最大值和最小值；②增加 I_{first}，减少 I_{last}，然后当 $I_{first}<I_{last}$ 时重复步骤①和②。显然，这样的方式让数据如图3.18中的实例一样排序。

图3.18所示网络在后面的步骤中稍加改变。图3.19所示实例使用相同的网络用于寻找最大值，是完全重复使用的。

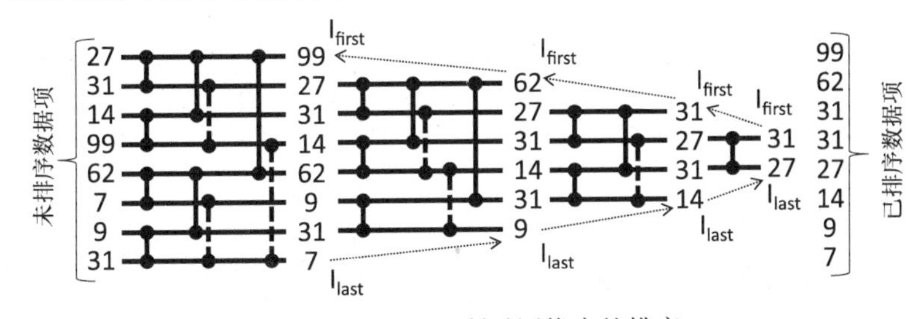

图3.18　图3.16所示网络中的排序

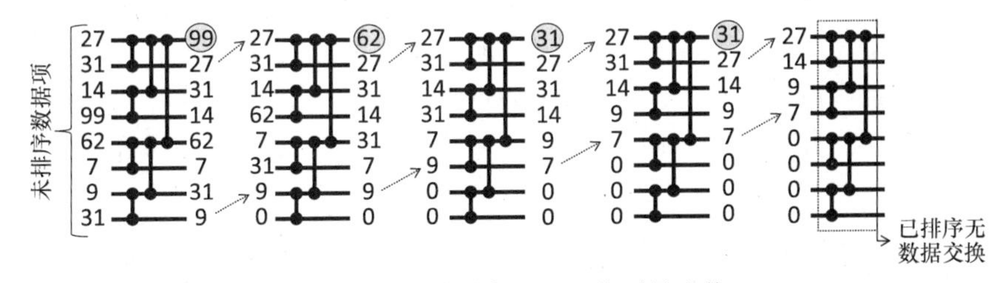

图3.19　网络排序，可以找到最大值

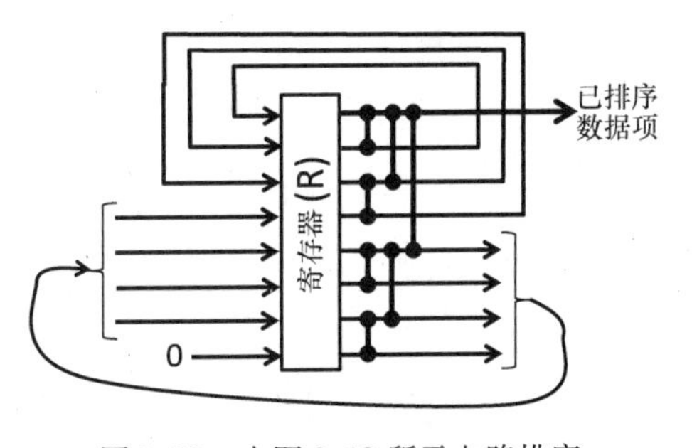

图3.20　由图3.19所示电路排序

每步（在一个时钟周期执行的）找到输入数据集中的最大值。之后，数据向上移位，执行下一步，如图3.20所示。寄存器R关闭，在每个时钟周期中产生新的已排序的数据。一旦比较器中没有数据交换，则所有的数据排序完成。因此，一个时钟周期之后，新的已排序的数据准备好，有 $N-1$ 个比较器的网络深度是 $\lceil \log_2 N \rceil$，N为数据的数量。而且在N个时钟周期之后，排序可以提前结束。例如，在图3.19中，4个时钟周期之后排序完成，$N=8$。实验表明，如果需要在输出结果之前排序完所有的数据，则前面描述的电路（见3.5节）应该更快。但是如果需要尽快输出已排序的数据，则这里考虑的电路更好而且更快。显然，图3.17所示电路可直接使用，让比较器的数量减少到N/2。吞吐量也减少，每个新的已排序的数据在 T_f 时钟周期后准备好。

再次回顾搜索问题。从图3.17中可以看出在每个时钟周期内，N/2个数据

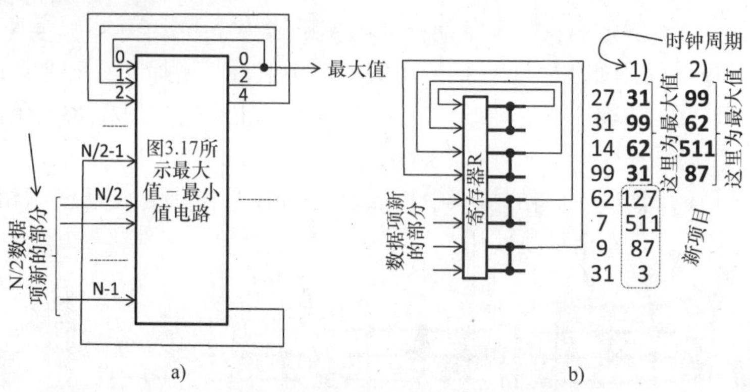

图 3.21　使用图 3.17 的电路用于大量数据

a）发现最大值　b）举例

（其中包含最大/最小值）将被复制到寄存器 R 的顶/底部分。因此，寄存器 R 的剩余部分（底部或顶部）可以重复用于载入数据的新部分。这个技术使我们能够在非常大的数据集中找到最大/最小值，即使在低成本 FPGA 中。图 3. 21 所示为必要的细节。图 3. 21a 所示电路复制网络的偶输出（包含最大值，见图 3. 17）到 N/2 M 位字的寄存器 R 的上面。N/2 M 位字的寄存器 R 的下面不包含最大值，可再用来载入数据的新部分（如图 3. 21b 所示实例 127，511，87，3）。因为可在每个时钟周期载入新部分，所以具有 Θ 个数据的最大值可在 $\tau = 2 \times \frac{\Theta - N}{N} + \lceil \log_2 N \rceil$ 个时钟周期内找到。例如，如果 $\Theta = 2^{20} = 1048576$，$N = 512$，则 $\tau = 4103$。这样的电路不消耗资源，甚至可以在低成本的有外部存储提供输入数据的 FPGA 中执行。在 4. 5 节将讲述 APSoC。图 3. 21 所示电路可在 APSoC 的基础上应用执行，在大数据集中搜索时提速明显。

图 3. 22a 所示电路在 $\tau = 4 \times \frac{\Theta - N}{N} + \lceil \log_2 N \rceil$ 时钟周期内寻找最大值和最小

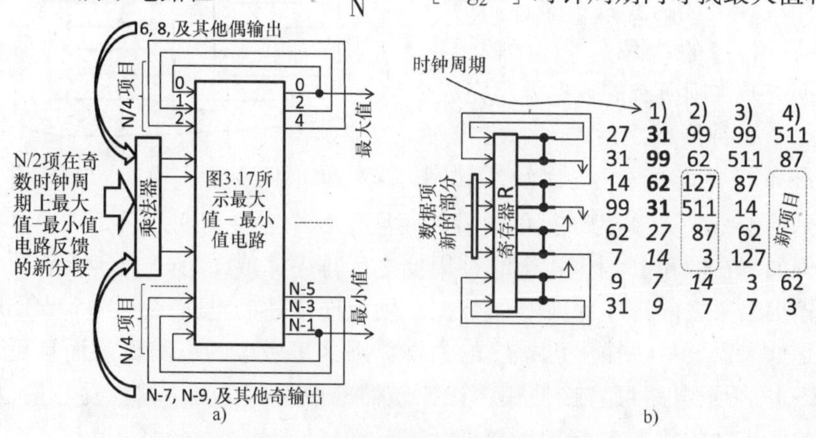

图 3.22　a）发现最大值和最小值 b）举例

值。开始，需要两个时钟周期（在寄存器 R 内）产生具有最大值的 N/4 M 位字上面和具有最小值的 N/4 M 位字下面。之后，N/2 M 位字的中间（寄存器 R 的）可重复用于载入 N/2 数据新的部分，然后在两个时钟周期内，最大值和最小值将再次转移到寄存器 R 的上面和下面部分。因此，需要 $2\times(\Theta-N)/(N/2)=4\times(\Theta-N)/N$ 个周期来处理（载入）所有数据，以及 $\lceil \log_2 N \rceil$ 个周期用于传播最后部分通过最大值－最小值电路（见图 3.17）。如果 $\Theta=2^{20}=1048576$，$N=512$，则 $\tau=8197$。因此，技术可处理大数据集[23]。

3.7 并行计数器的设计实例

并行计算涉及长的二进制和三进制向量元素的操作[3,10,24]。实例包括计算二进制向量的汉明权重（即向量中 1 的个数）[25,26]，比较汉明权重[25,26]，在组合搜索中涉及三进制向量的操作[24]和数据处理[27]。在许多实际应用中，涉及向量操作的执行时间对性能有显著影响。

考虑基于地址排序的实例[10,27]。其基本理论非常简单，当接收到一个新的数据时，其值 V 用作存储地址并记录 flag1。假定初始存储为 0，且没有重复输入值。一旦所有的输入数据在存储中记录为长二进制向量形式，则排序顺序通过有序读出标有“1”flag 的位置的地址执行。如果知道在每个存储分段标记了多少数据，则这个进程可以明显提速。分段大小介于十位到千位之间，或者更多。因此，有必要找到一个在长二进制向量中快速计数“1”的数量的方法（即其汉明权重）。其实有许多方法，最简单的依赖于顺序计数（见 3.4 节中的实例）和时间消耗。非顺序电路经常构建为并行计数器[25]，是基于全加器树的电路。图 3.23 所示为本章参考文献［25］中的固定阈值的汉明权重比较器，即使用并行计数器 N = 15（HW_{15}）和传输网络（Carry Network，CW）电路。比较结果为 $HW_{15-\kappa}$，或者和 HW_{15}加阈值κ的二进制补码一样。

图 3.23 所示电路对于任何 N 都是可调整的。图 3.23 中决定元素数量 C（N）和吞吐量 D（N）的公式见本章参考文献［25］：$C(N)=(N-\log_2 N-1)\times\gamma_{FA}+\log_2 N$；$D(N)=(\log_2 N-1)\times(\delta_{sum}+\delta_{carry})+1$，其中 γ_{FA} 是相对于门的全加器（Full Adder，FA）的成本（本章参考文献［25］中为 9），$\delta_{sum}/\delta_{carry}$ 是 FA 延时参数（相对于门的 FA 的延时，本章参考文献［25］中 $\delta_{sum}=\delta_{carry}=2$）。本章参考文献［10］表明在 FPGA 中选这些值并不合适。本章参考文献［10］中的汉明权重比较器基于并行计数器[25]，几乎总是比本章参考文献［26，28，29］中的网络资源消耗少，它们可以从高优化器件中获益，在一般 FPGA 上支持算法操作。因此，它们也很快。

以下 VHDL 代码描述并行计数器 N = 16，汉明权重比较器有固定 4 位阈值κ。相关的电路设计适用于 Nexys－4 原型机板（Artix－7 FPGA），占用 9 片，最大组合路径延时为 5.1ns。

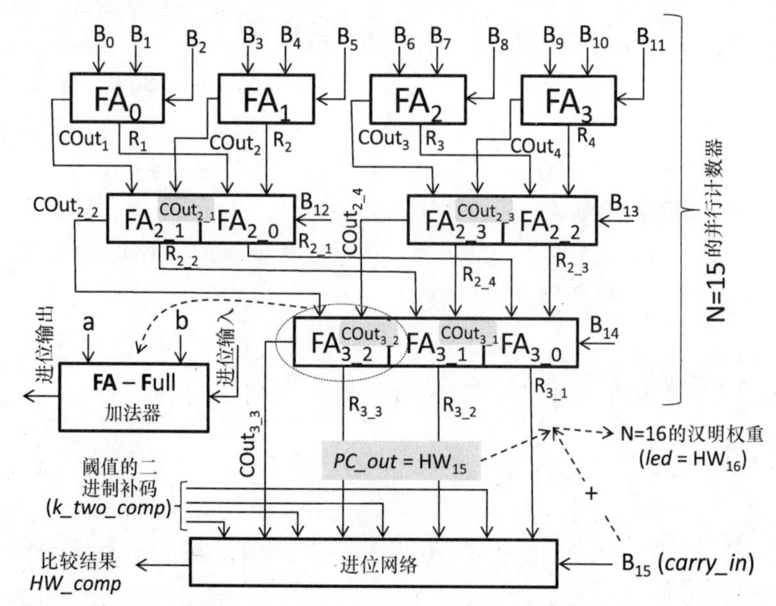

图 3.23　N = 15 的组合并行计数器和 4 位固定阈值κ的汉明权重比较器（来自本章参考文献［25］）

```
entity ParallelCounterComparator is
  port (      sw      : in std_logic_vector(15 downto 0);
              led     : out std_logic_vector(4 downto 0);
              ledC    : out std_logic);
end ParallelCounterComparator;
architecture Behavioral of ParallelCounterComparator is
  signal R1, R2, R3, R4, R2_1, R2_2, R2_3, R2_4, R3_1, R3_2, R3_3     : std_logic;
  signal COut1, COut2, COut3, COut4                       : std_logic;
  signal COut2_1, COut2_2, COut2_3, COut2_4               : std_logic;
  signal COut3_1, COut3_2, COut3_3                        : std_logic;
  signal B              : std_logic_vector(15 downto 0); -- represents 16-bit input vector
  signal PC_out         : std_logic_vector(3 downto 0);  -- represents 4-bit output for HW15
  signal threshold      : std_logic_vector(3 downto 0);  -- fixed threshold
  signal k_two_comp     : std_logic_vector(3 downto 0);  -- 2's-complement of the threshold
  signal HW_comp        : std_logic;                     -- the result of the comparison
begin
  B <= sw;      -- input data are taken from 16 onboard (Nexys-4) switches
  threshold <= (1 => '1', 3 => '1', others => '0'); -- threshold that is 10 is chosen as an example
  k_two_comp <= (not threshold) + 1;          -- 2's-complement of the threshold (of the value 10)
  -- structural code below allows direct mapping for the circuit in Fig. 3.23
  FA0 :  entity work.FullAdder      port map(B(0), B(1), B(2), R1, COut1);
  FA1 :  entity work.FullAdder      port map(B(3), B(4), B(5), R2, COut2);
  FA2 :  entity work.FullAdder      port map(B(6), B(7), B(8), R3, COut3);
  FA3 :  entity work.FullAdder      port map(B(9), B(10), B(11), R4, COut4);
  FA2_0: entity work.FullAdder      port map(R1, R2, B(12), R2_1, COut2_1);
  FA2_1: entity work.FullAdder
      port map(COut1, COut2, COut2_1, R2_2, COut2_2);
  FA2_2: entity work.FullAdder      port map(R3, R4, B(13), R2_3, COut2_3);
  FA2_3: entity work.FullAdder
      port map(COut3, COut4, COut2_3, R2_4, COut2_4);
  FA3_0: entity work.FullAdder port map(R2_1, R2_3, B(14), R3_1, COut3_1);
  FA3_1: entity work.FullAdder port map(R2_2, R2_4, COut3_1, R3_2, COut3_2);
  FA3_2: entity work.FullAdder
      port map(COut2_2, COut2_4, COut3_2, R3_3, COut3_3);
```

```
  led <= PC_out + ("0000" & B(15));
  PC_out <= COut3_3 & R3_3 & R3_2 & R3_1;

  CN:  entity work.carry_network
       port map (PC_out, B(15), k_two_comp, HW_comp);
  ledC <= HW_comp;                 -- the result of the comparison
end Behavioral;
```

全加器描述如下：

```
entity FullAdder is
port( A          : in std_logic;
      B          : in std_logic;
       CarryIn   : in std_logic;
       Result    : out std_logic;
       CarryOut  : out std_logic);
end FullAdder;

architecture Behavioral of FullAdder is
begin
CarryOut       <= (A and B) or (A and CarryIn) or (B and CarryIn);
Result         <= A xor B xor CarryIn;
end Behavioral;
```

以下 VHDL 代码描述传输网络，来自本章参考文献［25］。

```
entity carry_network is   -- entity for 4-bit carry network from [25]
port ( PC_out             : in std_logic_vector(3 downto 0); -- see names in Fig. 3.23
        carry_in          : in std_logic;
        threshold         : in std_logic_vector(3 downto 0);  -- two's complement of threshold
        HW_comp           : out std_logic);                   -- the result of the comparison
end carry_network;

architecture Behavioral of carry_network is
  signal HW     : std_logic_vector(3 downto 0);
begin
  first_element:  entity work. CN_element
       port map(PC_out(0), threshold(0), carry_in, HW(0));

  generate_CN: for i in 1 to 3 generate
    CN_element:  entity work.CN_element
       port map(PC_out(i), threshold(i), HW(i-1), HW(i));
  end generate generate_CN;

    HW_comp <= HW(3);

  end Behavioral;
entity CN_element is    -- entity for elements of the carry network from [25]
  port ( BitFromPC                 : in  std_logic;
          BitFromThreshold         : in  std_logic;
          CarryIn                  : in  std_logic;
          CarryOut                 : out  std_logic);
end CN_element;
architecture Behavioral of CN_element is
  signal and_out                   : std_logic;
  signal or_out                    : std_logic;
  signal second_and_out: std_logic;
```

```
begin
  and_out <= BitFromThreshold and BitFromPC; -- exact mapping of the circuit from Fig. 4 in [25]
  or_out <= BitFromThreshold or BitFromPC;
  second_and_out <= or_out and  CarryIn;
  CarryOut <= second_and_out or and_out;
end Behavioral;
```

很容易验证图 3.23 所示电路是非常有效的，但是还有其他更快、消耗资源更少的方案（见 3.8 节，3.9 节和 4.2 节）。

3.8 计数网络的设计实例

不同于 3.5 节和 3.6 节讲述的电路，计数网络不包含传统比较器[10]。相反，每个基本器件是半加器或者异或门，如图 3.24a 所示。为了区别于传统比较器（见图 3.5b），本节使用菱形而不是圆形表示（见图 3.24a），而且如果这行结束，即如果没有进一步连接到右边（见图 3.24a 中靠上的块），则移除任何与横行连接的菱形。图 3.24b 所示为计数网络实例，有 $N=2^p=8$ 个输入，其中 p 是非负整数，实例中 p=3。

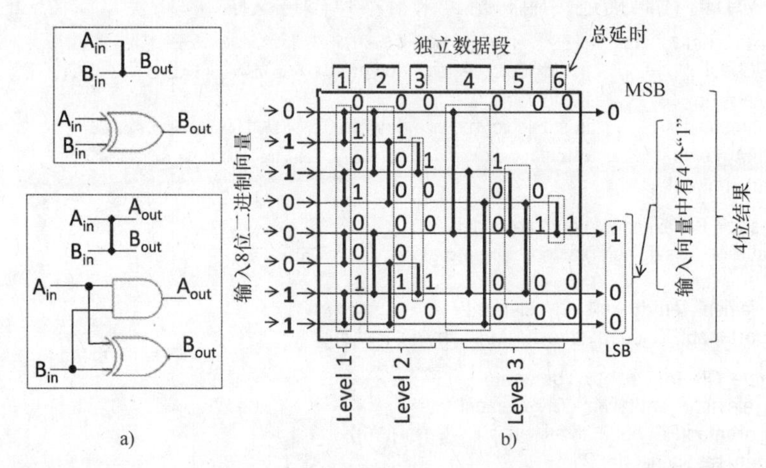

图 3.24 a）计数网络器件 b）计算 8 位二进制向量的汉明权重举例

网络的独立数据段（见图 3.24b）组成竖行，在使用的器件之间没有任何数据依赖性；因此所有必需的操作可以并行执行，并且是单个器件的延时。因此，图 3.24b 所示电路的总延时等于 6。MSB 是最高位，LSB 是最低位。

图 3.24b 所示网络的 Level（一个或多个段组成的）计算汉明权重：2 位（Level 1—段 1）；4 位（Level 2—段 2～3）；8 位（Level 3—段 4～6）二进制向量。输入数据 01100011 的实例如图 3.24b 所示。Level 1 计算四个 2 位输入向量的汉明权重：01，10，00，11；Level 2 计算两个 4 位输入向量的汉明权重：0110，0011；最后，Level 3 计算 1 个 8 位输入向量的汉明权重：01100011，其中有四个“1”。

因此，最后的结果是0100_2（4_{10}的二进制代码）。

图3.24b所示电路非常简单和快速。仅由16个器件组成（见图3.24a），其延时可忽略。设计类似电路（对于非常大的输入（数量N））的一般规则和证明该电路的预期功能的过程都在本章参考文献［10］中给出。在本章参考文献［10］中，尤其是计数网络对于任何N（即不必满足条件$N=2^p$）可以轻松构建，如图3.25a所示实例。

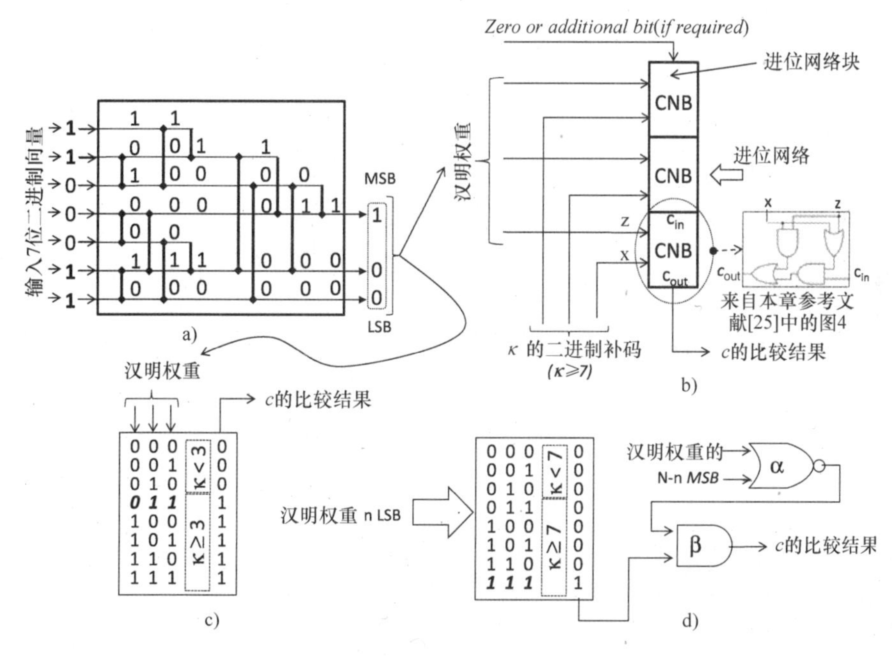

图3.25 a）计数网络$N\neq2^p$ b）进位网络块组成的进位网络
c）、d）基于LUT的电路形成比较结果

与前面所讲述的并行计数器很像，计数网络可用于汉明权重比较器（Hamming Weight Comparator，HWC），HWC将图3.25a中的网络输出结果与固定阈值κ或者类似3.25a所示电路的结果比较。因此，描述的问题与本章参考文献［25］完全一样。有两种方式用于最后的比较并在图3.25b和c中简述过。第一个方法具有进位网络（Carry Network，CN），在前面用VHDL描述（见3.7节和图3.25b，其中3.25a中的实例给出了CN）。第二个方法基于LUT电路，如图3.25c所示，在图3.25a中的例子中$\kappa=3$。因为LUT(n,m)可以执行任何变量n的布尔函数，所以对于任何$\kappa<2^n$，可以轻松配置类似的电路。如果N大于n（或者只大一点点），则电路可以按图3.25d建立。NOR门α测试，如果在汉明权重的MSB中没有“1”值，则LSB不包含n。AND门β形成比较的结果。目前多数可用的FPGA都有LUT（6，1）。因此，可以选择$\kappa<64$的任何值。如果$\kappa\geq64$，则LUT可以用LUT集或者嵌入

存储块代替（对于大多数现代 FPGA，$9 \leqslant n \leqslant 15$）。因为所有的存储器（所有分布式或者基于 LUT 和嵌入的）都是实时配置的，所以图 3.25c 所示电路中，d 不是依赖阈值的（即对于$\kappa < 2^n$的任何值，它们可能会动态定制）。

图 3.25b 和 c 的基于 LUT 电路的另一个重要特征是可以使用多个阈值。例如，一个阈值κ_1是低频带，另一个阈值κ_u是高频带。我们将在后面章节介绍如何描述这样的电路。

在本章参考文献［10］中，对于基于排序网络的汉明权重计数器/比较器（如本章参考文献［26］），器件的数量明显大于计数网络中器件的数量，然而这两类器件实际上具有相同的复杂性。这是因为对比排序网络，计数网络中水平行的数量是逐渐减少的。显示管的数量和最佳排序网络显示管的数量一样，但是由于明显减少的复杂性，在微芯上执行的计数网络的 N 值比在相同微芯上执行的排序网络的 N 值大[26]。通常，计数网络可以视为本章参考文献［26，28，29］和本章参考文献［25］中电路之间的桥。而且，一方面它们看起来像排序网络，另一方面它们形成等级树（见图 3.24b），很像并行计数器[25]。

如果依赖 VHDL generate 语句来构建可调整计数网络，则资源和延时可能比本章参考文献［25］中的电路更糟。但是，这有更好的方法。网络可以映射到 FPGA LUT 上，如图 3.26 所示，N = 16[10]。

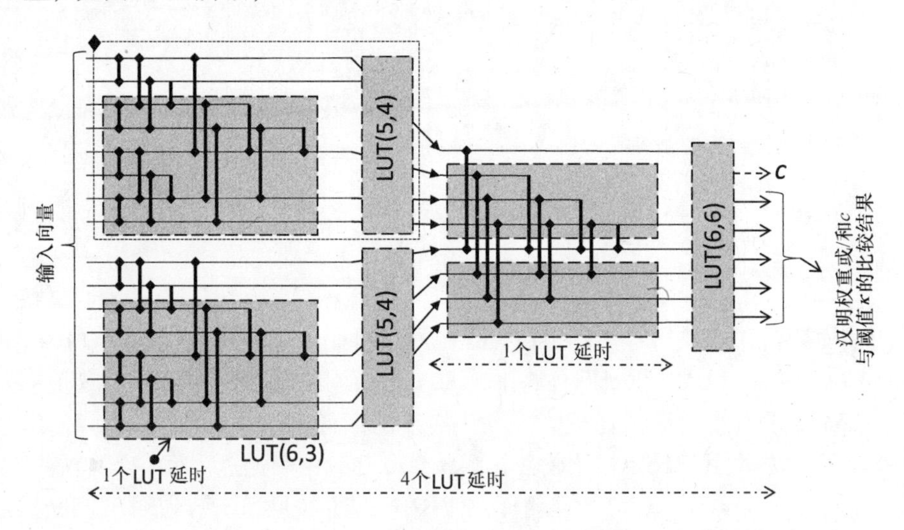

图 3.26　映射网络到 FPGA LUT

图 3.26 所示电路在 Nexys－4 原型机板上执行和测试过。它占用八片 FPGA，最大组合通路延时为 4.7ns。因此，它比 3.7 节的电路更快且消耗的资源更少。但是，将在 4.2 节介绍一个更好的方法。

如果按位操作可用于大的二进制向量，则网络可能更经济。例如，现代 FPGA 具有上千片嵌入数字信号处理（Digital Signal Processing，DSP），DSP 还可以用于

通用 FPGA。例如，在 Xilinx 7 系列器件中，每片器件可配置为执行两个 48 位向量的按位操作[30]。因此，两片这样的器件可以使所有数据的独立部分操作组合执行，多达 N = 96。这个可用于网络不能用于并行计数。但是，后者可从 DSP 中获益，因为 DSP 的 48 位操作单元可分为更小的数据（每个数据 12 或 24 位），所以为确保所有数据之间的操作独立，数据之间的内部进位传播被阻塞[30]。并行计数支持这个特征。

网络的管道线（见图 3.15）和并行计数（本章参考文献［10］中的实例）可以找到更快的方法。但是，上述电路的延时很小，对于大多数实际应用不需要使用加速器，如果仍然需要，则可以使用本章参考文献［10］的结果。

3.9 基于 LUT 的汉明权重计数器/比较器的设计实例

首先执行最简单的汉明权重计数器（Simplest Hamming Weight Counter，SHWC），可以最佳映射到 FPGA LUT 上，然后把 SHWC 作为构建符合任何要求复杂性的汉明权重比较器的基础。而且会分析基于已知 HWC 构建的块（如 FA）来评估使用SHWC的情况。显然，h 片 LUT（n，m）可以用于计算 $A = \{a_0, \cdots, a_{n-1}\}$ 的汉明权重，其中 $h = \lceil(\log_2(n+1))/m\rceil$。因此，h 片 LUT 可用于SHWC。理论是构建 SHWC 网络，用于计算大小为 N 的任意向量的汉明权重。图 3.27 所示为完整的方法（即 SHWC），例如 n = 6 和 N = 36。在任何层，所有的 LUT 并行执行大量逻辑操作。例如，第一层的所有 SHWC 在输入的同时计算 6 位向量的汉明权重。类似地，在第二层的 LUT（6，3）同时输出结果，仅一个 LUT 延时。

所有的 LUT 块同等配置。任何块（即 SHWC）计数输入的 6 位向量的汉明权重，这些向量由 $C_{SHWC} = \lceil(\log_2(n+1)/m)\rceil$ 片 LUT(n,m) 组成。图 3.27 所示电路具有 $C_{SHWC} \times (\lceil N/n\rceil + \lceil N/2/n\rceil)$ 片 LUT(n,m)。即使 m = 1（最坏的情况，即任何在 FPGA LUT 上执行的只有一个输出），n = 6，对于 N = 36 只需要 27 片 LUT。这是可以忽略的，因为，例如 FPGA xc7a100t（用于实验）具有 15850 片器件，每片器件具有四片 LUT（6，1）。但是，仍需执行形成比较结果的输出块。图 3.28 所示为基于 LUT 的方法。

图 3.28 中有两个电路，第一个（见图 3.28a）从图 3.27 中提取输出信号$\alpha_1\alpha_2\alpha_3\beta_1\beta_2\beta_3\chi_1\chi_2\chi_3$，计算输入向量 $A = (a_0^i, \cdots, a_{35}^i)$ 的汉明权重。第二个电路（见图 3.28b）将汉明权重与阈值 K 比较，阈值 K 是初始载入到 LUT 中的（在图 3.28b 中，K = 15：当向量 A 的汉明权重小于 15 时，输出 C 为“0”，否则 C 为“1”）。如果重新配置 LUT 不理想，则图 3.28a 所示电路的输出连接到进位网络[25]。图 3.28 具有配置所有的 LUT 的初始化（INIT）语句。图 3.28a 所示电路实际上是多位加法器（有 2 位进位信号ρ_0和ρ_1），增加了下面三个向量：①$\alpha_1\alpha_2\alpha_3$左移两位；②$\beta_1\beta_2\beta_3$左移一位；③$\chi_1\chi_2$。因为向量$\alpha_1\alpha_2\alpha_3$具有 N_4 个值 4，向量β_1

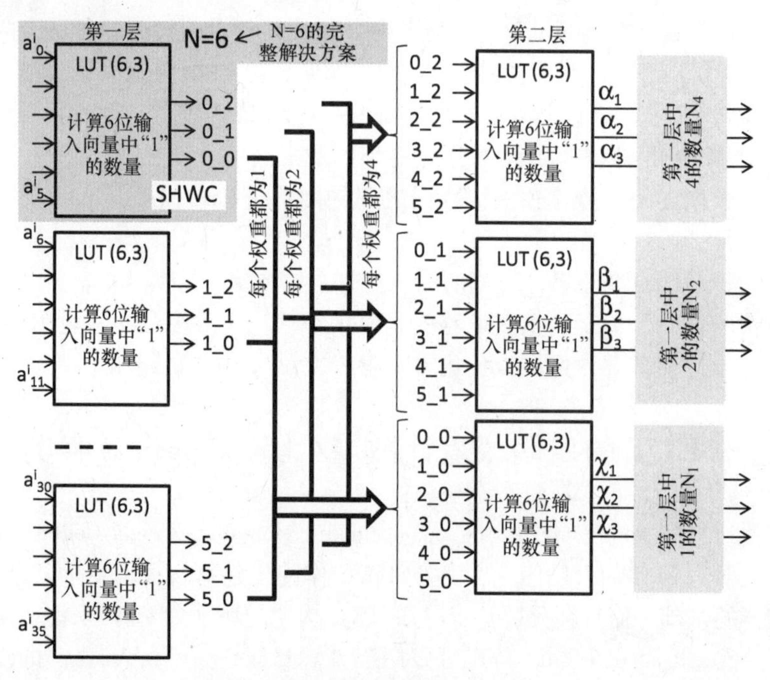

图 3.27　完整的 HWC，N = 36

$\beta_2\beta_3$有 N_2 个值 2，$\chi_1\chi_2\chi_3$有 N_1 个值 1（见图 3.27），所以这些能够实现。在最后的汉明权重中，值$\alpha_1\alpha_2\alpha_3$必须乘以 4（或者左移两位），值$\beta_1\beta_2\beta_3$必须乘以 2（或者左移一位），这些都在移位操作中完成。显然，值χ_3可以直接使用。

对于 N < 36，一些 LUT 可以从图 3.27 中的电路中移除。例如，当 N = 32 时，左下的 LUT 可以移除，行$a_{30}a_{31}$直接连接到第二层的 LUT。这个改变减少了 LUT 的数量，但电路缺少了普适性。因为占用的 LUT 数量真的很少，所以最简单的方法是给四个未使用的输入赋值 0。

如果 LUT(n,m) 的 n < 6，则可以类似地建立层次结构。因此，如果 n = 5，则需要五个 LUT 组在第一层（每个组处理五个信号），然后三个组在第二层（每个组也处理五个信号）。最后，与图 3.28 相同的电路输出结果。

图 3.27 和图 3.28 所示电路的完整可综合的 VHDL 设计可以在许多可用的基于 FPGA 的原型机板中测试和评估，见附录 B。

值 N 较大的 HWC 的一般结构同图 3.27。N = 216 的实例见本章参考文献［3］。

初步分析表明上述基于 LUT 的电路、并行计数器[25]和计数网络[10]，在同时考虑资源和性能中是最佳的。尝试通过结合不同的设计能力发现更好的方法。图 3.29 所示电路实现了这样的组合，对于典型的 LUT（6，1）/LUT（5，2），来自库［31］且 N = 18。左边的任何 LUT 都是 SHWC。后面将讲述对于 $N = 2^g$（g = 5，6，…）如何建立类似的电路。

在图 3.29 中，全加器 FA1，FA2 和 FA3 计算汉明权重中的值 1（N_1）、值 2

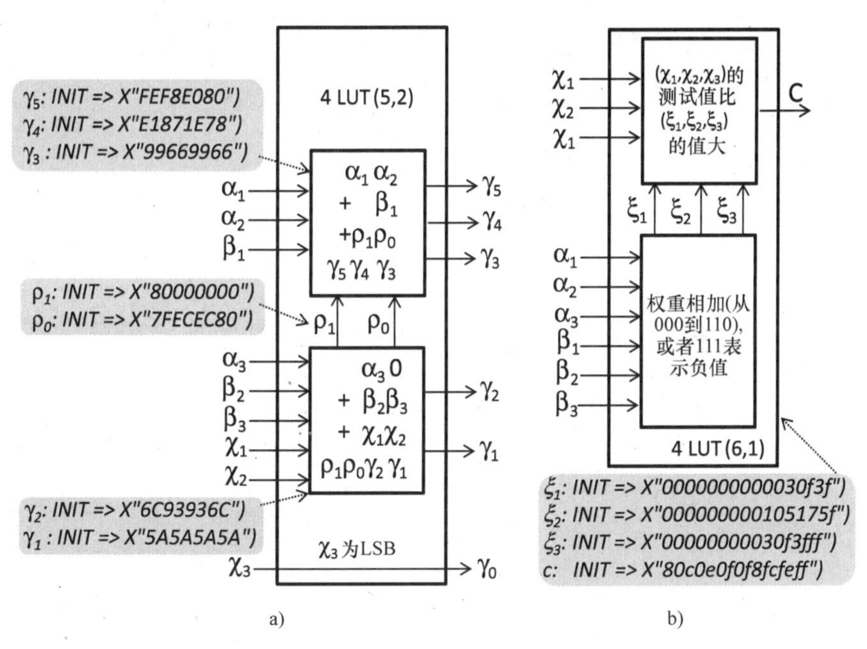

图 3.28 a）输出电路（见图 3.27）计数汉明权重 b）HWC

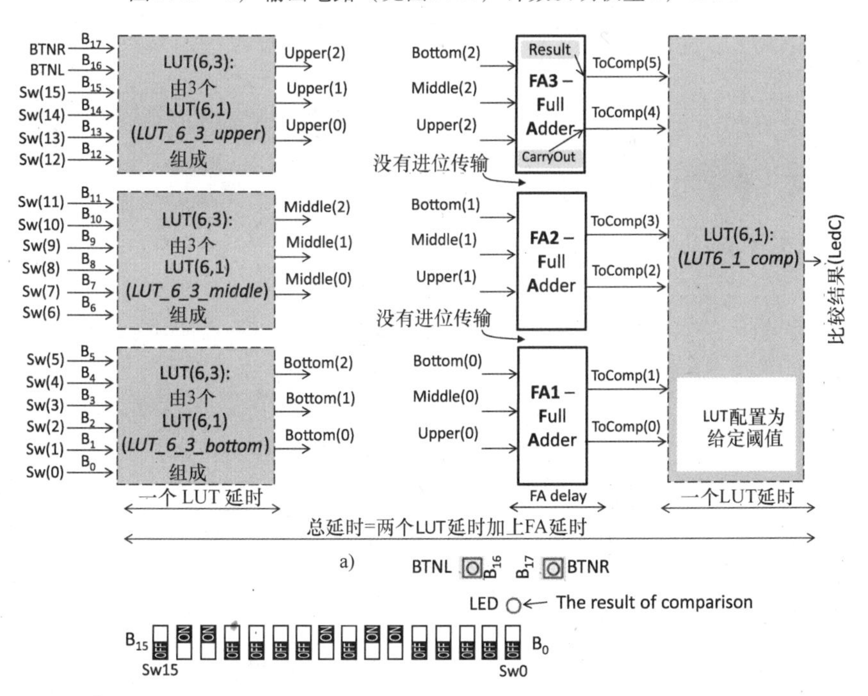

图 3.29 a）基于 LUT 和全加器的汉明权重比较器 b）电路校验

（N_2）和值 4（N_4）的数量。例如，输入向量 B = “101101_011111_110001”，为了方便阅读，将其分成 6 位的子向量。左边的 LUT 输出下面的三位向量“100”（因为子向量“101101”中有四个“1”），“101”（因为在子向量“011111”中有五个“1”），“011”（因为在子向量“110001”中有三个“1”）。FA1，FA2 和 FA3 在产生的 3 位向量中计算低位、中间位和高位的和，因此 N_1 = “0” + “1” + “1” = “10”，N_2 = “0” + “0” + “1” = “01”，N_4 = “1” + “1” + “0” = “10”和 N_4 = “1” + “1” + “0” = “10”。最后的结果是“10”（即向量“10” $-N_1$）+ “10”（即向量“01”（N_2）左移一位）+ “1000”（即向量“10”（N_4）左移两位）= “1100”给出输入向量 B 的汉明权重 1100_2 或者 12_{10}。右边的 LUT（6，1）和配置前的输入值比较并输出比较结果。基本理念类似上述思想（见图 3.27），但是得到两个有用的新特征：①现在电路可以由 3 调整，既不是前面用的 6 也不是本章参考文献［25］中用的 2；②HWC 可从高度优化的算法电路（通常由可用的商用 FPGA 提供）中获益（如 FA）。另一个重要的特征是在 FA 之间无进位信号传播（见图 3.29）。电路的总延时仅由两片 LUT 和一个 FA 的延时组成。

图 3.29a 所示电路具有独有的特征。它让多个阈值（边界）被使用。一些实例如图 3.30 所示。

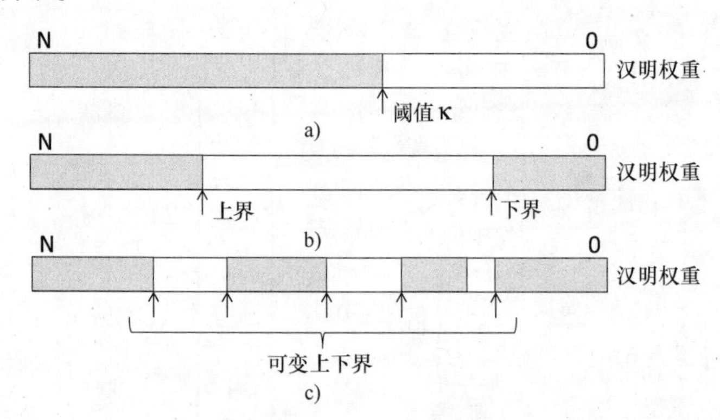

图 3.30　汉明权重比较器

a）具有固定阈值　b）上界和下界　c）可变上下界

图 3.30a 所示为最常使用的具有一个阈值的比较器。但是，也可以指出低频和高频带（见图 3.30b）和偶数个频带（见图 3.30c）。这样的特征不能用于基于并行计数器的 HWC[25]。

以下 VHDL 代码是图 3.29a 所示电路的完整可综合设计：

```
entity HammingWeightComparator is                  -- The code below has been tested for Nexys
 port ( Data_in : in std_logic_vector (17 downto 0);   -- the vector B0,...,B17 in Fig.
      LedC     : out std_logic);                       -- the result of comparison
end HammingWeightComparator;
-- names of the signals are the same as in Fig. 3.29
```

```
architecture Behavioral of HammingWeightComparator is
signal Upper, Middle, Bottom        : std_logic_vector(2 downto 0);
signal ToComp                       : std_logic_vector(5 downto 0);
begin
  LUT_6_3_upper: entity work.LUT_6to3
      port map(Data_in(17 downto 12), Upper);
  LUT_6_3_middle: entity work.LUT_6to3
      port map(Data_in(11 downto 6), Middle);
  LUT_6_3_bottom: entity work.LUT_6to3
      port map(Data_in(5 downto 0), Bottom);
  LUT6_1_comp:entity work.LUT6_1
      port map (ToComp, LedC);
  FA_generate: for i in 0 to 2 generate
    FA: entity work.FullAdder
      port map(Bottom(i), Middle(i), Upper(i), ToComp(2*i), ToComp(2*i+1));
  end generate FA_generate;
end Behavioral;
```

上述代码有两个新器件（LUT_6to3 和 LUT6_1），将它们描述如下：

```
library IEEE;                    -- all necessary libraries are explicitly shown here because this
use IEEE.STD_LOGIC_1164.all;     -- code has to be directly copied to an example in Appendix B
library UNISIM;                  -- (HammingWeightCounter36bits for N=36)
use UNISIM.vcomponents.all;

entity LUT_6to3 is          -- Xilinx library UNISIM [31] for LUT primitives has to be included
  port ( Data_in            : in  std_logic_vector (5 downto 0);   -- 6-bit input vector
         HW                 : out std_logic_vector (2 downto 0));  -- the Hamming weight
end LUT_6to3;
architecture Behavioral of LUT_6to3 is
begin -- for non-Xilinx FPGAs, constants can be used instead of the LUT primitives (see Sect. 2.8)

LUT6_inst1 : LUT6
  generic map (INIT => X"fee8e880e8808000")          -- LUT Contents
  port map (HW(2), Data_in(0), Data_in(1), Data_in(2), Data_in(3),
      Data_in(4), Data_in(5));

LUT6_inst2 : LUT6
  generic map (INIT => X"8117177e177e7ee8")          -- LUT Contents
  port map (HW(1), Data_in(0), Data_in(1), Data_in(2), Data_in(3),
      Data_in(4), Data_in(5));

LUT6_inst3 : LUT6
  generic map (INIT => X"6996966996696996")          -- LUT Contents
  port map (HW(0), Data_in(0), Data_in(1), Data_in(2), Data_in(3),
      Data_in(4), Data_in(5));

end Behavioral;
```

以下为 LUT6_1 器件代码：

```
entity LUT6_1 is                      -- Xilinx library UNISIM [31] for LUT primitives has to be included
  port ( Data_in  : in std_logic_vector (5 downto 0);   -- 6-bit input vector
         Comp     : out std_logic);                     -- Comp is the result of comparison
end LUT6_1;
```

```
architecture Behavioral of LUT6_1 is
begin
  LUT6_inst0 : LUT6  -- this LUT is used just for the final comparator (see the right-hand LUT in Fig. 3.29a)
  -- LUT Contents for the upper bound 10 and for the lower bound 4: (0-3: 1; 4-10: 0; 10-17: 1)
  generic map (INIT => X"ffffffcfc00003f") -- configuring such LUTs is explained in Appendix B
  port map (Comp, Data_in(0), Data_in(1), Data_in(2), Data_in(3),
       Data_in(4), Data_in(5));
end Behavioral;
```

上述代码综合得到的电路用于 Artix－7 FPGA（Nexys－4）时，有最大组合通路，延时为 2.5ns，占用六片逻辑器件。

图 3.29 中的 HWC 容易修改为其他 N 值。图 3.31a 给出了 N＝15 的实例，图 3.31b 所示为 N＝16。图 3.31a 所示电路仅占用了三片 Artix－7 FPGA，这样的电路的完整可综合的 VHDL 描述见附录 B。对于 6＜N＜15，一些输入可以接 0。显然对于 N≤6，只有 SHWC 是足够的（见图 3.27）。

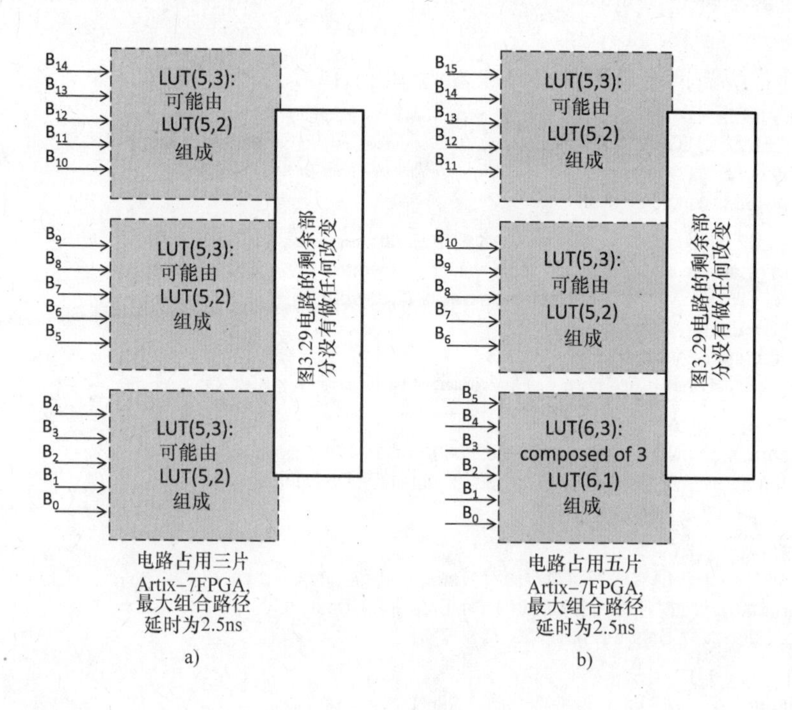

图 3.31　汉明权重比较器

a）N＝15　b）N＝16

N 值更大的 HWC 可以从图 3.29 和图 3.31 中的 HWC（连接一些其他的基于 LUT 的电路（如 SHWC））中创建，最后增加 FA。例如，图 3.32 所示为基于图 3.31a 所示电路的方法，N＝32。块 A 和 B 是图 3.31a 所示电路，其中右边的 LUT（6，1）（在图 3.29 中描述过）用 LUT（6，4）代替，输出 15 位输入向量的 4 位

汉明权重。块C产生块A和B高位（MSB）的和，块D产生块A和B低位（LSB）的和。因为块D输出的最大值为6（即$11_2+11_2=110_2=6_{10}$），所以可以增加一个输入位B_{30}。现在最大值变成7（即$110_2+1_2=7_{10}$），输出的数量一样（即3）。

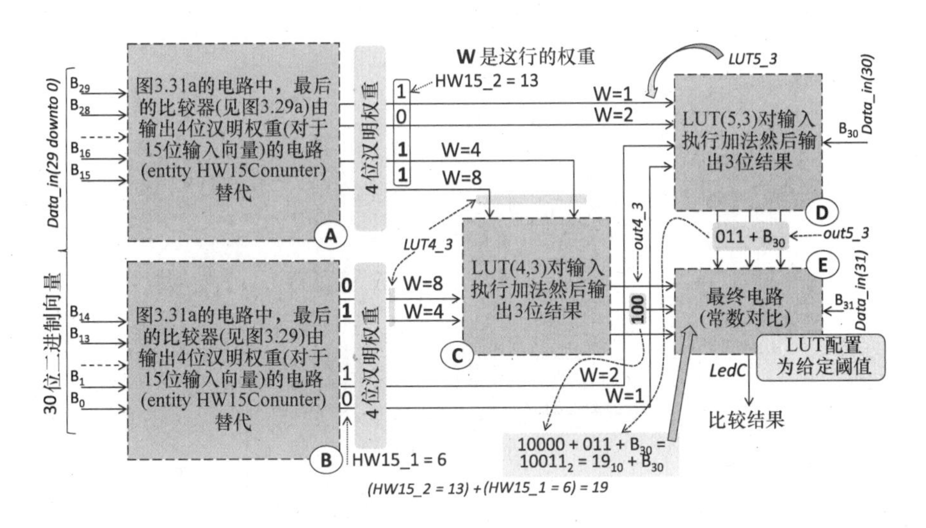

图3.32　汉明权重比较器，N＝32

块C的输出代表值4在汉明权重中的数量（另外的细节和解释见附录A和B）。最后，块E输出比较结果。看一下图3.32所示实例。假设块A和B各自输出值1101和0110，高位用粗体表现，加入到块C，则得到结果100（11+01=100），代表四个“4”。块D输出011（即01+10=011）加上位B_{30}的值。如果$B_{30}=0$，则比较器的数量为100011，对应十进制值19（四个“4”加三个“1”）。如果$B_{30}=1$，则比较器的数量为20。显然，基于LUT（6，1）创建的块E可以轻松产生31位向量$B=\{B_0, \cdots, B_{14}, B_{15}, \cdots, B_{29}, B_{30}\}$的比较结果。基于LUT（6，4）创建的块E计算B的汉明权重。如果使用32位向量，则块E增加位B_{31}（见图3.32）。显然，LUT需要更多的FPGA原语，现在是LUT（7，4）。

图3.32所示电路的完整可综合的VHDL代码见附录B。对于更大值N的测量，做法类似。

3.10　向量操作的设计实例

假定有N个已排序的数据子集（如由图3.5中排序器产生的），最终这些数据子集中具有重复的数据，然后需要找到重复频率最高的数据。本章参考文献［9］提出了针对此问题的可行性方案，如图3.33所示，其中N－1个比较器形成二进制向量。如果在向量中找到连续最大数量，则可以发现重复频率最高的数据，然后从比较器（该比较器形成了具有连续最大数量的子向量）的任何输入中取出该数据。

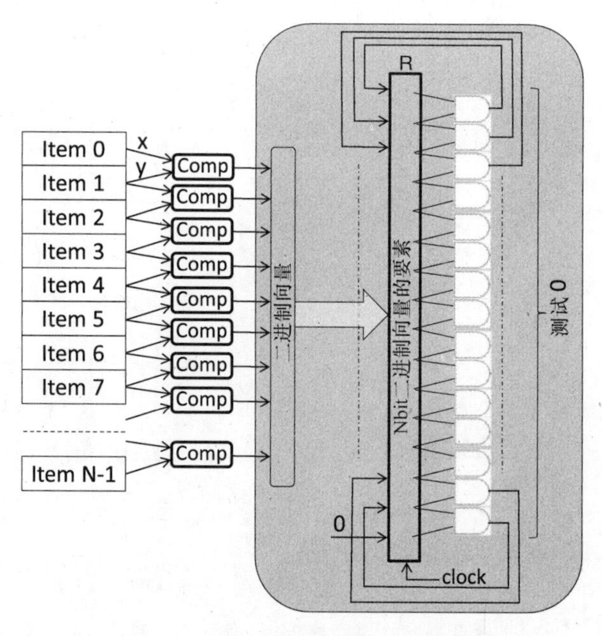

图 3.33　频繁数据在给定已排序数据集中计算

二进制向量代表比较结果，保存在反馈寄存器 R 中。图 3.33 右边的电路执行上述方法（见 3.5 节、3.6 节和图 3.14、图 3.17），使相同的组合单元（如由图 3.33 中的 AND 门组成的）在每个顺序时钟周期内迭代使用。这个迫使任何中间二进制向量，即在 AND 门的输出上形成的向量在寄存器 R 中排序。因此，任何新的时钟周期都会使向量中的连续最大数量 O_{max} 减 1，一旦 AND 门的所有输出置 0，就可以得出结论 $O_{max}=\xi+1$，其中 ξ 是最后的时钟周期数。而且，当寄存器 R 中只有一个值 1 时，AND 门的所有输出置 0，不需要增加时钟周期来得到结论。寄存器中的 1 的索引是第一个值 1 的索引（位置），在集中用 O_{max} 表示。AND 门输出的反馈使任何中间二进制向量在寄存器 R 中被排序。并不是所有的门完全重复使用。在第一步有 N－1 个激活门。在每个后续时钟中，这样的门的数量会减少，因为较低的门被 0 阻断，并写入到寄存器 R 的底部。在每个新时钟周期，0 总是传播到较高位置然后阻断另一个门。图 3.33 所示电路非常简单迅速，仅由 N－1 个 AND 门、寄存器 R 和最小补充逻辑组成。因此最大可获得时钟频率很高。

以下 VHDL 代码描述图 3.33 中电路的一部分（灰色表示）。其他部分可使用 3.4.1 节的实例执行，例如实体 EvenOddMerge8Sort，或者附录 B 中的实体 EvenOddMerge16Sort）和 3.5 节（见实体 EvenOddTransitionIterative）。

```
entity SucOnesEncounter is                    -- this project has been tested in the Atlys board
generic (      N        : integer := 48 );     -- number of bits in the binary vector (see Fig. 3.33)
 port (        clk      : in std_logic;
             EppAstb  : in std_logic;       -- for the component IOExpansion from Digilent
             EppDstb  : in std_logic;
             EppWr    : in std_logic;
             EppDB    : inout std_logic_vector(7 downto 0);
             EppWait  : out std_logic);
end SucOnesEncounter;
architecture Behavioral of SucOnesEncounter is
  signal MyLed                          : std_logic_vector(7 downto 0);
  signal MyLBar                         : std_logic_vector(23 downto 0);
  signal MySw                           : std_logic_vector(15 downto 0);
  signal MyBtn                          : std_logic_vector(15 downto 0);
  signal data_to_PC                     : std_logic_vector(31 downto 0);
  signal data_from_PC                   : std_logic_vector(31 downto 0);
  signal max_number_of_successive_ones  : integer range 0 to N;
  signal max_number                     : integer range 0 to N;
  signal vector_with_ones, new_vector   : std_logic_vector(N-1 downto 0);
  signal Reg                            : std_logic_vector(N-1 downto 0);
begin
  MyLBar      <= MyBtn & data_from_PC(7 downto 0); -- these two lines are for tests only
  MyLed       <= data_from_PC(31 downto 24);       -- and can be removed
  data_to_PC  <= conv_std_logic_vector(max_number_of_successive_ones, 32);

process (Reg) -- this process describes AND gates and feedback to the register in Fig. 3.33
begin -- this process is combinational
  for i in 0 to N-2 loop -- new_vector is formed on outputs of AND gates in Fig. 3.33
    new_vector(i) <= Reg(i) and Reg(i+1);
  end loop; -- the register changes its state in the next sequential process
  new_vector(N-1) <= '0'; -- the bottom bit is always zero (see Fig. 3.33)
end process;

process(clk)
begin -- this process is sequential
  if rising_edge(clk) then
    if ((data_from_PC = 0) and (MySw = 0)) then     -- there are no ones in input binary vector
       max_number_of_successive_ones <= 0;          -- thus, the number of ones is zero
    else Reg <= data_from_PC & MySw;                -- a vector is taken from virtual window
       max_number <= 1;  -- since the vector is not zero then there is at least one value one
       if new_vector /= 0 then
         -- if a new vector is not zero then the number of ones has to be incremented
         Reg <= new_vector;
         max_number <= max_number+1;
       else max_number_of_successive_ones <= max_number;
       end if;
    end if;
  end if;
  end process;
  IO_interface : entity work.IOExpansion
         port map(EppAstb, EppDstb, EppWr, EppDB, EppWait, MyLed, MyLBar,
                  MySw, MyBtn, data_from_PC, data_to_PC);

  end Behavioral;
```

从虚拟窗口获得新向量（从 To FPGA 区域和虚拟 Switches）。结果可在虚拟区域 From FPGA 看到（见 1.7 节和图 1.27）。

以下代码已经在 Nexys－4 板中测试过：

```
entity SucOnesEncounter is
generic (        N          : integer := 16 );
 port (          clk        : in std_logic;
                 sw         : in std_logic_vector(15 downto 0); -- binary vector from 16 switches
                 led        : out std_logic_vector(4 downto 0)); -- the result on LEDs
end SucOnesEncounter;

architecture Behavioral of SucOnesEncounter is
signal max_number_of_successive_ones      : integer range 0 to N;
signal max_number                         : integer range 0 to N;
signal vector_with_ones, new_vector       : std_logic_vector(N-1 downto 0);
signal Reg                                : std_logic_vector(N-1 downto 0);
begin
process (Reg)
begin
      for i in 0 to N-2 loop
                new_vector(i) <= Reg(i) and Reg(i+1);
      end loop;
      new_vector(N-1) <= '0';
end process;

process(clk)
begin
 if rising_edge(clk) then
      if (sw = 0) then     max_number_of_successive_ones <= 0;
      else                 Reg <= sw;          max_number <= 1;
                if new_vector /= 0 then
                           Reg <= new_vector;  max_number <= max_number+1;
                else       max_number_of_successive_ones <= max_number;
                end if;
      end if;
 end if;
end process;
led <= conv_std_logic_vector(max_number_of_successive_ones, 5);
end Behavioral;
```

与前面的实例很像，上述代码可以同等地在 ISE 或者 Vivado（1.5 节最后的内容）中综合和执行。唯一的不同就是所提供的约束文件（对于 ISE 提供 UCF，对于 Vivado 提供 XDC）。网址 http：//sweet. ua. pt/skl/springer2014. html 提供的所有实例都可用于 ISE，多数可用于 Vivado。

从 3.4 节开始，描述了不同类型的基于 FPGA 的进程，其支持板集并行机制。许多其他的电路和系统可从高度并行执行中获益，其可在 FPGA 中实现，但很难用于一般用途和特殊用途的处理器，这些处理器具有一些限制，比如操作数的大小，限制并行处理核的数量和预定义指令集。注意基于处理器的技术仍然有许多优于 FPGA 的优势，特别是需要解决复杂问题时。例如，广泛使用的用于解决布尔可满足性问题的系统，仍然优于在一般用途的计算机中执行。但是，解决一些布尔可满足性问题需要的较低级的任务，可能在 FPGA 中更有优势，特别是在本章参考文献

[32] 中。这种频繁探索的问题如流处理，通常部分在硬件中处理（如执行排序网络），部分在软件中处理（如合并已排序的子集）。因此，将一般用途或特殊应用的软件和在重新配置逻辑中执行硬件加速器组合是比较实用的。后者打算这样使用，允许软件的耗时操作（最好执行在 FPGA 硬件中）加速。在后面的章节中将讨论这样的问题。

参考文献

1. Wakerly JF (2006) Digital design. Principles and practices. Pearson Prentice Hall, Upper Saddle River
2. De Micheli G (1994) Synthesis and optimization of digital circuits. McGraw-Hill, Inc, New York
3. Sklyarov V, Skliarova I (2013) Parallel processing in FPGA-based digital circuits and systems. TUT Press, Tallinn
4. Skliarova I, Sklyarov V, Sudnitson A (2012) Design of FPGA-based circuits using hierarchical finite state machines. TUT Press, Tallinn
5. Chu PP (2008) FPGA prototyping using VHDL examples: Xilinx Spartan-3 version. John Willey & Sons Inc, New Jersey
6. Skliarova I, Ferrari A (2001) Design and implementation of reconfigurable processor for problems of combinatorial computations. In: Proceedings of the Euromicro symposium on digital system design, Warsaw, 2001
7. Baranov S (1994) Logic synthesis for control automata. Kluwer Academic Publishers, Dordrecht
8. Baranov S (2008) Logic and system design of digital systems. TUT Press, Tallinn
9. Sklyarov V, Skliarova I (2013) Digital hamming weight and distance analyzers for binary vectors and matrices. Int J Innovative Comput Inf Control 9(12):4825–4849
10. Sklyarov V, Skliarova I (2013) Design and implementation of counting networks. Computing. doi: 10.1007/s00607-013-0360-y
11. Sklyarov V, Skliarova I, Rjabov A, Sudnitson A (2013) Implementation of parallel operations over streams in extensible processing platforms. In: Proceedings of the IEEE 56th international Midwest symposium on circuits & systems, Columbus, Ohio, 2013
12. Sklyarov V, Skliarova I (2013) Hardware implementations of software programs based on HFSM models. Comput Electr Eng 39(7):2145–2160
13. Knuth DE (2011) The art of computer programming. Sorting and searching, vol 3. Addison-Wesley, New York
14. Batcher KE (1968) Sorting networks and their applications. In: Proceedings of AFIPS spring joint computer conference, USA, 1968
15. Mueller R, Teubner J, Alonso G (2012) Sorting networks on FPGAs. Int J Very Large Data Bases 21(1):1–23
16. Zuluada M, Milder P, Puschel M (2012) Computer generation of streaming sorting networks. In: Proceedings of the 49th design automation conference, San Francisco, 2012
17. Xilinx Inc. (2013) Zynq-7000 All Programmable SoC Overview. http://www.xilinx.com/support/documentation/data_sheets/ds190-Zynq-7000-Overview.pdf. Accessed 21 Nov 2013
18. Sklyarov V (1999) Hierarchical finite-state machines and their use for digital control. IEEE Trans VLSI Syst 7(2):222–228
19. Rosen KH, Michaels JG, Gross JL, Grossman JW, Shier DR (eds) (2000) Handbook of discrete and combinatorial mathematics. CRC Press, Florida
20. Ortiz J, Andrews D (2010) A configurable high-throughput linear sorter system. In: Proceedings of IEEE international symposium on parallel & distributed processing, Phoenix, 2010
21. Mueller R (2010) Data stream processing on embedded devices. Ph.D. dissertation, Swiss Federal Institute of Technology
22. Kipfer P, Westermann R (2005) Improved GPU sorting. In: Pharr M, Fernando R (eds)

GPU gems 2: programming techniques for high-performance graphics and general-purpose computation. Addison-Wesley. http://developer.nvidia.com/GPUGems2/gpugems2_chapter46.html. Accessed 21 Nov 2013
23. Sklyarov V, Skliarova I (2013) Fast regular circuits for network-based parallel data processing. Adv Electr Comput Eng 13(4):47–50
24. Zakrevskij A, Pottosin Y, Cheremisiniva L (2008) Combinatorial algorithms of discrete mathematics. TUT Press, Tallinn
25. Parhami B (2009) Efficient hamming weight comparators for binary Vectors based on accumulative and up/down parallel counters. IEEE Trans Circuits Syst II: Express Briefs 56(2):167–171
26. Piestrak SJ (2007) Efficient hamming weight comparators of binary vectors. Electron Lett 43(11):611–612
27. Sklyarov V, Skliarova I, Mihhailov D, Sudnitson A (2011) Implementation in FPGA of address-based data sorting. In: Proceedings of the 21st international conference on field-programmable logic and applications, Crete, 2011
28. Pedroni VA (2003) Compact fixed-threshold and two-vector Hamming comparators. Electron Lett 39(24):1705–1706
29. Pedroni VA (2004) Compact Hamming-comparator-based rank order filter for digital VLSI and FPGA implementations. In: Proceedings of the IEEE international symposium on circuits and systems, Vancouver, 2004
30. Xilinx Inc. (2013) 7 Series DSP48E1 Slice User Guide. http://www.xilinx.com/support/documentation/user_guides/ug479_7Series_DSP48E1.pdf. Accessed 16 Nov 2013
31. Xilinx Inc. (2011) Xilinx 7 series FPGA libraries guide for HDL designs. http://www.xilinx.com/support/documentation/sw_manuals/xilinx13_3/7series_hdl.pdf. Accessed 21 Nov 2013
32. Davis JD, Tan Z, Yu F, Zhang L (2008) A practical reconfigurable hardware accelerator for Boolean satisfiability solvers. In: Proceedings of the 45th ACM/IEEE design automation conference, Anaheim, California, June 2008

第4章 嵌入模块和系统设计

摘要——本章开始涉及商业化知识产权芯片嵌入到不同设计中的例子。尤其讲述了用数字信号处理器件组建的算术电路和提供支持数据缓冲（如 FIFO）的参数化内存模块。后续将给出数字信号处理器件的更多细节，而且讲明可在特定的电路，如汉明权重计数器/比较器中高效使用。本章主要致力于主机和基于 FPGA 原型机板的通过 Digilent 增强平行接口和 UART（通用异步接收传输接口）接口的互动。涉及通信模板的全部细节，包括用于通用计算机的用 C + +语言编写的软件和用于 FPGA 的硬件。后续章节将使用为工程设计的模板，该工程涉及不同目的的互动。对于第 3 章的基于网络迭代的数据排序，以这种方式作为功能完整的例子执行和测试。本章简要描述 PSoC，即组合嵌入处理系统和可重构逻辑，可以更高效地应用执行。给出并讨论映射第 3 章的设计到 PSoC 的建议。

4.1 IP 芯片

知识产权（Intellectual Property，IP）芯片是提前配置的模块，可以用于设计中。例如，Xilinx ISE 提供广泛的 IP 选择，对于内存器（嵌入式和分布式）、数字信号处理、数学函数、总线接口和分布时钟等。在 Xilinx CORE Generator™ 工具的帮助下，可以选择和定制时钟并附到设计中。本章的例子用于说明如何在第 3 章的设计中使用 IP 芯片。

第一个例子涉及如何将基于 DSP 的加 - 减包含到工程中。工程在 Xilinx ISE 14.7 中创建，将命名为 arithmetic、类型为 IP 芯片的新资源加到数学函数和加 - 减组。这里要求使用 DSP48（对于 Xilinx FPGA 可用）、8 位无符号操作数、9 位结果、加减模板、延时 0 和信号中的高电平有效进位信号。之后，IP 核产生并包含到以下工程中（映射根据 ISE HDL 示例模板中所给细节完成）：

```
entity TopForInteractingWitIPCores is
  port ( Sw     : in std_logic_vector (15 downto 0);
         mode : in std_logic; -- the BTNC button is used (for addition it has to be pressed)
         led    : out std_logic_vector (8 downto 0) );
end TopForInteractingWitIPCores;

architecture Behavioral of TopForInteractingWitIPCores is
```

```
begin
Arith: entity work.arithmetic
       port map (a => Sw(15 downto 8), b => Sw(7 downto 0), add => mode,
                 c_in => '0', s => led);
end Behavioral;
```

图 4.1a 所示为工程的结构。文件 arithmetic.xco 由 Xilinx CORE Generatior 创建。图 4.1b 所示为如何在 Nexys－4 板中测试工程。左边的 8 位开关为操作数 a，右边的 8 位开关为操作数 b。结果用九个 LED 显示。通过 BTNC 按钮选择模式（如果按钮按下则模式为加，如果按钮没有按下则模式为减）。在图 4.1b 中，$a = 00001111_2 = 15_{10}$，$b = 00001011_2 = 11_{10}$。因此，如果按下 BTNC，则 $a + b = 26_{10} = 000011010_2$（见图 4.1b）。如果没有按下 BTNC，则 $a - b = 4_{10} = 000000100_2$，可以在 Nexys－4 板中轻松检测。电路占用 0 个逻辑器件，一个 DSP48EI 器件（从 240 片中选择）。类似的工程可在 Atlys prototyping board 中创建和测试。

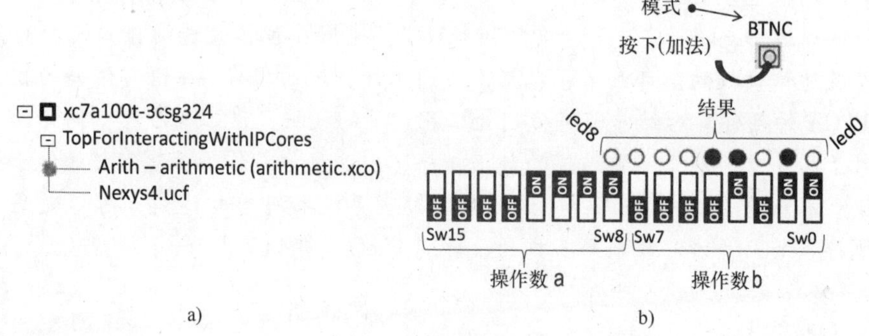

a)　　　　　　　　b)

图 4.1　a）有 IP 核的工程结构 b）示范

以下例子将 IP 核用于乘操作，可从 Math Functions 的 ISE group 中的 Multipliers 中取出。图 4.2a 所示为工程的结构。文件 Multiplier.xco 由 Xilinx CORE Generator 创建。这个工程将使用 Nexys－4 的八段显示器。显示由两个器件（EightDisplayControl 和 segment－decoder）管理（VHDL 代码见附录 B）。工程（见图 4.2a）也使用器件 BinToBCD8 和 BinToBCD16，即将 8 位和 16 位二进制向量转换为相应的 BCD 码，在段显示器中显示十进制数时需要 BDC 码。这个器件的 VHDL 代码也见附录 B。

工程在 Xilinx ISE 14.7 中创建，将命名为 Multiplier、类型为 IP 核的新资源加入到 Math Function 和 Multipliers 中。这里要求使用 DSP48、8 位无符号操作数和 16 位结果。之后，产生 IP 核并包括到工程中如下（和之前一样，映射根据 ISE HDL 示例模板中的细节完成）：

```
entity TopForInteractingWitIPCores is          -- this project is for the Nexys-4 board
  port ( clk        : in  std_logic;
         seg        : out std_logic_vector(6 downto 0);     -- segments
         sel_disp   : out std_logic_vector(7 downto 0);     -- display selections
         Sw         : in  std_logic_vector (15 downto 0);   -- onboard switches
         BTNC       : in  std_logic;                        -- onboard BTNC button
```

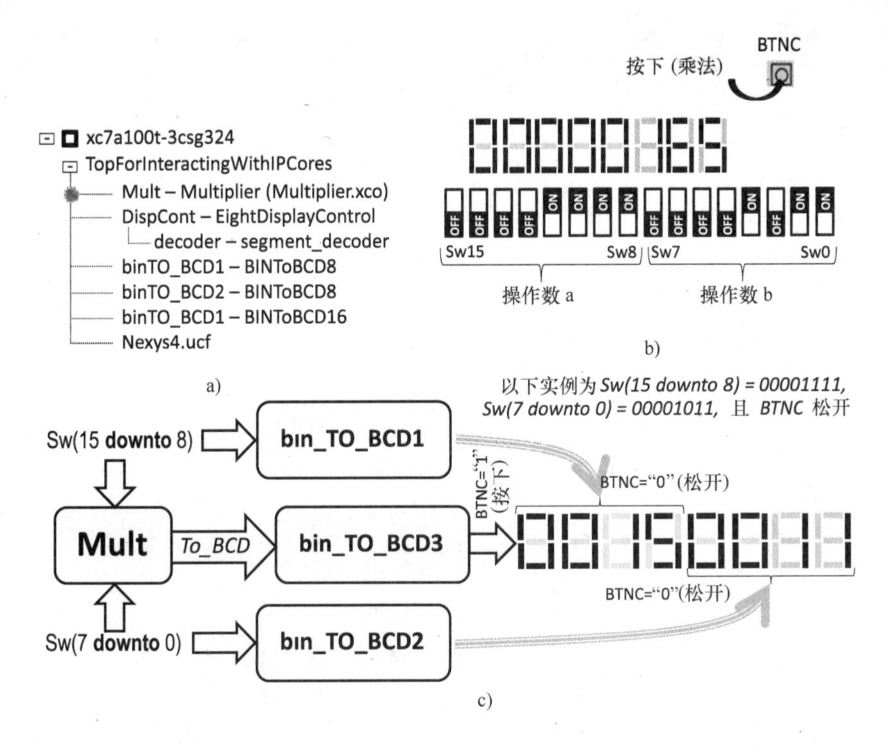

图 4.2　a）具有 IP 核的工程的结构 b）举例 c）简化器件图

```
end TopForInteractingWitIPCores;

architecture Behavioral of TopForInteractingWitIPCores is

signal BCD4, BCD3, BCD2, BCD1, BCD0          : std_logic_vector(3 downto 0);
signal BCD2_L, BCD1_L, BCD0_L                : std_logic_vector(3 downto 0);
signal BCD2_R, BCD1_R, BCD0_R                : std_logic_vector(3 downto 0);
signal BCD3_D, BCD2_D, BCD1_D, BCD0_D        : std_logic_vector(3 downto 0);
signal BCD7_D, BCD6_D, BCD5_D, BCD4_D        : std_logic_vector(3 downto 0);
signal To_BCD                                : std_logic_vector(15 downto 0);

begin -- see the simplified components diagram in Fig. 4.2c

Mult: entity work.Multiplier                 -- DSP-based multiplier
    port map (a=>Sw(15 downto 8), b=>Sw(7 downto 0), p=>To_BCD);

DispCont: entity work.EightDisplayControl    -- display controller (see Appendix B)
    port map(clk, BCD7_D, BCD6_D, BCD5_D, BCD4_D, BCD3_D, BCD2_D,
             BCD1_D, BCD0_D, sel_disp, seg);

binTO_BCD1: entity work.BinToBCD8            -- binary to BCD converter       (see Appendix B)
    port map (clk, reset, open, Sw(15 downto 8), BCD2_L, BCD1_L, BCD0_L);

binTO_BCD2: entity work.BinToBCD8            -- binary to BCD converter       (see Appendix B)
    port map (clk, reset, open, Sw(7 downto 0), BCD2_R, BCD1_R, BCD0_R);

binTO_BCD3: entity work.BinToBCD16           -- binary to BCD converter       (see Appendix B)
    port map (clk, reset, open, To_BCD, BCD4, BCD3, BCD2, BCD1, BCD0);
```

```
process(BTNC, BCD4, BCD3, BCD2, BCD1, BCD0,    -- combinational process
        BCD2_L, BCD1_L, BCD0_L, BCD2_R, BCD1_R, BCD0_R)
begin -- this process selects either operands (if BTNC=0) or the result (if BTNC=1) to display
  BCD7_D <= (others => '0'); BCD6_D <= (others => '0');
  BCD5_D <= (others => '0'); BCD4_D <= (others => '0');

  BCD3_D <= (others => '0'); BCD2_D <= (others => '0');
  BCD1_D <= (others => '0'); BCD0_D <= (others => '0');

if (BTNC = '0') then                -- display mode selection
     BCD7_D <=  (others => '0'); BCD6_D <= BCD2_L;
     BCD5_D <= BCD1_L;           BCD4_D <= BCD0_L;
     BCD3_D <=  (others => '0'); BCD2_D <= BCD2_R;
     BCD1_D <= BCD1_R;           BCD0_D <= BCD0_R;
else BCD7_D <= (others => '0'); BCD6_D <= (others => '0');
     BCD5_D <= (others => '0'); BCD4_D <= BCD4;
     BCD3_D <= BCD3;            BCD2_D <= BCD2;
     BCD1_D <= BCD1;            BCD0_D <= BCD0;
end if;
  end process;
end Behavioral;
```

图 4. 2b 所示为如何在 Nexys - 4 板中测试工程。左边的 8 位开关为操作数 a，右边的 8 位开关为操作数 b。结果转换为 BCD 码，然后在段显示器上显示（见图 4. 2b）。如果没有按下 BTNC 按钮，则 a 的十进制值显示在段显示器的左边 4 位，b 的十进制值在段显示器的右边 4 位（见图 4. 2c）。如果按下 BTNC 按钮，则结果的十进制值显示在 8 位段显示器（见图 4. 2b）。电路占用 63 片逻辑器件（从 15850 片可用器件中）和一片 DSP48E1。类似的工程可在 Atlys 原型板中创建和测试。

这里不讨论如何控制段显示器，在本章参考文献［1］中已经详细讲过。二进制转换为 BCD 码的执行算法在本章参考文献［2］中讲过，在本章参考文献［3］中基于 VHDL 代码。唯一的区别是即时通信不需要额外的曾在本章参考文献［2，3］中使用过的信号。这意味着一旦转换器的输入改变，经过一点时钟周期延时就能输出结果。因为通过视觉检测结果，这样的延时不会造成任何问题，有转换器的接口变得简单。如图 4. 2 所示，乘法的结果是 $00001111_2 \times 00001011_2 = 10100101_2$（二进制码）转换为（通过图 4. 2c 中的 binTO_BCD3 器件）三个最低有效位的 BCD 码 0001_2，0110_2 和 0101_2。BCD 码可以直接译码为十进制码并给出结果 165。五个最高有效位的数字是 0000_2，给出了五个十进制 0 并显示在左边的段显示器中（见图 4. 2b）。对于所有使用的器件，完整的 VHDL 代码见附录 B。

以下例子将讲述如何构建基于嵌入存器的 FIFO（First Input First Output）模块。第一个工程的简化器件图如图 4. 3 所示。

工程在 Xilinx ISE 14. 7 中创建，将命名为 FIFO_mem、类型为 IP 核的 New Source 加入到 Memories&Storage Elements 和 FIFO 组中。对于 RAM 模块，这里要求使用独立的读/写时钟和写/读数据计数片，写带宽为 8，写深度为 64，读带宽为 32，读深度为 16。注意输入带宽（8 位）不同于输出带宽（32 位）。最后，IP 核

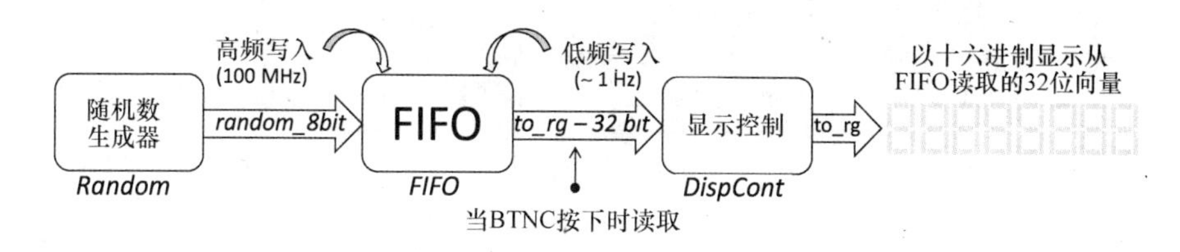

图 4.3 测试 FIFO 存储器

生成并包含到工程中如下：

```
entity TestFIFO is          -- Fig. 4.4 demonstrates how to test this project
generic (data_in_size            : integer := 8;         -- width of FIFO input data
         data_out_size           : integer := 32);       -- width of FIFO output data
 port (  clk                     : in std_logic;         -- clock 100 MHz
         led_full                : out std_logic;        -- ON if FIFO is full
         led_empty               : out std_logic;        -- ON if FIFO is empty
         led_rd_data_count       : out std_logic_vector (3 downto 0);
         led_wr_data_count       : out std_logic_vector (5 downto 0);
         led_div_clk             : out std_logic;        -- low frequency clock (~1  Hz)
         seg                     : out std_logic_vector(6 downto 0);
         sel_disp                : out std_logic_vector(7 downto 0);
         BTNC                    : in std_logic );       -- to read data from FIFO
end TestFIFO;

architecture Behavioral of TestFIFO is

signal divided_clk       : std_logic;          -- low frequency clock (~1 Hz)
signal random_8bit       : std_logic_vector(data_in_size-1 downto 0);
signal wr_en             : std_logic;          -- write enable to FIFO
signal rd_en             : std_logic;          -- read enable from FIFO
signal to_rg             : std_logic_vector(data_out_size-1 downto 0);
signal full              : std_logic;          -- FIFO is full
begin
  led_div_clk    <= divided_clk;
  led_full       <= full;

enables_gen: process(full, BTNC) -- support for FIFO write/read modes
begin
  if (full /= '1') then wr_en <= '1';     -- if FIFO is not full then new data can be written
  else wr_en <= '0';         end if;
  if (BTNC = '1') then rd_en <= '1'; -- data are read from FIFO when BTNC is pressed
  else rd_en <= '0';         end if;
end process enables_gen;

FIFO: entity work.FIFO_mem                    -- see Fig. 4.5
      port map (wr_clk => clk, rd_clk => divided_clk, din => random_8bit,
                wr_en => wr_en, rd_en => rd_en, dout => to_rg, full => full,
                empty => led_empty, rd_data_count => led_rd_data_count,
                wr_data_count => led_wr_data_count );

Random: entity work.RanGen          -- the code is available in Appendix B
      generic map(width => data_in_size)
```

```
        port map (clk, random_8bit);

DispCont: entity work.EightDisplayControl     -- the code is available in Appendix B
        port map(clk, to_rg(31 downto 28), to_rg(27 downto 24), to_rg(23 downto 20),
                to_rg(19 downto 16), to_rg(15 downto 12), to_rg(11 downto 8),
                to_rg(7 downto 4), to_rg(3 downto 0), sel_disp, seg);

div: entity work.clock_divider                -- the code is available in Appendix B
        port map( clk, '0', divided_clk);

end Behavioral;
```

这个工程可以在 Nexys－4 板中测试，如图 4.4 所示。当 FIFO 没有满时，进程 enable_gen 使能写功能，当 BTNC 按下时使能读功能。当 BTNC 按下时，从随机数发生器中将数据写入 FIFO（见附录 B 中的 VHDL 代码），从 FIFO 中读取数据并显示在八个 7 段显示器上，如图 4.5 所示。输出向量分为八个 4 位段，十六进制码对应每个段显示在关联显示器（最高有效位关联最低有效位）。

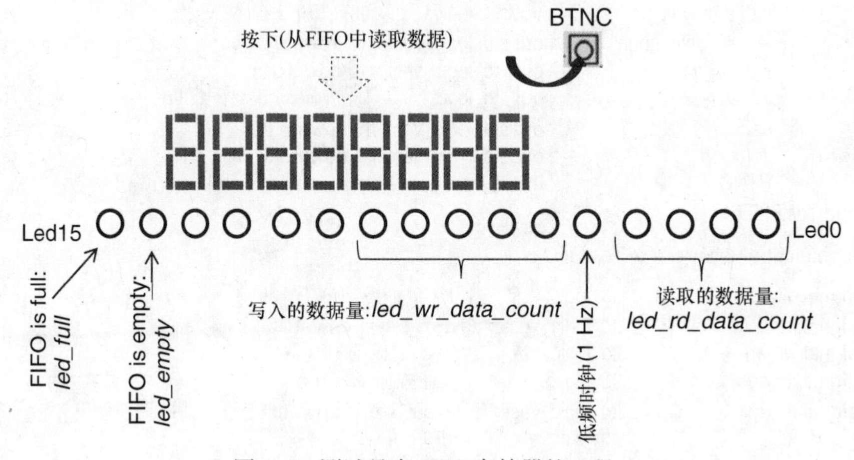

图 4.4　测试具有 FIFO 存储器的工程

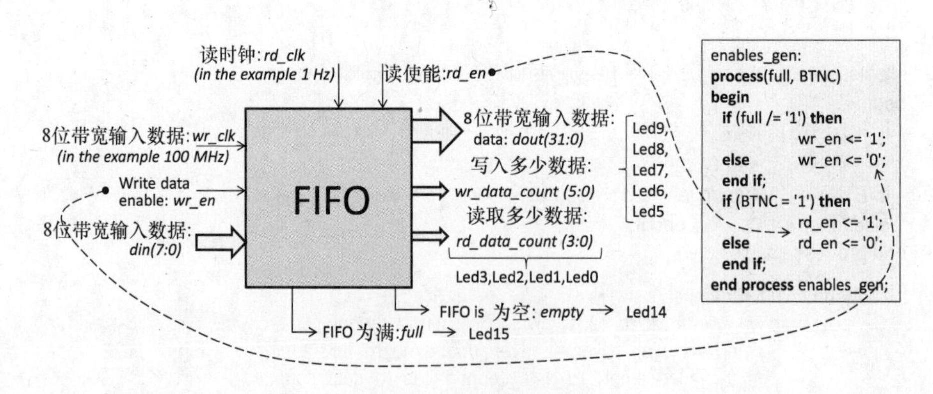

图 4.5　FIFO 存储器界面

本节附加的两个工程讲述了如何连接 FIFO 内存器和 32 位汉明权重计数器的输

入（见 3.9 节）以及图 3.5 的排序网络。第一个工程的简化器件图如图 4.6 所示 。一旦 32 位向量在 FIFO 的输出可用，实体 HW31_HWC32 便计算 31 位向量的汉明权重，并显示在五个 LED（Led9，……，Led5）上。输入向量的最高有效位加入如下代码行（见附录 B）：

```
HW_led <= ("00000" & to_rg(data_out_size-1)) + ('0' & bits4_0);
```

图 4.6 所示为关于随机数 $8103060C_{16}$（包含八个“1”）显示在 LED 上的例子，$001000_2 = 8_{10}$。

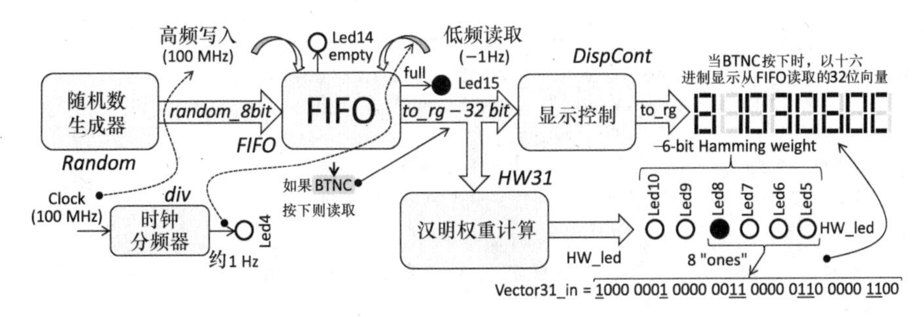

图 4.6　简化器件图，连接汉明权重计数器和 FIFO 存储器的工程实例

以下 VHDL 代码描述图 4.6 所示电路的功能：

```
entity TestFIFO is          -- the project was tested in the Nexys-4 board
generic (data_in_size       : integer := 8;
         data_out_size      : integer := 32);
 port ( clk                 : in std_logic;          -- system clock is 100 MHz
        led_full            : out std_logic;         -- ON if FIFO is full
        led_empty           : out std_logic;         -- ON if FIFO is empty
        HW_led              : out std_logic_vector (5 downto 0); -- 6-bit Hamming weight
        LedC                : out std_logic;         -- the result of comparison (see appendix B)
        led_div_clk         : out std_logic;         -- low frequency clock (~1 Hz)
        seg                 : out std_logic_vector(6 downto 0);   -- see appendix B
        sel_disp            : out std_logic_vector(7 downto 0);   -- see appendix B
        BTNC                : in std_logic);                      -- onboard button BTNC
end TestFIFO;
architecture Behavioral of TestFIFO is

signal divided_clk          : std_logic;             -- low frequency clock (~1 Hz)
signal random_8bit          : std_logic_vector(data_in_size-1 downto 0);
signal wr_en                : std_logic;             -- FIFO write enable
signal rd_en                : std_logic;             -- FIFO read enable
signal to_rg                : std_logic_vector(data_out_size-1 downto 0);
signal full                 : std_logic;             -- '1' if FIFO is full
signal bits4_0              : std_logic_vector(4 downto 0); -- bits 4...0 for Hamming weight
begin
HW_led <= ("00000" & to_rg(data_out_size-1)) + ('0' & bits4_0); -- handling an additional bit
led_div_clk      <= divided_clk;
```

```
led_full          <= full;
  -- insert here the process enables_gen from the previous project

FIFO: entity work.FIFO_mem        -- FIFO memory component
      port map ( wr_clk => clk, rd_clk => divided_clk, din => random_8bit,
                 wr_en => wr_en, rd_en => rd_en, dout => to_rg, full => full,
                 empty => led_empty, rd_data_count => open,
                 wr_data_count => open );

Random: entity work.RanGen        -- random number generator (see appendix B)
      generic map(width => data_in_size )
      port map (clk, random_8bit);

DispCont: entity work.EightDisplayControl   -- display controller (see appendix B)
port map(clk, to_rg(31 downto 28), to_rg(27 downto 24), to_rg(23 downto 20),
to_rg(19 downto 16), to_rg(15 downto 12), to_rg(11 downto 8),
to_rg(7 downto 4), to_rg(3 downto 0), sel_disp, seg);
div:  entity work.clock_divider                -- clock divider (see appendix B)
      port map (clk, '0', divided_clk);        -- reset is always deasserted ('0')

HW31: entity work.HW31_HWC32  -- the code of this component is given in appendix B
      port map (Data_in => to_rg, led => bits4_0, LedC => LedC);

end Behavioral;
```

以上工程可在 Nexys－4 板上测试，如图 4.6 所示 。电路占用 50 片逻辑器件（从可用的 15850 片中选用）和一个 RAMB36E1 模块（从 135 个可用模块中选用）。

第二个工程的简化器件图如图 4.7 所示。一旦 32 位向量在 FIFO 的输出中，则模块 sorter 在这个向量中排序八个 4 位数据。当按钮 BTNC 按下几秒钟时（直到非零值替换掉显示在段显示器上的 0）然后释放，从 FIFO 中读取八个十六进制数字并显示在段显示器中。如果按下 BTND 按钮，则提前显示在段显示器上的数据以已排序的顺序排列（降序）。例如，图 4.6 中的数据将显示为图 4.7 中的顺序。如果再次按下 BTNC 按钮，则将显示新的随机数据，按下 BTND 按钮的同时它们就已排序好。

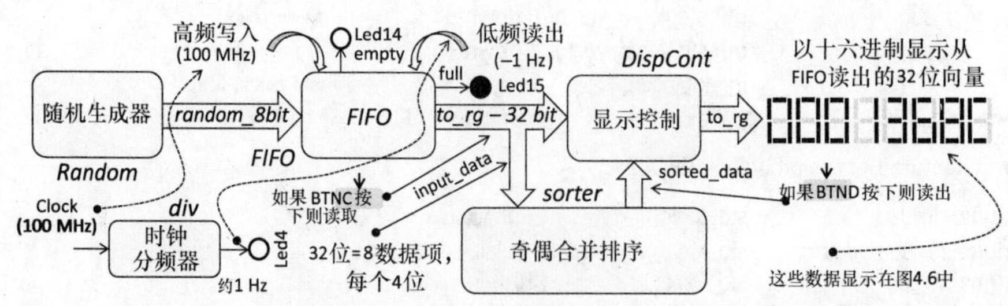

图 4.7　简化器件图，连接排序网络和 FIFO 存储器的工程实例

这个工程的 VHDL 代码几乎和前面工程的代码一样。接口 HW_led 和 LedC 不再需要并被移除。器件 HW31_HWC32 由排序器取代：

```
sorter : entity work.EvenOddMerge8Sort      -- see the code of the sorter in section 3.4.1
      port map (input_data => to_rg, sorted_data => sorted_data);
```

当按下 BTND 按钮时，显示已排序的数据（sorted_data）：

```
-- displaying either randomly generated data to_rg or sorted_data
data_to_display <= to_rg when BTND = '0' else sorted_data;
```

按钮必须加到接口上：

```
BTND : in std_logic;
```

VHDL 代码中所有的其他行都与前面工程的代码一样。电路可在 Nexys -4 板中测试。电路占用 84 片逻辑器件和一个模块 RAMB36E1 。注意有些包含使用 IP 核的嵌入内存模块的附加例子将在后面的 4.3 节和 4.4 节涉及。

最后一个例子讲述时钟电路的使用。工程在 Xilinx ISE 14.7 中创建，命名为 clock_mult、类型为 IP 核的新资源加入到 FPGA Features & Design and Clocking 组中。这里要求使用输入频率为 100MHz，输出时钟频率分别为 150，200，300，400，50 和 25MHz。最后，核产生并包含到工程中，如下：

```
entity TopForClockGenerator is
   port (clk                    : in  std_logic;
        clock_sel               : in std_logic;       -- switch 1 for the Nexys-4 board
        led25, led50, led100, led150, led200, led300, led400
                                : out  std_logic;     -- LEDs 0,1,2,3,4,5,6 for the Nexys-4 board
        variable_clock          : out std_logic);     -- LED 15 for the Nexys-4 board
end TopForClockGenerator;

architecture Behavioral of TopForClockGenerator is

signal clk25, clk50, clk100, clk150, clk200, clk300, clk400, var_clk : std_logic;

begin

clk_man: entity work.clock_mult -- this core has been generated by the Xilinx IP core generator
      port map(CLK_IN1=>clk, CLK_OUT1=>clk100, CLK_OUT2=>clk150,
                CLK_OUT3=>clk200, CLK_OUT4=>clk300, CLK_OUT5=>clk400,
                CLK_OUT6=>clk50, CLK_OUT7=>clk25);

  div100 : entity work.clock_divider          -- generic parameter how_fast in the clock_
        port map(clk100, '0', led100);        -- parameter how_fast is set to 28 (see appendix B for details)

-- similar to div100 clock dividers for signals clk150, clk200, clk300, clk400, clk 50, clk25
div_var: entity work.clock_divider
      port map(var_clk, '0', variable_clock); -- reset is always deasserted ('0')

var_clk <= clk100 when clock_sel = '1' else clk400;

end Behavioral;
```

每个工程都可在 Nexys -4 板中测试。器件 clock_mult 的时钟频率由因子 $2^{how\_fast+1}=2^{29}=536870912$ 划分（时钟划分的代码见附录 B）。因此，Led0 从 ON 到 OFF 改变状态，每 21.5s 改变一次（即 536870912/25000000），反之亦然，Led1 改变状态的频率是 Led0 的两倍等。对于 Led0，……，6 的开关频率从 Led0 到 Led6 依次增加。Led15 的频率由开关 0 控制，可以以因子 4 增加或减少。

4.2 嵌入 DSP

大多数现代 FPGA 都嵌入了 DSP（如 Xilinx FPGA 的 DSP48E1[4]），而且它们可以执行算术和逻辑操作。例如，在 3.8 节和本章参考文献［5］中描述的计数网络部分，适用于位操作。而且，对于 $N \leqslant 2 \times \xi$，其中 ξ 是 DSP 操作数的大小（对于 DSP48E1，$\xi = 48$，最新 FPGA 具有很多这样的器件），操作“与”和“异或”（见图 3.42a）可以在两片 DSP 中并发执行（“与”操作在第一片，“异或”操作在第二片）。对于 $N > 2 \times \xi$，网络会分解为小部分并在不同的器件中执行。

该小节会涉及一些例子来讲述使用 DSP 解决先前在本书中讨论过的问题，比如汉明权重计数器/比较器的设计。关于 DSP 的详尽资料可以在相关公司的向导中找到，比如本章参考文献［4］中。开始只使用部分 DSP48E1，即只使用以下例子会涉及的器件，如图 4.8 所示。这里的电路是需要输入和输出，见图 4.8 中的粗线。

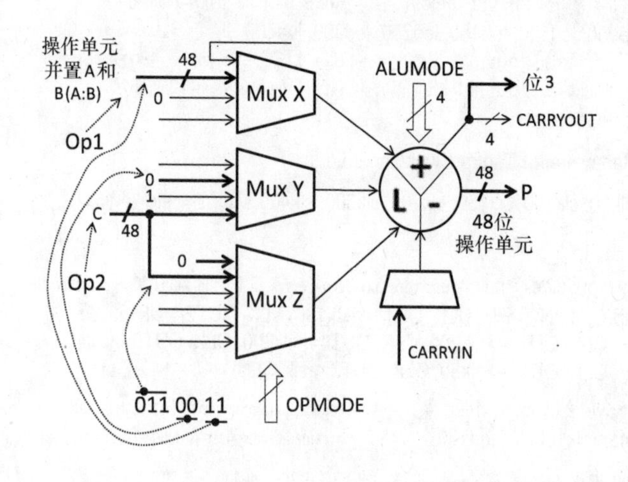

图 4.8　部分 DSP48E1 用于以下实例

以下简单例子关于如何测试不同的位操作。选择用于 48 位多功能算术模块 DSP48E1 的语言模板（通过路径在 Xilinx ISE：VHDL→Device Primitive Instantiation →Artix－7→Arithmetic Functions）和自定义。图 4.8 中没有 DSP 乘法器，通过将 DSP48E1 的类属映射 USE_MULT 归属为 NONE（即 USE_MULT ＝＞”NONE”）来忽略[4]。现在，位逻辑操作（在图 4.8 中由字母 L 指示），既可以执行两个 48 位二进制向量，而且改变 ALUMODE 控制信号可以对它们进行动态控制（见图 4.8）。图 4.9 所示为模块 DSP48E1 的模板如何自定义，由 Xilinx 向导指导完成[4]。

1) USE_MULT=>"NONE",
2) USE_SIMD=>"ONE48",
3) 管道阶段设置为0
4) 其他所有值不做改变

类映射

1) 30位输入A和18位输入B是并置的，且作为第一个向量
2) 48位输入C作为第二个向量
3) 25位输入D赋值0
4) 按扭选择模式
5) 选择OPMODE=>"0110011"
6) 其他所有值不做改变

接口映射

图 4.9 为 DSP48E1 改变模板

现在可以测试以下 VHDL 代码：

```
entity Test_bitwise_with_DSP is
  port ( Sw    : in std_logic_vector (15 downto 0);     -- 8+8 bits for two vectors
         mode  : in std_logic_vector(3 downto 0);        -- this is ALUMODE for DSP48E1
         led   : out std_logic_vector (15 downto 0)); -- the result of bitwise operations
end Test_bitwise_with_DSP;

architecture Behavioral of Test_bitwise_with_DSP is
  signal Op1, Op2, Y     : std_logic_vector(47 downto 0);
begin

Op1 <= (47 downto 8 => '0') & Sw(15 downto 8);      -- the first vector
Op2 <= (47 downto 8 => '0') & Sw(7 downto 0);       -- the second vector
led <= Y(15 downto 0);                              -- the result
DSP: entity work.TesDSP48E1_bitwise            -- link with the template DSP48E1 component
      port map (Op1, Op2, mode, Y);            -- the library UNISIM is included in the template

end Behavioral;
```

位操作由 OPMODE 位 3、位 2 和 ALUMODE 选择。这样操作的例子是对于 OPMODE（3：2）＝"00"及 ALUMODE＝"0100"，为"xor"；对于 OPMODE（3：2）＝"00"，ALUMODE＝"1100"，为"and"；对于 OPMODE（3：2）＝"10"，ALUMODE＝"1100"，为"or"（更多细节见［4］）。

在单指令多数据（Single Instruction Multiple Data，SIMD）模式，48 位加/减/累加可以分为四个独立的 12 位或者两个独立的 24 位加/减/累加器来执行同样的功能，由 ALUMODE 明确。在 DSP48E1 的 USE_SIMD 操作中类属映射必须适当改变为 USE_SIMD＝＞"FOUR12"（对于四个操作，每个都是 12 位操作数）或者 USE_SIMD＝＞"TWO24"（对于两个操作，每个都是 24 位操作数）。OPMODE 控制 DSP48E1 中的多路器输出和选择不同的操作数（见图 4.8）。VHDL 代码 OPMODE 是一样的（"0110011"），其中前三位（"011"）在 Z 多路器的输出上选择第二个操作数（Op2）[4]，接下来的两位（"00"）在 Y 多路器上置 0[4]，最后两位（"11"）在 X 多路器的输出选择第一个操作数（Op1）[4]。所有的细节可在本章参考文献［4］中找到。以下实例子需要输入和输出信号。执行汉明权重计数器和比

较器，曾在 3.7 ~3.9 节涉及过，如图 4.10 所示。

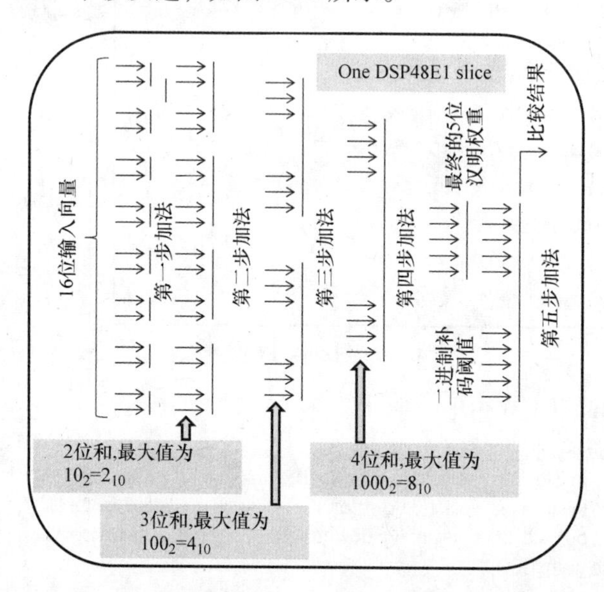

图 4.10　计算汉明权重，并与固定阈值（16 位二进制向量）做比较

在开始时，16 位二进制向量中的所有位分为 2 位一组并分别求和。和的大小是 2 位，可能的值为 00，01，10。产生的和再次分为两个一组并分别求和，和的结果是 3 位，可能值为 000，001，010，011，100。任何相似的操作在后面的操作中给出的结果都是 n+1 位的，其中 n 是使用的操作数的大小。

在基于 DSP 执行中需要考虑的特征如图 4.11 所示。只需要一片 DSP48E1。48 位加法器的输出作为下一步的输入，选择适用于操作数和结果的位。例如，第一步的加法，48 操作数（A_0，A_2，……，B_0，B_2，……）的偶数位置为 0。从相关的偶和奇位中选择 2 位结果（n=2），并再次作为输入，具有索引 16，17，19，20，22，23，25，26。n+1 位输入的每组的最高有效位（即 18，21，24，27）在此不再使用并置为 0。比较的结果类似于本章参考文献［6］（也可见 3.7 节）。在 3.9 节，基于 LUT 的比较器也可以用来支持图 3.30 中的参数。

这里的方法允许执行相当复杂的汉明权重计数器/比较器，而且使用的资源很少。例如，图 4.11 所示电路只要求一片 DSP48E1。对于 N=32，这样的片的数量是 2，对于 N=64 则需要四片。基于 DSP 的计数器/比较器的完整综合的 VHDL 代码见附录 B。类似的电路也可在 Xilinx FPGA 的前面的系列中用 DSP48E1 建立（比如 Atlys 板的 Spartan-6 FPGA）。

现在，考虑汉明权重计数器/比较器的综合 VHDL 代码，如图 4.10 和图 4.11 所示。

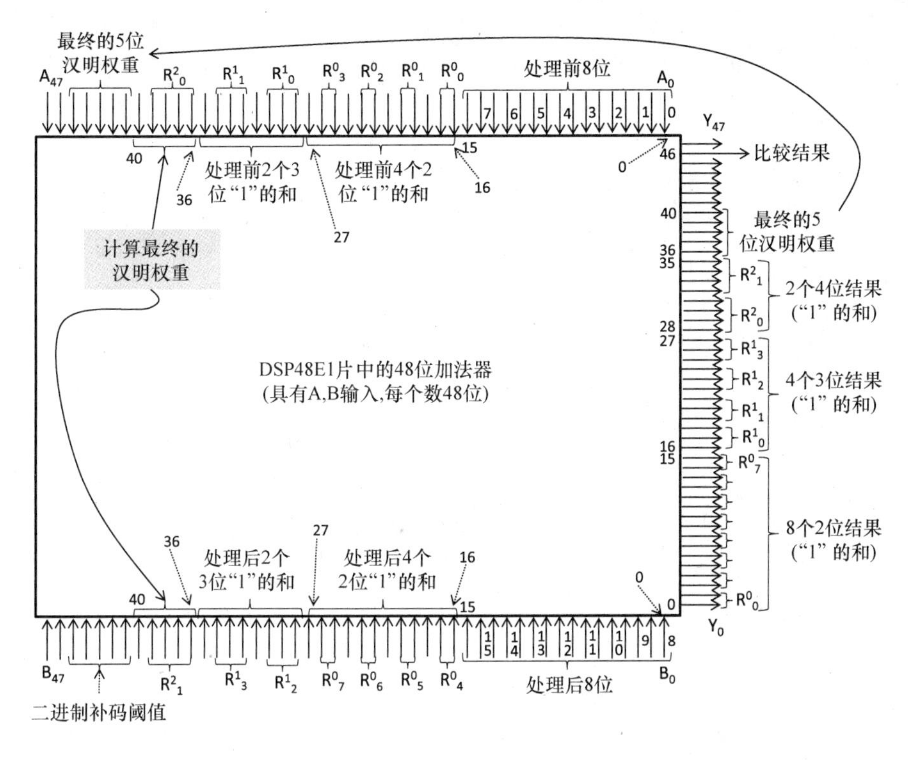

图 4.11 在一片 DSP48E1 上执行汉明权重计数器/比较器

```
entity Test_HW16 is -- the circuit occupiers 1 DSP slice and 0 logical slices
  port ( Sw : in std_logic_vector (15 downto 0);        -- 16-bit input vector
         led : out std_logic_vector ( 4 downto 0);      -- the Hamming weight and the result
         led_comp: out std_logic );                     -- of comparison with fixed threshold
end Test_HW16;

architecture Behavioral of Test_HW16 is
  signal A, B, Y: std_logic_vector(47 downto 0); -- DSP operands (A,B) and the result (Y)
  signal threshold : std_logic_vector(4 downto 0);
begin
threshold <= not "01010" + 1;                           -- threshold two's complement

process(Sw, Y, threshold)
begin
  A <= (others => '0');             -- the first 48-bit DSP operand
  B <= (others => '0');             -- the second 48-bit DSP operand
  for i in 7 downto 0 loop          -- the first stage in Fig. 4.10
      A(2*i) <= Sw(i);
      B(2*i) <= Sw(i+8);
  end loop;
  for i in 3 downto 0 loop          -- the second stage in Fig. 4.10
      A(16+3*i+1 downto 16+3*i) <= Y(2*i+1 downto 2*i);
      B(16+3*i+1 downto 16+3*i) <= Y(2*i+1+8 downto 2*i+8);
  end loop;
  for i in 1 downto 0 loop          -- the third stage in Fig. 4.10
```

```
        A(28+4*i+2 downto 28+4*i) <= Y(16+3*i+2 downto 16+3*i);
        B(28+4*i+2 downto 28+4*i) <= Y(16+3*i+2+6 downto 16+3*i+6);
    end loop;
    A(39 downto 36) <= Y(31 downto 28); -- the fourth stage in Fig. 4.10
    B(39 downto 36) <= Y(35 downto 32);
    A(45 downto 41) <= Y(40 downto 36); -- Hamming weight comparison
    B(45 downto 41) <= threshold;
end process;

led <= Y(40 downto 36);          -- the resulting Hamming weight
led_comp  <= Y(46);                          -- the result of Hamming weight comparison
DSP: entity work.TesDSP48E1_HW16
        port map (A, B, "0000", Y);
end Behavioral;
```

实体 TesDSP48E1_HW16 代码如下：

```
entity TesDSP48E1_HW16 is
    port ( A_conc_B         : in  std_logic_vector (47 downto 0);
           C                : in  std_logic_vector (47 downto 0);
           mode             : in  std_logic_vector(3 downto 0);
           Result           : out std_logic_vector (47 downto 0));
end TesDSP48E1_HW16;
```

器件 TesDSP48E1_HW16 如下，比较与模板的不同：

1）以下两行在结构体中使用：

```
A <= A_conc_B(47 downto 18);   -- A is 30-bit operand
B <= A_conc_B(17 downto 0);    -- B is 18-bit operand
```

2）以下行在接口映射中改变：

```
P => Result,                    -- see Fig. 4.8
A => A,                    -- 30-bit input: A data input
B => B,                    -- 18-bit input: B data input
C => C,                    -- 48-bit input: C data input
OPMODE => "0001111",       -- Mux X and Mux Y are used (see Fig. 4.8)
ALUMODE => mode,           -- mode = "0000": addition operation is chosen
```

3）其他改变如图 4. 9 所示。以下 VHDL 代码表现了需要执行汉明权重计数器的改变，N = 19，一片 DSP：

```
entity Test_HW19 is    -- the circuit occupiers 1 DSP slice and 0 logical slices
  port ( Sw : in  STD_LOGIC_VECTOR (15 downto 0);           -- 16 bit input vector
         led: out STD_LOGIC_VECTOR (15 downto 0);           -- The Hamming weight
         BTNL, BTNR, BTNC : in std_logic);  -- additional 3 bits for input vector
  end Test_HW19;

-- below only changes comparing to the previous project are shown

process(Sw,Y,BTNL,BTNR)
  A(44 downto 43) <= Y(42 downto 41);
  B(47 downto 43) <= Y(40 downto 36);
end process;

led <= (15 downto 5 => '0') & Y(47 downto 43);
```

```
DSP: entity work.TesDSP48E1_HW19
     port map (A, B, "0000", Y, BTNC);
```

以下额外的改变在 DSP 模板中完成（在接口映射）：

```
CARRYIN => BTNC,
```

所有的工程都在 Nexys－4 板中测试。N＝32 和 N＝64 的工程见附录 B，其中使用一个附加信号 CarryOutBit，是 4 位 CARRYOUT 信号的最高有效位（位 3），如图 4.8 所示。它将 48 位操作单元的输出信号保持在 DSP48E1 中。

4.3　FPGA 交互

到目前为止，在外部器件的帮助下（如按下按钮、转换开关、LED 和 7 段显示器），我们交互了所有的已完成的电路，这些器件都在原型机板上可供使用。这类交互可以测试简单的工程，但是不适用于复杂的设计。而且，板集器件用于支持 FPGA 中进程的（大）输入数据的容量是有限制的。这也是为什么以上例子都用到随机数生成器。因此，当涉及大数据必须从主机上的软件运行传输到 FPGA 上的电路上运行并且返回时，就需要提供支持电脑和 FPGA 之间的交互。

这里将探索两类交互，即数字并行接口和普通异步接收和传输接口（Universal Asynchronous Receiver and Transmitter，UART），并将讲述在 PC 软件和 FPGA 硬件中如何发展通信模块。

4.3.1　Digilent 并行端口接口

数字并行接口遵循并行通信的 EPP（Enhanced Parallel Port）模式。这个接口只能用于具有数字 EPP 数据传输能力的数字原型机板（如 Nexys－2，Nexys－3 和 Atlys；请注意 Nexys－4 板不支持这种接口）。

EPP 是半双工双向接口，意味着接收器和传输器共用一个单并行数据总线，但不是同时使用。数据总线为 8 位宽，6 根握手线控制数据传输（Digilent EPP 使用 4 根握手线）。FPGA 逻辑必须包括单 8 位地址寄存器，多达 256 个 8 位数据寄存器，可由主机读和写。单数据寄存器是可寻址的，通过地址寄存器明确其值。所有 digilent EPP 接口线如下：

EppDB——8 位双向数据总线；

EppAstb——主机控制地址选通脉冲，使数据从地址寄存器中读取或写入；

EppDstb——主机控制数据选通脉冲，使数据从数据寄存器中读取或写入；

EppWait——FPGA 驱动的同步信号，当 FPGA 准备好传输或者接收数据时指示；

EppWr——主机选择的数据传输目录（高电平为 PC 从 FPGA 寄存器中读取数据，低电平为 PC 写入数据到 FPGA 寄存器）。

通过传输循环进入寄存器，有四种类型的可行的传输方式，即读地址寄存器、写地址寄存器、读数据寄存器和写数据寄存器。数据传输的目录由主机通过 EppWr 信号控制。图 4.12 所示时间图关于读写传输循环，更多细节见本章参考文献［7］。

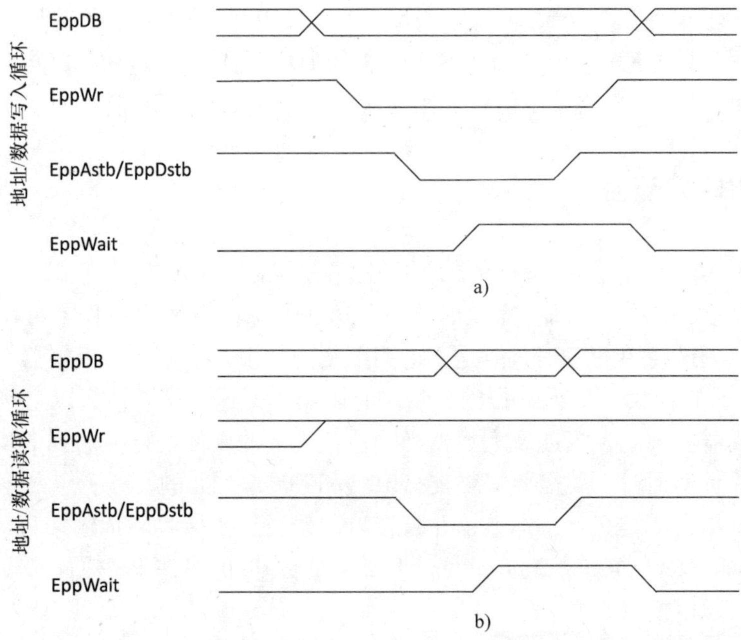

图 4.12　对于 Digilent EPP 接口的转移周期时间图

a）写入　b）读取

1. Digilent EPP 通信模块

在 EPP 通信模块中支持三个数据寄存器：

1）寄存器 0x00 保持地址用于记忆处理（如当使用 PC 提供的数据填充内存模块时，有利于明确写入地址；相同的技术可以在读周期中使用，使主机从明确的内存地址读取数据）；

2）寄存器 0X01 保留来自 PC 的 8 位用户数据；

3）寄存器 0x05 保留送入 PC 的 8 位数据。

请注意数据寄存器地址（即 0x00，0x01 和 0x05）是随意选择的，其他地址可以相同地应用。如果需要，则更多的寄存器（多达 256 个）可以轻松增加到通信模块中（见本章参考文献［8］中的例子，这个例子涉及 16 个数据寄存器）。

以下实体 EPP_interface 根据图 4.12 所示时序图执行地址寄存器和上面列出的数据寄存器，并与平行接口总线交互。除了通信信号外，模块还具有三个额外的输出接口和一个输入接口：

1）data_to_pc 是由 FPGA 中执行电路提供的 8 位值，FPGA 保留通过 Digilent

EPP 接口送入 PC 的数据；

2）data_from_PC 是通过 Digilent EPP 接口接收来自 PC 的 8 位值，这个值下一步会传输到 FPGA 中执行的其他逻辑电路；

3）data_ready 是 1 位信号，表明数据已经从 PC 中收到而且已经准备好进一步的处理；

4）address 是 8 位信号，用于保留内存交换的地址，这个地址由主机设定。

```
library ieee;
use ieee.std_logic_1164.all;
entity EPP_interface is
  port (-- EEP handshaking signals and data bus
      EppAstb: in std_logic;                              -- address strobe
      EppDstb: in std_logic;                              -- data strobe
      EppWr  : in std_logic;                              -- direction of data transfer
      EppDB  : inout std_logic_vector(7 downto 0);        -- parallel data bus
      EppWait: out std_logic;                             -- synchronization wait signal
      -- user extended signals
      -- address for memory access operations (stored in the data register 0x00)
      address : out std_logic_vector (7 downto 0);
      -- signal which indicates that data are ready to be used in other design blocks
      data_ready : out std_logic;
      -- 8-bit user data received from the PC (stored in the data register 0x01)
      data_from_PC: out std_logic_vector(7 downto 0);
      -- 8-bit data to send to the PC (held in the data register 0x05)
      data_to_PC : in std_logic_vector(7 downto 0));
end EPP_interface;

architecture Behavioral of EPP_interface is
  signal EppAddressRegister: std_logic_vector (7 downto 0);   -- Epp address register
  signal EppInternalBus: std_logic_vector(7 downto 0);        -- internal bus
begin

--activate EppWait when either address strobe or data strobe is asserted
EppWait <= '1' when EppAstb = '0' or EppDstb = '0' else '0';
--write to the data bus during PC read cycles
EppDB <= EppInternalBus when (EppWr = '1') else (others => 'Z');
--write address or data to the bus
EppInternalBus <= EppAddressRegister when (EppAstb = '0') else data_to_PC;

address_register: process (EppAstb)
begin
  if rising_edge(EppAstb) then                --end of address access cycle
    if EppWr = '0' then                       --this is address write cycle
      EppAddressRegister <= EppDB;            --update the address register
    end if;
  end if;
end process address_register;

data_registers: process (EppDstb)
begin
  if rising_edge(EppDstb) then                --end of data access cycle
    if EppWr = '0' then                       --this is data write cycle
```

```
          data_ready <= '0';
          if EppAddressRegister = x"00" then    --memory address register
            address <=  EppDB;
          elsif EppAddressRegister = X"01" then--register holding user data received from PC
            data_from_PC <= EppDB;
            data_ready <= '1';
          end if;
        end if;
      end if;
    end process data_registers;

    end Behavioral;
```

用做好的通信模块设计简单的电路，即接收 PC 产生的 8 位随机数并显示在 Atlys 板的 LED 上。类似地，可以将板集开关上选择的 8 位值送入主机 PC。电路如图 4.13 所示。

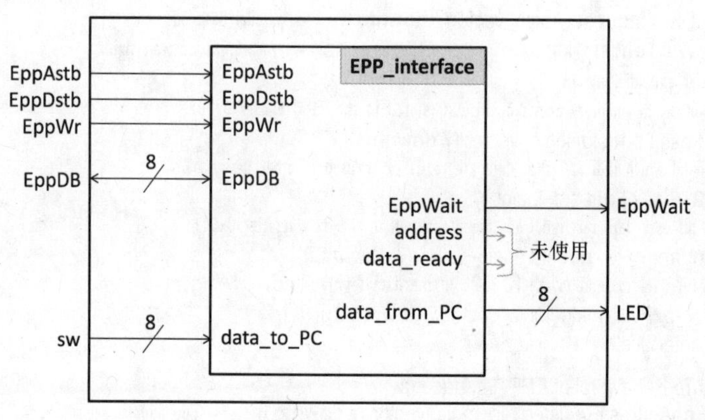

图 4.13　电路结构图，从主机接收 8 位值，通过 Digilent EPP 接口并限制在 Atlys 板集的 LED 上，传输 8 位值到主机

电路用 VHDL 语言描述如下：

```
library ieee;
use ieee.std_logic_1164.all;

entity main is
  port (EppAstb : in  std_logic;
        EppDstb : in  std_logic;
        EppWr : in  std_logic;
        EppDB : inout  std_logic_vector(7 downto 0);
        EppWait : out  std_logic;
        sw : in std_logic_vector(7 downto 0);
        LED : out std_logic_vector(7 downto 0));
end main;

architecture Behavioral of main is
  signal data_from_PC, data_to_PC : std_logic_vector(7 downto 0);
begin
```

```
EPP: entity work.EPP_interface port map (EppAstb => EppAstb,
      EppDstb => EppDstb, EppWr => EppWr, EppDB => EppDB,
      EppWait => EppWait, address => open, data_ready => open,
      data_to_PC => data_to_PC, data_from_PC => data_from_PC);

LED <= data_from_PC;
data_to_PC <= sw;
end Behavioral;
```

注意这个例子中的数据转移是简单的，这也是为什么通信模块中产生的信号address 和 data_ready 是不需要的，且在左边不连接。在4.4 节的复杂例子中，将集中使用这些信号。

Main 实体中的所有接口连接到相应的 FPGA 引脚。各个引脚位置可以在板集文件的主用户约束文件（User Constraints File，UCF）中找到。

为了测试设计的电路，第二个通信模块必须在 PC 软件中设计好。随后的章节将给出必要的说明和例子。

2. 应用软件

需要的硬件模块完成后，就需要对其进行测试和评估数据传输器件，因此需要设计与 FPGA 逻辑交互的应用软件。在 Adept 软件开发套件（Software Development Kit,）的帮助下通过 USB 执行数据传输，Adept SDK 提供应用编程接口（Application Programming Interface，API）DPCUTIL，这个借口允许装备有 EPP 的 Digilent 原型机板与主机 Windows 运行的应用软件通信[9]。API 要求并行接口在 FPGA 中，以4.3.1 节1. 描述的方法执行。API 由 C 函数阵列构成，可以用于 C/C + +编写的程序[9]。API 函数允许进入（写和读）单寄存器或者寄存器集。API 的细节描述见参考文献［9］。

为了使用 DPCUTIL API 函数，程序必须链接到 dpcutil 库（在本章参考文献［9］中可找到），并包含到如下头文件：

```
#include <windows.h>
#include "dpcdefs.h"
#include "dpcutil.h"
```

以下 C + +代码是主机 PC 运行的软件程序和装备有 EPP 的 Digilent 原型机板之间的交互：

```
//The following header files are required to use the DPCUTIL API
//The program must be linked with the dpcutil.lib library.
#include <windows.h>
#include "dpcdefs.h"
#include "dpcutil.h"
#include <iostream>
#include <ctime>

const int INITIALIZATION_FAILED = 1;
const int NO_DEFAULT_DEVICE = 2;
const int INTERNAL_ERROR = 3305; //internal error in DPCUTIL
const int devNameLength = 16;
char nameDevice[devNameLength+1];
```

```
void SendDataToFPGA(unsigned data);
bool WriteData(HANDLE hif, unsigned data);
void ReceiveResultFromFPGA(unsigned& data);
bool ReadData(HANDLE hif, unsigned& data);

using namespace std;

int main(int argc, char* argv[])
{ ERC error_code;
  if ( !DpcInit(&error_code) ) //before using DPCUTIL API functions, call DpcInit
     return INITIALIZATION_FAILED; //error occurred while initializing
  //obtain the index of the default device in the Device Table
  int idDevice = DvmgGetDefaultDev(&error_code);
  if (idDevice == -1) //no devices in the Device Table
  {    cerr << "No default device"<< endl;
       cerr << "Run Digilent Adept and modify the Device Table" <<
                 " (Settings tab, Device Manager option)" << endl;
       return NO_DEFAULT_DEVICE;
  }
  else //get the default device name
       DvmgGetDevName(idDevice, nameDevice, &error_code);

  unsigned data, result;
  const int range_min = 0, range_max = 0xff;
  srand (static_cast<unsigned>(time(0)));
  char operation;

  do
  {    cout << "Select an operation (r - read switches, s - send a value, e - exit)\n";
       cin >> operation;
       switch (operation)
       { case 'r': ReceiveResultFromFPGA(result);
                 cout << "The result from FPGA is: " << hex << result << endl;
                 break;
         case 's': //randomly generate an 8-bit number
                 data = static_cast<unsigned>((double)rand() / ( RAND_MAX + 1) *
                           (range_max - range_min)   + range_min);
                 SendDataToFPGA(data); //send data to the FPGA
                 break;
           case 'e' : break;
           default: cout << "Wrong parameter" << endl;
       }
   }
   while (operation != 'e');
   return 0;
}

void SendDataToFPGA(unsigned data) //sends an 8-bit data item to the FPGA
{ ERC error_code;
  HANDLE hif;
  TRID trid; //transaction ID type
   //before using data transfer functions, connect to a communication device
  if (!DpcOpenData(&hif, nameDevice, &error_code, &trid))
  {    cerr << "DpcOpenData failed." << endl;
       return;
```

```
    }
    //wait for the last (trid) transaction to be completed
    if (!DpcWaitForTransaction(hif, trid, &error_code))
    {   DpcCloseData(hif, &error_code); // close the communications module
        cerr << "DpcOpenData failed." << endl;
        return;
    }
    if (!WriteData(hif, data)) return; //data transfer

    error_code = DpcGetFirstError(hif); //search for the first transaction with an error
    if ((error_code == ercNoError) || (error_code == INTERNAL_ERROR) )
    {   DpcCloseData(hif, &error_code); //close the communications module
        cout << "Value " << hex << data << " successfully written to the FPGA." << en(
    }
    else
    {   DpcCloseData(hif, &error_code); //close the communications module
        cerr << "An error occurred while setting the register" << endl;
  }
}
bool WriteData(HANDLE hif, unsigned data)
{ ERC error_code;
  unsigned char idData;
  unsigned idReg;
  idReg = 0x01;
  idData = data;
  //send a single data byte (idData) to the register idReg
  if (!DpcPutReg(hif, idReg, idData, &error_code, 0))
  {   DpcCloseData(hif, &error_code); //close the communications module
      cerr << "DpcPutReg failed." << endl;
      return false;
  }
  return true;
}
void ReceiveResultFromFPGA(unsigned& data)
{ ERC error_code;
  HANDLE      hif;
  //before using data transfer functions, connect to a communication device
  if (!DpcOpenData(&hif, nameDevice, &error_code, 0))
  {   cerr << "DpcOpenData failed." << endl;
      return;
  }
  if (!ReadData(hif, data)) return; //data transfer

  error_code = DpcGetFirstError(hif); //search for the first transaction with an error
  if ((error_code == ercNoError) || (error_code == INTERNAL_ERROR) )
  {   DpcCloseData(hif, &error_code); //close the communications module
      cout << "Values successfully received from the FPGA." << endl;
  }
  else
  {   DpcCloseData(hif, &error_code); //close the communications module
      cerr << "An error occurred while reading the register" << endl;
  }
```

```
}
bool ReadData(HANDLE hif, unsigned& data)
{ ERC error_code;
  unsigned char idData;
  unsigned idReg;
  data = 0;
  idReg = 0x05;
  //get a single data byte (idData) from the register idReg
  if (!DpcGetReg(hif, idReg, &idData, &error_code, 0))
  {     DpcCloseData(hif, &error_code); //close the communications module
        cerr << "DpcGetReg failed." << endl;
        return false;
  }
  data = idData;
  return true;
}
```

程序开始时初始化 dpcutil，在器件表中获得默认器件的索引。器件表由 Digilent Adept 器件管理（设置标签，器件管理选项）。如果在初始化时出现问题，则应确保 dpcutil 对 linker 可见且连接板出现在器件表中。之后程序反复建议用户从三个可用选项中选择一个：“r” 为读板集开关的值然后输出在屏幕上，“s” 为传输产生的 8 位随机值到板集并在 LED 上显示，“e” 为退出。函数 SendDataToFPGA 和 WriteData 传输 8 位数据到 FPGA（通过写数据寄存器 0x01）。函数 ReceiveResultFromFPGA 和 ReadData 从 FPGA 的通信模块中获得 8 位值（通过读数据寄存器 0x05）。

以下 dpcutil 函数用于上述代码：

1）DpcInit—在使用 dpcutil API 函数前必须提前调用，初始化成功返回真值，否则返回假值；

2）DvmgGetDefaultDev—允许在 Digilent 器件表中获得默认器件的索引值，没有默认器件返回 -1，在这种情况下，用户必须通过 Digilent Adept 工具设置默认器件到器件表中（设置标签，器件管理选项）；

3）DvmgGetName—获得所选默认器件的名字；

4）DpcOpenData—建立和默认器件的连接，这个函数创建用于后续数据传输周期的句柄；

5）DpcWaitForTransaction—等待传输完成；

6）DpcGetFirstError—关闭器件；

7）DpcGetFirstError—寻找第一次错误传输并返回错误代码，错误代码详见本章参考文献［9］；

8）DpcPutReg—送一位到已明确的数据寄存器中，上述代码中只有 0x01 寄存器写入了值；

9）DpcGetReg—从已明确的数据寄存器中获得一位，上述代码中只从 0x05 寄

存器读取了值。

最后，上述代码和4.3.1节1. 中描述的电路允许FPGA与主机PC通信，如图4.14所示。这里探究的通信情景非常简单，但却可以作为更多复杂交互模型的基础，具体将在4.4节介绍。

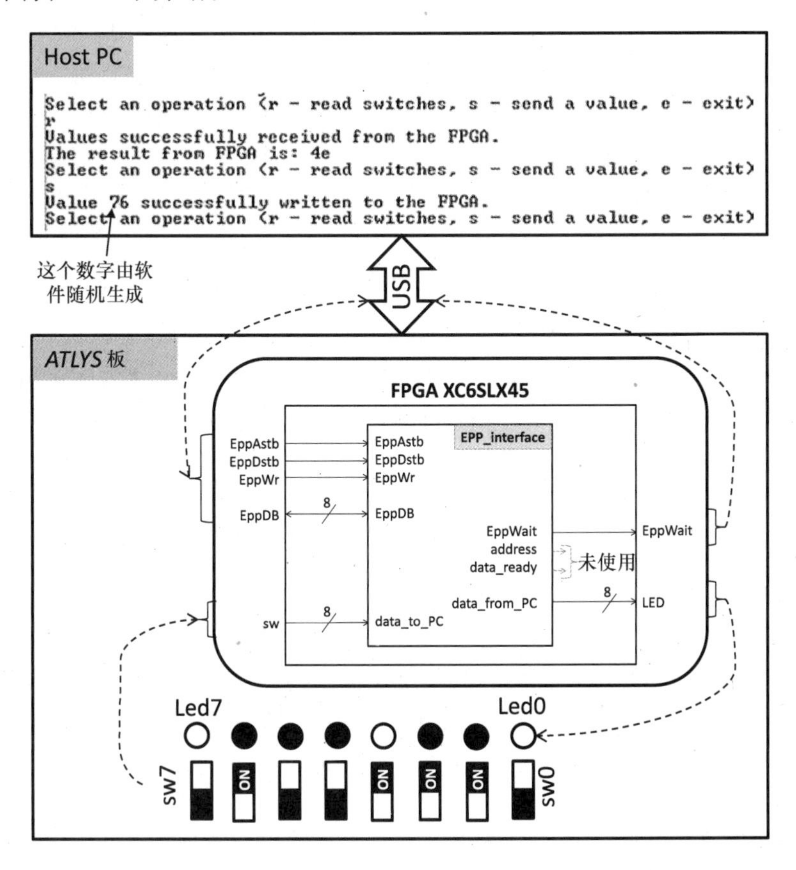

图4.14　FPGA和主机的交流实例

4.3.2　UART接口

对于不支持Digilent EPP数据传输的板集（如Nexys-4板），需要探索其他的通信接口。UART接口执行非常简单的串行通信协议。

Nexys-4板具有允许主机通过标准COM（通信接口）命令窗口与板集进行通信的USB-UART桥[1]。为了建立通信，要求USB-COM接口驱动将USB包转换为UART数据[10]。板集FPGA的四个引脚连接到USB控制器的四条线路，即RXD（引脚C4）用于主机PC传输数据到FPGA，TXD（引脚D4）用于FPGA传输数据到主机PC，RTS/CTS（引脚E5/D3）为握手控制信号。以这种方式，板集支持全双工双向接口，即FPGA和PC可以使用独立线路同时传输数据（RXD和TXD）。

因为 FPGA 要传输数据到主机 PC，也接收来自 PC 的数据，需要执行传输和接收电路。基本上，传输器获得并行数据，并以特殊速率一位一位地将它们转移到通信线路。接收器执行相反的任务，即它从串行数据中一位一位地提取数据（也以特殊速率），并转换为并行数据。数据采样率（位）称为波特率，对于 UART，这就是通过串行通信线路每秒传输的比特数。为了接口能够合理工作，接收器和传输器必须工作在同一波特率。当闲置时串行电路总是“1”。传输时有一个起始位，其值总是“0”，其后是数据和奇偶校验位，最后是停止位，其值总是“1”。传输数据的典型值为 8（即 1 字节）。奇偶校验位用于接收器检测传输数据是否出错。只有错误个数为奇数时才能被检测到。再次，接收器和传输器在奇偶校验位和停止位需一致。

本节会使用简单的 UART 通信模块，用于传输八个数据位，没有奇偶校验位，有一个停止位，结构如图 4.15 所示。

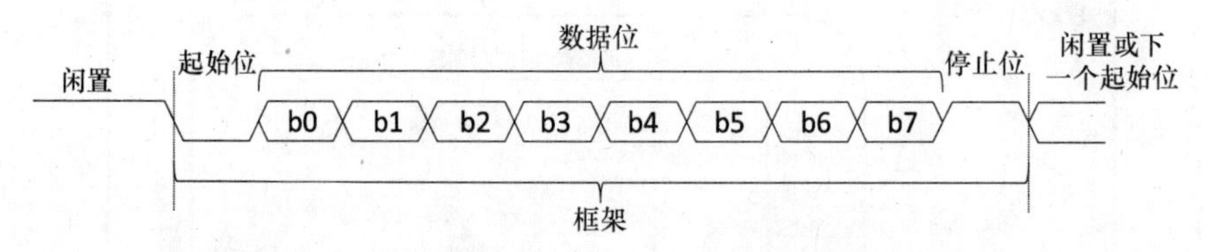

图 4.15　包含起始位、8 数据位、停止位的帧实例

1. UART 通信模块

本节将设计 UART 通信模块，工作在波特率为 9600，其结构如图 4.15 所示。将在 Nexys-4 板中实现该设计，该板集的晶振为 100MHz。通信模块的外部接口如下：

```
entity UART_comm is
  port (clk : in std_logic;                          -- board's clock (100 MHz)
        WR : in  std_logic;                          -- write strobe (to send data to PC)
        DIN : in  std_logic_vector (7 downto 0);     -- data to send
        DOUT : out  std_logic_vector (7 downto 0);   -- data received
        TX_ready : out std_logic;                    -- ready to transmit
        RX_ready : out std_logic;                    -- received data are available
        TXD : out std_logic;                         -- transmission line
        RXD : in std_logic);                         -- reception line
end UART_comm;
```

这里，clk 是板集时钟信号。通信线路 TXD 和 RXD 用于双向串行数据传输。DIN 是 FPGA 传输到主机 PC（或其他器件）的字节。DOUT 是从主机 PC（或其他器件）中接收的数据字节。WR 是输入信号，即 DIN 总线上的数据准备好并必须传输。当模块完成最后一个通信周期时，插入输出 TX_ready 和 RX_ready，且准备好传输更多数据（TX_ready），或者刚接收数据并准备好处理（RX_ready）。模块不提供任何数据缓冲，因此其他 FPGA 逻辑必须保证当 TX_ready 没有插入时不会提

供新数据。

为了支持选择的波特率（9600 位/s），输入时钟信号（100MHz）必须分为 $10^8/9600\approx10416$，通信线路必须在位周期的中间采样/写入。模块工作由初始的 100MHz 时钟信号控制。

设计传输器比接收器简单。图 4.16 所示流程图描述了控制操作（输出在 VHDL 中定义）。控制 FSM 具有三个状态，即 READY，LOAD_BIT 和 SEND_BIT。当准备好从 FPGA 逻辑中接收更多数据并通过 UART 传输时，FSM 处于 READY 状态。基本上，这是等待状态且不断用逻辑值“1”驱动 TXD 通信线路（即该线路闲置）。信号 TX_bitIndex 内存通过 TXD 线路传输下一位的索引；该索引的范围从 0（起始位）到 9（停止位）。信号 TX_div 是计数器，允许位通过 TXD 线路以选定的波特率传递；它的范围从 0 计数到 10416（最大值内存在常量 CLK_DIV 中）。在 READY 状态，计数器复位为 0。一旦通过 WR 信号传输请求，则 FSM 组成帧传输并将其状态改变为 LOAD_BIT。帧内存在 10 位信号 TX_frame 中，具有一个起始位

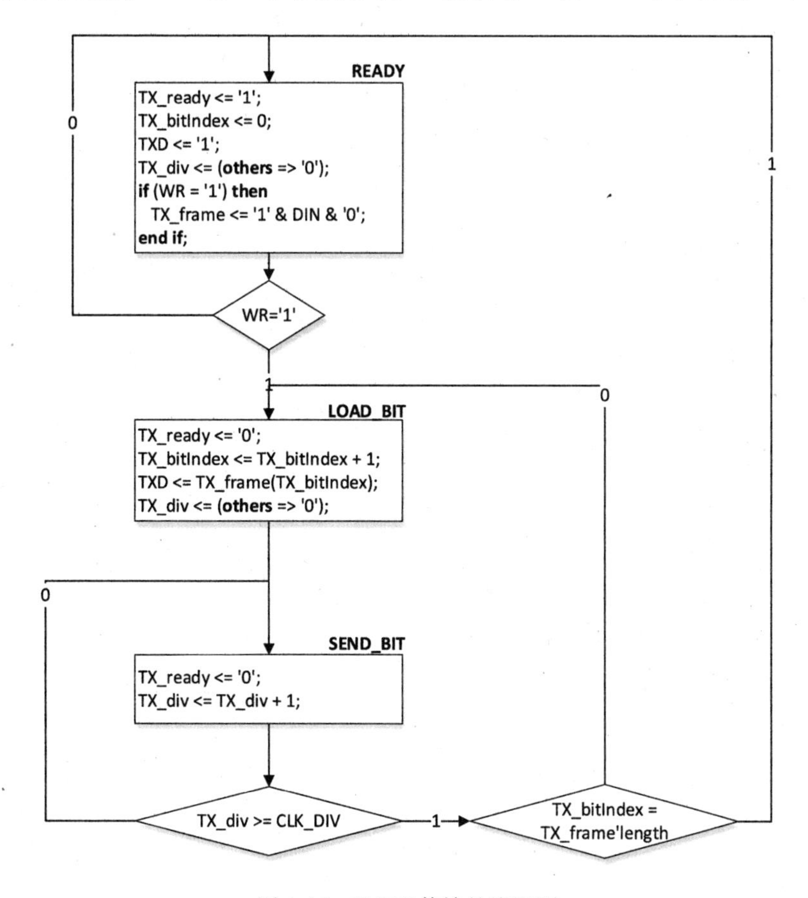

图 4.16　UART 传输的流程图

（“0”），来自 DIN 输入的 8 个数据位和一个停止位（“1”），如图 4.15 所示。在 LOAD_BIT 状态，FSM 解除 TX_ready 信号，并以帧中的一位驱动 TXD 通信线路。传输的这个位由 TX_bitIndex 指代。同时，TX_bitIndex 增加并指向帧中要传输的下一位。最后，状态 SEND_BIT 以前面选择的状态位持续驱动 TXD 线路，直到 CLK_DIV 时钟周期（频率 100MHz）通过。到现在，在 LOAD_BIT 状态下，下一位从帧中取出并驱动 TXD 线路。一旦帧最后的（停止位）位被传输，则 FSM 返回 READY 状态，等待来自其他 FPGA 电路的新数据到达。

接收器更复杂一点。基本上，它必须永久监控 RXD 线路，直到检测到传输从“1”（闲置）变为“0”（起始位）。一旦确定了新到的帧的起始位，则接收器必须等待半个波特率周期，然后采样第一位（起始位）。然后，保留的 9 位（八个数据位和一个停止位）必须从 RXD 线路读取，时间区间等于选择的波特率周期。图 4.17 所示流程图描述了接收器的行为。

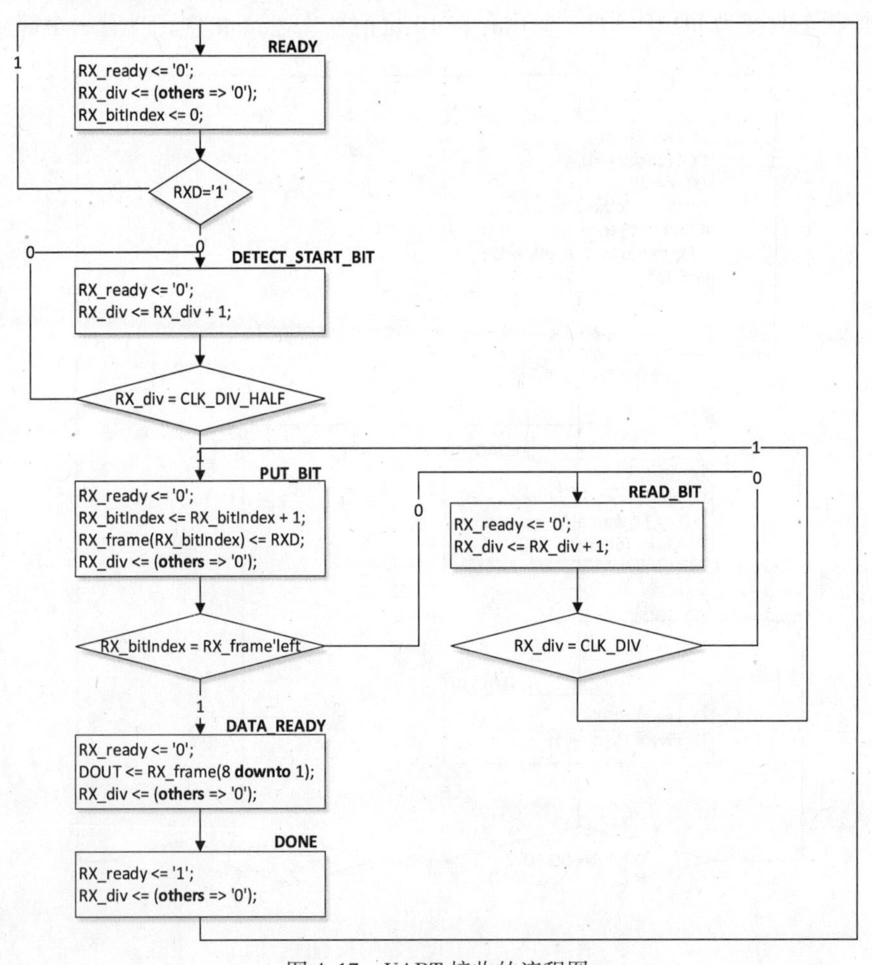

图 4.17　UART 接收的流程图

接收器控制 FSM 具有六个状态，即 READY，DETECT_START_BIT，PUT_BIT，READ_BIT，DATA_READY 和 DONE。当等待新数据到达 RXD 线路时，FSM 为 READY 状态。信号 RX_ready 撤销，表明目前还没有接收到数据。信号 RX_div 是计数器，类似前面描述的 TX_div，允许以选定的波特率通过 RXD 线路接收位；它从 0 计数到 5208（10416/2，波特率周期的一半，存在常量 CLK_DIV_HALF 中），或从 0 计数到 10416（波特率周期，存在常量 CLK_DIV 中）。在 READY 状态下，计数器置为 0。信号 RX_bitIndex 存储来自 RXD 线路下一位的帧索引；它的范围从 0（起始位）到 9（停止位）。在状态 READY，RXD 信号是不断被采样的，直到检测到传输从“1”变为“0”。

一旦检测到起始位，则 FSM 状态改变为 DETECT_START_BIT。在这个状态下，RX_div 计数器在每个时钟周期（100MHz）加 1，直到达到值 CLK_DIV_HALF（意味着过去了一半的波特率周期，RXD 线路的起始位被采样），FSM 状态改变为 PUT_BIT。在 PUT_BIT 状态，FSM 采样 RXD 通信线路并把从接收帧 RX_frame 中提取的位存储在由 RX_bitIndex 指明的位置。同时，RX_bitIndex 增加并指向接收的帧的下一位。下一状态 READ_BIT 为等待状态，在最后一位从 RXD 线路采样后计数，直到 CLK_DIV（100MHz）时钟周期完成。到此，下一位在 PUT_BIT 状态从 RXD 线路采样。一旦最后一位（停止位）采样后，FSM 将状态改变为 DATA_READY，在这个状态，帧的信息位就送到输出 DOUT，供其他 FPGA 电路使用。起始位和停止位（索引分别为 0 和 9）被丢弃。最后的 FSM 状态是 DONE，在这个状态插入信号 RX_ready，用于指明新数据被接收，并可由 DOUT 输出。然后，FSM 返回到状态 READY，等待新数据到达 RXD 线路。

描述接收器和传输器的 VHDL 代码如下：

```
library IEEE;
use IEEE.std_logic_1164.all;
use IEEE.std_logic_unsigned.all;

--9600 baud rate, 8 data bits, no parity, 1 stop bit
entity UART_comm is
  port (clk : in std_logic;                              -- board's clock (100 MHz)
        WR : in  std_logic;                              -- write strobe (to send data to PC)
        DIN : in  std_logic_vector (7 downto 0);         -- data to send
        DOUT : out  std_logic_vector (7 downto 0);       -- data received
        TX_ready : out std_logic;                        -- ready to transmit
        RX_ready : out std_logic;                        -- received data are available
        TXD : out std_logic;                             -- transmission line
        RXD : in std_logic);                             -- reception line
end UART_comm;

architecture Behavioral of UART_comm is

--CLOCK
--100 MHz/9600 = 10416 = 0x28B0
```

```
constant CLK_DIV : std_logic_vector(13 downto 0) := "10" & x"8B0";
--100 MHz/9600/2 = 5208 = 0x1458
constant CLK_DIV_HALF : std_logic_vector(12 downto 0) := "1" & x"458";

--TRANSMISSION
signal TX_div : std_logic_vector(13 downto 0) := (others => '0');
--frame = 1 start + 8 data + 1 stop = 10 bits
signal TX_frame : std_logic_vector(9 downto 0) := '1' & x"ff" & '0';
type TX_TYPE is (READY, LOAD_BIT, SEND_BIT);
signal TX_state, TX_next_state : TX_TYPE := READY;
signal TX_bitIndex : natural; -- index of the next bit in TX_frame to be transferred

--RECEPTION
signal RX_div : std_logic_vector(13 downto 0) := (others => '0');
signal RX_frame : std_logic_vector(9 downto 0); --1 start + 8 data + 1 stop = 10 bits
type RX_TYPE is (READY, DETECT_START_BIT, READ_BIT, PUT_BIT,
                DATA_READY, DONE);
signal RX_state, RX_next_state : RX_TYPE := READY;
signal RX_bitIndex : natural; -- index of the next bit in the RX_frame to be received

begin
-----------------------------------------------------
---     TRANSMISSION
-----------------------------------------------------
TX_state_transition: process (clk)
begin
  if (rising_edge(clk)) then
    TX_state <= TX_next_state;
  end if;
end process TX_state_transition;

TX_output_logic: process (clk)
begin
  if (rising_edge(clk)) then
    case TX_state is
      when READY =>
        TX_ready <= '1';
        TX_bitIndex <= 0;
        TXD <= '1'; -- idle
        TX_div <= (others => '0');
        if (WR = '1') then
                TX_frame <= '1' & DIN & '0';
        end if;
      when LOAD_BIT =>
        TX_ready <= '0';
        TX_div <= (others => '0');
        TX_bitIndex <= TX_bitIndex + 1;
        TXD <= TX_frame(TX_bitIndex);
      when SEND_BIT =>
        TX_ready <= '0';
        TX_div <= TX_div + 1;
    end case;
  end if;
end process TX_output_logic;
```

```
TX_next_state_logic: process (TX_state, WR, TX_div, TX_bitIndex)
begin
  case TX_state is
    when READY =>
      if (WR = '1') then
        TX_next_state <= LOAD_BIT;
      else
        TX_next_state <= READY;
      end if;
    when LOAD_BIT =>
      TX_next_state <= SEND_BIT;
    when SEND_BIT =>
      if (TX_div >= CLK_DIV) then
        if (TX_bitIndex = TX_frame'length) then
                TX_next_state <= READY;
        else
                TX_next_state <= LOAD_BIT;
        end if;
        else
        TX_next_state <= SEND_BIT;
        end if;
       when others => -- should never be reached
        TX_next_state <= READY;
    end case;
  end process TX_next_state_logic;
  -------------------------------------------------------
  ---     RECEPTION
  -------------------------------------------------------
  RX_state_transition: process (clk)
  begin
    if (rising_edge(clk)) then
      RX_state <= RX_next_state;
    end if;
  end process RX_state_transition;

  RX_output_logic: process (clk)
  begin
  if (rising_edge(clk)) then
    case RX_state is
      when READY =>
        RX_ready <= '0';
        RX_div <= (others => '0');
        RX_bitIndex <= 0;
      when DETECT_START_BIT =>
        RX_ready <= '0';
        RX_div <= RX_div + 1;
      when PUT_BIT =>
        RX_ready <= '0';
        RX_bitIndex <= RX_bitIndex + 1;
        RX_frame(RX_bitIndex) <= RXD;
        RX_div <= (others => '0');
      when READ_BIT =>
        RX_ready <= '0';
        RX_div <= RX_div + 1;
      when DATA_READY =>
```

```
            RX_ready <= '0';
            DOUT <= RX_frame(8 downto 1); --extract only data bits
            RX_div <= (others => '0');
          when DONE =>
            RX_ready <= '1';
            RX_div <= (others => '0');
        end case;
      end if;
    end process RX_output_logic;
    RX_next_state_logic: process (RX_state, RXD, RX_div, RX_bitIndex)
    begin
      case RX_state is
      case RX_state is
        when READY =>
          if (RXD = '1') then --idle
            RX_next_state <= READY;
          else
            RX_next_state <= DETECT_START_BIT; --start bit detected
          end if;
        when DETECT_START_BIT =>
          if (RX_div = CLK_DIV_HALF) then
            RX_next_state <= PUT_BIT;
          else
            RX_next_state <= DETECT_START_BIT;
          end if;
        when PUT_BIT =>
          if (RX_bitIndex = RX_frame'left) then
            RX_next_state <= DATA_READY;
          else
            RX next state <= READ BIT:
          end if;
        when READ_BIT =>
          if (RX_div = CLK_DIV) then
            RX_next_state <= PUT_BIT;

          else
            RX_next_state <= READ_BIT;
          end if;
          when DATA_READY =>
            RX_next_state <= DONE;
          when DONE =>
            RX_next_state <= READY;
          when others => -- should never be reached
            RX_next_state <= READY;
        end case;
      end process RX_next_state_logic;
      end Behavioral;
```

下面讲述完成的 UART 传输器/接收器如何用于从主机 PC 中接收 8 位值并显示在 Nexys－4 板最右侧的 LED 电路中。类似地，从 LED 上选择的 8 位值送入主机 PC 中，电路如图 4.18 所示。

电路用 VHDL 语言描述如下：

```
library ieee;
use ieee.std_logic_1164.all;
use ieee.std_logic_unsigned.all;
entity main is
   port ( clk : in std_logic;
          TXD : out std_logic;
```

```
        RXD : in std_logic;
        sw : in std_logic_vector(7 downto 0);
        LED : out std_logic_vector(7 downto 0));
end main;
```

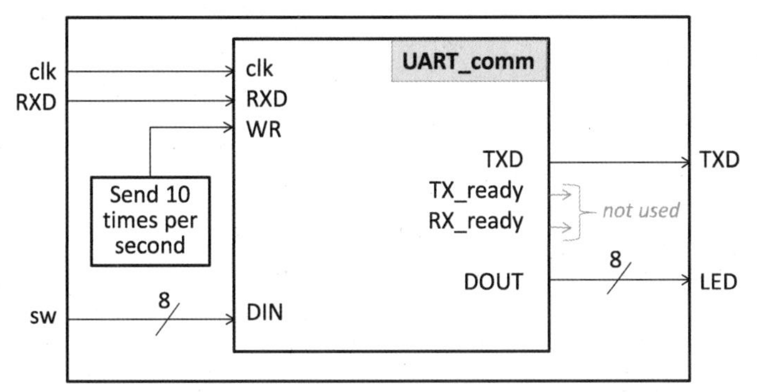

图 4.18　电路结构图，从主机接收 8 位值，通过 UART 接口显示在 exys－4 板集的 LED 上，传输 8 位值到主机，每秒 10 次传输值到主机

```
architecture Behavioral of main is
signal data_from_PC, data_to_PC : std_logic_vector(7 downto 0);
signal WR : std_logic;
constant CLK_DIV : std_logic_vector(23 downto 0) := x"98967F"; --10 times per second
signal div : std_logic_vector(23 downto 0) := (others => '0');

begin

UART: entity work. UART_comm port map (clk => clk, WR => WR,
        DIN => data_to_PC, DOUT => data_from_PC, TX_ready => open,
        RX_ready => open, TXD => TXD, RXD => RXD);

process (clk)
begin
  if (rising_edge(clk)) then
    if (div = CLK_DIV) then         div <= (others => '0');        WR <= '1';
    else                            div <= div + 1;                WR <= '0';
    end if;
  end if;
end process;

LED <= data_from_PC;
data_to_PC <= sw;

end Behavioral;
```

在这个例子中，板集开关的状态通过 UART 以 10 次/s 的频率传输。时序由简单的计数器控制，从 0 计数到 CLK_DIV 常量中定义的最大值（等于第 0.1s）。一旦达到最大值，计数器便复位为 0，插入 WR 信号，开始传输周期。一旦接收到 PC 的数据，便立即显示在板集 LED 上。因为这个例子中涉及的处理和传输是微不足道的，所以在 UART 通信模块生成的信号 RX_ready 和 TX_ready 是不被要求的，且不被左连接。在 4.4 节中的复杂例子中，这些信号将会被频繁使用。

Main 实体的所有接口必须连接到相应的 FPGA 的引脚上。各个引脚的位置可通过板集文档的主 UCF 文件中找到。

2. 应用软件

一旦要求的硬件模块完成了，就必须设计能够连接到主机 PC 串口（连接板集的接口）的软件，通过 UART 接口与 FPGA 交互。如下 C + + 代码给出了用于 Windows 系统的例子：

```
#include <windows.h>
#include <iostream>
#include <ctime>

void set_up_serial_port(HANDLE& h);
bool get_data_from_serial_port(unsigned& data);
bool write_data_to_serial_port(unsigned data);

const int NO_DEFAULT_DEVICE = 2;

using namespace std;

int main(int argc, char* argv[])
{  unsigned data, result;
   const int range_min = 0, range_max = 0xff;
   srand (static_cast<unsigned>(time(0)));

   char operation;
   do { cout << "Select operation (r - read switches, s - send a value, e - exit)" << endl;
        cin >> operation;
        switch (operation)
        {  case 'r':
                   if (get_data_from_serial_port(result))
                     cout << "The result from FPGA is: " << hex << result << endl;
                   break;
           case 's':
                   //randomly generate an 8-bit number
                   data = static_cast<unsigned>((double)rand() / (RAND_MAX + 1) *
                              (range_max - range_min)   + range_min);
                   //send data to the FPGA
                   if (write_data_to_serial_port(data))
                     cout << "The data " << hex << data <<
                              " have been successfully transmitted to the FPGA" << endl;
                   break;
           case 'e' :
                   break;
              default:
                      cout << "Wrong parameter" << endl;
        }
      } while (operation != 'e');
    return 0;
}

void set_up_serial_port(HANDLE& serial_port)
{  const long baud_rate = 9600;       //baud rate
   char port_name[] = "COM9:";       //name of serial port (consult the Device Manager)
    //open up a handle to the serial port
   serial_port = CreateFile(port_name, GENERIC_READ | GENERIC_WRITE, 0, 0,
       OPEN_EXISTING, 0, 0);
   if (serial_port == INVALID_HANDLE_VALUE) //make sure the port was opened
   {   cerr << "Error opening port" << endl;
       CloseHandle(serial_port);
```

```
    //set up the serial port
    DCB properties;                              //properties of serial port
    GetCommState(serial_port, &properties);      //get the properties
    properties.BaudRate = baud_rate;             //set the baud rate
    //set the other properties
    properties.Parity = NOPARITY;
    properties.ByteSize = 8;
    properties.StopBits = ONESTOPBIT;
    SetCommState(serial_port, &properties);
}

bool get_data_from_serial_port(unsigned& data)
{   unsigned long bytes_to_receive = 1;         //number of bytes to receive from COM
    unsigned long bytes_received;               //number of bytes actually received from COM
    HANDLE serial_port = 0;          set_up_serial_port(serial_port);
    //receive data from the serial port
  ReadFile(serial_port,static_cast<void *>(&data),bytes_to_receive,&bytes_received, 0);
    if (bytes_received != bytes_to_receive)
    {    cerr << "Error reading file" << endl;
         CloseHandle(serial_port);

          return false;
     }
     CloseHandle(serial_port);
     data = *data & 0xff;
     return true;
  }

  bool write_data_to_serial_port(unsigned data)
  {  unsigned long bytes_to_send = 1;           //number of bytes to send to COM
     unsigned long bytes_sent;                  //number of bytes actually sent to COM
     data = data & 0xff;
     HANDLE serial_port = 0;          set_up_serial_port(serial_port);
     //send data to the serial port
     WriteFile(serial_port, static_cast<void *>(&data), bytes_to_send, &bytes_sent, 0);
     if (bytes_sent != bytes_to_send)

    {    cerr << "Error writing file" << endl;
         CloseHandle(serial_port);
         return false;
    }
    CloseHandle(serial_port);
    return true;
  }
```

程序开始输出菜单选项：“r”为读取板集开关的值并显示在屏幕上，“s”为送出产生的8位随机值到板集并用LED显示，“e”为退出。函数get_data_from_serial_port和write_data_to_serial_port提供读/写接口到串口。在set_up_serial_port函数的帮助下两个函数开始设置接口。后者创建串口的句柄（命名为port_name，可以在Device Manager中找到）和OpenFile函数，并设置所有要求的通信参数，比如波特率、数据位数、停止位和奇偶位。一旦通信模块设置完毕，连接的输入/输出器件可以通过ReadFile和WriteFile函数读写，完成之后句柄关闭。用户接口同图

4.14。本书将在 4.4 节介绍更复杂的例子，许多数据（即不是单独的位）通过 UART 传输和接收。

4.4 软硬件协同设计和协同仿真

发展高效和可靠的数字系统要求硬件/软件协同设计和协同仿真。有不同的方向激励协同设计和协同仿真。首先，在早期阶段（通常在规范阶段），设计数字（特别是嵌入）系统的大多数方法依赖于系统的软硬件分离。一旦分离完成，软硬件由不同的人/团队独立完成。先验分离有一系列限制（如上市时间，次优设计），如果相互关联的软硬件一起研发，则先验分离会更好寻址[11]。其次，协同仿真可以探索不同的设计策略，更容易测试最严格的用于硬件加速的系统部分，与此同时，时序控制导向部分可以更高效地在软件中执行。

这里讲述如何用运行软件程序的 PC 和一个脱机的基于 FPGA 的频繁执行算法的原型机板实现协同设计。也将探索通过 Digilent EPP 和 UART 的通信，基于图 4.19 所示排序系统的实例。系统执行如下行为：

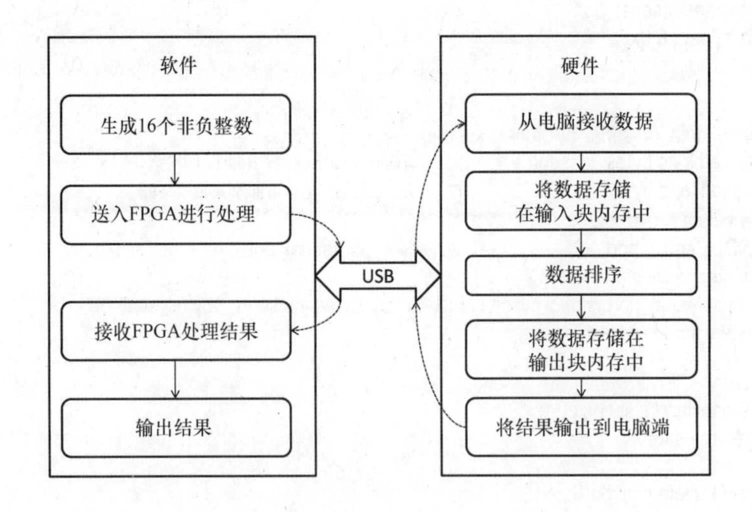

图 4.19　数据排序的协同设计工程结构

1）在软件中随机生成 16 个 32 位数据；

2）将这些数据送入 FPGA；

3）用迭代奇偶传输网络（见 3.5 节）在 FPGA 中排序数据；

4）将结果送入主机 PC；

5）显示已排序的数据。

这里测试 FPGA 通过 Digilent EPP 或者 UART 通信模块的帮助接收主机 PC 的数据并存储到输入内存模块的情景。接收到的数据由 3.5 节描述的 EvenOddTransition-

Iterative 模块排序。模块 EvenOddTransitionIterative 由数据的数量（N）和数据的位宽（M）参数化。这个例子设置 N=16，M=32。模块要求输入数据由单个 N×M 位的寄存器 input_data 提供，产生的排序结果也存入单个 N×M（16×32=512）位的寄存器 sorted_data。开始排序时，输入信号 sort_en 必须插入，一旦排序结束，输出信号 ready 变成高电平。

输入内存模块是简单的双口 RAM，其中接口 A 允许 8 位数据写入（由主机 PC 写入），接口 B 允许 512 位数据读取（由模块 EvenOddTransitionIterative 读取）。输入内存模块在 Xilinx CORE Generator 的帮助下创建，其中接口 A 的宽度为 8（因为只能从 PC 中传输 8 位值），接口 A 的深度设置为 64，接口 B 的宽度设置为 256（允许的最大值）。因为需要同时读 512 位，就要求两个输入内存。

512 位的排序结果写入输出内存。输出内存模块也是简单的双口 RAM，其中接口 A 允许 512 位数据写入（由排序模块写入），接口 B 允许读 8 位数据（由主机 PC 读取）。输出内存模块在 Xilinx CORE Generator 的帮助下创建，其中接口 A 的宽度设置为 256，接口 A 的深度设置为 2（允许的最小值），接口 B 的宽度设置为 8（因为只需要传输 8 位值到 PC）。因为需要同时写 512 位，所以需要 2 个输出内存。

如果将设计运用到 Spartan－6 或者 Artix－7 FPGA（Atlys 或者 Nexys－4 原型机板），则输入和输出内存模块各需要 16 个嵌入模块 RAM。这是因为在 CORE Generator 中使用最小区域优化算法，对于每个内存类型都会使 16 个模块 RAM 实例化（即读/写最多 32 位），与此同时却需要处理 512 位。对于 Artix－7 FPGA，其他可用选项允许数据宽度为 72 位的固定原语。

4.4.1　Digilent 并行接口的软硬件协同设计

这里介绍第 3 章讲过的数据排序例子的软硬件协同设计，假定下面的功能可行。主硬件模块通过 USB 接口与主机 PC 通信，根据 Digilent EPP 协议，填入输入内存，开始排序模块，当排序完成后，结果写入输出内存，由 PC 进一步读取。图 4.20 所示流程图描述了主模块的行为（输入和输出用 VHDL 语言明确）。

在 WAIT_FOR_DATA 状态，控制 FSM 等待新数据通过 EPP 数据总线到达。一旦新的 8 位数据被接收（由插入的 data_ready 信号指明），则 FSM 改变为 WRITE_INPUT 状态，其中插入信号 write_enable_in1 或者 write_enable_in2，由 PC_address 中位 5 的值决定。PC_address 信号由 EPP 通信模块的输出 address 控制，正如在 4.3.1 节 1. 中描述的一样，EPP 保持内存交换的地址，由主机 PC 设置。当位 5 为“0”时，电路处理 PC 接收的 64 字节的前 32 字节（因为有 16 个数据，每个数据 4 字节）。在这种情况下，通过插入信号 write_enable_in1，所有接收的数据字节都存储在第一个输入内存中。如果 PC_address 的位 5 为“1”，则电路处理后 32 个数据字节（即剩下的 8 个数据），通过插入信号 write_enable_in2，这些必须存储在第二个输入内存中。同时，在 WRITE_INPUT 状态，FSM 检查最后的数据（其地址为

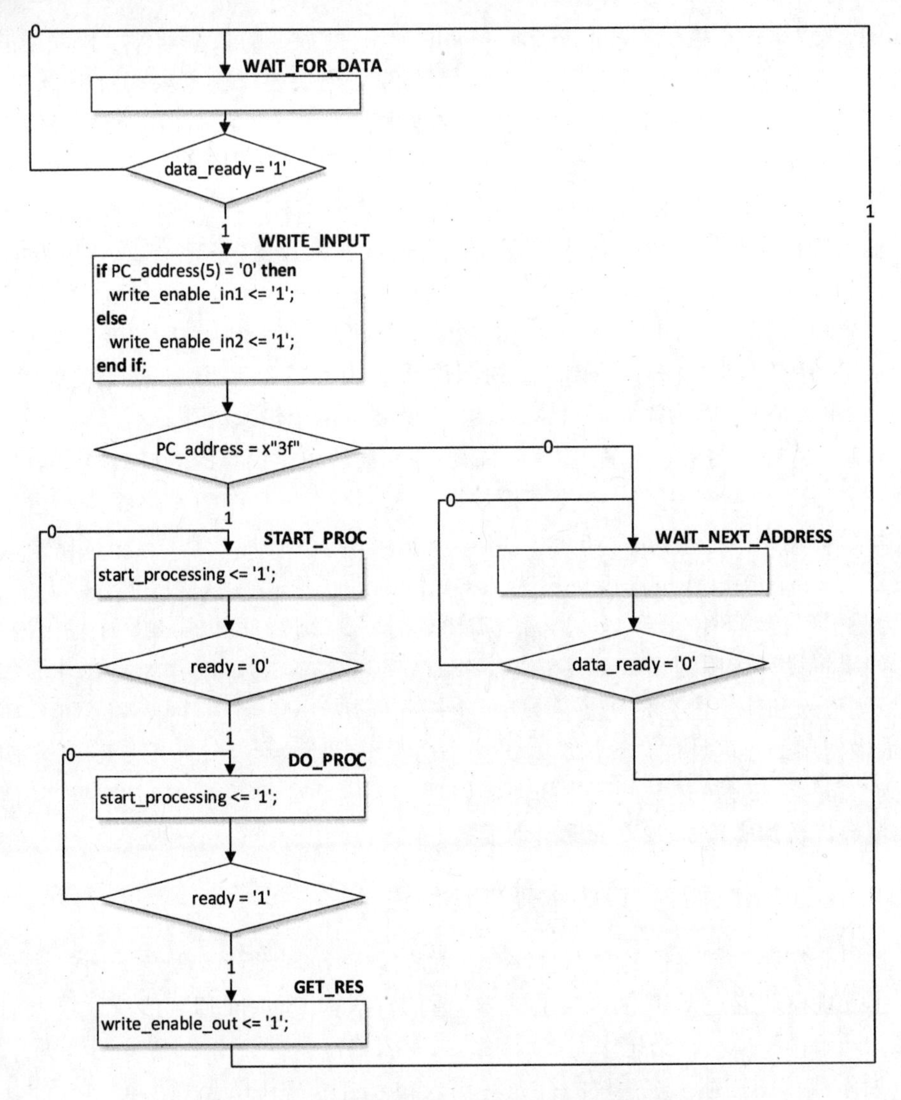

图 4.20　数据排序的协同设计工程的主模块流程图

0x3f = 63）是否被接收到。如果已经接收到，则 FSM 改变其状态为 START_PROC。否则，激活 WAIT_NEXT_ADDRESS 状态，FSM 等待当前 EPP 传输周期结束，然后返回到 WAIT_FOR_DATA 状态寻找通过 EPP 数据总线接收的下一数据。

在 START_PROC 状态，插入 start_processing 信号，激活排序模块 EvenOddTransitionIterative。在这个状态下，FSM 首先检查进程是否开始（即模块 EvenOddTransitionIterative 的 ready 信号是否已经撤销），如果进程已经开始，则进入 DO_PROC 状态。在这个状态下，模块 EvenOddTransitionIterative 的输出 ready 被监控，而且一旦插入 ready，则表明排序已经完成，FSM 改变其状态为 GET_RES。此时，排序结

果存入输出内存（通过插入 write_enable_out 信号），FSM 返回到 WAIT_FOR_DATA 状态，能够接收新的用于排序的数据。请注意，一旦数据写入最后一个内存位置（0x63），则排序立即开始。

以下 VHDL 代码表明如何明确系统的硬件部分：

```
library ieee;
use ieee.std_logic_1164.all;

entity main is
  port ( clk : in std_logic;
         EppAstb : in  std_logic;
         EppDstb : in  std_logic;
         EppWr : in  std_logic;
         EppDB : inout  std_logic_vector(7 downto 0);
         EppWait : out  std_logic);
end main;

architecture Behavioral of main is

--communication signals
signal data_from_PC, data_to_PC1, data_to_PC2, data_to_PC :
       std_logic_vector(7 downto 0);
signal data_ready : std_logic;

--processing signals
signal start_processing : std_logic := '0'; --signal that starts the processing block
signal ready : std_logic := '0';             --signal that reports that processing block has finished
type PROC_TYPE is (WAIT_FOR_DATA, WRITE_INPUT, WAIT_NEXT_ADDRESS,
                   START_PROC, DO_PROC, WRITE_RES, GET_RES);
signal next_proc_state, proc_state : PROC_TYPE := WAIT_FOR_DATA;

--memory signals
signal PC_address: std_logic_vector(7 downto 0);
signal write_enable_in1, write_enable_in2, write_enable_out : std_logic;
signal FPGA_write_address, FPGA_read_address: std_logic;
signal PC_read_write_address: std_logic_vector(5 downto 0);
signal write_item, read_item: std_logic_vector(511 downto 0);

begin

-------------------------------------------------------------
---Interface with dual-port memory
-------------------------------------------------------------
memory_from_PC_1: entity work.INPUT_MEMORY port map(CLKA => clk,
       WEA(0) => write_enable_in1, ADDRA => PC_read_write_address,
       DINA => data_from_PC, CLKB => clk, ADDRB(0) => FPGA_read_address,
       DOUTB => read_item(255 downto 0));

memory_from_PC_2: entity work.INPUT_MEMORY port map(CLKA => clk,
       WEA(0) => write_enable_in2, ADDRA => PC_read_write_address,
       DINA => data_from_PC, CLKB => clk, ADDRB(0) => FPGA_read_address,
       DOUTB => read_item(511 downto 256));

memory_to_PC_1 : entity work.OUTPUT_MEMORY port map (CLKA => clk,
       WEA(0) => write_enable_out, ADDRA(0) => FPGA_write_address,
       DINA => write_item(255 downto 0), CLKB => clk,
       ADDRB => PC_read_write_address, DOUTB => data_to_PC1);
```

```
memory_to_PC_2 : entity work.OUTPUT_MEMORY port map (CLKA => clk,
       WEA(0) => write_enable_out, ADDRA(0) => FPGA_write_address,
       DINA => write_item(511 downto 256), CLKB => clk,
       ADDRB => PC_read_write_address, DOUTB => data_to_PC2);

data_to_PC <= data_to_PC1 when PC_address(5) = '0' else data_to_PC2;
PC_read_write_address <= '0' & PC_address(4 downto 0);

FPGA_read_address <= '0';
FPGA_write_address <= '0';

-------------------------------------------------------------
---Interface with PC
-------------------------------------------------------------

EPP: entity work.EPP_interface port map (EppAstb => EppAstb, EppDstb => EppDstb,
       EppWr => EppWr, EppDB => EppDB, EppWait => EppWait,
       address => PC_address, data_ready => data_ready,
       data_to_PC => data_to_PC, data_from_PC => data_from_PC);

-------------------------------------------------------------
---Processing block (the control FSM)
-------------------------------------------------------------

state_transition: process (clk)
begin
  if (rising_edge(clk)) then
       proc_state <= next_proc_state;
  end if;
end process state_transition;

output_logic: process (clk)
begin
  if (rising_edge(clk)) then
    start_processing <= '0';
    write_enable_in1 <= '0';
    write_enable_in2 <= '0';
    write_enable_out <= '0';
    case proc_state is
       when WAIT_FOR_DATA =>
       when WRITE_INPUT =>
                 if PC_address(5) = '0' then
                          write_enable_in1 <= '1';
                 else
                          write_enable_in2 <= '1';
                 end if;
       when WAIT_NEXT_ADDRESS =>
       when START_PROC =>
                 start_processing <= '1';
       when DO_PROC =>
                 start_processing <= '1';
       when GET_RES =>
                 write_enable_out <= '1';
       when others =>   --should never be reached
    end case;
  end if;
end process output_logic;
```

```
next_state_logic: process (proc_state, data_ready, PC_address, ready)
begin
  case proc_state is
    when WAIT_FOR_DATA =>
      if (data_ready = '1') then
                next_proc_state <= WRITE_INPUT;
      else      next_proc_state <= WAIT_FOR_DATA;
      end if;
    when WRITE_INPUT =>
      if (PC_address = x"3f") then --last address, input data transfer completed
                next_proc_state <= START_PROC;
      else      next_proc_state <= WAIT_NEXT_ADDRESS;
      end if;
    when WAIT_NEXT_ADDRESS =>
      if data_ready = '0' then
                next_proc_state <= WAIT_FOR_DATA;
      else      next_proc_state <= WAIT_NEXT_ADDRESS;
      end if;
    when START_PROC =>
      if (ready = '0') then --processing started
                next_proc_state <= DO_PROC;
      else      next_proc_state <= START_PROC;
      end if;
    when DO_PROC =>
      if (ready = '1') then--processing finished
                next_proc_state <= GET_RES;
      else      next_proc_state <= DO_PROC;
      end if;
    when GET_RES =>
      next_proc_state <= WAIT_FOR_DATA; --write the result to the output memory
    when others =>        --should never be reached
      next_proc_state <= WAIT_FOR_DATA;
  end case;
end process next_state_logic;

sort: entity work.EvenOddTransitionIterative
  generic map (M => 32, N => 16)
  port map (clk => clk, sort_en => start_processing, ready => ready,
       input_data => read_item, sorted_data => write_item);

end Behavioral;
```

从软件角度考虑，主函数给了用户两个选择：①随机生成16个32位的无符号数据，送到FPGA，排序，接收结果并显示，或者②退出。主函数的C++代码如下：

```
#include <windows.h>
#include "dpcdefs.h"
#include "dpcutil.h"
#include <iostream>
#include <ctime>

const int INITIALIZATION_FAILED = 1;
const int NO_DEFAULT_DEVICE = 2;
```

```
const int INTERNAL_ERROR = 3305; //internal error in DPCUTIL
const int devNameLength = 16;
char nameDevice[devNameLength+1];

void SendDataToFPGA(unsigned* data, unsigned size);
bool WriteData(HANDLE hif, unsigned address, unsigned data);
void ReceiveResultFromFPGA(unsigned* data, unsigned size);
bool ReadData(HANDLE hif, unsigned address, unsigned& data);

const unsigned N = 16;
const unsigned M = 32;

using namespace std;

int main(int argc, char* argv[])
{ ERC error_code;
  if ( !DpcInit(&error_code) )                //before using DPCUTIL API functions, call DpcInit
       return INITIALIZATION_FAILED;          //error occurred while initializing
  //obtain the index of the default device in the Device Table
  int idDevice = DvmgGetDefaultDev(&error_code);
  if (idDevice == -1) //no devices in the Device Table
  {    cerr << "No default device"<< endl;
       cerr << "Run Digilent Adept and modify the Device Table (Settings tab, "<<
               "Device Manager option)"<< endl;
       return NO_DEFAULT_DEVICE;
  }
  else //get the default device name
       DvmgGetDevName(idDevice, nameDevice, &error_code);

  unsigned* data = new unsigned[N];
  unsigned* result = new unsigned[N];
  const unsigned range_min = 0, range_max = RAND_MAX;
  srand (static_cast<unsigned>(time(0)));
  char operation;
  do
  {    cout << "Select an operation (s - sort data in FPGA, e - exit)" << endl;
       cin >> operation;
       switch (operation)
       { case 's':
           for(int j = 0; j < N; j++) //randomly generate N M-bit numbers
           {    data[j] = static_cast<unsigned>((double)rand() / (RAND_MAX ) *
                        (range_max - range_min) + range_min);
                data[j] = data[j] << M/2 | static_cast<unsigned>((double)rand() /
                        (RAND_MAX) * (range_max - range_min) + range_min);
           }
           SendDataToFPGA(data, N); //send data to the FPGA
           cout << "Original data: " << endl;
           for(unsigned j = 0; j < N; j++)
           {    cout.width(8);      cout << hex << data[j] << endl;
           }
           ReceiveResultFromFPGA(result, N);
           cout << "The result in FPGA is: " << endl;
           for(unsigned j = 0; j < N; j++)
           {    cout.width(8);      cout << hex  <<  result[j] << endl;
           }
```

```
            break;
        case 'e' : break;
        default  : cout << "Wrong parameter" << endl;
        }
    } while (operation != 'e');

    delete [] data;             delete [] result;
    return 0;
}
```

函数 SendDataToFPGA 根据两个参数修改，即输入32位值的矩阵和矩阵大小。FPGA 电路以这种方式设计，即当最后一个数据写入内存地址 0x3f 时开始排序（即当第64个8位字从PC端接收到）。这也是为什么当处理少于16个32位数据时，软件将用0填充剩余的内存位置。因此，函数 SendDataToFPGA 与前面几乎一样，但是在4.3.1节2. 中标记为“数据传输”的代码修改如下（即不是单个位而是大小为32位值的矩阵传输到 FPGA）：

```
for (unsigned n = 0; n < size; n++)
        if (!WriteData(hif, n, data[n])) return;
if (size*4*8 < N*M) //fill in the remaining memory positions with 0 and finish writing
        for (unsigned n = size; n < N*M/8/4; n++)
                if (!WriteData(hif, n, 0)) return;
```

函数 WriteData 将32位数据分为四个8位数据传输到 FPGA。函数首先明确数据送入和内存的地址。内存地址存在通信模块的寄存器 0x00。然后数据的一字节写入寄存器 0x01。注意传输32位数据需要四个地址/数据写周期。代码如下：

```
bool WriteData(HANDLE hif, unsigned address, unsigned data)
{ ERC error_code;          unsigned char idData;          unsigned idReg;
  for (int b = 0; b < M/8; b++) //M/8 transactions are needed to send an M-bit data item
  {     idData = address * M/8 + b; //specify address to which to write to
        idReg = 0x00; //send address
        //send a single data byte (idData) to the register idReg
        if (!DpcPutReg(hif, idReg, idData, &error_code, 0))
        {         DpcCloseData(hif, &error_code); // close the communications module
                  cerr << "DpcPutReg failed." << endl;
                  return false;
        }
        idReg = 0x01;       idData = (data >> b*8) & 0xff;
        //send a single data byte (idData) to the register idReg
        if (!DpcPutReg(hif, idReg, idData, &error_code, 0))
        {         DpcCloseData(hif, &error_code); //close the communications module
                  cerr << "DpcPutReg failed." << endl;

                  return false;
        }
  }
  return true;
}
```

ReceiveResultFromFPGA 函数与4.3.1节2. 一样，除了两个地方做了改变，即参数列表调整为能够接收已排序的数据（size）矩阵，以及数据传输在以下循环中完成：

```
for (unsigned n = 0; n < size; n++)
    if (!ReadData(hif, n, data[n])) return;
```

ReadData 函数的代码如下。再次，将 32 位数据返回 FPGA 需要一些数据读周期。

```
bool ReadData(HANDLE hif, unsigned address, unsigned& data)
{ ERC error_code;        unsigned char idData;        unsigned idReg;
  data = 0;
  //M/8 transactions are needed to receive an M-bit data item
  for (int b = 0; b < M/8; b++)
  {   //specify address which to read from
      idData = address * M/8 + b;
      idReg = 0x00; //send address
      //send a single data byte (idData) to the register idReg
      if (!DpcPutReg(hif, idReg, idData, &error_code, 0))
      {            DpcCloseData(hif, &error_code); //close the communications module
                   cerr << "DpcPutReg failed." << endl;
                   return false;
      }
      idReg = 0x05;
      //get a single data byte (idData) from the register idReg
      if (!DpcGetReg(hif, idReg, &idData, &error_code, 0))
      {            DpcCloseData(hif, &error_code); //close the communications module
                   cerr << "DpcGetReg failed." << endl;
                   return false;
      } data = data | (idData << b*8);
  }
  return true;
}
```

一旦软件和硬件完成，就可以开始测试工程了。用户接口举例如图 4.21 所示，其中随机生成的输入数据以降序排列。

4.4.2 UART 接口的软硬件协同设计

顶层硬件模块的功能非常相似于前面所描述的功能。唯一的区别是使用 UART 通信模块而不是 Digilent EPP 通信模块。描述主模块行为的流程如图 4.22 所示（输入和输出由 VHDL 明确）。

存入输入内存模块和返回分类结果到 PC 的顺序步骤比 EPP 通信模块更复杂，因为没有专用地址寄存器。因此，所有通过 UART 接收的数据字节按顺序先后写入输入内存，地址从 0x00 开始，直到最后一个地址 0x3f（第 64 个数据字节）。

在 RESET 状态，模块初始化信号 PC_address 为 0x00，并进入 WAIT_FOR_DATA 状态。在 WAIT_FOR_DATA 状态，模块等待新数据通过 RXD 到达。一旦接收到新的 8 位数据（由插入的 RX_ready 信号指明），则控制 FSM 改变其

```
Select an operation (s - sort data in FPGA, e - exit)
s
Values successfully written to the FPGA.
Original data:
3c39497c
484141f5
75bd2ee9
204b6626
347e5fed
77a70a16
 ee33165
47921a9e
74ae7114
 f901ec3
  26023b
4fb058e5
62752869
7811083a
6f4f7495
71a55e7b
Values successfully received from the FPGA.
The result in FPGA is:
7811083a
77a70a16
75bd2ee9
74ae7114
71a55e7b
6f4f7495
62752869
4fb058e5
484141f5
47921a9e
3c39497c
347e5fed
204b6626
 f901ec3
 ee33165
  26023b
```

图4.21　FPGA中的排序结果，通过Digilent EPP与主机交流

状态为WRITE_INPUT，此时插入信号write_enable_in1或者信号write_enable_in2，具体由PC_address位5的值确定。当位5为“0”时，电路处理从PC中接收到的64字节中的前32字节（因为有16个数据，每个数据4字节）。在这种情况下，通过插入信号write_enable_in1，将所有接收到的数据字节存储在第一个输入内存。如果位5是“1”，则电路处理后32字节，通过插入信号write_enable_in2，存储在第二个输入内存。下一状态是INC_ADDRESS，此时，PC_address信号增加，测试最后一个数据（地址为0x3f=63）是否已经被接收。如果已经接收到最后一个数据，则FSM改变为START_PROC状态，否则再次激活状态WAIT_FOR_DATA去寻找下一个被接收的数据。

在START_PROC状态插入start_processing信号，激活排序模块EvenOddTransitionIterative。在这个状态下，FSM首先检查排序是否已经开始（即模块EvenOddTransitionIterative的ready信号是否撤销），如果已经开始，则进入DO_PROC状态下。在这个状态下，EvenOddTransitionIterative的输出ready被监控，且一旦插入，则表明排序完成，FSM状态改变为GET_RES，激活write_enable_

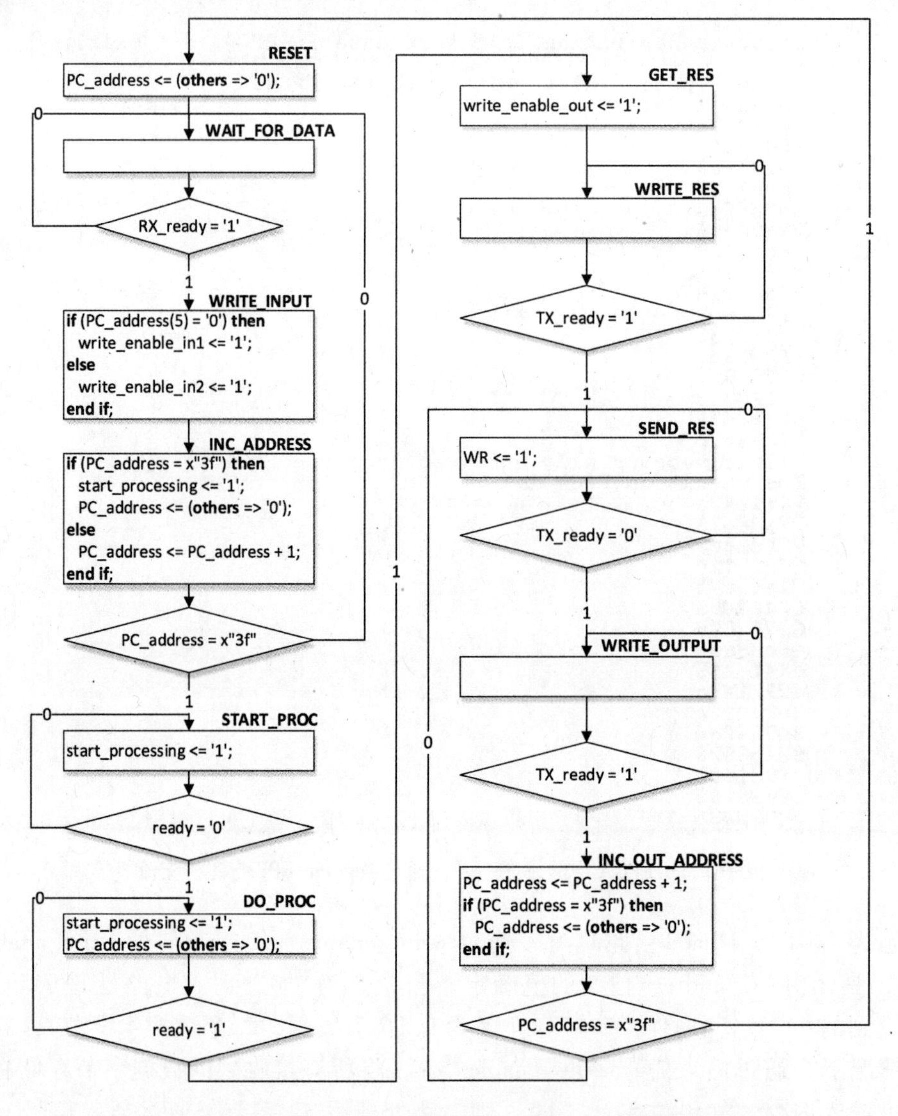

图 4.22　数据排序协同设计工程的主模块流程图（使用 UART 接口）

out 信号，允许排序结果存储到输出内存中。FSM 改变为 WRITE_RES 状态，监控 TXD_ready 信号，检查 TXD 传输是否可用。如果可用，则 FSM 状态改变为 SEND_RES，激活信号 WR，指明新数据字节已经准备传输。一旦开始通过 TXD 传输数据字节，则 FSM 进入 WRITE_OUTPUT 状态，撤销 WR 信号，等待传输完成。一旦传输完成，在 INC_OUT_ADDRESS 状态中，PC_address 信号增加。如果最后一位结果，即地址为 0x3f 的数据字节已经传输到 PC，则 FSM 返回到 RESET 状态，否则激活状态 SEND_RES，通过 UART TXD 摒弃后面的结果数据。

以下 VHDL 代码表明顶层模块的规范，顶层模块连接系统的所有硬件，根据图 4.22 控制工作流程。

```
library ieee;
use ieee.std_logic_1164.all;
use IEEE.std_logic_unsigned.all;

entity main is
   port ( clk : in std_logic;
          TXD : out std_logic;
          RXD : in std_logic);
end main;

architecture Behavioral of main is

--communication signals
signal data_from_PC, data_to_PC1, data_to_PC2, data_to_PC :
      std_logic_vector(7 downto 0);
signal WR : std_logic;
signal TX_ready, RX_ready_prev, RX_ready : std_logic := '1';

--processing signals
signal start_processing : std_logic := '0'; --signal that starts the processing block
signal ready : std_logic := '0';             --signal that reports that processing block has finished
type PROC_TYPE is (RESET, WAIT_FOR_DATA, WRITE_INPUT, INC_ADDRESS,
      START_PROC, DO_PROC, WRITE_RES, GET_RES,
      SEND_RES, WRITE_OUTPUT, INC_OUT_ADDRESS);
signal next_proc_state, proc_state : PROC_TYPE := RESET;

--memory signals
signal PC_address: std_logic_vector(7 downto 0);
signal write_enable_in1, write_enable_in2, write_enable_out : std_logic;
signal FPGA_write_address, FPGA_read_address: std_logic;
signal PC_read_write_address: std_logic_vector(5 downto 0);
signal write_item, read_item: std_logic_vector(511 downto 0);

begin

------------------------------------------------------------
---Interface with dual-port memory
------------------------------------------------------------
memory_from_PC_1: entity work.INPUT_MEMORY port map(CLKA => clk,
      WEA(0) => write_enable_in1, ADDRA => PC_read_write_address,
      DINA => data_from_PC, CLKB => clk, ADDRB(0) => FPGA_read_address,
      DOUTB => read_item(255 downto 0));

memory_from_PC_2: entity work.INPUT_MEMORY port map(CLKA => clk,
      WEA(0) => write_enable_in2, ADDRA => PC_read_write_address,
      DINA => data_from_PC, CLKB => clk, ADDRB(0) => FPGA_read_address,
      DOUTB => read_item(511 downto 256));

memory_to_PC_1 : entity work.OUTPUT_MEMORY port map (CLKA => clk,
      WEA(0) => write_enable_out, ADDRA(0) => FPGA_write_address,
      DINA => write_item(255 downto 0), CLKB => clk,
      ADDRB => PC_read_write_address, DOUTB => data_to_PC1);
```

```
memory_to_PC_2 : entity work.OUTPUT_MEMORY port map (CLKA => clk,
        WEA(0) => write_enable_out, ADDRA(0) => FPGA_write_address,
        DINA => write_item(511 downto 256), CLKB => clk,
        ADDRB => PC_read_write_address, DOUTB => data_to_PC2);

data_to_PC <= data_to_PC1 when PC_address(5) = '0' else data_to_PC2;
PC_read_write_address <= '0' & PC_address(4 downto 0);

--------------------------------------------------------------
---Interface with PC
--------------------------------------------------------------
UART: entity work.UART_comm port map (clk => clk, WR => WR,
        DIN => data_to_PC, DOUT => data_from_PC, TX_ready => TX_ready,
        RX_ready => RX_ready, TXD => TXD, RXD => RXD);

FPGA_read_address <= '0';
FPGA_write_address <= '0';

--------------------------------------------------------------
---Processing block (the control FSM)
--------------------------------------------------------------
state_transition: process (clk)
begin
  if (rising_edge(clk)) then
        proc_state <= next_proc_state;
  end if;
end process state_transition;

output_logic: process (clk)
begin
  if (rising_edge(clk)) then
     start_processing <= '0';
     write_enable_in1 <= '0';
     write_enable_in2 <= '0';
     write_enable_out <= '0';
     WR <= '0';
     case proc_state is
     --START FILL IN INPUT MEMORY
        when RESET =>
                 PC_address <= (others => '0');
        when WAIT_FOR_DATA =>
        when WRITE_INPUT =>
                 if (PC_address(5) = '0') then
                          write_enable_in1 <= '1';
                 else
                          write_enable_in2 <= '1';
                 end if;
        when INC_ADDRESS =>
                 if (PC_address = x"3f") then --last position, input data transfer completed
                          start_processing <= '1';
                          PC_address <= (others => '0');
                 else
                          PC_address <= PC_address + 1;
                 end if;
     --FINISH FILL IN INPUT MEMORY
```

```
    --START PROCESSING
      when START_PROC =>
                start_processing <= '1';
      when DO_PROC =>
                start_processing <= '1';
                PC_address <= (others => '0');
      when GET_RES =>
                write_enable_out <= '1';
      when WRITE_RES =>
    --FINISH PROCESSING
    --START SEND THE RESULT TO PC
      when SEND_RES =>
                WR <= '1';
      when WRITE_OUTPUT =>
      when INC_OUT_ADDRESS =>
                PC_address <= PC_address + 1;
                if (PC_address = x"3f") then --last position, input data transfer completed
                        PC_address <= (others => '0');
                end if;
    --FINISH SEND THE RESULT TO PC
      when others =>    --should never be reached
    end case;
  end if;
end process output_logic;

next_state_logic: process (proc_state, RX_ready, PC_address, ready, TX_ready)
begin
  case proc_state is
   --START FILL IN INPUT MEMORY
    when RESET =>
      next_proc_state <= WAIT_FOR_DATA;
    when WAIT_FOR_DATA =>
      if (RX_ready = '1') then
                next_proc_state <= WRITE_INPUT;
      else      next_proc_state <= WAIT_FOR_DATA;
      end if;
    when WRITE_INPUT =>
      next_proc_state <= INC_ADDRESS;
    when INC_ADDRESS =>
      if (PC_address = x"3f") then --last position, input data transfer completed
                next_proc_state <= START_PROC;
      else      next_proc_state <= WAIT_FOR_DATA;
      end if;
--FINISH FILL IN INPUT MEMORY
--START PROCESSING
    when START_PROC =>
      if (ready = '0') then --processing started
                next_proc_state <= DO_PROC;
      else      next_proc_state <= START_PROC;
      end if;
    when DO_PROC =>
      if (ready = '1') then --processing finished
```

```
                next_proc_state <= GET_RES;
        else    next_proc_state <= DO_PROC;
        end if;
      when GET_RES =>
        next_proc_state <= WRITE_RES; --write the result to output memory
      when WRITE_RES =>
        if (TX_ready = '1') then
                next_proc_state <= SEND_RES ; --ready to transmit
        else    next_proc_state <= WRITE_RES;
        end if;
    --FINISH PROCESSING
    --START SEND THE RESULT TO PC
      when SEND_RES =>
        if (TX_ready = '0') then --transmission started
                next_proc_state <= WRITE_OUTPUT;
        else    next_proc_state <= SEND_RES;
        end if;
      when WRITE_OUTPUT =>
        if (TX_ready = '1') then
                next_proc_state <= INC_OUT_ADDRESS;
        else    next_proc_state <= WRITE_OUTPUT;
        end if;
      when INC_OUT_ADDRESS =>
        if (PC_address = x"3f") then --last position, input data transfer completed
                next_proc_state <= RESET;
        else    next_proc_state <= SEND_RES;
        end if;
    --FINISH SEND THE RESULT TO PC
      when others =>        --should never be reached
            next_proc_state <= RESET;
       end case;
      end process next_state_logic;

      sort: entity work.EvenOddTransitionIterative
            generic map (M => 32, N => 16)
            port map (clk => clk, sort_en => start_processing, ready => ready,
                      input_data => read_item, sorted_data => write_item);
      end Behavioral;
```

工程的软件部分包括主函数，即提供用户交互，生成用于排序的无符号随机整数，创建串口句柄，在 write_data_to_serial_port 函数的帮助下传输数据到 FPGA，在 get_data_from_serial_port 函数的帮助下接收排序结果，输出原始和已排序数据，最后关闭句柄。主函数用 C + + 代码描述如下：

```
#include <windows.h>
#include <iostream>
#include <ctime>

void set_up_serial_port(HANDLE& h);
bool get_data_from_serial_port(HANDLE h, unsigned* data, unsigned long data_size);
```

```
bool write_data_to_serial_port(HANDLE serial_port, unsigned* data,
                               unsigned long size);

const int NO_DEFAULT_DEVICE = 2;

const unsigned N = 16; //number of data items
const unsigned M = 32; //size of each data item in bits

using namespace std;

 int main(int argc, char* argv[])
{  using namespace std;

   HANDLE serial_port = 0;
   set_up_serial_port(serial_port);

   unsigned* data = new unsigned[N];
   unsigned* result = new unsigned[N];

   const unsigned range_min = 0, range_max = RAND_MAX;
   srand (static_cast<unsigned>(time(0)));
   char operation;

   do
   {   cout << endl << "Select an operation (s - sort data in FPGA, e - exit)" << endl;
       cin >> operation;

       switch (operation)
       {
         case 's':
                 for(int j = 0; j < N; j++) //randomly generate N M-bit numbers
                 {  data[j] = static_cast<unsigned>((double)rand() / (RAND_MAX ) *
                              (range_max - range_min) + range_min);

                    data[j] = data[j] << M/2 | static_cast<unsigned>((double)rand() /
                              (RAND_MAX) * (range_max - range_min) + range_min);
                 }
                 write_data_to_serial_port(serial_port, data, N); //send data to the FPGA
                 cout << "Original data: " << endl;
                 for(unsigned j = 0; j < N; j++)
                 {  cout.width(8);
                    cout << hex << data[j] << endl;
                 }
                 get_data_from_serial_port(serial_port, result, N); //get the result of sort
                 cout << "The result in FPGA is: " << endl;
                 for(unsigned j = 0; j < N; j++)
                 {  cout.width(8);
                    cout << hex  <<  result[j] << endl;
                 }
                 break;
          case 'e' :
                 break;
          default:
                 cout << "Wrong parameter" << endl;
       }
   } while (operation != 'e');

   delete [] data;
   delete [] result;
```

```
    CloseHandle(serial_port); //close handle
    return 0;
}
```

函数 set_up_serial_port 与 4.3.2 节 2. 中的函数一样。剩余的两个函数 get_data_from_serial_port 和 write_data_to_serial_port 调整为接收三个参数，即串口句柄、32 位数据矩阵（送入 FPGA 或来自 FPGA）和矩阵大小。

函数 write_data_to_serial_port 送 16 个 32 位无符号数的矩阵 data 到串口。对于每个数据需要 4 字节缓冲，缓冲常量写入连接的 COM 接口。函数有以下 C++ 代码：

```
bool write_data_to_serial_port (HANDLE h, unsigned* data, unsigned long data_size)
{  unsigned long bytes_sent = 0;               //number of bytes actually sent to COM
   const unsigned BUF_SIZE = 4;
   char buffer[BUF_SIZE];                      //buffer to store a data item to send
   unsigned new_data;

   for (unsigned i = 0; i < data_size; i++)
   {
       new_data = data[i];
       for (unsigned j = 0; j < BUF_SIZE; j++)
                 buffer[j] = (new_data & (0xff << j*8) ) >> (j*8);

        WriteFile(h, static_cast<void *>(buffer), BUF_SIZE, &bytes_sent, 0);

        if (bytes_sent != BUF_SIZE)
        {          cerr << "Error writing file" << endl;
                   CloseHandle(h);
                   return false;
        }
   }
    return true;
}
```

函数 get_data_from_serial_port 接收 FPGA 中已排序的数据，存在大小为 32 位的无符号数矩阵数据中。对于每个数据，通过从连接的 COM 接口中读取 4 字节缓冲填充。

```
bool get_data_from_serial_port(HANDLE h, unsigned* data, unsigned long data_size)
{  unsigned long bytes_received = 0;//number of bytes actually received from COM
   const unsigned BUF_SIZE = 4;
   char buffer[BUF_SIZE];           //buffer to store 4 bytes to read from the FPGA
   unsigned new_data;

   for (unsigned i = 0; i < data_size; i++)
   {  //receive data from the serial port
      ReadFile(h, static_cast<void *>(buffer), BUF_SIZE, &bytes_received, 0);

      if (bytes_received != BUF_SIZE)
      {          cerr << "Error reading file" << endl;
                 CloseHandle(h);
                 return false;
      }
```

```
        new_data = 0;
        for (unsigned j = BUF_SIZE; j > 0; j--)
                new_data = (new_data << 8) | (buffer[j-1] & 0xff);
        data[i] = new_data;
    }
    return true;
}
```

现在，软/硬件协同设计工程完成且可被测试。用户接口同图4.21。

4.5 可编程片上系统

本节将简要介绍Xilinx的APSoC，并建议一些基于APSoC的设计。Xilinx Zynq－7000系列的APSoC具有工业标准ARM双核Cortex™－A9 MPCore™PS和7系列的基于FPGA的PL组合逻辑片、DSP模块、内存和其他嵌入器件。ARM双核Cortex™－A9 MPCore™PS可自动使用，或通过高性能接口在PL执行的电路中交互。PL可以产生16个中断，由PS控制，可作为电路信号指明进程完成或其他的需要。PS与PL之间的交互通过以下接口管理[12]：

1）高性能先进可扩展接口（Advanced eXtensible Interface，AXI）优化高带宽访问PL外部DDR内存和双接口芯片内存[12,13]。总共有四个32/64位接口可通过FIFO连接PL和内存[13]。多协议DDR内存控制器对于DDR3支持速度高达1333Mb/s，允许从PS和PL共享访问公用存储器[13]。

2）四个（2从2主）通用接口（General Purpose Interface，GPI）优化PL访问PS外部器件和PS访问PL寄存器[12]。

3）加速连贯接口（Accelerator Coherent Port，ACP）允许从PL（其中可能执行硬件加速器）连续访问PS内存快速缓冲贮存区，使PS和PL之间存在潜在路径[13]。

Xilinx ISE和Vivado计算机辅助设计系统支持APSoC设计，且允许在PL中配置硬件，PS连接PL，PS的软件开发与PL的硬件交互。所有的步骤要求不同主题的综合知识，在这里没有更多的细节了，细节可在文献［14］中找到。在本节主要注意Xilinx APSoC的潜在应用，用于解决本书中协同设计的问题，使完成的硬件电路和系统关联PS中的运行软件（或者可能在通用电脑通过广泛可用的接口与APSoC交互[13]）。本书将以数据处理开始，具有高性能并行电路，可能在PL中高效执行，比如基于网络的排序和查找（见第3.4～3.6节）。

图4.23所示为关于一个潜在应用，即在硬件加速器的帮助下使大数据集在软件中排序。假定PS必须将存在外部DDR内存中的数据（这些数据来自外部或者由PS初步创建然后复制到内存）排序。数据集中有ν个数据项不能在PL中排序，因为PL资源不够。考虑以下步骤：

1）PS将给定的数据集分为可以在PL中排序的子集，假定有G个这样的子集，每个子集有 N 个数据项；

2）数字 G、N 和 DDR 地址传输到 PL，之后通过内部高性能接口从 DDR 内存中读取子集，在每个子集中排序数据，并将已排序的子集复制到 DDR；

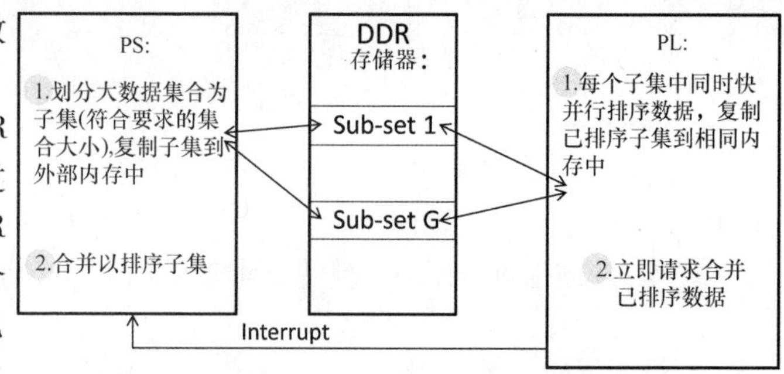

图 4.23　在硬件和软件合并中使用快速排序网络

3）一旦子集（提前定义的数量）排序完成，PL 便产生专用中断，通知 PS 确定的已排序子集已在内存中，并准备好进一步的处理；

4）PS 处理已排序的子集（如合并），完成排序。

图 4.24 所示为其他的潜在应用。第一个系统（见图 4.24a）使管道（在 PL 中执行）和 PS 交互，PS 使用在管道中处理的结果。有三个模块 z_1、z_2 和 z_3，介于管道寄存器之间，解决将在第 5.8 节详细讲解的问题。输入数据从外部 DDR 内存中接收，并将结果复制到内存。PS 提供初始数据并处理进程的结果。最后，管道的输入和输出在 PL 中使用 FIFO 内存。这样的高速处理让许多实际算法加速。

图 4.24b 所示为其他潜在的通过通用接口的介于 PS 和 PL 之间的交互。PL 通过 APSoC 引脚提供支持外部器件的控制。第 5 章将会讲述使专用模块执行特殊应用功能的先进 FSM。这样的模块可从 PS 中激发，后者继续其功能和硬件模块。这样的方法允许，尤其是并发硬件加速器（对于软件操作）被激活/退激活。例如，在第 5 章将描述允许并行寻找众多整数的最大公因数的加速器。

APSoC 用于试验和对比也是非常高效的。例如，通常最适用的算法需要从众多可用算法中选择（如计算和比较汉明权重）。需要注意竞争算法的可靠评估需要在相同的硬件中、相同的条件下完成。对于这样的目的，可以使用以下技术：

1）在 PL 的不同区域执行的竞争器件，可以接收相同的来自 DDR 内存的共享窗口的数据集；

2）初始数据准备好，并存储在内存子部分 S_1，……，S_k，以这种方式，子部分 S_k 由器件 k 拥有；

3）相同的数据集由竞争器件并行处理；

4）结果提供给 PS，得出结论。

图 4.25 所示系统实例对这样的实验提供支持。PL 具有不同的电路，可用于汉明权重计数和比较。可以执行以下操作：

1）PS 发送请求到 PL，激活所有的器件并开始并行执行，在请求任务完成之前，PS 和/或 PL 估计每个器件的时序区间；

2）一旦任何器件解决问题，结果存储在内存共享窗口的相应部分中，联合中

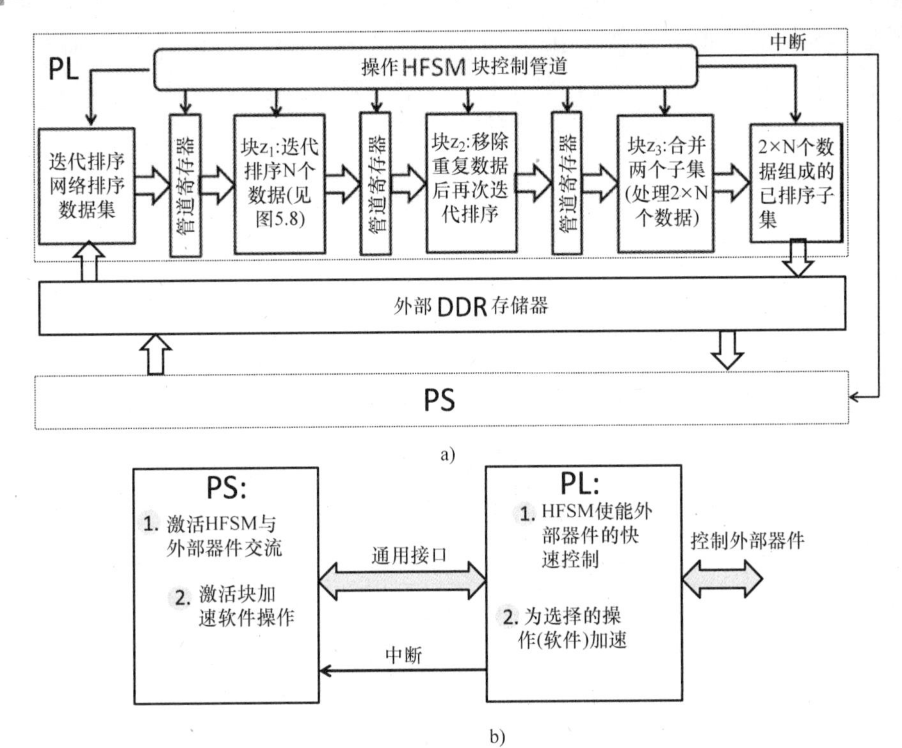

图4.24　具有管道的PS的相互作用（细节见第5.8节）

a）在PL执行 b）电路自动控制外部器件

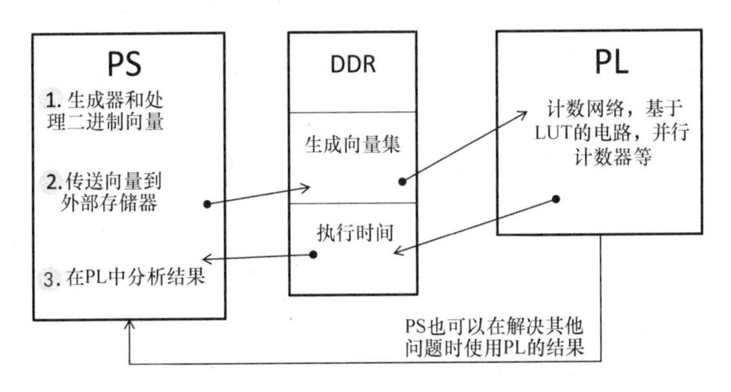

图4.25　支持实验和比较的电路系统

断产生，请求PS估计电路停止。

3）一旦所有器件产生所有结果，PS确认结果的正确性，估计时间长度，输出最后的分析并得出结论。

实验电路（见图4.25的右侧部分）的选择可作为软件程序的加速器（如数字滤波）。

图4.26是对在本章参考文献［15］中描述过的二进制向量和矩阵的分析结

构，具有 PL 中有大量加速器和 PS 软件中执行的子系统。软件应用开发使用 C 语言，并执行以下任务：①从主机 PC 中获得数据；②划分数据，如果请求则传输数据到 PL；③从 PL 中得到结果的明确应用分析；④在 PL 中用完成的硬件支持实验。

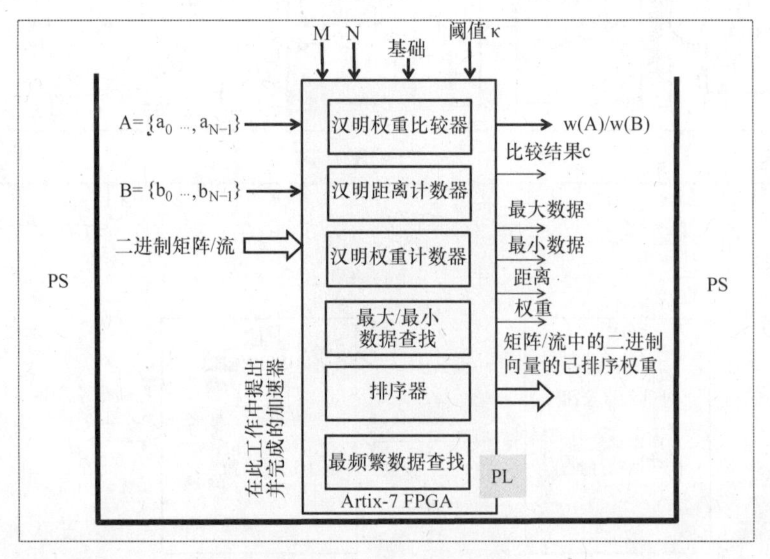

图 4.26　分析仪的结构

类似的其他问题，如要求高性能计算可以被解决。例如，因为片上的高性能接口可用，所以本章参考文献［16］中描述的许多设计可以快速执行，而且更加高效。在本章参考文献［17］中提出了基于 FPGA 加速器的算法，用于解决布尔可满足性问题。这个思想是当在软件中执行其他请求任务时，能够将 FPGA 用于布尔约束传播算法。这样的划分可以直接传输到 APSoC。例如从录像带处理、辅助驾驶、通信和控制的角度的许多其他应用，也可从 APSoC 中获利[13]。

可理解的基于 APSoC 的设计实例可在本章参考文献［14］中找到，如下方法和工具在本章参考文献［14］中描述过：

1）在 Xilinx Vivado 环境下，APSoC 的设计流程和设计步骤；

2）指导所有必须步骤，对于涉及 PS 和 PL 的简单工程，PS、PL 和 APSoC 之间的交互，以及一些外部器件，比如开关、按钮、LED、显示器和大量支持的模块[18]；

3）关于设计技术的许多细节和具有 ZedBoard[19] 和 Xilinx 评估套件[20] 的原型机板；

4）本书描述的大多数工程在 Xilinx APSoC 的 PL 中执行，软件在 PS 中开发（使用工程的结果），以及例证 PS 和 PL 之间不同模式的交互；

5）PS 和 PL 之间通过外部 DDR 内存的数据交换，以及不同工程的估计结果；

6）APSoC 的软/硬件协同设计，例证更复杂的工程，例如来自数据处理、组

合优化、软件程序和硬件加速之间的交互，使用基于分层和并行有限状态机的先进控制器，以及其他；

7）对不同工程使用中断；

8）支持涉及通用计算机软件和 PS 与 PL 中执行不同电路的交互实验。

参考文献

1. Digilent Inc. (2013) Nexys-4 reference manual. http://www.digilentinc.com/Data/Products/NEXYS4/Nexys4_RM_VB1_Final_3.pdf. Accessed 9 Nov 2013
2. Chu PP (2008) FPGA prototyping using VHDL examples: Xilinx Spartan-3 version. Willey, New Jersey
3. Sklyarov V, Skliarova I (2013) Parallel processing in FPGA-based digital circuits and systems. TUT Press, Tallinn
4. Xilinx Inc. (2013) 7 series DSP48E1 slice user guide. http://www.xilinx.com/support/documentation/user_guides/ug479_7Series_DSP48E1.pdf. Accessed 16 Nov 2013
5. Sklyarov V, Skliarova I (2013) Design and implementation of counting networks. Computing. doi:10.1007/s00607-013-0360-y
6. Parhami B (2009) Efficient Hamming weight comparators for binary vectors based on accumulative and up/down parallel counters. IEEE Trans Circuits Syst—II: Express Briefs 56(2):167–171
7. Digilent Inc. (2004) Digilent parallel interface model reference manual. http://www.digilentinc.com/Data/Products/ADEPT/DpimRef%20programmers%20manual.pdf. Accessed 9 Nov 2013
8. Digilent Inc. (2009) Adept I/O expansion reference design. http://www.digilentinc.com/Products/Detail.cfm?NavPath=2,66,828&Prod=ADEPT2. Accessed 9 Nov 2013
9. Digilent Inc. (2007) Adept SDK API. http://www.digilentinc.com/Products/Detail.cfm?NavPath=2,66,828&Prod=ADEPT2. Accessed 9 Nov 2013
10. Future Technology Devices International Ltd. (2013) Virtual COM port drivers. http://www.ftdichip.com/Drivers/VCP.htm. Accessed 9 Nov 2013
11. Teich J (2012) Hardware/software codesign: the past, the present, and predicting the future. Proc IEEE 100:1411–1430
12. Neuendorffer S, Martinez-Vallina F (2013) Building Zynq® accelerators with Vivado® high level synthesis. Tutorial. In: Proceedings of the 21st ACM/SIGDA international symposium on field-programmable gate arrays, Monterey, California, 2013. http://tcfpga.org/fpga2013/VivadoHLS_Tutorial.pdf. Accessed 25 Nov 2013
13. Xilinx Inc. (2013) Zynq-7000 all programmable SoC. http://www.xilinx.com/products/silicon-devices/soc/zynq-7000/. Accessed 16 Nov 2013
14. Sklyarov V, Skliarova I, Rjabov A, Silva J, Sudnitson A, Cardoso C (2014) Hardware/software co-design for programmable systems-on-chip. TUT Press, Tallinn
15. Sklyarov V, Skliarova I (2013) Digital Hamming weight and distance analyzers for binary vectors and matrices. Int J Innovative Comput Inf Control 9(12):4825–4849
16. Mueller R (2010) Data stream processing on embedded devices. Ph.D. dissertation, Swiss Federal Institute of Technology
17. Davis JD, Tan Z, Yu F, Zhang L (2008) A practical reconfigurable hardware accelerator for Boolean satisfiability solvers. In: Proceedings of the 45th ACM/IEEE design automation conference, Anaheim, California, 2008
18. Digilent Inc. (2013) Peripheral modules. http://www.digilentinc.com/pmods/. Accessed 16 Nov 2013
19. Digilent Inc. (2013) ZedBoard Zynq™-7000 Development Board. http://www.digilentinc.com/Products/Detail.cfm?NavPath=2,400,1028&Prod=ZEDBOARD. Accessed 16 Nov 2013
20. Xilinx Inc. (2013) Xilinx Zynq-7000 All Programmable SoC ZC702 Evaluation Kit. http://www.xilinx.com/products/boards-and-kits/EK-Z7-ZC702-G.htm. Accessed 16 Nov 2013

第5章

基于层次和并行技术规范

摘要——本章将回顾基于层次和并行技术规范的设计技术。首先，介绍层次图策略（Hierarchical Graph Scheme，HGS），使复杂数字控制算法解体高效描述。由HGS描述的模块是基本实体，提供技术基础，是自动、完整、潜在可重复使用的器件。模块必须设计如下：①可独立于其他模块被检验；②具有明确定义的外部接口，从而可在不同规范中重复使用。HGS（模块）集可在层次有限状态机（Hierarchical Finite State Machine，HFSM）中采用栈存储器执行。许多VHDL例子表明HFSM允许执行层次算法，并且如果要求递推算法的话，也支持递推。描述HFSM的一些类型，给出可综合VHDL模板，可对特殊问题定制化。也讨论并行规范和并行HFSM。许多全功能的VHDL例子可用于所有上述的HFSM，都将在本章讲述、评估。也将讲述在HFSM模型的帮助下如何将软件程序映射到硬件中。最后提出HFSM优化技术。

5.1 模块化层次结构规范

如今，软件和硬件的发展越来越相互关联了。在各个领域，以嵌入式处理模块的形式，重点已经从通用转向专用产品，比如通信、工业自动化、车载电脑和家用电器[1]。为了支持专用计算，提出了大量新的工程解决方案和技术革新。有将器件集成到芯片上的趋势，不久前被分离实现自治专用集成电路（Application Specific Integrated Circuit，ASIC）或者专用标准产品（Application Specific Standard Product，ASSP）。在过去将ASIC/ASSP和周边逻辑装在一起，通常在自治FPGA中执行，如今，所有的器件都耦合在同一片微芯片上。例如，在4.5节简要介绍过的Zynq－7000所有可编程片上系统（APSoC），将处理系统（PS）和可编程逻辑（PL）集成到同一片微芯片上，且通过先进接口连接。

APSoC可以运行与已经映射到硬件的并行处理器件（PE）交互的软件。任何PE的主要目标都是比对等的具有相似功能的软件器件提供更佳的性能，在软件中这些功能由C函数或Java方案组成。映射到硬件PE的软件模块的相关效率（如性能）需要被测试、分析和比较。因此，能够直接在硬件电路中创建典型软件结构功能是很重要的。本章讲述硬件的模块化、层次化（包括递归）和并行技术。模

块化和层次化在通用程序中广泛使用[2,3]。对于单/多核自治内置单片机，它们由大多数专用开发系统支持，主要来自C规范。在许多实际案例中需要硬件加速器，即通过并行硬件电路程序的最关键部分来实现高性能。因此，通过应用潜在并行机制映射处理器密集型的软件部分到硬件变得非常重要。现在有许多方法允许模块化、层次化和并行性在硬件中实现，一些相关调查见本章参考文献［4］。这里讲述的技术基于HFSM模型，比潜在可用方案约束少[4]，容易在硬件中执行，与对应的软件技术是一致的。已知模板[5]支持该模型，这些模板在商业计算机辅助设计（Computer Aided Design，CAD）系统，比如Xilinx的ISE中是可综合的。

本章的主要目的是开发数字电路和系统的综合方法，其功能可以以层次化（允许递归调用）形式表现为HGS，具有如下形式描述，如图5.1所示。

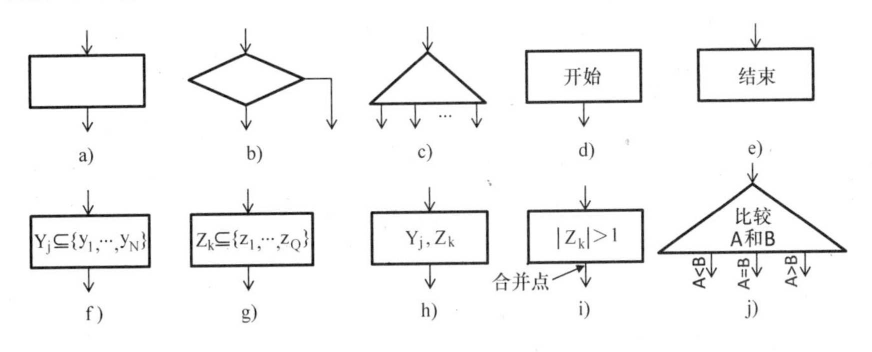

图5.1　层次图策略节点

a）矩形　b）菱形　c）三角形　d）入口节点——开始节点
e）出口节点——结束节点　f）微指令　g）宏指令　h）微、宏指令　i）并行宏操作
j）三角节点具有产生独热值的表达式

HGS是直接连接图，具有矩形（见图5.1a）、菱形（见图5.1b）和三角形（见图5.1c）节点。每个HGS有一个入口点，是矩形节点，称为开始（见图5.1d），一个出口点，矩形节点，称为结束（见图5.1e）。其他矩形节点具有微指令（见图5.1f）或者宏指令（见图5.1g）或者两者都有（见图5.1h）。如果请求的话，则这里可以将微指令赋值到开始节点和结束节点。任何微指令Y_j（见图5.1f）包括微操作的子集，即来自集$Y=\{y_1, \cdots, y_N\}$。微操作是输出二进制信号。任何宏指令Z_k组成宏操作的子集，即来自集$Z=\{z_1, \cdots z_Q\}$（见图5.1g）。每个宏操作由较低级的HGS描述，称为模块。如果宏指令具有多个宏操作，则这些宏操作必须并行执行（见图5.1i）。每个菱形节点包含来自集$X \cup \Theta$的一个元素，其中$X=\{x_1, \cdots, x_L\}$是逻辑条件集，$\Theta=\{\theta_1, \cdots, \theta_I\}$是逻辑函数集。逻辑条件是输入信号，通信测试结果。每个逻辑函数通过提前定义的步序计算性能，步序由较低级的HGS（模块）描述。有向直线（弧线）连接输入和输出节点，与普通图策略连接方式类似[6]。每个三角节点具有表达式，产生与这个节点的输出相关

的值。一旦控制流程通三角节点，就必须选择一个输出，使控制流向进程（见图5.1c 和 j 中的例子）。矩形节点 k 的输出，具有多个来自 Z 的元素 z_i，z_j，…，叫做合并点（见图5.1i）。当且只当所有的元素 z_i，z_j，…完成，控制流程才通过合并点。这意味着节点 k 的后续节点只在所有的宏操作 z_i，z_j，…结束之后才被激活。

使用 HGS 可以使复杂控制算法一步一步开发，在每个阶段的努力集中在特定的抽象级别[7]。每个 HGS（即模块）通常很简单，可以独立测试。而且，当有要求时，模块容易更新。

图5.2 所示为以 HGS 方式描述3.3 节的函数 IGCD 的例子。

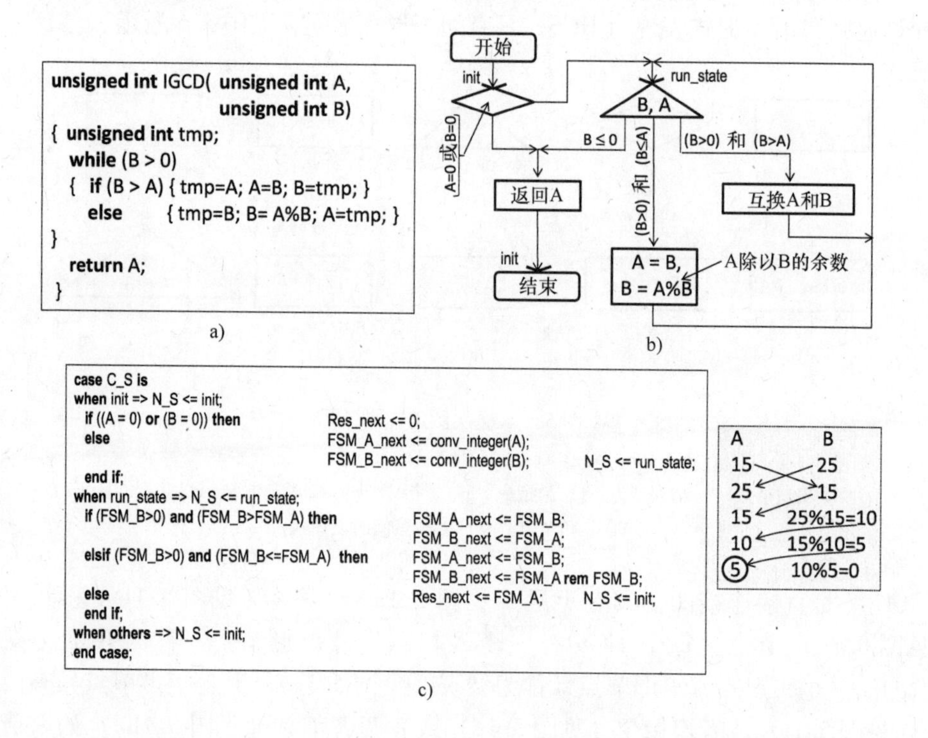

图5.2　a）3.3 节的 C 函数 IGCD b）描述函数形成 HGS c）VHDL 描述例子

将图5.2a 中的 C 函数变为图5.2b 中的 HGS，比图3.3a 更容易理解。因为图5.2b 中的 HGS 不具有层次结构，所以 FSM 状态可以赋值给 HGS，类似普通图策略使用的方法[6]，规则不同于 Mealy 和 Moore 模型。例如，状态 init 和 run_state 用于 Mealy FSM 可以被赋值，如图5.2b 所示。它们与开始节点（init）的后续节点的输入、结束节点的输入（相同的状态 init）和三角节点的输入（run_state）相关。过渡和输出信号也可在方法的帮助下明确[6]。最后，VHDL 代码描述具有数据通道元素的 FSM 状态过渡，如图5.2c 所示（图5.2c 也是 FSM 功能的例子，A = 15，

B=25）。所有必须细节见本章参考文献［6，8］。用VHDL编码HGS，见本章参考文献［5］。

IGCD完整的参数化VHDL模块如下：

```
entity FSM_OneEdge_GCD is  -- circuit with synchronization by one clock edge
generic(        data_size: integer := 8);
port (          clk       : in  std_logic;
                rst       : in  std_logic;
                A         : in std_logic_vector(data_size-1 downto 0);
                B         : in std_logic_vector(data_size-1 downto 0);
                Result    : out std_logic_vector(data_size-1 downto 0));
end FSM_OneEdge_GCD;

architecture Behavioral of FSM_OneEdge_GCD is
  signal FSM_A, FSM_B, FSM_A_next, FSM_B_next
       : integer range 0 to 2**data_size-1;
  type state_type is (init, run_state);
  signal C_S, N_S          : state_type;
  signal Res, Res_next     : integer range 0 to 2**data_size-1;
begin

process (clk)              -- this process describes functionality of the FSM state register and
begin                      -- registers of datapath
  if rising_edge(clk) then
    if (rst = '1') then     C_S <= init;
                           FSM_A    <= conv_integer(A);
                           FSM_B    <= conv_integer(B);
                           Res      <= 0;
   else          C_S <= N_S;
                 FSM_A <= FSM_A_next;      FSM_B <= FSM_B_next;
                 Res <= Res_next;
   end if;
  end if;
end process;

process (C_S, A, B, FSM_A, FSM_B, Res)  -- this is a combinational process
begin
  N_S <= C_S;
  FSM_A_next <= FSM_A;
  FSM_B_next <= FSM_B;
  Res_next <= Res;
  case C_S is
    when init =>
      if ((A = 0) or (B = 0)) then   Res_next <= 0; N_S <= init;
      else                           FSM_A_next <= conv_integer(A);
                                     FSM_B_next <= conv_integer(B);
                                     N_S <= run_state;
      end if;
    when run_state => N_S <= run_state;
      if (FSM_B>0) and (FSM_B>FSM_A) then        FSM_A_next <= FSM_B;
                                                 FSM_B_next <= FSM_A;
      elsif (FSM_B>0) and (FSM_B<=FSM_A)  then  FSM_A_next <= FSM_B;
                                      FSM_B_next <= FSM_A rem FSM_B
      else                            Res_next <= FSM_A; N_S <= init;
```

```
        end if;
      when others => N_S <= init;
    end case;
  end process;

  Result <= conv_std_logic_vector(Res, data_size);

  end Behavioral;
```

上述代码可在更复杂的工程中作为器件。例如，为了以十进制形式在 Nexys - 4 板的 7 段显示器上显示结果，可以连接附录 B 中的模块，如下：

```
entity TestGCD is
 generic(     data_size: integer := 8);
     port (   clk         : in  std_logic;        -- clock signal
              rst         : in  std_logic;        -- reset signal (active high)
              A           : in std_logic_vector(data_size-1 downto 0);
              B           : in std_logic_vector(data_size-1 downto 0);
              sel_disp    : out std_logic_vector(7 downto 0);
              seg         : out std_logic_vector(6 downto 0));
end TestGCD;

architecture Behavioral of TestGCD is
  signal BCD2,BCD1,BCD0          : std_logic_vector(3 downto 0);
  signal Result                  : std_logic_vector(data_size-1 downto 0);
begin
BCD:          entity work.BinToBCD8
              port map (clk, rst, open, Result, BCD2, BCD1, BCD0);

DispCont:     entity work.EightDisplayControl
              port map(clk, "0000", "0000", "0000", "0000", "0000",
              BCD2, BCD1, BCD0, sel_disp, seg);

GCD:          entity work.FSM_OneEdge_GCD
              port map(clk, rst, A, B, Result);

end Behavioral;
```

5.2 层次有限状态机

从本章参考文献［5，7，9，10］知道，HGS 可在 HFSM 中执行，采用栈存储器，允许执行层次算法。HFSM 模型在本章参考文献［9］中提出，在本章参考文献［10］中进一步详尽说明。模型在硬件中实现，并在大量工业产品中测试成功。进一步的改善见本章参考文献［5，7，11，12］，所以新的实际应用被执行、测试和评估。在文献［13 - 24］中，分析了 HFSM 的理论和实际问题并进一步扩展和提高。本章参考文献［25］中的状态图规范应用于 HFSM，也用于面向对象编程，并用作统一建模语言的部分。其他类型的层次和并行有限状态机也集中讨论过，且它们应用到嵌入系统在本章参考文献［26］中涉及过。HFSM 允许理论转换，也支持物理执行，因为它们是可综合的。

这里将跳过正式数学定义，非正式地描述 HFSM 模型。令 x_1，…，x_L/y_1，…，

y_N 为输入/输出信号。结构上，HFSM 具有一个或两个栈存储器。在具有两个栈存储器的情况下，其中一个栈存储器（FSM_stack）保持状态，另一个（M_stack）完成模块之间的转换。任何模块都可以认为是 FSM 或者 HFSM。栈存储器由电路（C）管理，电路 C 负责调用新模块和激活模块中的状态转换，激活模块由 M_stack 的输出指定。因为每个特定的模块都有唯一的辨识码，所以相同的 HFSM 状态可在不同模块中重复。任何非层次（传统）转换只在 FSM_stack 寄存器的顶端通过改变代码来实现（见图 5.3 和●符号）。任何层次调用都会激活压入（push）操作并改变两个栈存储器的状态，这样的话，M_stack 将会存储新（被调用）模块的代码，FSM_stack 将会重置为被调用模块的初始状态（见图 5.3 和■符号）。任何层次返回只激活弹出（pop）操作，栈存储器不做任何改变（见图 5.3 和◆符号）。因此，从该状态转换为另一个状态时将执行调用的结束模块。两个栈存储器共用一个栈存储器指针。这里探究具有数据通路的 HFSM，电路 C 具有 RTL 结构，如图 5.3 所示，使高级语言的操作直接或者稍作改变后映射，因此可在硬件中执行。

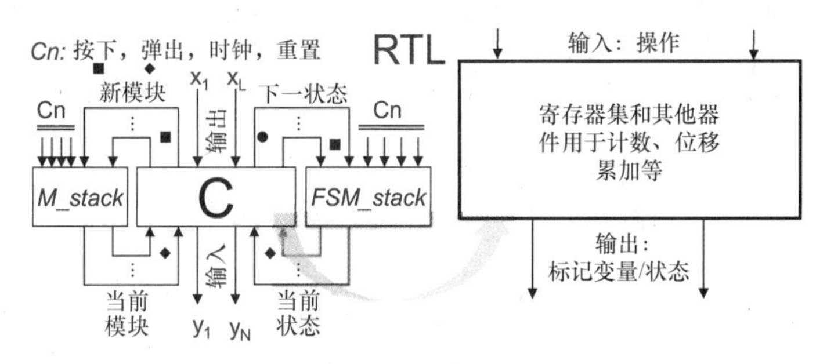

图 5.3　HFSM 支持层次和递归调用

图 5.3 中的模型具有如下优势：

1）没有处理核所具有的限制，比如操作数的大小约束、提前定义的指令集、有限并行机制和快速组合操作的不可行性；

2）完全可综合，在本章参考文献［5］中例证过；

3）执行层次（包括潜在递归）比软件快[27,28]，即只需要更小的时钟周期。

区分两类 HFSM[5,11]，即具有明确和不明确模块的 HFSM。具有明确模块的 HFSM（见图 5.3）具有两个栈存储器（FSM_stack 和 M_stack）和电路 C，电路 C 负责任何激活模块内的状态转换，激活模块由模块栈存储器选择（M_stack）。具有不明确模块的 HFSM 只有一个栈存储器，用于保持当前激活模块返回的路径。

基于 HFSM 的设计电路可从模板中完成，后续会讲述。模板中的栈存储器是完全可重复使用的。设计方法只要求在描述电路 C 的功能模板中明确状态转换。

5.2.1　具有明确模块的 HFSM 的 HDL 模板

图 5.3 所示为具有明确模块的 HFSM 的结构[5,11]。M_stack 和 FSM_stack 明确

指明当前执行模块和当前模块状态。M_stack 的顶端寄存器包含当前执行模块的代码。FSM_stack 的顶端寄存器用作当前执行模块的寄存器，即它提供当前执行模块请求的任何状态转换的状态（状态代码）。开始时，两个栈存储器的顶端寄存器设置为初始模块（z_0）的初始状态 a_0，必须根据给定算法首先激活。之后，可以执行如下三类允许的状态转换：

（1）同一模块之间的状态转换。这种情况下，HFSM 操作同普通 FSM。

（2）转换到下一模块 z_p 的第一状态。这种情况下，操作 push（z_p 的代码）应用到 M_stack，操作 push（z_p 的第一个状态）应用到 FSM_stack。这个转换称为层次调用。

（3）从当前执行模块 z_p 到激活的模块 z_q 的转换。这种情况下，操作 pop 应用到 M_stack（因此，M_stack 的顶端寄存器将包含 z_q 的代码），操作“pop + 状态转换”应用到 FSM_stack。第三类转换称为层次返回。

具有明确模块的 HFSM 有如下面的特征：有两个栈存储器，保存用于模块的 $\log_2 Q$ 位向量和用于状态的 $\log_2 R$ 位向量，其中 Q 是模块的数量，R 是模块状态的最大值。不同模块的状态可以赋予相同的代码。

这里讨论两类 HFSM。第一个同本章参考文献［5］中描述的一样。两个时钟沿同步完成上升和下降（见图 5.4a）。第二类（见图 5.4b）只需一个时钟沿完成同步，这样，组合进程负责下一 HFSM 状态的准备，寄存器的下一内容出现在数据通路中。HFSM 的状态和寄存器在选择的时钟沿改变（比如图 5.4b 中的上升沿）。图 5.4b 中的电路执行通常又小又快，而图 5.4a 中的第一个电路描述又清楚又简单，因此，可以更容易检测到并避免潜在错误。

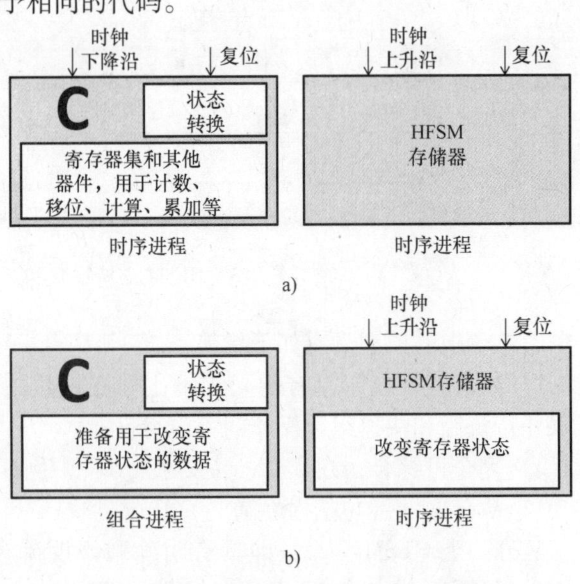

图 5.4　a）HFSM 在两个时钟沿同步
b）HFSM 在一个时钟沿同步

具有明确模块的 HFSM 的 VHDL 可综合模板[7,11]如图 5.5 所示，具有两个进程描述：①模块（M_stack）和状态（FSM_stack）的重复使用；②电路 C 的结构允许执行模块级转换和状态转换。这里，M_stack 和 FSM_stack 共用 stack_pointer 栈存储器指针；信号 push 增加 stack_pointer，pop 减少 stack_pointer。

以下 C 语言代码（其中函数 GCD 有两个参数，在图 5.2a 中描述过）查找非

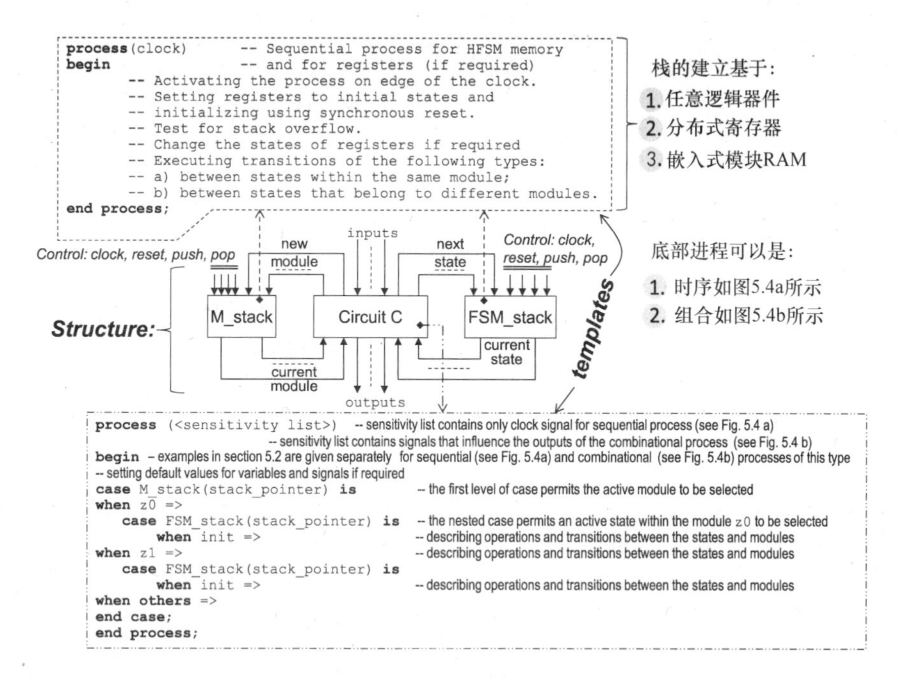

图 5.5　具有明确模块的 HFSM 模板

负整数 A，B，C，D 的最大公因数：

```
unsigned int IGCD(unsigned int A, unsigned int B, unsigned int C, unsigned int D)
{ return IGCD (IGCD(A,B), IGCD(C,D)); }
```

函数 IGCD 有四个参数 A，B，C，D，可用图 5.6 所示 HGS 描述。可以发现它类似于流程图。有状态（initAB，initCD，c1_z1，c2_z1，c3_z1，init1_2，final_state）和模块（z_0，z_1）。在 5.3 节将讲述如何关联 HFSM 状态和 HGS 的节点。图 5.6a 中给的注释可以理解模块 z_0 的功能。模块 z_1（找到两个非负整数的最大公因数）已在前面描述过了。这个模块的 VHDL 代码如图 5.6b 所示。图 5.6c 中的 VHDL 代码给出了模块 z_0 的预期功能的一般概念。

任何层次调用模块（如 z_1）可以被替代或者调整，且不影响上级模块（如 z_0）。例如，本章参考文献［1，5］中的最大公因数是基于以下递归 C 函数 RGCD 的 VHDL 代码：

```
unsigned int RGCD (unsigned int A, unsigned int B)
{      if (B > A) return RGCD (B,A);
       else if (B<=0) return A;
       else return RGCD(B, A%B);          }
```

正如前面提及的，HFSM 模块支持递归模块调用，尽管周期函数（像上述 RGCD）递推执行根本不高效[27]。后续将讨论树算法，递归或许适用[28]。

以下 VHDL 代码给出了具有数据通路的 HFSM 的完整可综合规范，用于执行图 5.6a 所示 HGS，采用上升和下降时钟沿同步（见图 5.4a）。

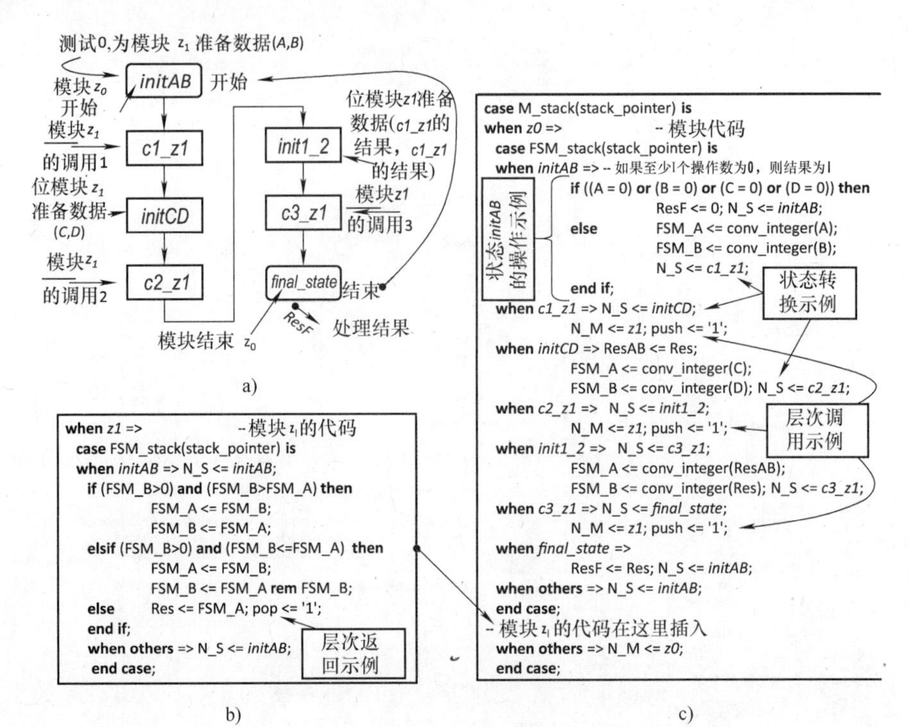

图 5.6　IGCD 函数的描述

a）具有四个参数 A，B，C，D　b）模块 z1 的 VHDL 代码　c）状态转换和层次调用

```
entity IGCD is -- the function IGCD with four arguments A, B, C, and D
generic (  stack_size      : integer := 1;  data_size     : integer := 4);
port ( clk                : in  std_logic;       -- clock signal
       rst                : in  std_logic;       -- reset signal (active high)
       A                  : in std_logic_vector(data_size-1 downto 0);
       B                  : in std_logic_vector(data_size-1 downto 0);
       C                  : in std_logic_vector(data_size-1 downto 0);
       D                  : in std_logic_vector(data_size-1 downto 0);
       stack_overflow     : out std_logic;       -- indicates HFSM stack overflow
       Result             : out std_logic_vector(data_size-1 downto 0));
end IGCD;

architecture Behavioral of IGCD is
  signal FSM_A, FSM_B : integer range 0 to 2**data_size-1; -- data_size is the size of data
  signal Res, ResF, ResAB : integer range 0 to 2**data_size-1;
  type state_type is (initAB, initCD, c1_z1, c2_z1, c3_z1,init1_2,final_state); --states ***
  signal N_S              : state_type;
  type MODULE_TYPE is (z0, z1);              -- HFSM modules                      -- ***
  signal N_M              : MODULE_TYPE;
  type stack is array(0 to stack_size) of STATE_TYPE;                             -- ***
  signal FSM_stack        : stack;           -- FSM_stack for HFSM                -- ***
  signal stack_pointer : integer range 0 to stack_size+1; -- +1 to allow test for overflow ***
  signal push             : std_logic;       -- forces to increment the stack_pointer  -- ***
  signal pop              : std_logic;       -- forces to decrement the stack_pointer  -- ***
```

```
  type Mstack is array(0 to stack_size) of MODULE_TYPE;                    -- ***
  signal M_stack          : Mstack;            -- M_stack for HFSM         -- ***
begin

process(clk)              -- beginning of the M_stack and FSM_stack
begin                     -- this is a sequential process
  if rising_edge(clk) then stack_overflow <= '0';
    if rst = '1' then  stack_pointer <= 0;        FSM_stack(0)       <= initAB;
                   M_stack(0)        <= z0;
    else
      if push = '1' then
        if stack_pointer = stack_size+1 then stack_overflow <= '1';
        else    stack_pointer                   <= stack_pointer + 1;
                FSM_stack(stack_pointer+1)<= initAB;
                FSM_stack(stack_pointer)    <= N_S;
                M_stack(stack_pointer+1)    <= N_M;
        end if;
      elsif pop = '1' then          stack_pointer                 <= stack_pointer - 1;
      else                          FSM_stack(stack_pointer)      <= N_S;
      end if;
    end if;
  end if;
end process;   -- description of the M_stack and FSM_stack ends here

process (clk)   -- description of the left-hand circuit in Fig. 5.4a
begin                               -- this is a sequential process
  if falling_edge(clk) then         push <= '0'; pop <= '0'; N_M <= z0;
    if rst = '1' then               FSM_A <= 0; FSM_B <= 0;   Res <= 0;

  else
    case M_stack(stack_pointer) is
      when z0 =>       -- the code is the same as in Fig. 5.6c
        case FSM_stack(stack_pointer) is
              when initAB =>
                if ((A = 0) or (B = 0) or (C = 0) or (D = 0)) then
                  ResF <= 0; N_S <= initAB;
                else FSM_A <= conv_integer(A);
                  FSM_B <= conv_integer(B); N_S <= c1_z1;       end if;
              when c1_z1 => N_S <= initCD; N_M <= z1; push <= '1';
              when initCD => ResAB <= Res; FSM_A <= conv_integer(C);
                FSM_B <= conv_integer(D); N_S <= c2_z1;
              when c2_z1 =>   N_S <= init1_2; N_M <= z1; push <= '1';
              when init1_2 =>   N_S <= c3_z1; FSM_A <= conv_integer(ResAB);
                FSM_B <= conv_integer(Res); N_S <= c3_z1;
              when c3_z1 => N_S <= final_state; N_M <= z1; push <= '1';
              when final_state => ResF <= Res; N_S <= initAB;
              when others => N_S <= initAB;
        end case;
      when z1 =>       -- the code is the same as in Fig. 5.6b
        case FSM_stack(stack_pointer) is
              when initAB => N_S <= initAB;
                if (FSM_B>0) and (FSM_B>FSM_A) then FSM_A <= FSM_B;
                  FSM_B <= FSM_A;
                elsif (FSM_B>0) and (FSM_B<=FSM_A)  then FSM_A <= FSM_B;
                  FSM_B <= FSM_A rem FSM_B;
```

```
                else     Res <= FSM_A; pop <= '1';
                end if;
              when others => N_S <= initAB;
          end case;
        when others => N_M <= z0;
      end case;
    end if;
  end if;
  end process;

  Result <= conv_std_logic_vector(ResF, data_size);

  end Behavioral;
```

以下 VHDL 代码给出具有数据通路的 HFSM 的完整可综合规范，用于执行图 5.6a 所示 HGS，采用上升沿时钟同步（见图 5.4b）。

```
entity Hierarchical_IGCD is
-- this entity is described exactly the same as the entity IGCD above
end Hierarchical_IGCD;

architecture Behavioral of Hierarchical_IGCD is --some lines have to be copied from the IGCD
  --the same declarations as in the IGCD above are not shown (they are marked with *** in the IGCD)
  signal FSM_A, FSM_B, FSM_A_next, FSM_B_next  :
        integer range 0 to 2**data_size-1;

  signal Res, Res_next, ResAB, ResAB_next, ResF, ResF_next:
      integer range 0 to 2**data_size-1;
  signal N_S, C_S         : state_type;
  signal N_M, C_M         : MODULE_TYPE;
begin

process(clk)     -- beginning of the M_stack and FSM_stack
begin                          -- this is a sequential process
  if rising_edge(clk) then -- stack memory is described differently compared to the previous example
    if rst = '1' then
      if pop /= '1' then stack_pointer <= 0; -- to avoid warnings because of line +++ below
      end if;
      C_M <= z0; C_S <= initAB; M_stack(0) <= z0; FSM_stack(0) <= initAB;
    else FSM_A <= FSM_A_next;  FSM_B   <= FSM_B_next;
      Res       <= Res_next;        ResAB   <= ResAB_next;
      ResF      <= ResF_next;       C_M     <= N_M;  C_S <= N_S;
      FSM_stack(stack_pointer) <= N_S; M_stack(stack_pointer) <= C_M;
      if push = '1' then
        if stack_pointer = stack_size+1 then           stack_overflow <= '1';
        else  stack_pointer <= stack_pointer + 1;      stack_overflow <= '0';
        end if;
      elsif pop = '1' then stack_pointer <= stack_pointer - 1;  -- +++ (see comment above)
        C_S <= FSM_stack(stack_pointer-1);
        C_M <= M_stack(stack_pointer-1);
      end if;
    end if;
  end if;
end process;  -- description of the M_stack and FSM_stack ends here

process (A, B, C, D, C_M, C_S, FSM_A, FSM_B, Res, ResAB, ResF)
begin              -- this combinational process describes the left-hand circuit in Fig. 5.4b
```

```
N_S <= C_S;
FSM_A_next <= FSM_A; FSM_B_next <= FSM_B; Res_next   <= Res;
N_M <= C_M; push <= '0'; pop <= '0';
ResAB_next <= ResAB; ResF_next <= ResF;
case C_M is
  when z0 =>
     case C_S is
       when initAB =>
         if ((A = 0) or (B = 0) or (C = 0) or (D = 0)) then
                ResF_next <= 0; N_S <= initAB;
         else  FSM_A_next <= conv_integer(A);
                FSM_B_next <= conv_integer(B); N_S <= c1_z1;
         end if;
       when c1_z1 => N_S <= initCD; N_M <= z1; push <= '1';
       when initCD => ResAB_next <= Res; FSM_A_next <= conv_integer(C);
                FSM_B_next <= conv_integer(D); N_S <= c2_z1;
       when c2_z1 => N_S <= init1_2; N_M <= z1; push <= '1';
       when init1_2 => N_S <= init1_2; FSM_A_next <= conv_integer(ResAB);
                FSM_B_next <= conv_integer(Res); N_S <= c3_z1;
       when c3_z1 => N_S <= final_state; N_M <= z1; push <= '1';
       when final_state => N_S <= initAB; ResF_next <= Res;
       when others => N_S <= initAB;
     end case;

    when z1 =>
       case C_S is
         when initAB => N_S <= initAB;
           if (FSM_B>0) and (FSM_B>FSM_A) then FSM_A_next <= FSM_B;
                FSM_B_next <= FSM_A;
           elsif (FSM_B>0) and (FSM_B<=FSM_A)  then FSM_A_next <= FSM_B;
                FSM_B_next <= FSM_A rem FSM_B;
           else  N_S <= initAB; Res_next <= FSM_A; pop <= '1';
           end if;
         when others => N_S <= initAB;
       end case;
    when others => N_M <= z0;
  end case;
end process;

Result <= conv_std_logic_vector(ResF, data_size);

end Behavioral;
```

上述工程的实体 IGCD 和 Hierarchical_IGCD 在 Nexys－4 和 Atlys 原型机板中测试过。使用 Nexys－4 板时只使用了开关、按钮和 LED。因为有 16 个可用开关，采用 4 位操作数 A，B，C，D。曾使用以下 VHDL 代码：

```
entity Top_GCD_4items is        -- this project has been tested in the Nexys-4 board
generic (stack_size : integer := 1; data_size           : integer := 4  );
   port ( A,B,C,D          : in  std_logic_vector (data_size-1 downto 0);
          Result           : out  std_logic_vector (data_size-1 downto 0);
          stack_overflow : out std_logic;
          clk, rst         : in  std_logic);
end Top_GCD_4items;

-- IGCD: synchronized by two clock edges;  Hierarchical_IGCD: synchronized by one clock edge
```

```
architecture Behavioral of Top_GCD_4items is
begin        -- either the first or the second entity has to be uncommented below

HIGCD: entity work.Hierarchical_IGCD      -- the number of the occupied slices (Ns) is 29
    generic map (stack_size, data_size)   -- the maximum attainable clock frequency (Fmax)
    port map (clk, rst, A, B, C, D, stack_overflow, Result);    -- is 365.5 MHz

--HIGCD: entity work.IGCD                              -- Ns = 29, Fmax = 241.5 MHz
--          generic map (stack_size, data_size)
--          port map (clk, rst, A, B, C, D, stack_overflow, Result);

end Behavioral;
```

注意上述两个 VHDL 代码的实体 IGCD 和 Hierarchical_IGCD 可对任何数据大小（data_size）参数化。在 Digilent IOExpansion 器件（见 1.7 节）的帮助下，以下 VHDL 代码用于在和主机通信的 Atlys 板上测试这些实体。数据大小设为 8，且 8 位值 A，B，C，D 来自从主机接收的 32 位值（data_from_PC）。结果显示在主机的虚拟窗口（signal data_to_PC）。

```
entity Iterative_GCD is
generic (stack_size : integer := 1; data_size : integer := 8);
 port ( clk          : in std_logic;
        EppAstb      : in std_logic;
        EppDstb      : in std_logic;
        EppWr        : in std_logic;
        EppDB        : inout std_logic_vector(7 downto 0);
        EppWait      : out std_logic);
end Iterative_GCD;

architecture Behavioral of Iterative_GCD is -- see interaction with PC in Sects. 1.7 and 2.6
  signal MyLed          : std_logic_vector(7 downto 0);
  signal MyLBar         : std_logic_vector(23 downto 0);
  signal MySw           : std_logic_vector(15 downto 0);
  signal MyBtn          : std_logic_vector(15 downto 0);
  signal data_to_PC     : std_logic_vector(31 downto 0);
  signal data_from_PC   : std_logic_vector(31 downto 0);
  signal A,B,C,D        : std_logic_vector(data_size-1 downto 0);
  signal rst, stack_overflow        : std_logic;       -- reset and HFSM stack overflow signals
  signal Result         : std_logic_vector(data_size-1 downto 0);
begin  --IGCD: synchronization by two clock edges; Hierarchical_IGCD: synchronization by one clock edge
  MyLed(0) <= stack_overflow;                       -- HFSM stack overflow
  MyLed(7 downto 1) <= MyBtn(7downto 1);            -- for tests only
  MyLBar <= MySw & MyBtn(15 downto 8);              -- for tests only
  rst <= MyBtn(0);                                  -- HFSM reset
  A <= data_from_PC(31 downto 24);        B <= data_from_PC(23 downto 16);
  C <= data_from_PC(15 downto 8);         D <= data_from_PC(7 downto 0);

  -- either the first or the second entity has to be uncommented below
  HIGCD: entity work.Hierarchical_IGCD -- Ns = 122, Fmax = 61.5 MHz
      generic map (stack_size, data_size)   -- note, that Ns and Fmax above are
      port map (clk, rst, A, B, C, D, stack_overflow, Result); -- for the entire project

  --HIGCD: entity work.IGCD                   -- Ns = 136, Fmax = 61.5 MHz
  --    generic map (stack_size, data_size)   -- note, that Ns and Fmax above are
  --    port map (clk, rst, A, B, C, D, stack_overflow, Result); -- for the entire project
```

```
data_to_PC <= (31 downto 8 => '0') & Result;

IO_interface: entity work.IOExpansion
    port map(EppAstb, EppDstb, EppWr, EppDB, EppWait, MyLed,
             MyLBar, MySw, MyBtn, data_from_PC, data_to_PC);

end Behavioral;
```

正如从前面的例子中所看到的，HFSM 从前期测试过的模块中建立执行算法。因此可以获利如下：

1）任何模块可从复杂的算法中独立编译和检查，即该算法可潜在使用该模块；

2）任何模块可重复使用，且可包含在不同算法中，重复使用可以认为是对于任何新调用，所有变量和信号可能潜在改变，在前面的调用期间必须设为初始值；

3）任何模块都可优化，通常不改变算法的剩余部分；

4）可用和竞争模块（如 IGCD 和 RGCD）容易测试和比较；

5）容易增加映射到硬件算法的复杂性。

5.2.2 具有不明确模块的 HFSM 的 HDL 模板

图 5.7 所示为具有不明确模块的 HFSM 的结构[29]。HFSM 行为类似于普通 FSM，只用了一个状态栈存储器，用于存储调用模块的返回值。

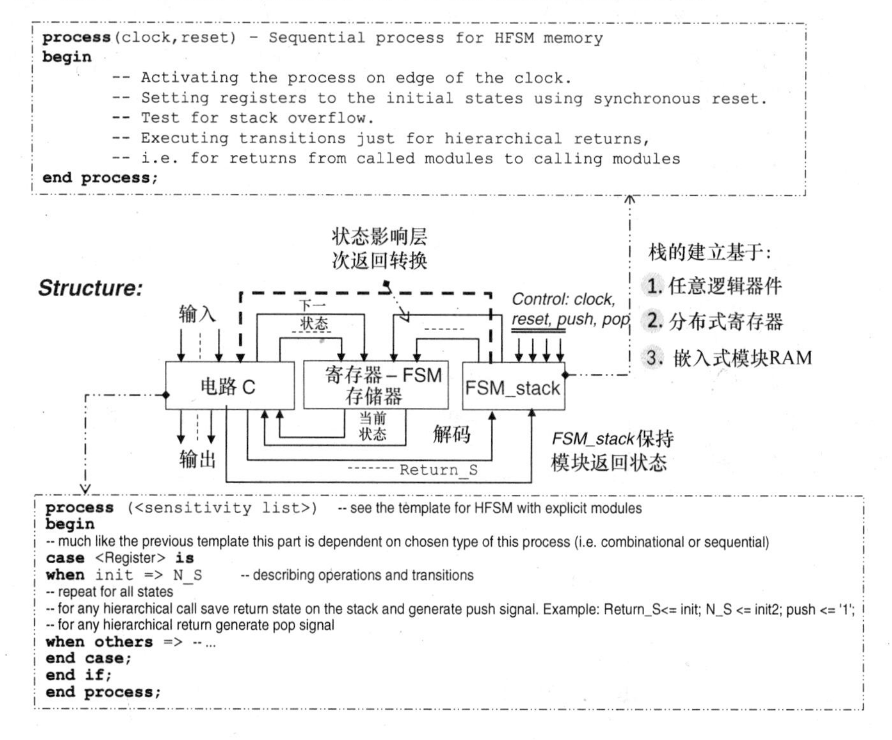

图 5.7 具有不明确模块的 HFSM 模板

图 5.7 中有三个基本模块，即寄存器、FSM_stack 和电路 C，用于计算状态转换的下一状态，产生要求的输出。现在，不同模块的状态必须分配不同的代码[29]。当调用模块结束时，FSM_stack 知道哪个状态是转换的目标。所有状态转换执行与寄存器相关，很像在传统 FSM 中完成的一样。这里，Return_S 是返回状态的代码。

假定新模块 z_p 在状态 a_m 必须调用。这种情况下，以下操作同时执行：①a_m 的下一状态 a_n 存在 FSM_stack 中；②stack_pointer 指针加 1；③在寄存器中 a_m 转换到 a_n（首状态是 z_p）。

当调用模块 z_p 结束时，栈存储器指针减 1，stack_pointer 指向栈存储器，选中状态 a_n 为下一状态转换。考虑返回的两个模式[5]。第一个模式，从状态 a_m 转换不取决于调用模块（z_p）的执行，因此从调用模块（如 z_p）中返回之后，可以明确存在栈存储器中用于转换的状态（如 a_n）。第二种情况（更加复杂），从状态 a_m 转换可在调用模块中改变，且必须采用基于特殊返回标记的方法[28]。所有必要细节见本章参考文献［5，28］。

注意，相同模块调用可能发生在不同的状态，因此，返回也可能从相同调用模块返回到不同状态。这也是为什么返回状态必须从正在调用的模块中选择（但不是在已经调用的模块中）。栈存储器用于知道在调用模块结束时，哪个状态是转换的目标。对比有明确模块的 HFSM，状态数增加。但是，栈存储器的数量和栈存储器的大小减少了[5]。这个模型的另一个特征是可以直接应用到所有已知的优化技术中，即在传统 FSM 中提出的优化技术。具有非明确模块的 HFSM 完整可综合的 VHDL 代码的例子见文献［5］。

5.3 HFSM 的综合

HFSM 的综合结构如图 5.5 和图 5.7 所示，包括以下步骤：

1）标记给定的将会作为 HFSM 状态的 HGS，例如，图 5.6a 中的标签 initAB，initCD，c1_z2，c2_z1，c3_z1，init1_2，final_state 是 HFSM 状态；

2）定制提出的 HDL 模板（图 5.5 和图 5.7 中的 VHDL 模板）；

3）定制 VHDL 模板的 HFSM 综合电路，使用可用的商业 CAD 工具，比如 Xilinx 的 ISE 或者 Altera 的 Quartus。

提出了多种 HGS 标记类型，这些类型依赖选择的 HFSM 模型（Mealy，Moore 或者组合 Mealy 和 Moore，具有明确或者不明确模块）。图 5.6a 中的例子是基于 Moore 模型的具有明确模块的 HFSM。在后续章节中将讲述 HFSM 的不同类型的综合。

5.3.1 具有明确模块的 HFSM 的综合

综合可用于 Moore，Mealy 和混合（Moore 和 Mealy）模型[8]。对于 Moore 模

型，它包括以下步骤，非常类似于传统 FSM[6,8]：

1）标签 a_0 赋给所有 HGS 的开始节点；

2）标签 a_1，a_2，…，a_{M-1} 赋给每个 HGS 未标记的矩形节点（包括结束节点）；

3）标签可在不同 HGS 中重复，但不能在相同的 HGS 中重复（除了主 HGS z_0 中的标签 a_0，也可以赋给结束节点）；

4）所有矩形节点必须标记。

考虑的标记类型允许 HGS 从主模块 z_0 的开始节点执行到主模块 z_0 的结束节点。如果 z_0 循环执行，则 z_0 的结束节点必须赋予和 z_0 的开始节点相同的标签，即标签 a_0。结束节点的可用转换可以明确执行到开始节点（见图 5.6a 所示例子）。现在标签 a_0，…，a_{M-1} 考虑为 HFSM 的状态。状态转换使用与本章参考文献［6，8］相同的规则。每个状态转换用于图 5.5 提出的模板。所有其他细节以简单的实际例子表现，如图 5.8 所示。

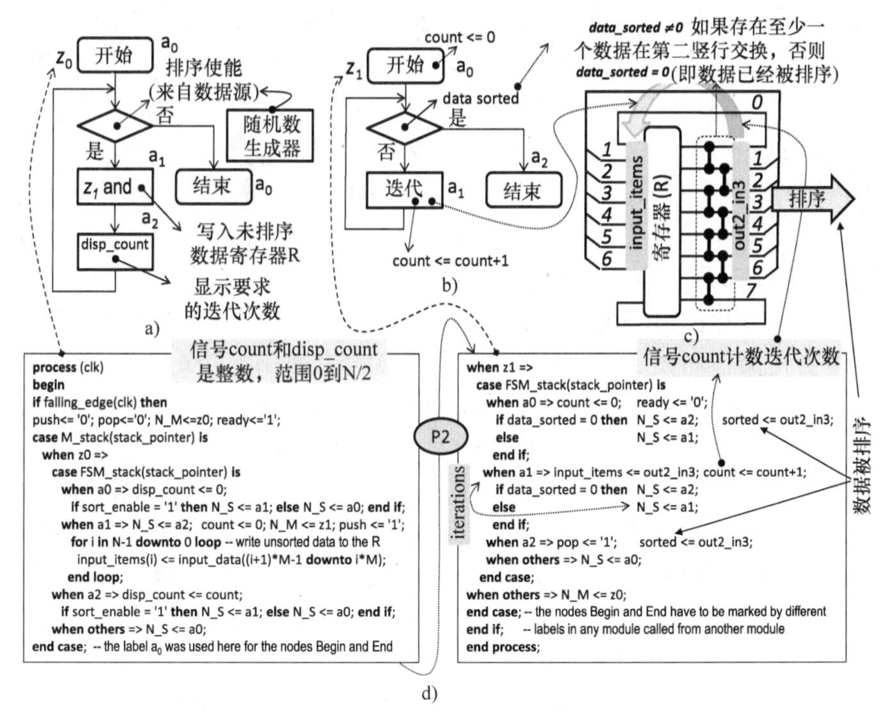

图 5.8　a）HGS 模块 z_0 b）HGS 模块 z_1

c）迭代排序 d）模块 z_0 和 z_1 的部分 VHDL 代码

设计支持图 3.14 所示迭代排序的所有功能的 HFSM。HFSM 分析图 3.14 中的使能 enable 信号，允许排序在少于 N/2 时钟周期内完成（更多的细节见 3.5 节）。现在，图 5.8c 所示右边代码行的每个比较器有以下 VHDL 代码：

```
entity ComparatorOdd is
      generic (M          : integer := 4 );
      port( Op1           : in std_logic_vector(M-1 downto 0);
            Op2           : in std_logic_vector(M-1 downto 0);
            MaxValue      : out std_logic_vector(M-1 downto 0);
            MinValue      : out std_logic_vector(M-1 downto 0);
            test_sorted   : out std_logic);    -- test_sorted =0 if data are not swapped
end ComparatorOdd;

architecture Behavioral of ComparatorOdd is
begin
process(Op1,Op2)
begin
  if Op1 >= Op2 then MaxValue <= Op1; MinValue <= Op2; test_sorted <= '0';
  else MaxValue <= Op2; MinValue <= Op1; test_sorted <= '1';
  end if;
end process;

end Behavioral;
```

如果一个新的数据集从资源中可用，则第一个 HFSM 模块 z_0 核实。例如，后者可以是附录 B（见图 5.9a）、主机 PC（见 4.3 和 4.4 节）或主处理器（见 4.5 节）的随机数发生器。一旦新数据可用，这个数据便被排序器的寄存器 R 占用，并调用模块 z_1（见图 5.8b）。后者通过控制排序器排序数据（见图 5.8c）。z_1 的主函数执行排序器中的迭代，直到比较器的第二行没有数据交换，即数据已经排序好，可以复制到排序器的输出（见图 5.8c）。因此，迭代次数少于 N/2（更多细节见 3.5 节），可以提速排序。语句 count <= 0；可以关联 z_1 的开始节点，或者模块 z_0 中正在调用的节点 a_1。

图 5.8a 和 b 中的 HGS 用标签 a_0，a_1，a_2 标记，考虑为 HFSM 状态。状态的所有状态转换和操作如图 5.8d 所示。为了简单这里使用两个时钟沿同步（见图 5.4a）。HFSM 中的栈存储器与实体 IGCD 相同（见 5.2.1 节）。电路的功能性可以在 4.1 节的复杂例子中测试，其中一个如图 5.9 所示。

区别于图 4.7，这里使用的是图 5.8c 的迭代排序器，N 个数据，由 HFSM 控制，其中的一部分见图 5.9（见重复声明 D 和重复使用进程 P1），其他部分见图 5.8d（进程 P2）。迭代排序器（见图 5.9 中的模块 IC）的 VHDL 代码可以完全从图 3.14 中重复使用。唯一的不同是 OddComp 器件中用 ComparatorOdd 替代 Comparator，在以下向量 data_sorted 中，信号 test_sorted 的类型为 std_logic，：

```
signal data_sorted: std_logic_vector(N/2-2 downto 0); -- the bottom line in the block DIC
```

因此，如果 data_sorted = 0，则可以得出排序完成的结论（见图 5.8d 中模块 z_1 的状态 a_0 和 a_1）。也提供了信号声明迭代排序器（Declaration for the Iterative Sorter，DIC），如图 5.9 所示。图 5.9 中的整个电路占用了 117 片器件和 1 片嵌入模块 RAM（具有 Artix－7 FPGA 的 Nexys－4 板），且已经在硬件中测试过。最大可达到的时钟频率是 299MHz。注意，如果采用一个时钟沿同步的话，则频率会增加。

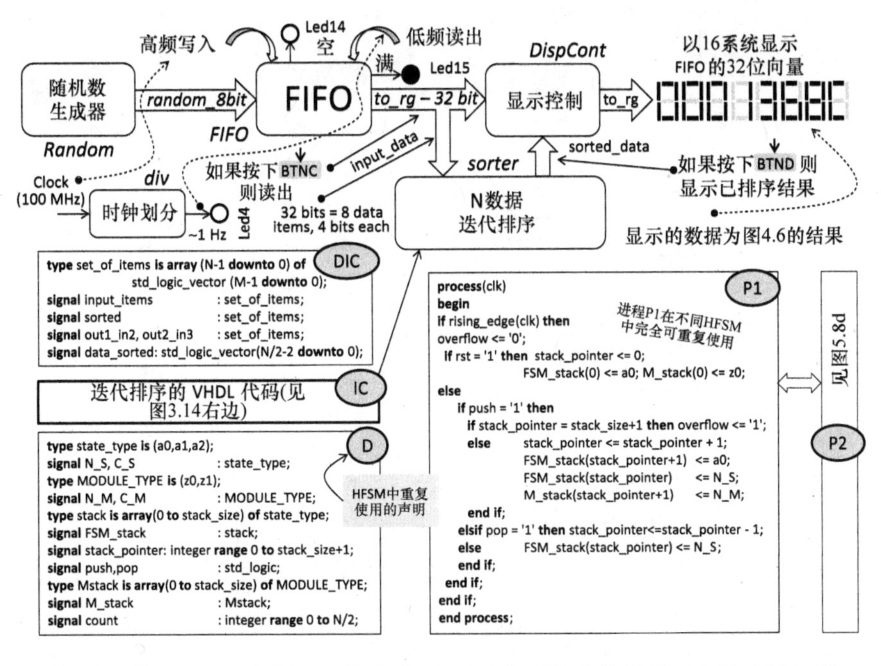

图 5.9　使用 HFSM 和图 5.8 的排序，比 4.1 节更复杂的例子（也可见图 4.7）

Mealy 机综合具有以下步骤，与传统 FSM 非常相似[6,8]：

1）标签 a_0 赋给所有 HGS 开始节点的后续节点的输入；

2）标签 a_1，a_2，…，a_{M-1} 赋给矩形节点的后续节点未标记的输入和每个 HGS 结束节点的输入；

3）标签可在不同的 HGS 中重复，但是不能在相同的 HGS 中重复（除主 HGS z_0 中的标签 a_0，也可以赋给结束节点的输入）；

4）所有输入只需标记一次。

考虑的标签类型允许 HGS 从主模块 z_0 的开始节点执行到主模块 z_0 的结束节点。如果 z_0 必须周期执行，则相同的标签 a_0 可以在开始节点之后使用，即在 z_0 的结束节点的输入使用，很像 Moore HFSM。现在，标签 a_0，…，a_{M-1} 考虑为 HFSM 状态。状态转换采用与本章参考文献［6，8］中的相同规则。每个状态转换用图 5.5 提出的模板。图 5.10 是用于 Moore 机的相同 HGS 标记的例子，如图 5.8a 和 b 所示。

以下 VHDL 代码给出电路的完整规范，如图 5.9 所示，使用 Mealy HFSM 而不是 Moore HFSM。具有相同代码的模块如图 5.9 所示，会在注释中指明，VHDL 语句也不明确表示。排序器在如下器件中描述：

```
sorter : entity work.EvenOddTransitionIterative -- this specification has to be used below
    port map (clk=>clk, ready=>ready, input_data=>to_rg, sorted_data=>sorted_data,
              overflow =>overflow, disp_count=>disp_count_int, rst=>rst,
              sort_enable=>sort_en);
```

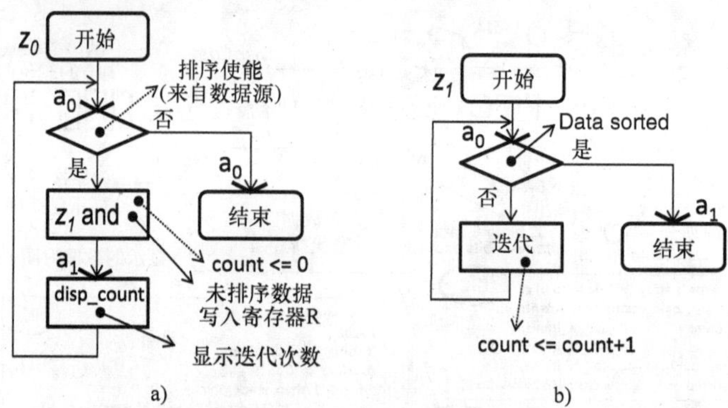

图 5.10　a）标记图 5.8 的模块 z_0 b）模块 z_1 为 Mealy HFSM

其中使用了以下信号：

1）clk，rst—时钟和复位信号；

2）ready—指示排序器已经准备好排序新的数据集；

3）input_data，sorted_data—未排序和已排序数据；

4）overflow—HFSM 栈溢出；

5）disp_count—在迭代排序器中的迭代次数；

6）sort_enable—使新的数据集在迭代排序器中排序。

顶层模块有以下 VHDL 代码：

```
entity TestFIFO_withMealyHFSM_Component is
generic (data_in_size      : integer := 8;     -- the width of the input for FIFO
         data_out_size     : integer := 32;    -- the width of the output for FIFO
         N                 : integer := 8 );   -- we consider here eight 4-bit items to sort
  port ( clk               : in std_logic;     -- system clock 100 MHz
         led_full          : out std_logic;    -- LED 15 of the Nexys-4 was used
         led_empty         : out std_logic;    -- LED 14 of the Nexys-4 was used
         led_div_clk       : out std_logic;    -- LED 4 of the Nexys-4 was used
         seg               : out std_logic_vector(6 downto 0);  -- display segments
         sel_disp          : out std_logic_vector(7 downto 0);  -- display selections
         disp_data         : in std_logic;     -- switch 0 of the Nexys-4 was used
         disp_sorted_data  : in std_logic;     -- switch 1 of the Nexys-4 was used
         overflow          : out std_logic;    -- LED 13 of the Nexys-4 was used
         rst               : in std_logic;     -- BTNL of the Nexys-4 was used
         disp_count        : out std_logic_vector(2 downto 0)); -- LEDs 2,1,0 of the Nexys-4
end TestFIFO_withMealyHFSM_Component;

architecture Behavioral of TestFIFO_MealyHFSM_Component is
  signal divided_clk       : std_logic;  -- see also section 4.1
  signal random_8bit       : std_logic_vector(data_in_size-1 downto 0);
  signal wr_en             : std_logic;
  signal rd_en             : std_logic;
  signal to_rg             : std_logic_vector(data_out_size-1 downto 0);
  signal sorted_data       : std_logic_vector(data_out_size-1 downto 0);
  signal data_to_display   : std_logic_vector(data_out_size-1 downto 0);
  signal wr_ack            : std_logic;
```

```
  signal rd_valid          : std_logic;
  signal full              : std_logic;
  signal ready             : std_logic;
  signal disp_count_int    : integer range 0 to N/2;
  signal sort_en           : std_logic;
  signal to_HFSM_to_count: std_logic;
begin
  disp_count    <= conv_std_logic_vector(disp_count_int, 3);
  led_div_clk   <= divided_clk;
  led_full      <= full;

process(full, rd_valid, disp_data)
begin
  if (full /= '1') then        wr_en <= '1';
  else                         wr_en <= '0';
  end if;
  if (disp_data = '1') then rd_en <= '1';
  else                         rd_en <= '0';
  end if;
end process;
process(clk)
begin
  if rising_edge(clk) then
    if ((rd_en = '1') and (ready = '1')) then      sort_en <= '1';
    else                                           sort_en <= '0';
    end if;
  end if;
end process;
data_to_display <= to_rg when disp_sorted_data = '0' else
                   sorted_data when ready = '1'
                   else (others => '0');

FIFO  : entity work.FIFO_mem      -- see section 4.1
      port map (wr_clk=>clk, rd_clk=>divided_clk, din=>random_8bit, wr_en=>wr_en,
      rd_en=>rd_en, dout=>to_rg, full=>full, empty=>led_empty,
      rd_data_count=>open, wr_data_count=>open);

Random: entity work.RanGen       -- see VHDL code in Appendix B
      generic map(width => data_in_size)
      port map (clk, random_8bit);

DispCont: entity work.EightDisplayControl     -- see VHDL code in Appendix B
      port map(clk, data_to_display(31 downto 28), data_to_display(27 downto 24),
      data_to_display(23 downto 20), data_to_display(19 downto 16),
      data_to_display(15 downto 12), data_to_display(11 downto 8),
      data_to_display(7 downto 4), data_to_display(3 downto 0), sel_disp, seg);

div: entity work.clock_divider                -- see VHDL code in Appendix B
      port map(clk, '0', divided_clk);

sorter: entity work.EvenOddTransitionIterative  -- see the specification above

end Behavioral;
```

排序器 VHDL 代码如下：

```
entity EvenOddTransitionIterative is
generic (M                    : integer := 4;    -- M is the size of any data item
```

```
        stack_size      : integer := 1;   -- there are two registers in the HFSM stack 0 and 1
        N               : integer := 8 ); -- N is the number of data items

   port (clk            : in std_logic;
        ready           : out std_logic;
        input_data      : in std_logic_vector(N*M-1 downto 0);
        sorted_data     : out std_logic_vector(N*M-1 downto 0);
        overflow        : out std_logic;
        disp_count      : out integer range 0 to N/2;
        rst             : in std_logic;
        sort_enable     : in std_logic);
end EvenOddTransitionIterative;

architecture Behavioral of EvenOddTransitionIterative is
-- Declarations needed for the HFSM: insert here all lines from the block D in Fig. 5.9
-- (the state a2 is not needed for the Mealy HFSM and is removed from the state_type)
-- Declarations needed for the iterative sorter: insert here all lines from the block DIC in Fig. 5.9
begin

process(sorted) -- this combinational process converts a set of N data items to a single vector
begin
  for i in N-1 downto 0 loop
    sorted_data((i+1)*M-1 downto i*M) <= sorted(i);
  end loop;
end process;

generate_even_comparators: -- even-odd transition iterative circuit is given below in its entirety
  for i in N/2-1 downto 0 generate -- see also the block IC in Fig. 5.9 and Fig. 3.14
    EvenComp: entity work.Comparator -- this is exactly the same comparator as in Fig. 3.14
      generic map (M => M)
      port map(input_items(i*2), input_items(i*2+1), out1_in2(i*2), out1_in2(i*2+1));
end generate generate_even_comparators;

generate_odd_comparators: -- the code below is slightly different compared to Fig. 3.14
  for i in N/2-2 downto 0 generate
    OddComp: entity work.ComparatorOdd -- see the code at the beginning of section 5.3.1
      generic map (M => M)
      port map(out1_in2(2*i+1), out1_in2(2*i+2), out2_in3(i*2+1),
               out2_in3(i*2+2), data_sorted(i));
end generate generate_odd_comparators;

out2_in3(0)     <= out1_in2(0);     -- these two lines are exactly the same as in Fig. 3.14
out2_in3(N-1)   <= out1_in2(N-1);

-- The process for HFSM stacks: insert here all lines from the block P1 in Fig. 5.9

process (clk)  -- Description of transitions and operations in the Mealy HFSM (see Fig. 5.10)
begin
  if falling_edge(clk) then
    push<='0'; pop<='0'; N_M<=z0; ready<='1';
    case M_stack(stack_pointer) is
      when z0 =>

        case FSM_stack(stack_pointer) is
          when a0 => disp_count <= 0;
            if sort_enable = '1' then          N_S <= a1;          count <= 0;
                for i in N-1 downto 0 loop -- copying unsorted data items to the register R
```

```
                input_items(i) <= input_data((i+1)*M-1 downto i*M);
              end loop;
              N_M <= z1; push <= '1';
          else N_S <= a0;
          end if;
        when a1 => disp_count <= count;
          if sort_enable = '1' then          N_S <= a1;          count <= 0;
            for i in N-1 downto 0 loop       -- copying unsorted data items to the register R
              input_items(i) <= input_data((i+1)*M-1 downto i*M);
            end loop;
            N_M <= z1;  push <= '1';
          else N_S <= a0;
          end if;
        when others => N_S <= a0;
      end case;
    when z1 =>
      case FSM_stack(stack_pointer) is
        when a0 => ready <= '0'; input_items <= out2_in3;
          if data_sorted = 0 then -- test if there is no swap in the second line of Fig. 5.8c
              N_S <= a1; sorted <= out2_in3; -- sorted data are ready
          else N_S <= a0; count <= count+1;
          end if;
        when a1 => pop <= '1';
        when others => N_S <= a0;
      end case;
    when others => N_M <= z0;
  end case;
 end if;
end process;

end Behavioral;
```

所描述的电路占用了109片器件和1片嵌入模块RAM（具有Artix－7 FPGA的Nexys－4板）且已经在硬件中测试过。最大可达到的时钟频率为266.7MHz。注意，如果采用一个时钟沿同步，则频率会增加（见图5.4b和5.2.1节）。

5.3.2　具有不明确模块的HFSM的综合

与具有明确模块的HFSM很像，具有不明确模块的HFSM的综合可以是Moore，Mealy和混合（Moore和Mealy）模型。对于Moore HFSM综合包括以下的步骤：

1）标签a_0赋给主HFSM的开始节点，主HFSM通常命名为z_0；

2）标签a_1，a_2，…，a_{M-1}赋给每个HGS中的未标记的矩形节点（包括结束节点）；

3）标签不能在不同的HGS和相同的HGS中重复（除了主模块z_0中的标签a_0，也可以赋给结束节点）；

4）所有矩形节点必须标记；

5）其他细节同具有明确模块的HFSM。

对于 Mealy HFSM 综合，包含以下步骤：

1）标签 a_0 赋给所有 HGS 开始节点的后续节点的输入；

2）标签 a_1，a_2，…，a_{M-1}赋给矩形节点的后续节点的未标记输入和每个 HGS 的结束节点的输入；

3）标签不能在不同和相同的 HGS 中重复（除主 HGS z_0 中的标签 a_0，也可以赋给结束节点的输入）；

4）任何输入只能标记一次。

所有其他细节同具有明确模块的 HFSM。混合 HFSM 允许 Mealy 和 Moore 模型组合，这样的模型是实际应用中最常用的。而且，电路 C 可使用最合适的信号，只依赖状态或者状态和输入。

许多不同的具有不明确模块的 HFSM（包括混合 HFSM）的综合例子见本章参考文献［5］。

5.4　并行规范和并行 HFSM

一些模块（如图 5.6a 中的 c1_z1 和 c2_z1）可以并行执行，如图 5.11 所示。进一步研究只有 HGS 的具有多个宏操作的矩形节点，组成集 Z_1，Z_2，…[1]。因此，宏操作的并行执行赋给每个提供的集。图 5.11b 中的例子有三个集，即 $Z_1=\{z_1, z_2, z_3\}$，$Z_2=\{z_1, z_4\}$，$Z_3=\{z_2, z_3, z_4\}$。需要执行主模块 $Z_0=\{z_0\}$，且多达三个模块（见集 Z_1 和 Z_3）需要并行执行。根据本章参考文献［1］中提出的，并行 HFSM（PHFSM）可以应用以下规则设计：

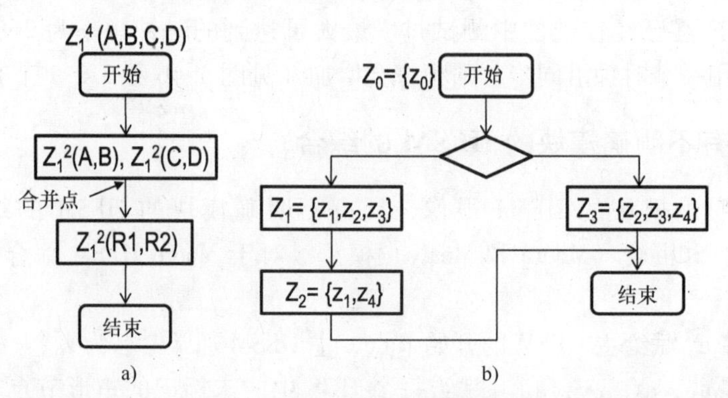

图 5.11　并行操作的例子

（1）每个 Z_i 的宏操作赋给并行运行的不同 HFSM。正在执行调用模块的 HFSM 负责调用模块的并行激活，并检查是否所有从相同集中调用的模块都被执行（即在相关合并点之后执行，见图 5.11）。图 5.11b 中的例子赋值如下：$HFSM_1 \leftarrow z_0$，

z_1，z_2；$HFSM_2 \leftarrow z_2$，z_3，z_4；$HFSM_3 \leftarrow z_3$，z_4。图5.11a中的例子赋值如下：HFSM$_1$：$\leftarrow Z_1^4$，Z_1^2（A，B），Z_1^2（R1，R2）；$HFSM_2 \leftarrow Z_1^2$（C，D）。

（2）每个$HFSM_p$描述为VHDL器件，有三个额外的信号，将在第3点中介绍。

（3）如果调用（$z_q \rightarrow$）和被调用（$\rightarrow z_p$）模块（$z_q \rightarrow z_p$）属于相同的HFSM器件，则功能完全与非并行HFSM相同（见第2点）。现在假定$z_q \rightarrow z_p$，模块$z_q \rightarrow$，$\rightarrow z_p$属于不同的器件$HFSM_q$和$HFSM_p$。触发宏操作$z_q \rightarrow$到$\rightarrow z_p$，涉及如下三个额外的信号：①$start_p$激活$HFSM_p$（$HFSM_q \rightarrow HFSM_p$）；②$z_p$选择模块，从$HFSM_q$选择$HFSM_p$的$\rightarrow z_p$；③$finish_p$指明模块$\rightarrow z_p$已经完成。信号$start_p$和$z_p$在$z_q \rightarrow$中形成（赋值），并在$\rightarrow z_p$中使用。信号$finish_q$在$\rightarrow z_p$中赋值，在$z_q \rightarrow$测试。

（4）最后，图5.11b的集Z_1，Z_2，Z_3的宏操作并行执行，将在如下三个HFSM器件中提供：$Z_1 \rightarrow \{HFSM_1(z_1), HFSM_2(z_2), HFSM_3(z_3)\}$，$Z_2 \rightarrow \{HFSM_1(z_1), HFSM_2(z_4)\}$；$Z_3 \rightarrow \{HFSM_1(z_2), HFSM_2(z_3), HFSM_3(z_4)\}$。图5.11a的集$Z_1 = \{Z_1^2(A, B), Z_1^2(C, D)\}$的宏操作并行执行，将在两个HFSM器件中提供，即$\{HFSM_1(Z_1^2(A, B)), HFSM_2(Z_1^2(C, D))\}$。

上述技术使映射到VHDL器件的任何合理数量的HFSM同时执行。支持在前面小节讨论过的所有HFSM特性。并行执行的VHDL器件由单个HFSM的模块化和递归组成。但是，递归激活模块的并行调用是不被允许的[1]。为了提供必要的映射到VHDL器件，并行HFSM的最大值必须提前知道。并行调用图（如$Z_1 \rightarrow \{z_1, z_2, z_3\}$；$Z_2 \rightarrow \{z_1, z_4\}$；$Z_3 \rightarrow \{z_2, z_3, z_4\}$）必须是树状图（即并行调用不允许循环，但可以按序调用）。因此，任何被调用模块不能调用任何前辈模块以及并行调用。

考虑PHFSM的例子，从图5.12中的规范综合。假定4对操作（A，B），（C，D），（E，F），（G，H）需要并行执行。其中一个操作，例如（A，B），可以在命名为PHFSM的主模块中执行。对于剩余的每对操作，主模块PHFSM激活并行分支（Parallel Branch，PB）并向每个分支提供信号start（激活分支），必须执行宏操作z_p以及相关的操作，如图5.12所示。任何分支完成请求操作都产生信号finish。所有并行分支的信号finish都在主模块中检查，以决定在并行调用后是否继续执行。

假定并行操作必须通过单个操作执行，比如A，B，C，D。方法完全相同，即一个操作（如A）与主模关联，剩余操作（如B，C，D）从主模块中激活，在并行分支中处理。

执行以下C函数gcd，有八个参数，在FPGA中：

```
unsigned int gcd(unsigned int A, unsigned int B, unsigned int C,
  unsigned int D, unsigned int E, unsigned int F,
  unsigned int G, unsigned int H)
{  return gcd(gcd(gcd(A,B), gcd(C,D)), gcd(gcd(E,F), gcd(G,H))); }
```

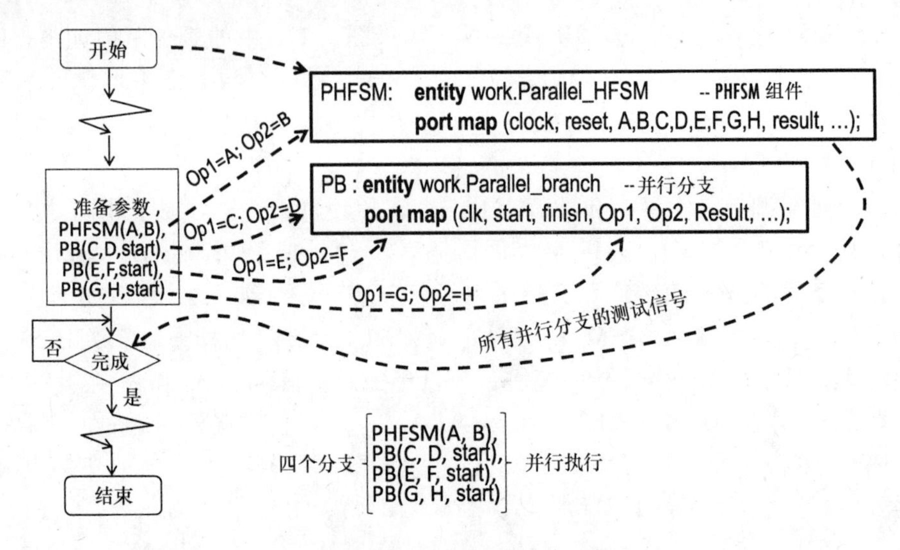

图 5.12 并行设计输入的例子

这个函数允许找到 8 操作数 A，B，C，D，E，F，G，H 的最大公因数和调用另一个有 2 操作数的函数 gcd。

```
unsigned int gcd(unsigned int A, unsigned int B)
{ int tmp;
  while (B > 0)
  { if (B > A) { tmp=A; A=B; B=tmp; }
    else       { tmp=B; B= A%B; A=tmp; }   }
  return A;                                        }
```

显然，四个函数 gcd（A，B）、gcd（C，D）、gcd（E，F）、gcd（G，H）可以在第一步并行执行，并给出结果 Result_A_B，Result_C_D，Result_E_F，Result_G_H。在第二步，这些结果将作为函数 gcd（Result_A_B，Result_C_D）和 gcd（Result_E_F，Result_G_H）的参数，这些函数也并行执行并给出结果 Result_A_B_C_D 和 Result_E_F_G_H。下一步（最后一步），函数 gcd（Result_A_B_C_D，Result_E_F_G_H）计算最后的结果，即 8 个无符号整数 A、B、C、D、E、F、G、H 的最大公因数。上面讨论的所有函数可以在 PHFSM 中执行，PHFSM 的功能用图 5.13 的并行 HGS 描述。开始时，测试操作数 A、B、C、D、E、D、G、H，如果有一位操作数为 0，则不执行下面的步骤，结果赋予 0。如果所有的操作数都不为 0，则同时激活四个具有不同参数的模块 z_1。所有都结束时，这些模块的结果作为两个新调用的 z_1 的操作数并行运行。最终结果在底部模块 z_1 中产生。

接下来是两个完整可综合的 VHDL 规范，允许设计执行图 5.13 所示算法的硬件电路 S。第一个规范（实体 Parallel_HFSM_iterative）对应前面讨论的 C 函数。第二个规范（实体 Parallel_HFSM_recursive）基于 5.2.1 节给出的递归 C 函数 RGCD。因此，在所有并行运行的模块 z_1 中都存在递归调用。图 5.14 关于通用接口。交互

在两个额外信号的帮助下管理，即 enable 和 ready。后者由电路 S 产生，用于指明已准备好处理新的操作数集 A，B，C，D，E，F，G，H。信号 enable 由系统形成，与电路 S 交互，用于指明新的数据集 A，B，C，D，E，F，G，H 可用于进一步的处理。

注意，在前面的例子中使用 VHDL rem 操作来寻找两个操作数的余数。从初步经验中发现，如果操作数的大小增加，则最大可达到时钟频率会急速减小，而且整数最大值的大小（操作 rem 要求的类型）被限制。因此决定使用额外的 HFSM 模块 z_2 执行相似的操作。从本章参考文献［30］中采用简单的算法。图 5.15 所示为关于不同 HGS（模块）z_0，z_1，z_2 的基本组织。

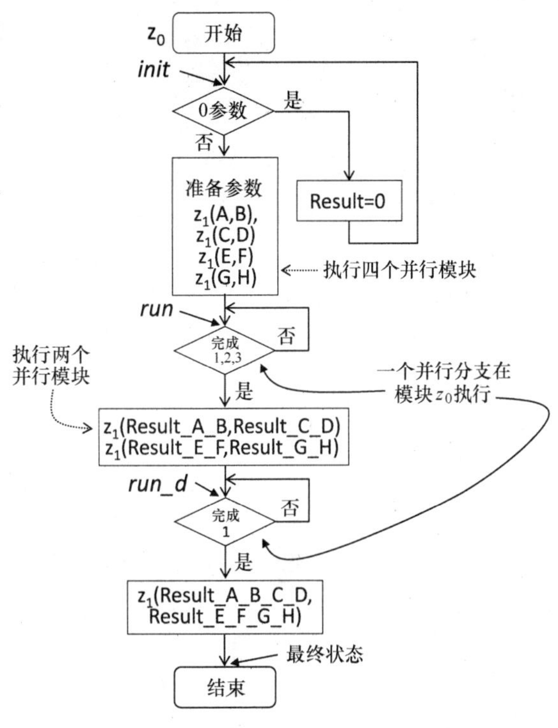

图 5.13　并行 HGS 寻找 8 位非负整数的最大公因数

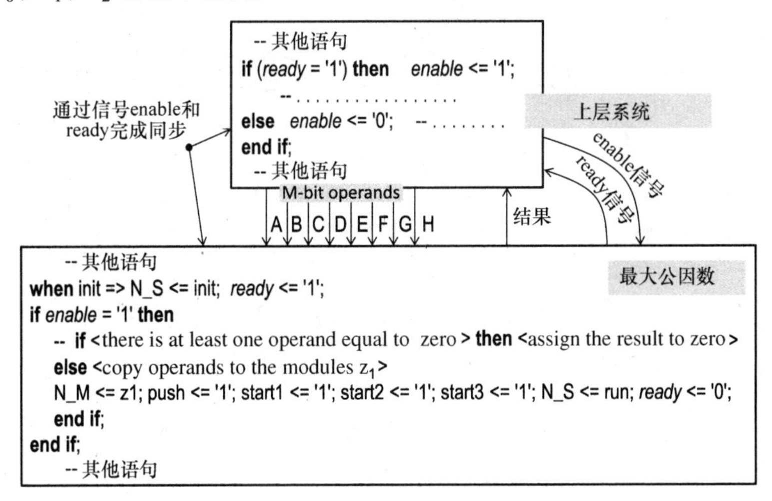

图 5.14　最大公因数的高级系统的界面

第一个 HGS z_0 测试操作数是否为 0，并激活迭代模块 z_1。如果需要找到余数，则将必要的数据复制到变量 local_divisor 和 local_remainder 中，并激活模块 z_2。后者执行周期算法[30]，要求变量索引控制完整的 M 个周期，其中 M 是操作数的大小。模块的并行调用（见图 5.13）在单独模块中完成，如图 5.16 所示，单独模块执行它们

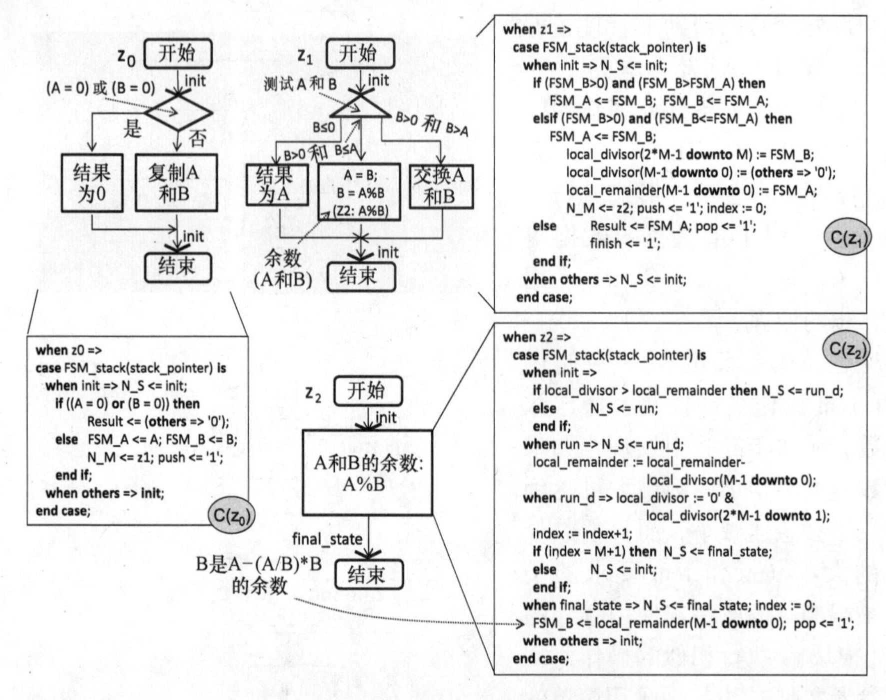

图 5.15　两个非负整数的最大公因数的 HGS

自己的操作（寻找两个操作数的最大公因数），并激活描述为 VHDL 器件的并行模块。信号 start 完成激活，通过检查信号 finish 的值来检查模块的结束（见图 5.12）。

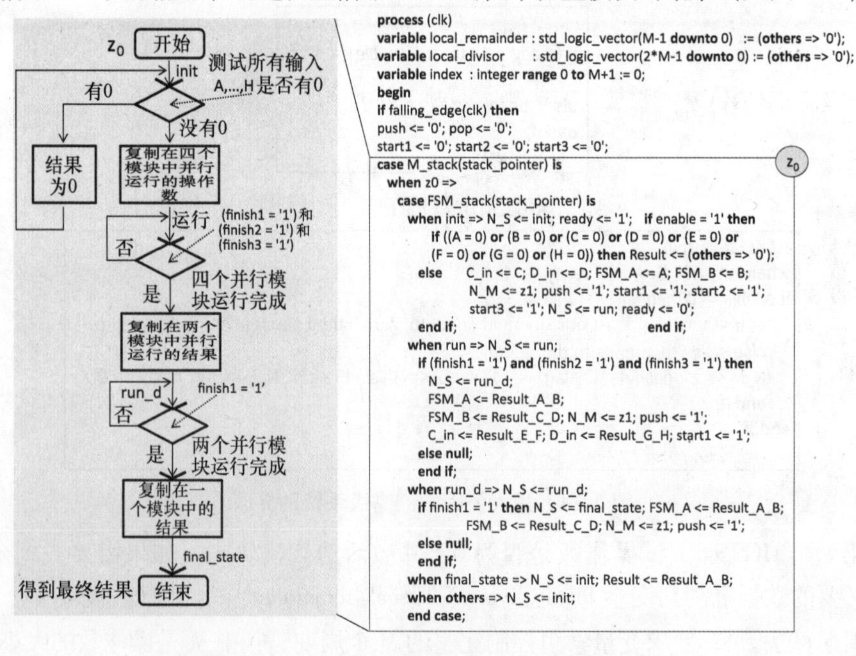

图 5.16　八个非负整数的最大公因数的 HGS

以下 VHDL 代码给出了八个非负整数操作数的最大公因数的完整规范，采用迭代算法：

```
entity Parallel_HFSM is
generic (stack_size        : integer;           -- stack_size is the size of the HFSM stack
         M                 : integer);          -- M is the size (the number of bits) of operands

port (   clk               : in  std_logic;     -- system clock (100 MHz for Nexys-4)
         rst               : in  std_logic;     -- reset signal (the button BTNC was used)
         A,B,C,D,E,F,G,H : in std_logic_vector(M-1 downto 0);      -- M-bit operands
         Result            : out std_logic_vector(M-1 downto 0);   -- M-bit result
         overflow          : out std_logic;     -- HFSM stack overflow signal
         enable            : in std_logic;      -- enable signal
         ready             : out std_logic);    -- ready signal
end Parallel_HFSM;

architecture Behavioral of Parallel_HFSM is
  signal FSM_A, FSM_B : std_logic_vector(M-1 downto 0);
  type state_type is (init, run, run_d, final_state);                  -- *
  signal N_S                 : state_type;                              -- *
  type MODULE_TYPE is (z0, z1, z2);                                     -- *
  -- the lines marked with *** in the entity IGCD in section 5.2.1
  -- except for state_type and MODULE_TYPE
  signal C_in, D_in          : std_logic_vector(M-1 downto 0);
  signal Result_A_B          : std_logic_vector(M-1 downto 0);
  signal Result_C_D          : std_logic_vector(M-1 downto 0);

  signal Result_E_F          : std_logic_vector(M-1 downto 0);
  signal Result_G_H          : std_logic_vector(M-1 downto 0);
  signal overflow1, overflow2, overflow3, overflow4      : std_logic;
  signal start1, start2, start3, finish1, finish2, finish3 : std_logic;
begin

  overflow <= overflow1 or overflow2 or overflow3 or overflow4;

  -- the process from the entity IGCD in section 5.2.1 in which the state initAB is
  -- replaced with the state init

process (clk)
  variable local_remainder : std_logic_vector(M-1 downto 0)     := (others => '0');
  variable local_divisor : std_logic_vector(2*M-1 downto 0)     := (others => '0');
  variable index : integer range 0 to M+1                        := 0;
begin
  if falling_edge(clk) then
    push <= '0'; pop <= '0'; start1 <= '0'; start2 <= '0'; start3 <= '0';
    -- the module z0 from Fig. 5.16
    -- the module C(z1) from Fig. 5.15 without the signal finish
    -- the module C(z2) from Fig. 5.15
    when others => null;
    end case;
  end if;
end process;

C_D:  entity work.Parallel_branch
        generic map(stack_size => stack_size, M => M)
        port map (clk, start1, finish1, C_in, D_in, Result_C_D, overflow2);
```

```
E_F: entity work.Parallel_branch
       generic map(stack_size => stack_size, M => M)
       port map (clk, start2, finish2, E, F, Result_E_F, overflow3);

G_H: entity work.Parallel_branch
       generic map(stack_size => stack_size, M => M)
       port map (clk, start3, finish3, G, H, Result_G_H, overflow4);
end Behavioral;

entity Parallel_branch is
generic (  stack_size       : integer;
           M                : integer  );

port ( clk                  : in  std_logic;
       reset                : in  STD_LOGIC;
       finish               : out  STD_LOGIC;
       A, B                 : in std_logic_vector(M-1 downto 0);
       Result               : out std_logic_vector(M-1 downto 0);
       overflow             : out std_logic);
end Parallel_branch;

architecture Behavioral of Parallel_branch is
  signal FSM_A, FSM_B : std_logic_vector(M-1 downto 0);

   -- the lines marked with * from the code above (entity Parallel_HFSM)
   -- the lines marked with *** in the entity IGCD in section 5.2.1
   -- except for state_type and MODULE_TYPE
 begin

   -- the process from the entity IGCD in section 5.2.1 in which the state initAB
   -- is replaced with the state init

 process (clk)
   variable local_remainder : std_logic_vector(M-1 downto 0)     := (others => '0');
   variable local_divisor     : std_logic_vector(2*M-1 downto 0) := (others => '0');
   variable index             : integer range 0 to M+1           := 0;
 begin
   if falling_edge(clk) then     push <= '0'; pop <= '0'; finish <= '0';
     case M_stack(stack_pointer) is
        -- the module C(z0) from Fig. 5.15
        -- the module C(z1) from Fig. 5.15
        -- the module C(z2) from Fig. 5.15
        when others => null;
     end case;
   end if;
 end process;

 end Behavioral;
```

实体 Parallel_HFSM 可以作为高级系统的器件，代码如下：

```
entity test_4_parallel_HFSM_iterative is
generic (stack_size : integer := 2; M : integer := 32 );   -- the size of operands is 32 bits
port ( clk         : in std_logic;         -- system clock 100 MHz for the Nexys-4 board
       rst         : in std_logic;         -- BTNC button for the Nexys-4 board was used
       rec         : in std_logic;                         -- switch15 (Nexys-4)
       sel         : in std_logic_vector(2 downto 0);      -- switches 2-0 (Nexys-4)
```

```
        use_sw   : in std_logic;                          -- switch14 (Nexys-4)
        sw       : in std_logic_vector(10 downto 0);      -- switches 13-3 (Nexys-4)
        overflow : out std_logic;      -- stack overflow in at least one HFSM
        Result1  : out std_logic_vector(M-1 downto 15);-- bits of the result on PMod pins
        led      : out std_logic_vector(14 downto 0) );  -- bits of the result on LEDs
end test_4_parallel_HFSM_iterative;

architecture Behavioral of test_4_parallel_HFSM_iterative is
  signal A,B,C,D,E,F,G,H: std_logic_vector(M-1 downto 0) := (others => '0');
  signal Result           : std_logic_vector(M-1 downto 0););-- M-bit result
  signal enable, ready    : std_logic;
begin

  Result1 <= Result(M-1 downto 15);          -- bits of the result to PMod pins

process (clk)
begin
  if rising_edge(clk) then
    if (ready = '1') then    enable <= '1';
      if (rec = '1') then    -- use one of fixed or generated data sets
        case (sel) is        -- fixed (or generated) data sets selected by onboard switches 2,1,0

         when "000" => A<=A+1; B<=B+1; C<=C+1; D<=D+1; E<=E+1; F<=F+1;
          G<=G+1; H<=H+1;          -- change values of operands somehow
         when "001" =>A<=conv_std_logic_vector(152,M); -- the first fixed set
                B<=conv_std_logic_vector(38, M); C<=conv_std_logic_vector(209, M);
                D<=conv_std_logic_vector(133, M); E<=conv_std_logic_vector(95, M);
                F<=conv_std_logic_vector(57, M); G<=conv_std_logic_vector(247, M);
                H<=conv_std_logic_vector (171, M);   -- the result is 19:    10011
                -- other fixed sets
         when others =>
                A <= conv_std_logic_vector (3303375, M); -- the last fixed set
                B<=conv_std_logic_vector(20809539, M);
                C<=conv_std_logic_vector(127666539, M);
                D<=conv_std_logic_vector(19533, M);
                E<=conv_std_logic_vector(1147851, M);
                F<= conv_std_logic_vector(1320201, M);
                G<=conv_std_logic_vector(20980740, M);
                H<= conv_std_logic_vector(688479651, M);
                -- the result is 1149:  10001111101
        end case;
        if use_sw = '1' then
          H <= (31 downto 11 => '0') & sw; -- onboard switches can be used
        end if; -- onboard switches 13,...,3 can be used to change 10 least significant bits of H
      else        -- a default set, the result is 3: 11
        A<= conv_std_logic_vector(33, M);
        B<= conv_std_logic_vector(60, M);
        C<= conv_std_logic_vector(1200, M);
        D<= conv_std_logic_vector(57, M);
        E<= conv_std_logic_vector(6, M);
        F<= conv_std_logic_vector(399, M);
        G<= conv_std_logic_vector(63, M); H<=conv_std_logic_vector (24, M);
      end if;
    else enable <= '0';
    end if;
```

```
   end if;
  end process;

  PHFSM: entity work.Parallel_HFSM_iterative
        generic map(stack_size => stack_size, M => M)
        port map (clk, rst, A, B, C, D, E, F, G, H, Result, overflow, enable, ready);

  led <= Result(14 downto 0);          -- 15 onboard LEDs were used for indicating the binary result

  end Behavioral;
```

在第二个（迭代）规范中（实体 Parallel_HFSM_recursive）只改变了模块 z_1，现在它有如下代码：

```
when z1 =>
  case FSM_stack(stack_pointer) is
    when init => N_S <= final_state;
      if (FSM_B>0) then
        if (FSM_B>FSM_A) then   FSM_A <= FSM_B; FSM_B <= FSM_A;
              N_M <= z1; push <= '1';        -- recursive call of z1

      else FSM_A <= FSM_B;    N_S <= run;
            local_divisor(2*M-1 downto M)          := FSM_B;
            local_divisor(M-1 downto 0) := (others => '0');
            local_remainder(M-1 downto 0)          := FSM_A;
            N_M <= z2;   push <= '1'; index := 0; -- non-recursive call of z2
      end if;
    else  Result <= FSM_A;
    end if;
  when run => N_M <= z1; push <= '1'; N_S <= final_state; -- recursive call of z1
  when final_state => N_S <= final_state;   finish <= '1'; pop <= '1';  -- note that the
  when others => init; -- statement finish<='1' has to be removed in the entity Parallel_HFSM
end case;
```

剩余的代码是一样的，在实体 test_4_parallel_HFSM_iterative 中完成测试，其中 Parallel_HFSM_iterative 需要用调用迭代模块 z_1 的新器件代替。

综合、执行和测试的结果表现了如下内容：基于迭代算法的工程需要 645 片器件（从 Nexys－4 板的 FPGA 中可用的 15850 片中选择），允许最大可达到时钟频率为 133.1MHz。基于递归算法的工程需要 63 片，允许最大可达到时钟频率为 124.2MHz。显然对于周期算法，递归调用没有任何优势，但是，对于基于树结构的算法，递归模块可能比迭代模块更高效[2,3,5,27,28]。

5.5 基于 HFSM 模型的软件程序的硬件执行

众所周知[27,28]，普通迭代和特殊递归在硬件中执行比在软件中高效。这是因为任何模块的激活都可以和算法要求的操作执行组合（微操作）。任何模块结束时发生相同的事件，即控制必须返回到最后一次递归调用之后的点，紧随最后一次递归调用被激活的算法执行操作。硬件中的递归执行要求的状态数，可以相比软件减少。而且，后面将讲述（在 5.6 节）状态可以存入栈存储器中，栈存储器在内置

存储模块中执行。而且，板并行性可以直接支持（见5.4节）。已知的方法获得的结果，比如在本章参考文献［4］中回顾的方法，表明在硬件中执行的层次调用比软件程序执行相同的功能速度快。HFSM的增强模块允许不同类型参数在硬件模块中传递并从此模块中返回值，很像在软件程序中，如本章参考文献［1］中描述的那样执行。

在图5.13中模块 z_1 可以并行运行。每个模块有两个参数并返回一个值。在硬件中提供相同的功能，需要做到①传递参数的值；②返回值。

考虑文献［1］中的例子。以下C代码（其中函数treesort是递归调用的）从给定的二进制树中构造并返回已排序的列表（如本章参考文献［28］中研究的）：

```
ValueAndCounter* treesort(treenode* node)  { // node is a pointer to the root of the tree
  ValueAndCounter* tmp;                       // tmp is a temporary pointer to a list item
  static ValueAndCounter* ttmp=0;             // at the beginning the list is empty
  if(node!=0)
  { // if the node exists
       treesort(node->lnode);           // sort left sub-tree
       tmp = new ValueAndCounter;  // allocate memory for a new list item tmp
       tmp->next=ttmp;                  // store pointer to the previous list item
       tmp->val = node->val;           // save the value
       tmp->count = node->count;      // save the number of repetitions of the value node->val
       ttmp = tmp;                        // extend the list
       treesort(node->rnode);           // now sort right sub-tree
       return ttmp;
  }
```

Any tree node has the following structure:

```
struct treenode {
  int val;                    // value of an item of type int
  int count;                  // number of items with the value val
  treenode* lnode;            // pointer to left sub-tree
  treenode* rnode; };         // pointer to right sub-tree
```

Any list item has the following structure:

```
struct ValueAndCounter {
  int val;                           // value of an item of type int
  int count;                         // number of items with the value val
  ValueAndCounter* next; };          // pointer to the next item of type ValueAndCounter
```

假定已建立树（如采用本章参考文献［28］中的方法）。树节点包括四个领域，即指向右子节点的指针、指向左子节点的指针、计数器和值（在该例子中是整数）。节点保持如下形式，即在任何节点，左边子节点的值比该节点值小，右边子节点的值比该节点值大。计数器计数与相应节点相关联的值发生的次数。

如果调用具有语句beginning = treesort（root）；的函数，则返回指向已排序数据列表的指针。在硬件中执行相似的功能需要做到：①通过指针传递参数；②返回指针。

为了支持上面的特征，增加了存储参数的栈存储器（称为 AR_stack）和存储返回值的栈寄存器[1]，如图 5.17 所示。

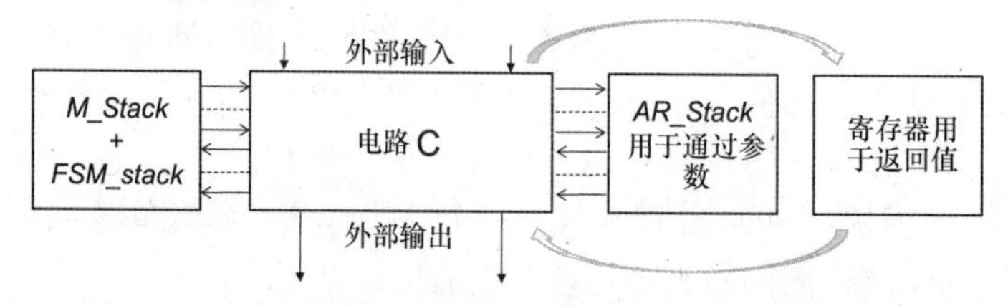

图 5.17　使用额外的器件用于通过参数和返回值/指针

现在 C 函数可以转换为 HFSM，方法如下：

（1）使用前面考虑的模板在 VHDL 中明确栈存储器。

（2）其他基于 VHDL 模板描述的模块，使用以下额外的规则：

1）当模块（相应 C 函数创建的）被激活时，值传递的参数存储在 AR_stack 中；

2）传递到相同函数的不同参数时，根据实际数量的参数，被明确的不同 HDL 模块识别，这可以视为复制函数到重载软件的硬件技术；

3）当模块（相应 C 函数创建的）被激活时，每个参数都是一个指针，地址存在 AR_stack 中。

4）当模块结束时，单独返回值/指针复制到特定分配的寄存器，先前传递到这个模块的所有参数都被摧毁。

三个栈存储器（FSM_stack，M_stack，AR_stack）都在以下 VHDL 进程中描述：

```
process(clock)
begin                  -- a0 is an initial state; z0 is a top-level module
  if rising_edge(clock) then         stack_overflow <= '0';
    if reset = '1' then              stack_pointer <= 0; FSM_stack(0) <= a0;
      M_stack(0) <= z0;  stack_overflow <= '0'; AR_stack(0) <= (others => '0');
    else
      if push = '1' then
        if stack_pointer = stack_size then -- handling stack overflow
        else  stack_pointer <= stack_pointer + 1;
          FSM_stack(stack_pointer+1) <= a0; -- initial state is a0
          FSM_stack(stack_pointer) <= N_S;  -- N_S is the next state in the calling module
          M_stack(stack_pointer+1) <= NextModule;  -- NextModule is the next module
          AR_stack(stack_pointer+1) <= pass_arguments; -- passing arguments
        end if;
      elsif pop = '1' then
        stack_pointer <= stack_pointer - 1;   -- decrementing the stack_pointer when the
      else                                    -- module is terminated
        FSM_stack(stack_pointer) <= N_S;  -- conventional state transition to N_S
      end if;
    end if;
  end if;
end process;
```

因为这里是单值返回，所以保存为信号，声明如下：

```
signal return_value : std_logic_vector(size_of_operands-1 downto 0);
```

其中 size_of_operands 是类属常量。

参数在调用模块中准备，方法如下：

```
when stateWhereTheCalledModuleActivated => push <= '1'; NextModule <= <name>;
      pass_arguments(<index range>) <= <arguments>;  -- preparing arguments
```

返回值产生方式如下：

```
when stateWhereTheResultIsProduced  => N_S <= indicatingTheNextState;
      return_value <= signalThatKeepsTheResult;
```

5.6　嵌入式或分布式栈存储器

注意，当 HFSM 栈存储器作为逻辑模块时需要非常多的硬件资源。但是，它也可以由嵌入式或者分布式存储器在 FPGA 中建立。因为信号 push、pop、clock、reset 和 stack_pointer 对所有栈存储器是一样的，所以存储器可以组织为图 5.18 所示的样子。模块/分布式 RAM（见图 5.18 中的 RAM_block）建立栈存储器的 VHDL 代码如下：

```
process(clock)
begin -- states and modules are represented by binary codes
  if rising_edge(clock) then  stack_overflow <= '0';
    if reset = '1' then
      stack_pointer  <= 0; stack_overflow <= '0'; -- see Fig. 5.18a
      FSM_Register <= (others => '0');            -- see Fig. 5.18c
    else
      if push = '1' then                                    -- hierarchical call
        if stack_pointer = 2**ram_addr_bits-1 then stack_overflow <= '1';
        else     stack_pointer <= stack_pointer + 1;
            -- the arguments are passed through the signal to_AR
            FSM_Register <= to_AR & N_M &
                  (size_of_FSM_stack_words-1 downto 0 => '0');
           RAM_block(stack_pointer) <= to_AR & C_M & N_S;
        end if;
      elsif pop = '1' then                                  -- hierarchical return
        stack_pointer <= stack_pointer - 1;
        FSM_Register <= RAM_block(stack_pointer-1);
      else                                                  -- conventional transition
        FSM_Register(size_of_FSM_stack_words-1 downto 0) <= N_S; end if;
    end if;
  end if;
end process;
```

RAM_block 声明为矩阵，如下：

```
constant ram_width      : integer := <size of words for the stack shown in Fig. 5.18a,b>
constant ram_addr_bits : integer :=  <size of RAM addresses>
type DistributedRAM is array (2**ram_addr_bits-1 downto 0) of
       std_logic_vector (ram_width-1 downto 0);
signal RAM_block: DistributedRAM; --  Block RAM is declared similarly to distributed RAM
```

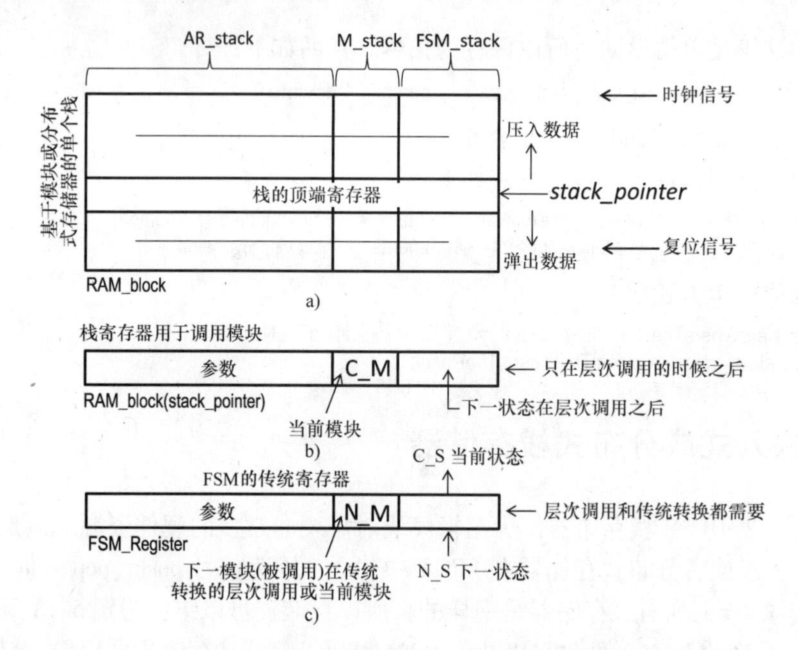

图 5.18 a）嵌入式/分布式 RAM 的单个模块用于图 5.17 的三个栈 b）激活栈寄存器 c）状态转换/层次调用（通过 FSM 传统寄存器）

图 5.19 所示为在 HFSM 中的不同类型的转换，包括层次调用（见图 5.19a）、传统状态转换（见图 5.19b）和层次返回（见图 5.19c）。注意，栈存储器在层次调用模块中是消极的（即栈存储器只在被调用模块的层次返回时需要）。因此，只有寄存器（FSM_Register）可以用于传递参数、执行状态和模块转换。到下一状态的转换完成（如层次调用）时，将具有参数（to_AR）的二进制向量（BVc = to_AR & N_M & <first state with all zeros>）和具有初始状态（全为 0）的被调用模块的代码（N_M）复制到寄存器，如图 5.19a 所示。

传统状态转换执行类似使用寄存器 FSM_Register 的普通 FSM，如图 5.19b 所示。参数直接从寄存器（FSM_Register）中读出。

一旦层次返回完成，来自栈存储器的二进制向量（BVr）如图 5.19c 所示（包含参数、调用模块的代码和被调用模块结束之后调用的模块的下一状态的代码），复制到 FSM_Register（FSM_Register < = RAM_block（stack_pointer - 1）;）。因此，调用模块会继续执行。

描述嵌入式或分布式存储器的进程代码行 RAM_block（stack_pointer）< = to_AR & C_M & N_S；设置下一状态 N_S 的代码，状态 N_S 在调用模块结束后是需要的。因此，在相应的层次返回之后，转换到合适的 HFSM 状态（FSM_Register < = RAM_block（stack_pointer - 1）;）。因为在调用模块之前下一状态就已经决定了，所以被调用模块不能改变提前决定的状态转换。在大多数实际应用中，这个并不会产生问题。但是，在某些情况下这样会产生问题，而且这些问题必须解决。产生的

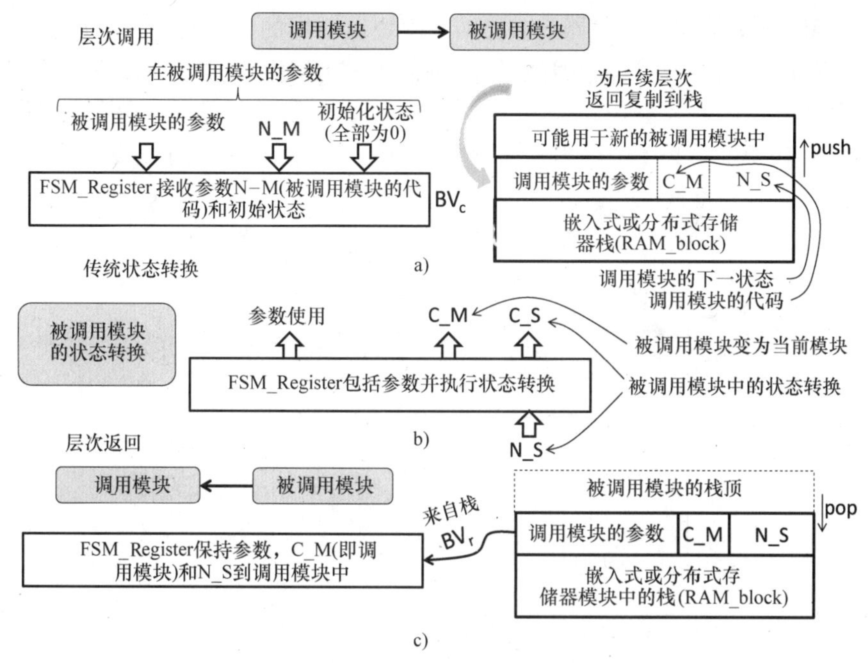

图 5.19　三类 HFSM 中的栈转换

a）层次调用　b）传统转换　c）层次返回

这些问题可以通过用声明 RAM_block（stack_pointer）< = to_AR & C_M & C_S; 代替上述代码行来解决，其中 C_S（调用模块的当前状态）必须进一步用 N_S 代替，这是考虑了调用模块中会潜在改变的状态。这样的代替方法在本章参考文献[31] 和 5.7.1 节中讨论。

注意，具有嵌入式或分布式栈存储器的 HFSM 的完整可综合的 VHDL 工程可以在本章参考文献［5］中找到。

5.7　优化技术

本小节将讲述 HFSM 综合的优化技术[5]，即在执行层次返回时，使用子算法（HGS）的多入口点和快栈解除。

5.7.1　层次返回

在层次调用时，代码行 FSM_stack（stack_pointer）< = N_S; 设置下一状态 N_S 的代码。因此层次返回之后，FSM_stack 的顶端寄存器具有合适的 HFSM 状态代码。因为在调用模块之前下一状态就已经决定了，所以被调用模块不能改变状态转换。在许多实际应用中，这并不会产生问题。但是在某些实际情况中，这就是问题，必须解决。如果移除代码行 FSM_stack（stack_pointer）< = N_S;，层次返回

之后，FSM_stack的顶端寄存器具有已结束模块被调用的状态代码。这样可以提供当前的状态转换到下一状态，因为所有可能的在被调用模块中已经改变的逻辑条件已经接收到合适的值。但是，这样会产生其他问题；即避免重复调用在该状态已调用的模块，和产生不必要的输出，如图5.20所示。以下代码用于克服这个问题：

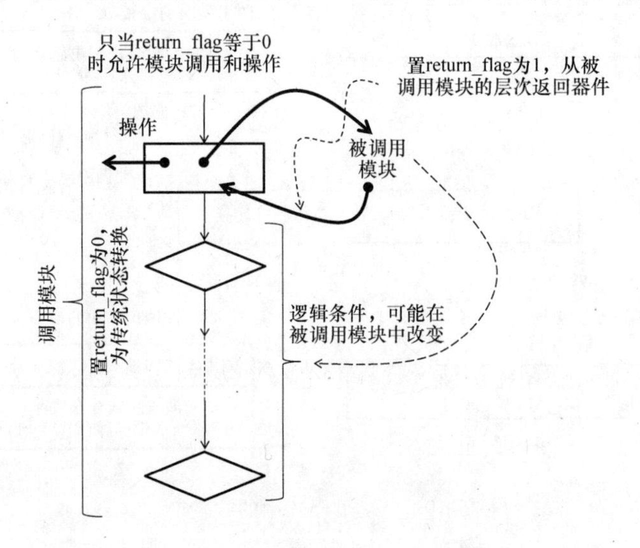

图5.20　层次返回的执行

```
-- see VHDL description for stacks
elsif pop = '1' then
  stack_pointer <= stack_pointer - 1;
  return_flag <= '1';
else FSM_stack(stack_pointer) <= N_S;
  return_flag <= '0';
end if;
```

信号return_flag允许模块调用，输出操作在层次调用时被激活，在层次返回时被避免[28]。而且，当信号stack_pointer减少时，return_flag在时钟周期内等于1。一旦当前激活（调用）模块结束，控制流将从被调用模块返回到调用模块。因此，M_stack的顶端将具有调用模块（z→）的代码和FSM_stack的顶端将存储调用状态（a→）的代码。return_flag消除相同模块的二次调用（以及相关输出信号的二次激活）。这个在以下必须插入描述转换和操作的进程代码行的帮助下实现（见图5.20）：

```
when state_with_module_call
  if return_flag='0' then push<='1';  -- specifying operations and calling the next module
  else push<='0';                     -- no operation and no module call is involved
  end if;
```

最后，提出的技术允许在调用模块结束后测试逻辑条件，这或许会改变这些条件。

5.7.2　HGS 的多入口点

任何前文考虑的层次模块调用都会激活新的 HGS，从开始节点（以某种方式与状态 a_0 关联）开始，通常来说，这个节点不具有微操作。跳过节点 a_0 将从层次调用中移除一个时钟周期。但是这样的话，相关的 HGS 可能需要多个入口点，特定入口点将选择菱形/三角形节点（在图 5.21 中用椭圆圈住的），这些节点在调用模块中测试（z→）。这里，NM_FS 是下一模块的第一状态。栈存储器的描述必须稍作调整如下：

```
FSM_stack(stack_pointer+1) <= NM_FS;
```

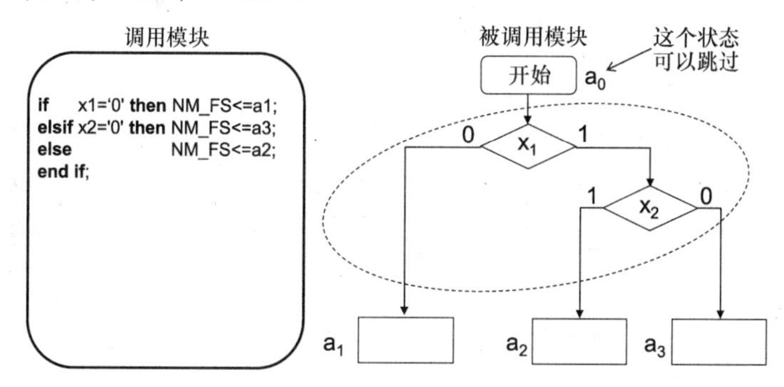

图 5.21　为 HGS 提供多入口点

5.7.3　快栈解除

在结束节点之前，一些 HGS 被递归调用，一旦到达结束节点，按序迭代调用必须结束。这样的结束可以通过使用快栈解除技术在一个时钟周期内完成。而且，递归调用结束时，代码行如下：

```
if pop='1' then stack_pointer <= stack_pointer – 1;
```

重复执行，直到 stack_pointer 接收到递归调用顺序开始时的赋值。重复执行代码行 stack_pointer < = stack_pointer – 1；需要多个时钟周期。为了消除冗余周期，上述代码修改如下：

```
if pop='1' then stack_pointer <= stack_pointer – unwinding;
```

其中信号 unwinding 计算如下：

```
unwinding <= stack_pointer - saved_sp + 1;
```

赋值 saved_sp < = stack_pointer 在模块首次调用时完成。因此，可以避免层次返回的冗余时钟周期。

5.8　实际应用

本节关于实际应用，其中可以高效使用 HFSM 和 PHFSM。开始时，这样的应

用需要穿越$\mathcal{N}$元树（见 3.4.3 节和本章参考文献［32］）。考虑图 3.12 中的$\mathcal{N}$元树（$\mathcal{N}$ =4）。该树可以存储按给定关系连接的数据。例如，图 5.22 中的树存有如下整数集：60，12，31，56，0，9，63，28，6，1，58，15，2，62，48，49，7，29，50，5，3，30，59，23。将这些整数的二进制代码分解为 G 位一组（G =2）：*11* 1100，*00* 1100，*01* 1111，*11* 1000，*00* 0000，*00* 1001，*11* 1111，*01* 1100，*00* 0110，*00* 0001，*11* 1010，*00* 1111，*00* 0010，*11* 1110，*11* 0000，*11* 0001，*00* 0111，*01* 1101，*11* 0010，*00* 0101，*00* 0011，*01* 1110，*11* 1011，*01* 0111。左边的第一组用斜体表现。使用这组指定根节点的三个子节点，找到所有的代码为 00、01 和 11，分别指向三个子节点 b、c 和 d。现在节点 b、c 和 d 可以认为是子树的根节点，子树采用相同的规则。最后一组的数据不为新的树节点扩展，但与深度为 2 的叶关联（叶有 e，f，g，h，i，j，k，l，m）。这样的树可以轻松建立，可以采用迭代或递归过程遍历[32]。连接到叶的数据是有序的（最左边的叶具有最小值，最右边的叶具有最大值）。因此，树可用于数据排序，或者寻找特定数据。例如，检查数据 28 是否在数据集中，可以进行三个测试，一个用于树根，其他用于节点 c 和 j（见图 5.22 中的下划线代码）。

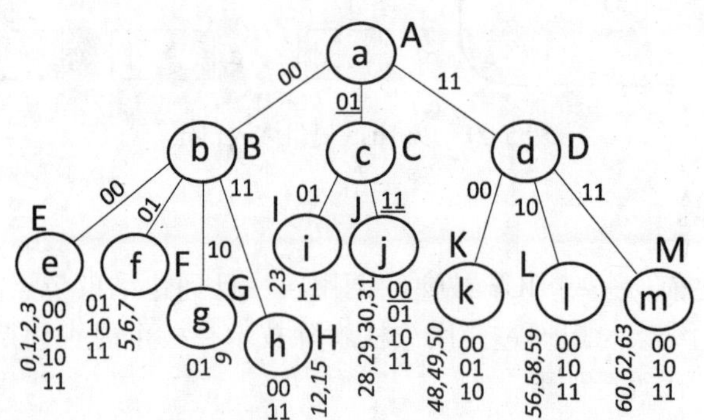

图 5.22　图 3.12 的$\mathcal{N}$元树（$\mathcal{N}$ =4）现可用于数据排序

在众多的实际应用中都涉及$\mathcal{N}$元树（如本章参考文献［32］），将通过应用两类模块用它们排序数据：①遍历树使所有叶被找到；②最快排序与叶相关的数据。第一个模块有两个可用执行，即迭代和递归。第二个模块执行顺序（非迭代）操作，涉及上文提及的可重复使用的排序网络（见 3.5 节）。

假定已经建立用于排序数据的$\mathcal{N}$元树，且需要从树中提取已排序的数据。以下迭代 C 函数用于提取已排序数据：

```
void traverse_tree(treenode* root, int depth)
{       depth++;
        if (root == 0) {  depth--; return;  }
        if (depth == max_depth) {    sort_and_print_leaf_data(root); depth--; return; }
        for (int i = 0; i < N; i++)
                traverse_tree(root->node[i], depth);        -- recursive call
        depth--;                                                    }
```

其中 treenode 是以下 C 结构（N 是常量$\mathcal{N}$）：

```
struct treenode        {
  int* arrayTOsort;
  int count;
  treenode* node[N];    };
```

迭代函数 void iterative_traverse_tree（treenode * root，int depth）可以类似建立，其中 treenode 结构具有额外的域，这个域具有指向树的父节点的指针。

使用前文讲述过的方法和工具，函数 traverse_tree 和 iterative_traverse_tree 可以转换为硬件电路。树的不同分支（如具有局部根 b、c 和 d 的分支）可以并行遍历，因此，在 5.4 节讲述的 PHFSM 可以直接应用，允许不同模块并行执行。通过把子树存在不同存储模块中，避免了模块之间最后数据的依赖性。任何模块也允许创建管道线。例如，上述 C 代码中的函数 sort_and_print_leaf_data（root）;，排序与叶关联的数据。图 5.23 所示为在 HFSM 模块中执行的管道线。

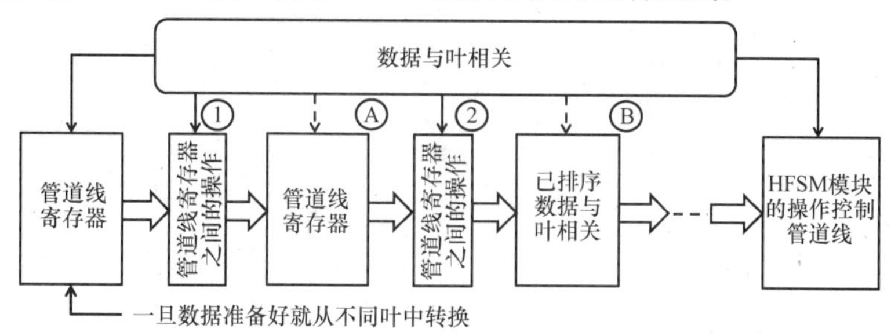

图 5.23　HFSM 模块控制的管道线

一旦函数 traverse_tree 找到具有最小值的子集（如图 5.22 中的节点 e），所有数据便传输到图 5.23 中最右边的管道线寄存器的输入（见①）。在下一次迭代中，传输后续子集（如图 5.22 中的节点 f），具有第一个子集的操作结果存在下一个管道线寄存器，如图 5.23 所示（见②）。后续迭代相似执行。管道线寄存器之间的操作的例子如图 3.15 所示。

任何 HFSM 模块都有统一化接口。但是，模块的执行可能不同。例如，递归函数 traverse_tree（treenode * root，int depth）可以轻松地用迭代函数 iterative_traverse_tree（treenode * root，int depth）替代。对于实验和比较，这个技术是必不可少的。注意，HFSM 执行遍历二进制树的完整可综合的 VHDL 代码可以在本章参考文献［5］中找到。

第二个例子取自组合查找的范围。假定需要找到给定二进制矩阵的最小行覆盖，即最小的行数，这样在行列交点处，它们在每列中最少具有一个值“1”。大致算法[33]允许解决这类问题，需要以下步骤顺序，如图 5.24a 所示：

1）发现矩阵列 C_{min}，具有最小汉明权重 N^1_{min}（如果 $N^1_{min}=0$，则覆盖不存在）；

2）发现行 R_{max}，在列 C_{min} 中具有值“1”，具有最大汉明权重 N^1_{max}；

3）方案包括行 R_{max}，移除这行和所有的列，这样 R_{max} 具有值“1”；

4）重复步骤 1)~3)，直到矩阵为空，或者存在只有 0 的列，这意味着方案不存在。

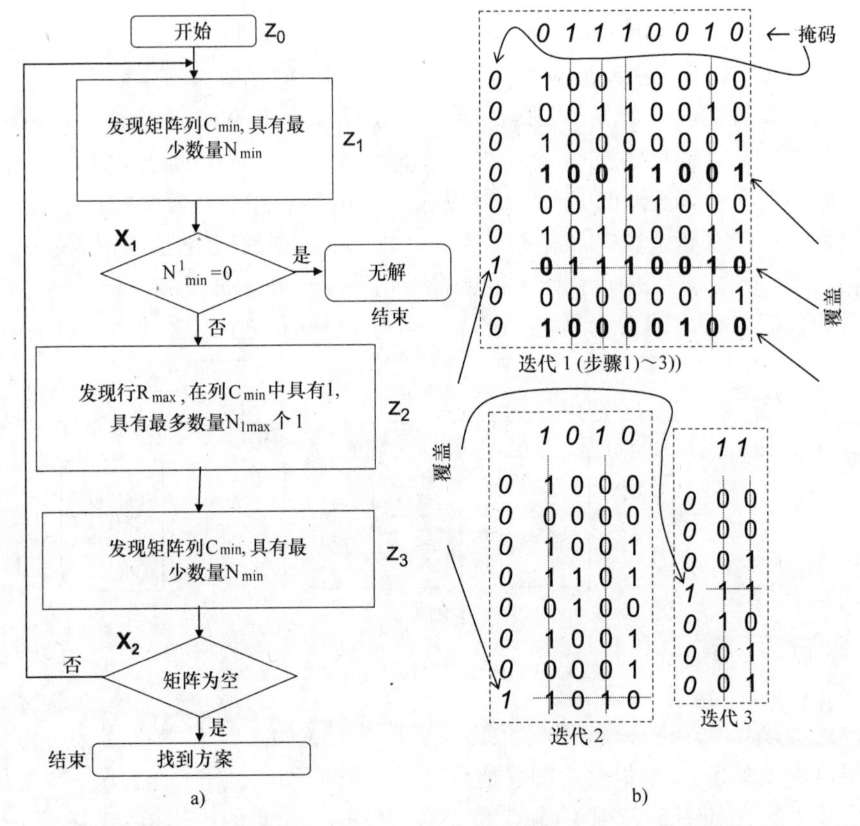

图 5.24　a）近似矩阵遍历算法 b）迭代算法应用到给定二进制矩阵

图 5.24b 所示为本章参考文献［1］中的例子，即特定矩阵采用了图 5.24a 中的步骤。这些步骤在相应的 HFSM 模块中实现，具有 3.7 节～3.9 节中的快速并行计算。主模块 z_0 调用模块 z_1，z_2 和 z_3。模块 z_1（见图 5.24a）执行步骤 1，输出值 N^1_{min} 和 C_{min}。模块 z_2（见图 5.24a）寻找 R_{max}。模块 z_3 更新掩码，掩码用于指明已经移除的行和列（见图 5.24a），因此，为后续步骤取出被掩（被移除）矩阵。一直重复上述步骤，直到找到覆盖，或者直到得出方案不存在的结论。

显然，所有这样的步骤可以轻松在通用处理器中执行，通常，操作明显比 FPGA的时钟频率高。但是，基于 FPGA（和基于 HFSM）的执行可能有以下一些优势：

（1）可以轻松执行非常快的并行计算（如计算汉明权重时需要），且没有通信开销，通常当基于处理器的执行涉及相似的加速器时具有通信开销。

（2）并行操作可行。例如，对于所有的矩阵列都可以找到汉明权重（保留在

并行进入的 FPGA 寄存器中）和 N^1_{min}，可在图 3.16 描述的电路的组合进程中找到（见 3.6 节）。尤其是，上述步骤 1）和 2）能够在一个时钟周期内完成。

（3）支持组合查找的快硬件器件可以创建为在相同 FPGA 中执行的复杂系统的一部分。

HFSM 的最后一个例子关于管道线，管道线寄存器之间的操作顺序执行，需要多个时钟周期。而且，图 5.23 中的任何操作（见Ⓐ和Ⓑ）都可以组合或顺序执行。组合操作不使用顺序控制电路，但是它们可能具有过度传播延时。对于具体应用（如 3.5 节和 3.6 节讨论的），顺序操作以高时钟频率执行，可能更好，因为它们使资源消耗明显减少，且可以达到要求的性能，与已完成的系统的其他性能相互调整，比如通信开销。HFSM 可以用于控制管道线，管道线寄存器之间顺序操作，每个特定的操作由相关的 HGS 描述。图 5.25 所示为一些操作的例子（见Ⓐ和Ⓑ）。例如，操作 A 是迭代排序，可能被图 5.8a 和 b 中的 HGS 控制。操作 B 的可行类型如图 5.25 所示。

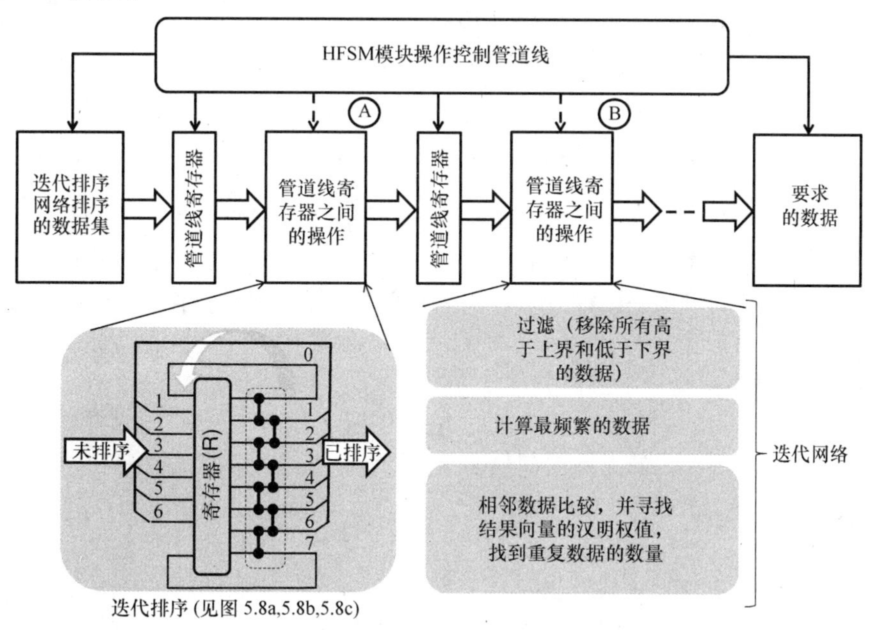

图 5.25　管道线寄存器之间的时序操作实例

考虑图 5.26 中的特定例子，使两个子集（每个子集由 N 个数据组成）在管道线中排序，每个管道线阶段（步）需要大约 N/2 个时钟周期，且只在高频起作用。而且，最终的集（2N 个数据）只具有不重复的正值。

图 5.26a 中有介于管道线寄存器之间的三个模块。第一个模块检验左边模块输出数据的可用性（指定为 SOURCE），执行模块 z_1，并行激活两个迭代排序器（每个排序器 N 个数据），如图 5.8c 所示（也可见图 5.25）。这样的操作最多需要 N/2

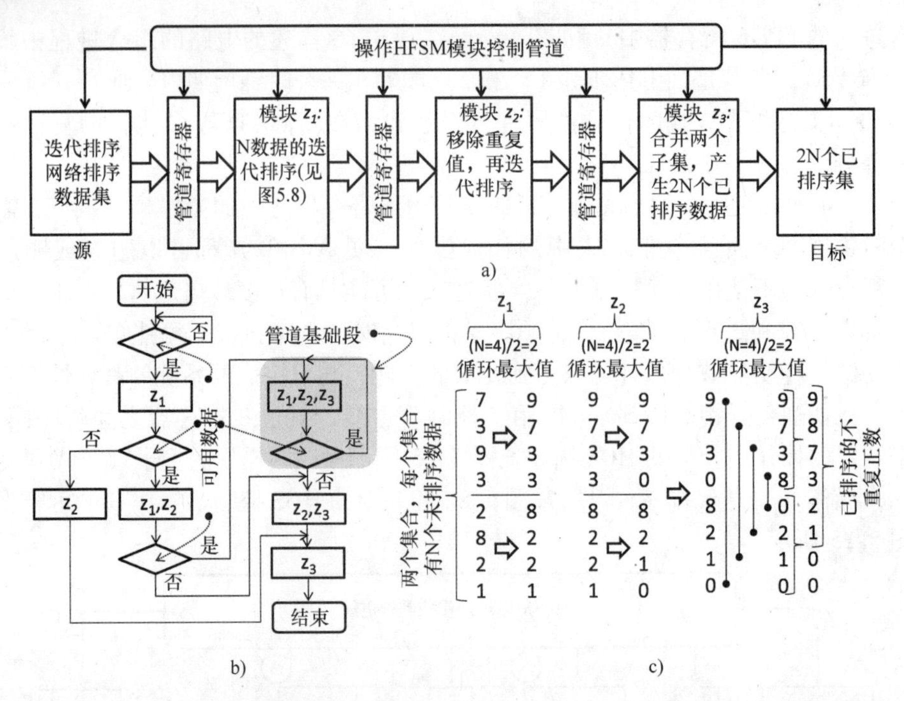

图 5.26　a）管道线寄存器之间的时序模块排序 b）HGS 控制管道线 c）排序实例

个时钟周期和组合通路延时，组合通路延时等于两个比较器的延时。为了简单，假定图 5.26b 中没有输入数据，则前面记录的数据必须首先排序，只有排序之后才可能出现指明新数据可用的新信号。容易避免前提条件，但是图 5.26b 中的 HGS 会变得更加复杂。第二个模块 z_2 移除所有的重复数据。它完成如下：①邻近数据比较（见图 3.33）和查找结果向量的汉明权重，发现重复数据的次数；②从任何重复数据集中保留一个值；③在第 3 章的电路的帮助下重新排序。因为操作①和②可以组合完成，所以需要的时钟周期最多为 N/2 个。最后一个模块 z_3 在两个已排序子集中交换数据，正如图 5.26c 使用的方法[34]，然后重新排序两个具有 N 个数据的集，给出最终已排序的集，具有 2N 个数据。注意本章参考文献［34］的网络也在本章参考文献［35］中描述过，还有其他的细节，尤其是证明这里考虑的方法是正确的。很容易证明这样的操作也需要不超过 N/2 个时钟周期。最后，2N 个已排序的数据传输到模块，图 5.26a 中指定为 DESTINATION。图 5.26c 所示为关于 2 个具有 4 个数据集的简单例子，如下：7，3，9，3 和 2，8，2，1。注意不必要的 0 可以丢弃。或者，模块 z_2 可以明确指明最终集中数据的数量。

在不超过 N/2 个时钟周期之后执行管道线寄存器之间的数据传输，这比图 3.14 中的电路需要的 2N/2 个时钟周期快，假设这个电路直接用于排序 2N 个数据。因此，对于 2N 个数据，图 5.26 所示管道线执行更快（因子大约为 2），因为图 3.14 中的电路虽然使用类似的管道线，但只用一个模块控制电路，而不是 3 个模块 z_1，z_2，z_3。

注意，许多其他的例子可在本章参考文献［1，5，36］中找到。

已知HFSM可以静态或者动态配置。在最后一种情况下，HFSM的行为可以在运行时改变。本章参考文献［37］的方法可以应用于这样的目的，它们允许HFSM电路从可重复载入的存储器中建立，决定理想的功能。存储器（嵌入式或分布式FPGA模块）在执行期间可重复载入，因此HFSM的操作可根据请求改变，这些请求与实际因素相关（如天气条件、周围环境、单元错误等）。因为HFSM由模块组成，所以如果有需要则这些模块可以被替代。为了调整被控设备的参数，模块明确的不同控制算法可在执行期间选择。图5.27所示为一个可行的方法，使外部设备的智能控制在APSoC执行，APSoC在4.5节讨论过。HFSM由不同模块组成，旨在控制外部设备（即被控设备），一些模块执行替代算法或者竞争算法。因为可以采用策略“尝试、测试和替代（如果需要的话）”。并且任何模块可以用升级版更新，且不用调整周围模块。并且足够改变相关微操作（z_i），该微操作指明具有新的微操作（z_j）的模块的入口点，这个新的微操作指明另一个（备用）模块（从集1，2，…，G）的入口点。图5.27所示为潜在的智能控制。PS（见4.5节）评估被控设备的功能，检查是否满足要求。如果从评估结果来看，PS得出应用到被控设备的方法和算法可以升级的结论，则在PL执行的激活模块可以更新，一些这样的模块使用本章参考文献［37］中的方法重新配置。更新意味着当前激活模块可以被当前闲置模块替代，期待更高效的使用。重新配置意味着通过重新载入其存储器改变被选择模块的功能。

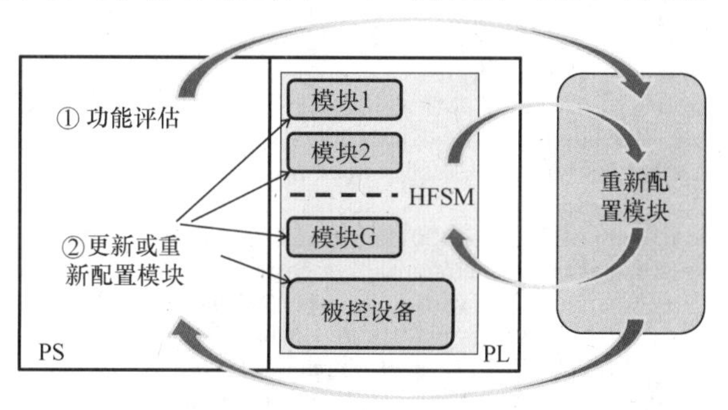

图5.27　使用HFSM用于智能控制

上述的一些应用对于不同要求，智能系统可以做到更好。而且HFSM可以实现高速控制，也可能有利于实际案例。

参考文献

1. Sklyarov V, Skliarova I (2013) Hardware implementations of software programs based on HFSM models. Comput Electr Eng 39(7):2145–2160
2. Carrano FM, Henry T (2012) Data abstraction and problem solving with C++: walls and mirrors, 6th edn. Prentice Hall, New Jersey
3. Cormen TH, Leiserson CE, Rivest RL, Stain C (2009) Introduction to algorithms, 3rd edn. MIT Press, Cambridge
4. Skliarova I, Sklyarov V (2009) Recursion in reconfigurable computing: a survey of implementation approaches. In: Proceedings of the 19th international conference on field-programmable logic and applications, FPL 2009, Prague

5. Skliarova I, Sklyarov V, Sudnitson A (2012) Design of FPGA-based circuits using hierarchical finite state machines. TUT Press, Tallinn
6. Baranov S (2008) Logic and system design of digital systems. TUT Press, Tallinn
7. Sklyarov V (1999) Hierarchical finite-state machines and their use for digital control. IEEE Trans VLSI Syst 7(2):222–228
8. Baranov S (1994) Logic synthesis for control automata. Kluwer Academic Publishers, Norwell
9. Sklyarov V (1983) Finite state machines with stack memory and their automatic design. In: Proceedings of USSR conference on computer-aided design of computers and systems, 1983 (in Russian)
10. Sklyarov V (1984) Synthesis of finite state machines based on matrix lsi. Science and Techniques, Minsk (in Russian)
11. Sklyarov V (2010) Synthesis of circuits and systems from hierarchical and parallel specifications. In: Proceedings of the 12th biennial baltic electronics conference, Tallinn
12. Sklyarov V, Skliarova I (2008) Design and implementation of parallel hierarchical finite state machines. In: Proceedings of the 2nd international conference on communications and electronics, Hoi An
13. Lyshevski SE (2003) Hierarchical finite state machines and their use in hardware and software design. In: Goddard WA, Brenner DW, Lyshevski SE, Iafrate GJ (eds) Handbook of nanoscience engineering and technology. CRC Press, Boca Raton
14. Marcon CAM, Calazans NLV, Moraes FG (2002) Requirements, primitives and models for systems specification. In: Proceedings of the 15th symposium on integrated circuits and systems design, Porto Alegre
15. del Moral BA, Zafra JMJ, Gómez JFR, Mesa RS, Muñoz RM, Trinidad AR, Moreno JJL, and The International Medusa Team (2010) New control system for space instruments. Application for medusa experiment. In: Proceedings of the 7th international planetary probe workshop, Barcelona
16. Neishaburi MH, Zilic Z (2011) Hierarchical trigger generation for post-silicon debugging. In: Proceedings of the international symposium on VLSI design, automation and test, Taiwan
17. Perez-Rodriguez R, Caeiro-Rodriguez M, Anido-Rifon L, Llamas-Nistal M (2010) Execution model and authoring middleware enabling dynamic adaptation in educational scenarios scripted with PoEML. J Univ Comput Sci 16(19):2821–2840
18. Hu W, Zhang Q, Mao Y (2011) Component-based hierarchical state machine - a reusable and flexible game AI technology. In: Proceedings of the 6th IEEE joint international conference on information technology and artificial intelligence, Chongqing
19. Jenihhin M, Gorev M, Pesonen V, Mihhailov D, Ellervee P, Hinrikus H, Bachmann M, Lass J (2011) EEG analyzer prototype based on FPGA. In: Proceedings of the 7th international symposium on image and signal processing and analysis, Dubrovnik
20. Mihhailov D, Sklyarov V, Skliarova I, Sudnitson A (2011) Acceleration of recursive data sorting over tree-based structures. Electron Electr Eng 7(113):51–56
21. Ninos S, Dollas A (2008) Modeling recursion data structures for FPGA-based implementation. In: Proceedings of the 18th international conference on field-programmable logic and applications, Heidelberg
22. Malakonakis P, Dollas A (2011) Exploitation of parallel search space evaluation with fpgas in combinatorial problems: the eternity II case. In: Proceedings of the 21st international conference on field-programmable logic and applications, Crete
23. Muñoz DM, Llanos CH, Ayala-Rincón M, van Els RH (2008) Distributed approach to group control of elevator systems using fuzzy logic and FPGA implementation of dispatching algorithms. Eng Appl Artif Intell 21(8):1309–1320
24. Sklyarov V, Skliarova I, Neves A (2009) Modeling and implementation of automatic system for garage control. In: Proceedings of ICROS-SICE international joint conference, Fukuoka
25. Harel D (1987) Statecharts: a visual formalism for complex systems. Sci Comput Program 8(3):231–274
26. Gajski DD, Abdi S, Gerstlauer A, Schirner G (2009) Embedded system design. Springer, New York

27. Sklyarov V, Skliarova I, Pimentel B (2005) FPGA-based implementation and comparison of recursive and iterative algorithms. In: Proceedings of the 15th international conference on field-programmable logic and applications, Tampere
28. Sklyarov V (2004) FPGA-based implementation of recursive algorithms. Microprocess Microsyst 28(5–6):197–211 Special issue on FPGAs: applications and designs
29. Skliarova I, Sklyarov V (2010) Reconfiguration technique for adaptive embedded systems. In: Proceedings of the 3rd international conference on intelligent and advanced systems, Kuala Lumpur
30. Patterson DA, Hennessy JL (2009) Computer Organization and Design. Morgan Kaufmann Publishers, Burlington
31. Sklyarov V, Skliarova I (2006) Recursive and iterative algorithms for n-ary search problems. In: Debenham J (ed) Proceedings of the 19th IFIP world computer congress, Santiago de Chile
32. Rosen KH, Michaels JG, Gross JL, Grossman JW, Shier DR (eds) (2000) Handbook of discrete and combinatorial mathematics. CRC Press, Boca Raton
33. Zakrevskij A, Pottosin Y, Cheremisiniva L (2008) Combinatorial algorithms of discrete mathematics. TUT Press, Tallinn
34. Alekseev VE (1969) Sorting algorithms with minimum memory. Kibernetika 5(5):99–103
35. Knuth DE (2011) The art of computer programming, vol 3: sorting and searching. Addison-Wesley, New York
36. Sklyarov V, Skliarova I (2013) Parallel processing in FPGA-based digital circuits and systems. TUT Press, Tallinn
37. Sklyarov V (2002) Reconfigurable models of finite state machines and their implementation in FPGAs. J Syst Architect 47(14–15):1043–1064

第二部分 基于 FPGA 电路和系统的有限状态机的优化方法

第6章 Moore FSM 逻辑电路的硬件减少

摘要——本章主要解决在 FPGA 中执行 Moore FSM 逻辑电路的优化问题。并给出功能解体和结构解体方法的一般特点。分析 FPGA 的独特特征，可以减少 Moore FSM 逻辑电路 LUT 的数量。Moore FSM 优化方法的分类包括①状态代码转换为伪等状态（Pseudoequivalent State，PES）类代码；②状态代码显示为 PES 代码的并置和微操作集；③其他变量替代逻辑条件（FSM 的输入变量）。所有讨论的方法均用例子说明。本章由作者和博士生 Olena Hebda（波兰绿山城大学）一起编写。

6.1 现有方法的一般特点

执行控制单元逻辑电路的一个主要问题是硬件减少问题[1,2]。解决方法是减少 FSM 逻辑电路占用的芯片区域。该解决方法的积极作用是性能变佳，逻辑电路的功耗减少[3-6]。如果使用的逻辑器件的传播时间没有减少，则性能增加是可能的，只需要在控制单元的组合部分减少层的数量[7]。Moore FSM 的结构关系图具有两个组合模块和 1 个寄存器 RG，如图 6.1 所示[8]。

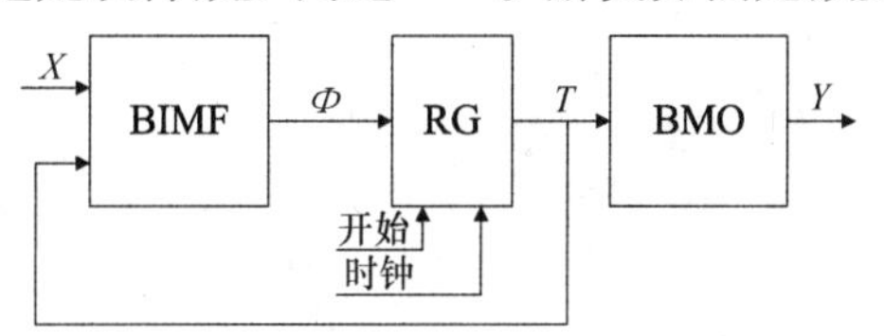

图 6.1　Moore FSM 的结构图

输入存储函数模块（Block of Input Memory Function，BIMF）执行函数 $D_r \in \Phi$，其中输入存储系统的表达式为

$$\Phi = \Phi(T, X) \tag{6.1}$$

通常，$\Phi = \{D_1, \cdots, D_R\}$，因为寄存器 RG 使用 D 触发器执行[9]。寄存器中最小位数由如下方程式决定：$R = \log_2 M$。微操作模块（Block of Microoperation，BMO）产生函数 $y_n \in Y$，其中微操作系统的表达式为

$$Y = Y(T) \tag{6.2}$$

为了紧凑，命名硬件减少的方法为优化方法。对于 Moore FSM，存在的优化方法可以分为普通和特殊两种。普通方法适用于任意逻辑器件执行的 FSM 的优化，以及任意 GSA。这个组包括 FSM 的功能解体和结构解体。

功能解体基于香农展开式[9,10]。考虑如下例子，为如下函数建立逻辑电路：$y_1 = abcd \vee abc\bar{d} \vee \bar{a}\bar{b}cd \vee \bar{a}\bar{b}c\bar{d}$。令 LUT 有 3 个输入（$S=3$）可以用于执行电路。将函数写成以下形式：

$$y_1 = a(bcd \vee bc\bar{d}) \vee \bar{a}(\bar{b}cd \vee \bar{b}c\bar{d}) \tag{6.3}$$

根据式（6.3），3 片 LUT 执行电路是足够的。结果电路有两层，如图 6.2 所示。

在该电路中，逻辑器件 LUT1 执行函数 $B = bcd \vee bc\bar{d}$，而 LUT2 执行函数 $C = \bar{b}cd \vee \bar{b}c\bar{d}$。如果不采用解体，则式（6.1）中的每个项使用两片 LUT 执行。执行这些项的析取，使用的两片 LUT 都是 $S=3$ 个输入的。因此，没有解体的结果电路需要十片 LUT，有四层。

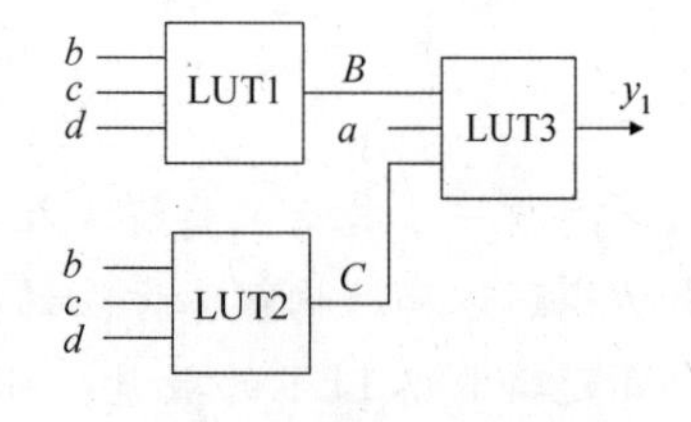

图 6.2　函数 y_1 的逻辑电路

功能解体用 NAND 门执行逻辑电路[1]。接下来，功能解体应用于 FPGA 芯片上执行的 FSM 电路[11,12]。过去，功能解体广泛应用于 CPLD 芯片上执行的 FSM 电路[13-17]。如果功能解体使用布尔函数因子表现 FSM 电路[18]，则逻辑器件的数量会减少。因式分解假定使用式（6.1）所示系统的不同函数的连词。

结构解体基于在 FSM 逻辑电路中增加结构水平的数量[9,19]。结构解体的方法如下：

1）替换逻辑条件；

2）微操作集的解码；

3）兼容微操作域的解码；

4）目标转换。

这些方法的主要思想如下：

（1）替换逻辑条件。这个方法的目的是减少 FSM 输入存储函数中的参数数量。令 $L_m = |X(a_m)|$，其中 $X(a_m) \subseteq X$ 是逻辑条件集，决定状态 $a_m \subseteq A$ 的转换。用条件变量 $P = \{p_1, \cdots, p_G\}$ 替换集 X，其中 $G = \max(L_1, \cdots, L_M)$。命名 Moore FSM（见图 6.1）为 *PY* Moore FSM。用符号 P 指代 BIMF 的存在性，而 Y 指代 BMO 的存在性。逻辑条件的替换导致 *MPY* Moore FSM，如图 6.3 所示。

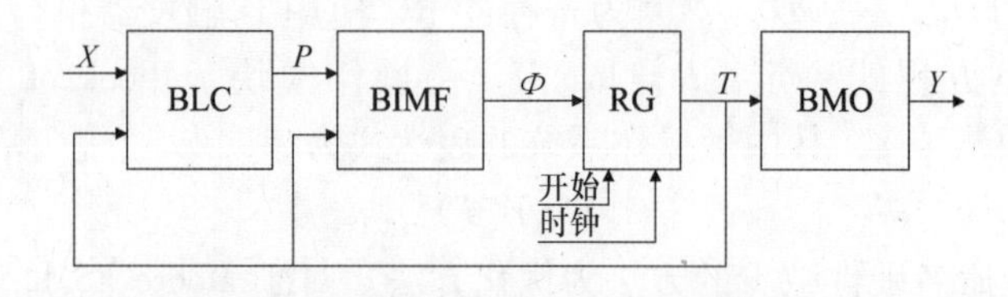

图 6.3　*MPY* Moore FSM 的结构图

在 *MPY* Moore FSM 中，逻辑条件模块（Block of Logic Condition，BLC）执行以下函数系统：

$$P = P(T,X) \tag{6.4}$$

BIMF 执行函数

$$\Phi = \Phi(T,P) \tag{6.5}$$

BMO 仍然执行函数式（6.2）。如果满足条件 $G << L$，则可以采用这个方法。如此，式（6.4）所示系统的参数数量明显减少，对比式（6.1）所示系统。正如本章参考文献［19］中研究结果证明的那样，在相应组合电路中，参数数量的减少会导致 LUT 器件数量减少。

（2）微操作集的解码。这个方法的目的是减少 BMO 中的硬件。令微操作集 Q（Collection of Microoperation，CMO）$Y_q \subseteq Y$ 替代 GSA 的顶点算子。用二进制代码 $K(Y_q)$ 解码 CMO $Y_q \subseteq Y$，$K(Y_q)$ 具有 R_Q 个位

$$R_Q = \log_2 Q \tag{6.6}$$

使用变量 $z_r \in Z$ 解码集 $Y_q \subseteq Y$，其中 $|Z| = R_Q$。现在，微操作集 Y 的系统表示为

$$Y = Y(Z) \tag{6.7}$$

如果条件 $R_Q < R$ 发生，则式（6.7）所示系统生成比式（6.2）所示系统占用更少逻辑器件的电路。

（3）兼容微操作域的解码。这个方法的目的也是 BMO 的优化。微操作 y_i，$y_j \in Y$ 是可兼容的，前提是它们不属于相同的微操作集 $Y_q \subseteq Y(q = \overline{1,Q})$。通过兼容微操作 $Y^1,\cdots,Y^K$ 的分类划分集 Y，划分条件如下：

$$\begin{aligned} & Y_n \cap Y_m = \varnothing \quad (n \neq m, \quad n,m \in \{1,\cdots,K\}) \\ & \cup_{k=1}^{K} Y_k \\ & Y_k \neq \varnothing \quad (k = \overline{1,K}) \end{aligned} \tag{6.8}$$

令 $|Y_k| = N_k$ $(k = \overline{1,\ K})$。用二进制代码 $K(y_n)$，有 $R_k = \log_2(N_k + 1)$ 位，解码微操作 $y_n \in Y^k$。现在，R_D 个变量 $z_r \in Z$ 用于解码微操作 $y_n \in Y$，其中 R_D 的值由以下方程式确定：

$$R_D = \sum_{k=1}^{K} R_k \tag{6.9}$$

（4）目标转换。前面讨论的方法都不能直接应用到 Moore FSM，它们只能和目标转换一起使用[20-23]。Moore FSM 中有两个不同的目标，即状态和微操作集。状态代码转换到具有后续集解码的微操作集会生成 $P_A Y$ Moore FSM。状态代码转换到具有后续兼容微操作域解码的微操作集会生成 $P_A D$ Moore FSM。这两个方法具有相同的结构图，如图 6.4 所示。

结构图包括状态转换模块（Block of State Transformation，BST），产生以下

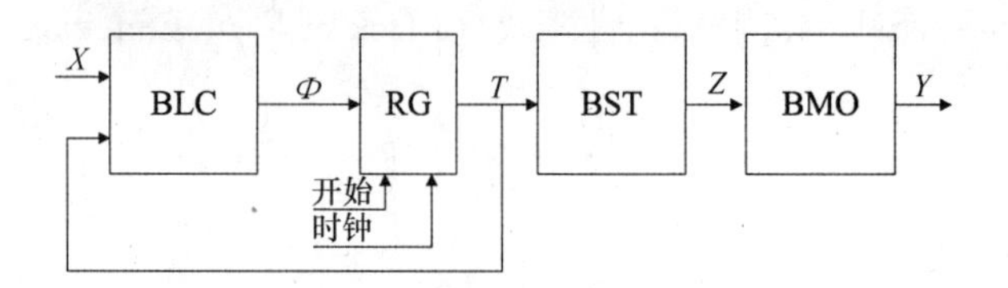

图 6.4 P_AY 和 P_AD Moore FSM 的结构图

函数：

$$Z = Z(T) \tag{6.10}$$

式（6.10）作为式（6.7）所示系统的参数，由 BMO 执行。目标转换有其他的方法，将在本章进一步介绍。

结构解体的方法与逻辑电路各种各样的执行思想相关[8]。如此，不同逻辑器件用于执行 FSM 电路的不同结构部分。例如，器件如 NAND 门，或者 PAL 宏细胞，或 LUT 器件，用于执行 BIMF 电路。多路复用器用于执行 BLC。解码器用于执行 P_AD Moore FSM 的 BMO 电路。显然，多路复用器和解码器的电路使用逻辑器件执行。但是，多路复用器和解码器是任何工业 CAD 工具的库器件，目标为 CPLD 或者 FPGA 芯片。应用复杂的库器件（不是 LUT 或 PAL）简化设计进程。

系统 $Y(T)$，$Z(T)$ 和 $Y(Z)$ 的布尔函数确定为多于 50% 的可能输入赋值。使用存储模块（RAM，PROM）执行这样的函数是合理的。已知单个存储细胞替代至少一个逻辑器件。鉴于此，存储模块的应用会导致硬件数量明显减少。

讨论的方法可以同时应用。例如，逻辑条件替代的相互应用，目标转换和 CMO 的解码，生成 MP_AY Moore FSM，如图 6.5 所示。为了最小化电路，可以使用式（6.5）的功能解体。

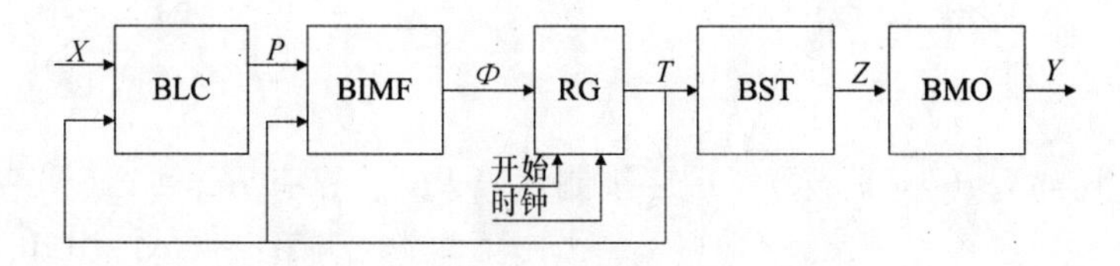

图 6.5 MP_AY Moore FSM 的结构图

显然，结构级数量的增加会导致传播时间增加。但是有积极作用，即 BIMF 逻辑电路的逻辑器件的层数减少，是可能的。这可以补偿前面提到的消极影响。

特殊优化方法基于考虑其他特点：①使用的逻辑器件；②执行结果 FSM 的控制算法；③FSM 模型。下文将讨论这些特点的使用。

（1）使用逻辑器件的特点。PAL 宏细胞的特点是输入数量明显很多（达到 30）和乘积项 q 很小（大约为 8）。第一个特点允许使用多个伪等状态分类的资源[15,17,18]，导致 BIMF 中的硬件减少。第二个特点将导致单个输入存储函数 Φ 的

最小化[24,25]。对于最小化，它足够找到这样的变量，即对于任何函数 $D_r \in \Phi$，每个积之和（Sum of Product，SOP）形式不多于 q 项[26]。

FPGA 芯片的主要特点是存在异构基础，包括查找表器件和嵌入存储模块。现代 LUT 有 $S \leqslant 8$ 个输入。单个 LUT 可能执行任意布尔函数的真值表，参数不超过 S 个。为了优化 LUT 执行的组合电路，减少参数数量是必要的，减少执行的布尔函数乘积项的数量也是必要的[2]。

嵌入存储模块用于执行布尔函数系统，布尔函数为多于 50% 的可能输入明确赋值。因此，使用 EMB 执行 BMO 逻辑电路是合理的[27,28]。EMB 的特点是其可重新配置[5]，假定在模块的常量大小下改变地址输入 S_A 和细胞输出 t_F 的数量。输出 t_F 的数量不能为任意值；它属于某个固定集 $S(t_F)$。对于现代 FPGA，$S(t_F)=\{1, 2, 4, 8, 18, 36, 72\}$[5]。EMB 的数量（细胞的数量）决定为

$$V_O = 2^{S_A} \cdot t_F \tag{6.11}$$

因为对于给定的 FPGA 芯片，V_O 的值是常量，所以参数 S_A 的值减 1，导致 EMB 的输出数量加倍。

如今，FPGA 用于 $V_O = 16\text{k}$（位）[7]。这些 EMB 有如下配置：16k×1，8k×2，4k×4，2k×8，1k×16，512×36 和 256×72 位。以下表达式可用于确定 *PY* Moore FSM 执行 BMO 电路的 EMB 的输出 t_{FR} 的数量：

$$t_{FR} = V_O / M \tag{6.12}$$

假定 P_AY 模型替代 *PY* 模型会减少 BMO 电路存储模块的数量[8]。如此，EMB 的输出 t_{FQ} 的数量确定为

$$t_{FQ} = V_O / R \tag{6.13}$$

但是如果以下条件：

$$t_{FR} \geqslant N \tag{6.14}$$

发生，则 *PY* 和 P_AY FSM 使用的 EMB 的数量相等。在这两种情况下，只需要一片 EMB。因此，使用微操作集解码会导致性能变差，且没有硬件减少。这意味着这样的 EMB 特点，作为固定输出的存在，被拒绝采用是合理的。

PY Moore FSM 的模块 BMO 可表示为有 $M \times N$ 位的表。另一方面，模块 EMB 可以表示为有 $2^R \times t_{FR} = V_O$ 位的表，如图 6.6 所示。从图 6.6 可以看出，在 EMB 中很可能存在免费（未使用的）资源；要么是细胞，要么是输出，要么两者都是。这些免费资源确定为 $\Delta M = 2^R - M$（对于细胞）和 $\Delta t = t_{FR} - N$（对于输出）。它们可用于减少 BIMF 逻辑电路中 LUT 的数量。

（2）使用控制算法的特点。如本章参考文献［9］所示，用计数器 CT 替换寄存器 RG 是可行的。如果初始 GSA 包括不少于 75% 的顶点算子，则这样是有意义的。因此命名为组合微程序控制单元（Compositional Microprogram Control Unit，

CMCU），在本章参考文献［29］中讨论过。CMCU 可以视为 Moore FSM，因为它们的输出由式（6.2）所示系统表示。CMCU 的逻辑综合基于构造算子线性链（Operator Linear Chain，OLC），OLC 代表顶点算子的某个顺序。

这个想法可以通过引入顶点条件发展为 OLC[30]。这个方法产生 Moore $P_{CT}Y$ Moore FSM，如图 6.7 所示。讨论 $P_{CT}Y$ Moore FSM 的状态赋值规则。在相同的 OLC 中，令状态 $a_m \in A$ 为非条件状态 $<a_m, a_s>$。

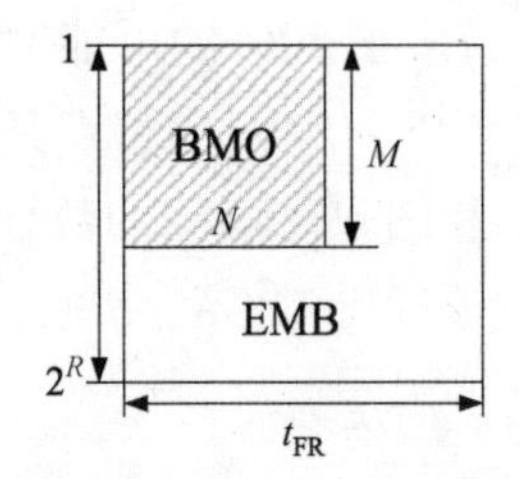

图 6.6　BMO 和 EMB 的特性关系

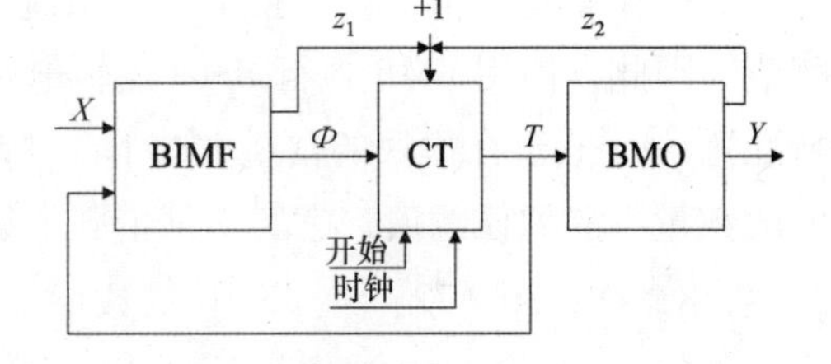

图 6.7　$P_{CT}Y$ Moore FSM 的结构图

在这种情况下，状态代码由以下表达式确定：

$$K(a_s) = K(a_m) + 1 \tag{6.15}$$

为了管理转换式（6.15），产生特定变量 z_1，这个变量用于增加计数器 CT 的内容。

如果发生 a_m 到 a_s 的条件转换，且条件式（6.15）也发生，则产生变量 z_2，用于增加计数器 CT 的内容。

如果对于某个转换 $<a_m, a_s>$，违背条件式（6.15），则 $z_1 = z_2 = 0$。在这种情况下，下一状态代码由函数 Φ 决定。这个方法减少结构表行的数量，对比相等 PY FSM 的这个值。针对 CPLD 或者 FPGA，现在没有 $P_{CT}Y$ FSM 的设计方法。

（3）使用 FSM 模型的特点。有两类 Moore FSM 可以用于电路优化：①状态变量 $T_r \in T$ 的输出函数的独立性；②存在伪等状态的分类。

第一类允许只使用 EMB 执行 BMO 的逻辑电路。如果特定 FPGA 芯片所有存在的 EMB 都用于工程，则 BMO 的电路使用 LUT 执行。在这样的情况下，状态应该以这种方式赋值，即导致 BMO 电路中 LUT 数量最小化。在理想情况下，N 片 LUT 足够执行 BMO 电路。这种情况的状态分配方法在本章参考文献［31］中考虑过。

第二类减少 Moore FSM 结构表行的数量到相等 Mealy FSM 的这个值[32]。3 个主要方法可以达到这个目的：①最佳状态赋值；②状态代码转换到伪等状态类代码；③初始 GSA 的转换。本章讨论第二种方法，另两种方法可在本章参考文献［30］中找到。

Moore FSM 逻辑电路优化方法的分类如图 6.8 所示。这些方法可同时使用。只有同时使用的方法可以使电路的 LUT 和 EMB 最小化。本章讨论一些优化方法。

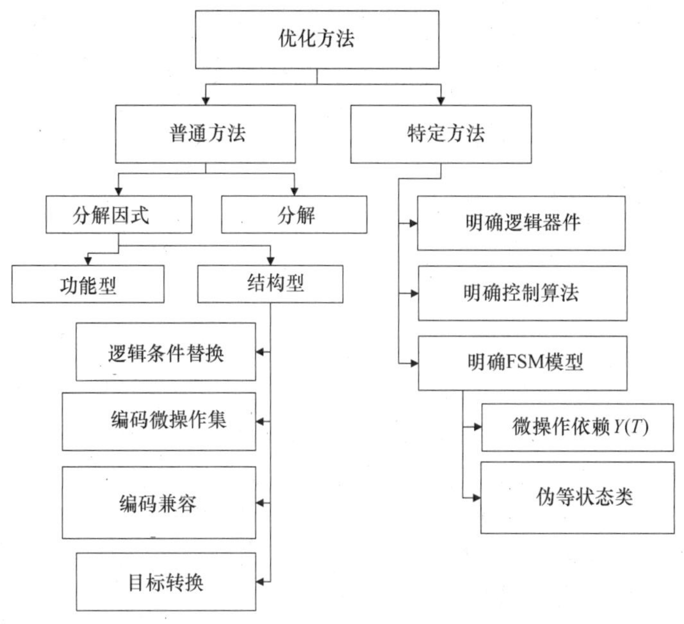

图 6.8　Moore FSM 逻辑电路的分类优化方法

6.2　Moore FSM 中的目标转换

如本章参考文献［8］所示，最佳状态解码不总使 ST 行的数量减少到 H_0，其中 H_0 是相等 Mealy FSM 的 ST 行的数量。这样的情况下，用伪等状态类代码替代状态代码是合理的[19]。

对于某个 Moore FSM，令状态 A 的集的划分处 $\Pi_A=\{B_1, \cdots, B_I\}$ 被伪等状态找到。用具有以下数量位的二进制代码 $K(B_i)$ 解码每个类 $B_i\in\Pi_A$：

$$R_B=\log_2 I \tag{6.16}$$

使用变量 $\tau_r\in\tau$ 解码类 $B_i\in\Pi_A$，其中 $|\tau|=R_B$。

转换状态 $a_m\in B_i$ 代码到对应的类 $B_i\in\Pi_A$ 代码。做这样的转换，需要包括代码转换模块（Block of Code Transformer，BCT）到 Moore FSM。提出的方法产生 P_BY Moore FSM，如图 6.9 所示。

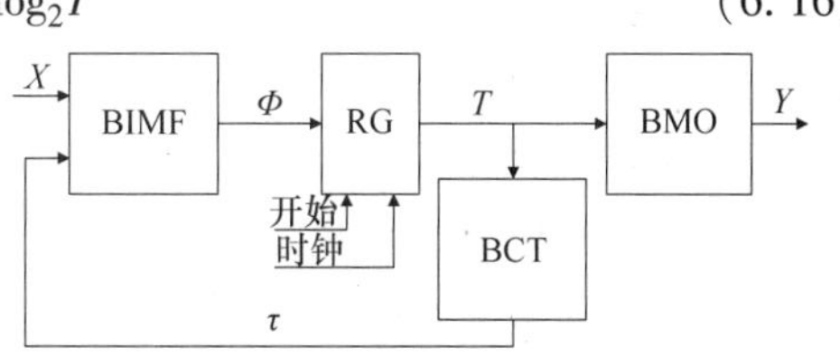

图 6.9　P_BY Moore FSM 的结构图

在 P_BY Moore FSM 中，BIMF 和 BCT 执行以下系统函数：

$$\Phi=\Phi(\tau,X) \tag{6.17}$$

$$\tau=\tau(T) \tag{6.18}$$

比较式（6.2）和式（6.18）所示系统。比较表明这些系统的函数有相同的自然特性。函数 τ 和 Y 只依赖状态变量 $T_r\in T$。因此，使用 EMB 执行式（6.2）和式

(6.18) 所示系统是合理的。

令以下条件发生：

$$t_{FR} \geqslant N + R_B \tag{6.19}$$

这种情况下，一片 EMB 足以执行式（6.2）和式（6.18）所示的两个系统。如果 $t_{FR} < N$，则存储模块 N（Y）执行 BMO 逻辑电路是必须的。

$$N(Y) = N/t_{FR} \tag{6.20}$$

令以下条件发生：

$$N(Y) \cdot t_{FR} - N \geqslant R_B \tag{6.21}$$

这种情况下，使用相同的 EMB 执行 BCT，作为 BMO。如果违背条件式（6.20），则函数$\tau_r \in \tau$的某部分在 EMB 执行，而其他部分在 LUT 执行。对标准的基准问题[33]的分析表明，对于超大量的实际控制算法，条件式（6.19）发生。

寄存器 RG 用于解释目的。实际上，RG 触发器分布在逻辑电路中的 LUT 中。如果 LUT 器件执行函数 $D_r \in \Phi$，则其输出连接到触发器相应的宏细胞。因此，P_BY Moore FSM 的实际结构图如图 6.10 所示。这个电路只有两级。对于 P_BY Moore FSM，条件式（6.21）应该发生。在图 6.10 中，模块 LUTer 代表执行式（6.17）所示系统的查找表器件集，而模块 EMBer 代表执行式（6.2）和式（6.18）所示系统的嵌入存储模块集。

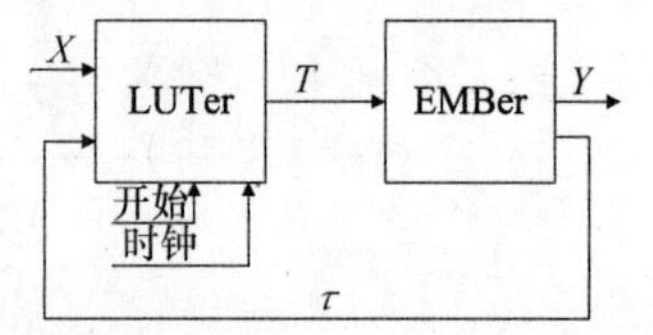

图 6.10　用 FPAG 执行 P_BY Moore FSM

P_BY Moore FSM 的综合方法具有以下步骤：

1）Moore FSM 的状态标记初始 GSA Γ，并构建状态集 A；

2）找到划分处 $\Pi_A = \{B_1, \cdots, B_I\}$；

3）解码状态 $a_m \in A$ 和类 $B_i \in \Pi_A$；

4）构建减少的 Moore FSM 结构表；

5）构建式（6.17）所示系统；

6）构建微操作模块表；

7）构建代码转换模块表；

8）在给定 FPGA 芯片上执行 FSM 逻辑电路。

讨论 Moore FSM $P_BY(\Gamma_1)$ 的综合例子，其中部分（Γ_i）意味着给定模型使用 GSA Γ_i 是可综合的。Γ_1 算法的图策略如图 6.11 所示。

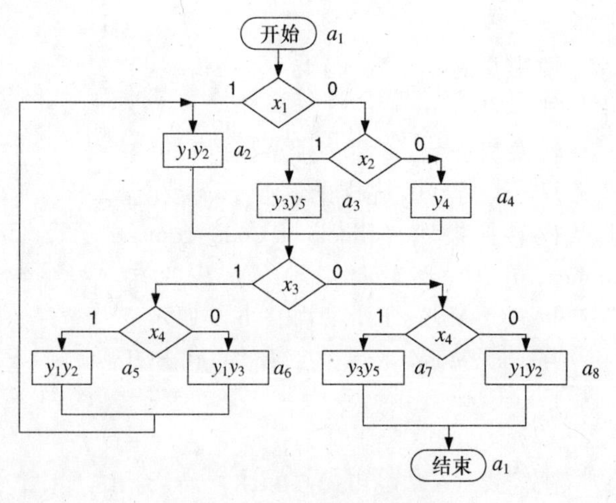

图 6.11　Γ_1 算法的图策略

状态 $a_m \in A$ 已经在图 6.11

给出了。因此，如下信息是关于集和集的参数，从图6.11中获得：$A=\{a_1, \cdots, a_8\}$，$M=8$；$X=\{x_1, \cdots, x_4\}$；$L=4$；$Y=\{y_1, \cdots, y_5\}$，$N=5$。显然，$R=3$，$T=\{T_1, T_2, T_3\}$，$\Phi=\{D_1, D_2, D_3\}$。GSA Γ_1 的分析允许构建划分处 $\Pi_A=\{B_1, \cdots, B_4\}$。因此有如下值：$I=4$，$R_B=2$。给定变量集$\tau=\{\tau_1, \tau_2\}$。

以任意方式解码状态 $a_m \in A$。使用如下代码：$K(a_1)=000$，$K(a_2)=001$，…，$K(a_8)=111$。使用频率准则[19]解码类 $B_i \in \Pi_A$。这种情况下，类具有越多的状态，其代码就具有越多的0。FSM $P_BY(\Gamma_1)$ 的情况下，有类 $B_1=\{a_1\}$，$B_2=\{a_2, a_3, a_4\}$，$B_3=\{a_5, a_6\}$，$B_4=\{a_7, a_8\}$。使用频率准则产生如下类代码：$K(B_1)=11$，$K(B_2)=00$，$K(B_3)=01$，$K(B_4)=10$。

为了构建减少结构表，有必要找到广义转换公式系统[19]。广义转换公式有以下形式：

$$B_i \rightarrow \bigvee_{h=1}^{H_m} X_h a_s (i=\overline{1,I}) \tag{6.22}$$

在式（6.22）中，符号 H_m 代表任意状态 $a_m \in B_i$ 的转换数量，符号 X_h 代表输入变量 $x_l \in X$ 的连词，决定状态 $a_m \in B_i$ 到下一状态 $a_s \in A$ 的转换。在 P_BY（Γ_1）FSM 的情况下，有以下 GFT：

$$\begin{aligned} &B_1 \rightarrow x_1 a_2 \vee \bar{x}_1 x_2 a_3 \vee \bar{x}_1 \bar{x}_2 a_4 \\ &B_2 \rightarrow x_3 x_4 a_5 \vee x_3 \bar{x}_4 a_6 \vee \bar{x}_3 x_4 a_7 \vee \bar{x}_3 \bar{x}_4 a_8 \\ &B_3 \rightarrow a_2;\ B_4 \rightarrow a_1 \end{aligned} \tag{6.23}$$

减少结构表有如下列：B_i，$K(B_i)$，a_s，$K(a_s)$，X_h，Φ_h 和 h。在 Moore FSM $P_BY(\Gamma_1)$ 的情况下，减少结构表具有 $H_0=8$ 行，见表6.1。

表6.1 Moore FSM $P_BY(\Gamma_1)$ 的减结构表

B_i	$K(B_i)$	a_s	$K(a_s)$	X_h	Φ_h	h
B_1	11	a_2	001	x_1	D_3	1
		a_3	010	$\bar{x}_1 x_2$	D_2	2
		a_4	011	$\bar{x}_1 \bar{x}_2$	$D_2 D_3$	3
B_2	00	a_5	100	$x_3 x_4$	D_1	4
		a_6	101	$x_3 \bar{x}_4$	$D_1 D_3$	5
		a_7	110	$\bar{x}_3 \bar{x}_4$	$D_1 D_2 D_3$	7
B_3	01	a_2	001	1	D_3	8

式（6.23）所示系统和表6.1之间的连接是明显的。类 B_4 的转换可以不考虑，它是连接的，事实上 $K(a_1)=00$，因此 $D_1=D_2=0$。对于 Moore FSM $PY(\Gamma_1)$，$H=20$。

表6.1的内容用于推导式（6.17）所示系统。最小化之后，系统如下：

$$D_1=\bar{\tau}_1\bar{\tau}_2；\ D_2=\tau_1\tau_2\bar{x}_1\vee\bar{\tau}_1\bar{\tau}_2x_3 \quad (6.24)$$
$$D_3=\tau_1\tau_2x_1\vee\tau_1\tau_2\bar{x}_2\vee\bar{\tau}_1\bar{\tau}_2\bar{x}_4\vee\bar{\tau}_1\tau_2$$

BMO 表（见表6.2）使用代码 $K(a_m)$ 和 GSA Γ_1 的微操作集 $Y_q\subseteq Y$ 构建。

表6.2 Moore FSM $P_BY(\Gamma_1)$ 的 BMO 表

$K(a_m)$			微操作					m
T_1	T_2	T_3	y_1	y_2	y_3	y_4	y_5	
0	0	0	0	0	0	0	0	1
0	0	1	1	1	0	0	0	2
0	1	0	0	0	1	0	1	3
0	1	1	0	0	0	1	0	4
1	0	0	1	1	0	0	0	5
1	0	1	1	0	1	0	0	6
1	1	0	0	0	1	0	1	7
1	1	1	1	1	0	0	0	8

BCT 表（见表6.3）具有列 $K(a_m)$，$K(B_i)$，m 和 i。列 m 是状态下标（如表6.2），列 i 是模块 B_i 的下标，其中 $a_m\in B_i$。

表6.3 Moore FSM $P_BY(\Gamma_1)$ 的 BCT 表

$K(a_m)$			$K(B_i)$		m	i
T_1	T_2	T_3	τ_1	τ_2		
0	0	0	1	1	1	1
0	0	1	0	0	2	2
0	1	0	0	0	3	2
0	1	1	0	0	4	2
1	0	0	0	1	5	3
1	0	1	0	1	6	3
1	1	0	1	0	7	4
1	1	1	1	0	8	4

执行 P_BY Moore FSM 的逻辑电路简化为由 LUTer 执行式（6.24）所示系统，而表6.2 和表6.3 由 EMBer 执行。使用具有 $S=3$ 个输入的 LUT 执行 FSM 逻辑电路。令 EMB 的可能配置为 8×8 位。令函数 $D_r\in\Phi$ 的文本数量为 $L(D_r)$。令以下条件发生：

$$L(D_r)\leqslant S \quad (6.25)$$

这种情况下，对应函数 $D_r\in\Phi$ 的逻辑电路部分使用一片 LUT 执行。如果违背条件式（6.25），则功能解体的方法应用于函数 $D_r\in\Phi$。

对于 Moore FSM $P_BY(\Gamma_1)$，可以找到如下值：$L(D_1)=2$，$L(D_2)=4$ 和 $L(D_3)=5$。因此，函数 D_2 和 D_3 应该解体。它会导致以下布尔函数系统：

$$D_2=\tau_1(\tau_2\bar{x}_1)\vee\bar{\tau}_1(\bar{\tau}_2x_3)=\tau_1\Phi_1\vee\bar{\tau}_1\Phi_2$$
$$D_3=\tau_1(\tau_2x_1\vee\tau_2x_2)\vee\bar{\tau}_1(\bar{\tau}_2\bar{x}_4\vee\tau_2)=\tau_1\Phi_3\vee\bar{\tau}_1\Phi_4 \tag{6.26}$$

因为 $t_{FR}=8$，所以条件式（6.19）发生。因此，只需要单个 EMB 执行 EMBer 电路。结果逻辑电路如图 6.12 所示。

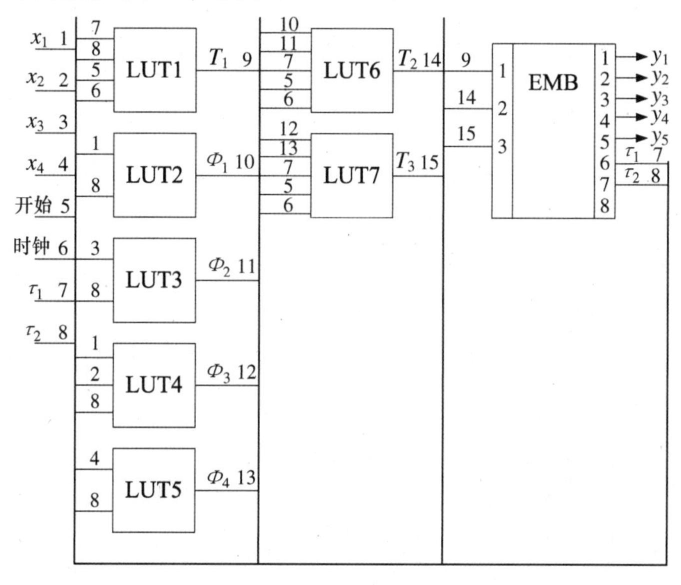

图 6.12　Moore FSM $P_BY(\Gamma_1)$ 的逻辑电路

从图 6.12 可以看出，使用了七片 LUT 执行 BIMF 电路。器件 LUT2～LUT5 组合输出，器件 LUT1、LUT6 和 LUT7 寄存器输出。开始脉冲和时钟脉冲对应同步连接，清除逻辑器件 1、6 和 7 的输入。模块 LUTer 有两层 LUT，而模块 EMBer 只使用单个 EMB。

可以看出，Moore FSM $PY(\Gamma_1)$ 的模块 LUTer 由 34 片具有 $S=3$ 个输入的 LUT 组成，具有四层逻辑器件。因此，应用目标转换方法，在讨论过的情况中，减少结果 FSM 逻辑电路的 LUT 数量（485 倍）和（2 倍）传播时间。存在很多目标转换方法[8]，但是超出了本章的范围，所以不予介绍。

6.3　Moore FSM 的状态代码扩展式

对于给定 FPGA 芯片，找到 PY Moore FSM 的参数 t_{FR} 和 t_{FY}。令以下条件发生：

$$\frac{N}{t_{FR}}>\frac{N}{t_{FY}} \tag{6.27}$$

这种情况下，解码微操作 $Y_q \subseteq Y$ 是合理的，使用变量 $z_r \in Z$ 作为 BMO 的地址输入。这里的讨论可以视为对文献［34，35］思想发展的方法。

找到划分处 $\Pi_A = \{B_1, \cdots, B_I\}$，用具有 R_B 位的二进制代码 $K(B_i)$ 解码类 $B_i \in \Pi_A$。用具有 R_Q 位的二进制代码 $K(Y_q)$ 解码集 $Y_q \subseteq Y$。R_B 的值由式（6.16）决定，而 R_Q 的值由式（6.6）决定。使用变量 $\tau_r \in \tau$ 解码类 $B_i \in \Pi_A$，而变量 $z_r \in Z$ 解码微操作集。

为状态 $a_m \in B_i$ 集产生 $Y_q \subseteq Y$。状态代码 $K(a_m)$ 具有以下表达式：

$$K(a_m) = K(B_i) * K(Y_q) \tag{6.28}$$

在式（6.28）中，符号“ * ”代表代码并置。式（6.28）命名为状态代码的扩展式[35]。这个表达式使 $P_{BY}Y$ Moore FSM 的结构图（见图 6.13）被得到。

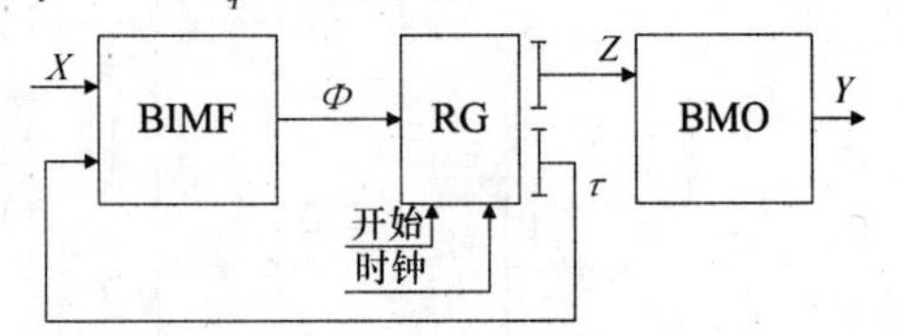

图 6.13　Moore FSM 的状态代码扩展结构图

在 $P_{BY}Y$ Moore FSM 中，BIMF 执行 $R_B + R_Q$ 个函数，形成式（6.7）所示系统。如果条件式（6.27）发生，则 $P_{BY}Y$ Moore FSM 的 BMO 需要以 PY 或 P_BY Moore FSM 更少的嵌入存储模块。令以下条件发生：

$$R < R_B + R_Q \tag{6.29}$$

在这种情况下，BIMF 执行比 PY 或 P_BY Moore FSM 情况下更多的函数。

提出的 $P_{BY}Y$ FSM 的综合方法具有以下步骤：

1）标记初始 GSA，形成状态集 A。

2）找到划分处 $\Pi_A = \{B_1, \cdots, B_I\}$；

3）解码类 $B_i \subseteq \Pi_A$ 和微操作集 $Y_q \subseteq Y$，找到扩展状态代码；

4）构建减少结构表；

5）构建系统函数 $D_r \in \Phi$；

6）构建 BMO 表；

7）对于给定 FPGA 芯片，执行 FSM 电路。

讨论 Moore FSM $P_{BY}Y(\Gamma_2)$ 的综合例子，其中初始 GSA Γ_2 如图 6.14 所示。

分析 Moore FSM PY（Γ_2）的特性。状态集 A 具有 $M = 9$ 个元素，因此，$R = 4$。如下微操作集来自 GSA Γ_2 的顶点算子：$Y_2 = \{y_1, y_2\}$，$Y_3 = \{y_3, y_5\}$，$Y_4 = \{y_4\}$，$Y_5 = \{y_3, y_4\}$，$Y_6 = \{y_2, y_5\}$。而且，开始顶点对应空集 $Y_1 = \varnothing$。因此，$Q = 6$，$R_Q = 3$，$Z = \{z_1, z_2, z_3\}$。划分处 Π_A 具有 $I = 4$ 个模块，即 $B_1 = \{a_1\}$，$B_2 = \{a_2, a_3, a_4\}$，$B_3 = \{a_5, a_6, a_7\}$，$B_4 = \{a_8, a_9\}$。因此，$R_B = 2$，$\tau = \{\tau_1, \tau_2\}$。

令使用的 FPGA 芯片包括嵌入存储模块，该模块具有如下配置：16×4 和 8×8（位）。因此，每片 EMB 有 $V_0 = 64$ 位。各自使用式（6.12）和式（6.13），可以找

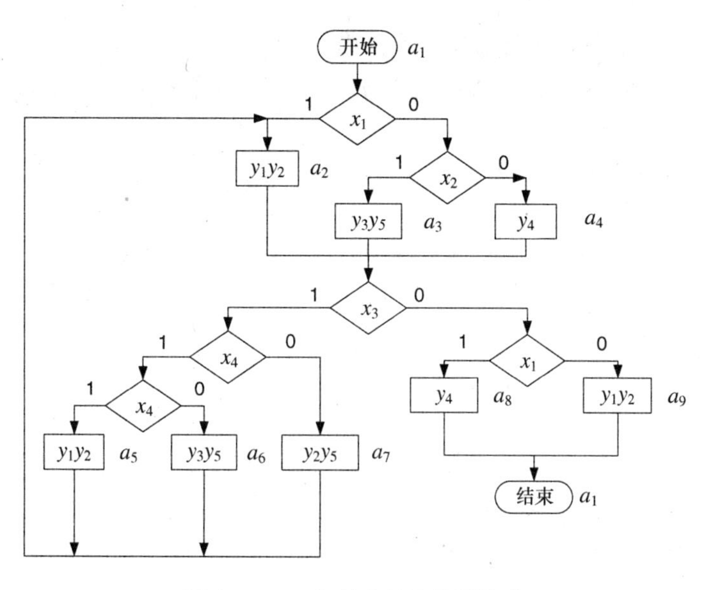

图 6.14　Γ_2 初始化算法的图策略

到如下值：$t_{FR}=4$ 和 $t_{FQ}=8$。因为 $N=5$，所以$\dfrac{N}{t_{FR}}=2$，$\dfrac{N}{t_{FQ}}=1$。意味着条件式（6.26）发生。因此，使用状态扩展方式是合理的。

指出一类 $P_{BY}Y$ Moore FSM。使用开始脉冲，零代码（全部为 0）对应初始状态 a_1，应该载入寄存器 RG 中。根据式（6.28），有 $K(a_1)=K(B_1)*K(Y_1)$。因此，类 $B_1\in\Pi_A$ 和集 $Y_1=\varnothing$ 应该解码为零代码。使用频率准则解码伪等状态类和微操作集。对于微操作集，这个准则可以重新定义为如下形式：顶点算子包含集 $Y_q\in Y$ 越多，其代码包含的 0 越多。

以如下方式解码类 $B_i\in\Pi_A$：$K(B_i)=00$，$K(B_2)=01$，$K(B_3)=10$，$K(B_4)=11$。以如下方式解码微操作集 $Y_q\in Y$：$K(Y_1)=000$，$K(Y_2)=001$，$K(Y_3)=010$，$K(Y_4)=100$，$K(Y_5)=011$，$K(Y_6)=101$。对于状态 $a_m\in A$，使用伪等状态类和微操作集的代码，扩展的状态代码可以找到，如图 6.15 所示。

$\tau_1\tau_2$ \ $z_1z_2z_3$	000	001	010	011	100	101	100	111	
00	a_1	*	*	*	*	*	*	*	B_1
01	*	a_2	a_3	*	a_4	*	*	*	B_2
10	*	a_5	*	a_6	*	a_7	*	*	B_3
11	*	a_9	*	*	a_8	*	*	*	B_4
	Y_1	Y_2	Y_3	Y_5	Y_4	Y_6			

图 6.15　Moore FSM $P_{BY}Y(\Gamma_2)$ 的扩展状态代码

在图 6.15 中，符号“*”标记式（6.28）所示代码，对于 Moore FSM $P_{BY}Y$（Γ_2），不对应状态 $a_m\in A$。$P_{BY}Y$ Moore FSM 的减少结构表的构建方法同 $P_{BY}Y$ Moore FSM。对于讨论的例子，GFT 系统包括以下方程式：

$$
\begin{aligned}
&B_1 \to x_1 a_2 \vee \bar{x}_1 x_2 a_3 \vee \bar{x}_4\ \bar{x}_2 a_4 \\
&B_2 \to x_3 x_4 x_5 a_5 \vee x_3 x_4\ \bar{x}_5 a_5 \vee x_3\ \bar{x}_4 a_7 \vee \bar{x}_3 x_1 a_8 \vee \bar{x}_3\ \bar{x}_1 a_9 \qquad (6.30)\\
&B_3 \to a_2;\ B_4 \to a_1
\end{aligned}
$$

式（6.30）所示系统具有 10 个项，但状态 B_4 的转换不在表中列出。鉴于此，Moore FSM $P_{BY}Y(\Gamma_2)$ 的减少结构表只具有 $H_0=9$ 行，见表 6.4。

表 6.4 Moore FSM $P_{BY}Y(\Gamma_2)$ 的减少结构表

B_i	$K(B_i)$	a_s	$K(a_s)$	X_h	Φ_h	h
B_1	00	a_2	01001	x_1	D_2D_5	1
		a_3	01010	$\bar{x}_1x_2$	D_2D_4	2
		a_4	01100	$\bar{x}_1\bar{x}_2$	D_2D_3	3
B_2	01	a_5	10001	$x_3x_4x_5$	D_1D_5	4
		a_6	10011	$x_3x_4\bar{x}_5$	$D_1D_4D_5$	5
		a_7	10101	$x_3\bar{x}_4$	$D_1D_3D_5$	6
		a_8	11101	$\bar{x}_3x_1$	$D_1D_2D_3$	7
		a_9	11001	$\bar{x}_3\bar{x}_1$	$D_1D_2D_5$	8
B_3	10	a_2	01001	1	D_2D_5	9

输入存储函数 $D_r \in \Phi$ 系统从这个表中获得。这些函数可以最小化，最小化之后，系统 $D_r \in \Phi$ 是以下讨论的情况：

$$
\begin{aligned}
&D_1 = \bar{\tau}_1\tau_2 \\
&D_2 = \bar{\tau}_2 \vee \bar{\tau}_1\tau_2\bar{x}_3 \\
&D_3 = \bar{\tau}_1\bar{\tau}_2\bar{x}_1\bar{x}_2 \vee \bar{\tau}_1\tau_2x_3\bar{x}_4 \vee \bar{\tau}_1\tau_2\bar{x}_3x_1 \qquad (6.31)\\
&D_4 = \bar{\tau}_1\bar{\tau}_2\bar{x}_1x_2 \vee \bar{\tau}_1\tau_2x_3x_4x_5 \\
&D_5 = \bar{\tau}_1\bar{\tau}_2x_1 \vee \bar{\tau}_1\tau_2x_3 \vee \bar{\tau}_1\tau_2\bar{x}_1 \vee \tau_1\bar{\tau}_2
\end{aligned}
$$

令具有 $S=4$ 个输入的 LUT 执行 BIMF 的逻辑电路。式（6.31）所示系统的分析表明 $L(D_1)=2$, $L(D_2)=3$, $L(D_3)=6$, $L(D_4)=7$, $L(D_5)=4$。因此，只有三片 LUT 用于执行函数 D_1、D_2 和 D_5 的子电路。函数 D_3、D_4 应该解体。以如下方式表现它们：

$$
\begin{aligned}
&D_3 = \bar{\tau}_1(\bar{\tau}_2\bar{x}_1\bar{x}_2 \vee \tau_2\bar{x}_3x_1) \vee \bar{\tau}_1\tau_2x_3\bar{x}_4 = \bar{\tau}_1\Phi_1 \vee \Phi_2 \qquad (6.32)\\
&D_4 = \bar{\tau}_1(\bar{\tau}_2x_1x_2) \vee \bar{\tau}_1(\tau_2x_3x_4\bar{x}_5) = \bar{\tau}_1\Phi_3 \vee \bar{\tau}_1\Phi_4
\end{aligned}
$$

对于 P_BY Moore FSM 的情况，$P_{BY}Y$ Moore FSM 的结构可以替代为 LUTer 和 EMBer 的组合，如图 6.16 所示。BMO 表与 EMBer 表一样，见表 6.5。

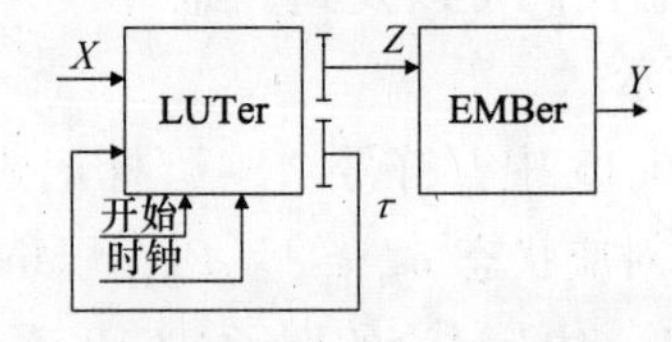

图 6.16 FPGA 执行 $P_{BY}Y$ Moore FSM 的结构图

表 6.5　Moore FSM $P_{BY}Y(\Gamma_2)$ 的减少结构表

$K(Y_q)$			微操作					q
z_1	z_2	z_3	y_1	y_2	y_3	y_4	y_5	
0	0	0	0	0	0	0	0	1
0	0	1	1	1	0	0	0	2
0	1	0	0	0	1	0	1	3
0	1	1	0	0	1	1	0	5
1	0	0	0	0	0	1	0	4
1	0	1	0	1	0	0	1	6
1	1	0	0	0	0	0	0	*
1	1	1	0	0	0	0	0	*

Moore FSM $P_{BY}Y(\Gamma_2)$ 的逻辑电路如图 6.17 所示。在这个电路中，模块 LUTer 由九片 LUT 组成，而模块 EMBer 只需一片 EMB。

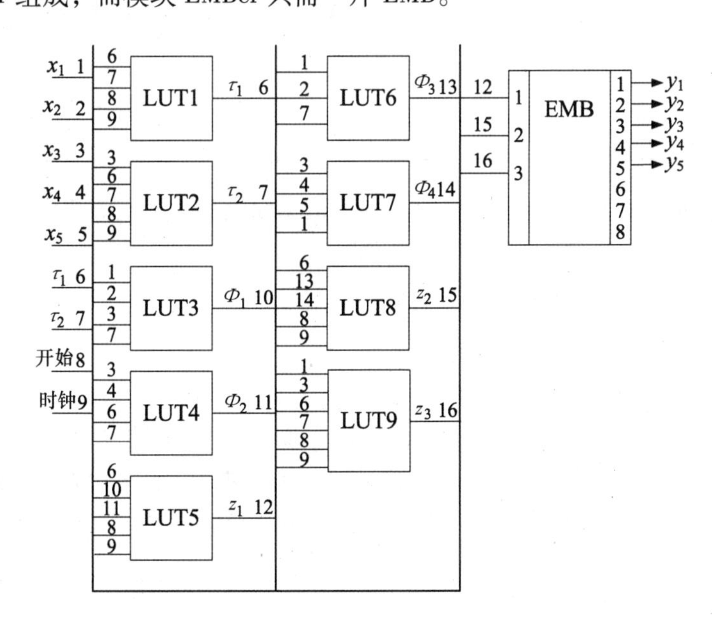

图 6.17　Moore FSM $P_{BY}Y(\Gamma_2)$ 的逻辑电路

对于 Moore FSM $PY(\Gamma_2)$，$H=21$。如果 FSM 状态解码为自然顺序（$K(a_1)=0000$，$K(a_2)=0001$，…），则需要十五片 LUT 执行 BIMF 逻辑电路和两片 EMB 执行 BMO。EMB 应该配置为 16×4，因为对于 Moore FSM $PY(\Gamma_2)$，$R=4$。

对于讨论过的例子使用优化状态赋值准则[2]。基于这个准则的模型为 P_0Y。对于优化状态赋值，属于单个伪等状态类的状态代码，应该放在代码域的最小可能广义区间。FSM $P_0Y(\Gamma_2)$ 的优化状态代码见卡诺图，如图 6.18 所示。

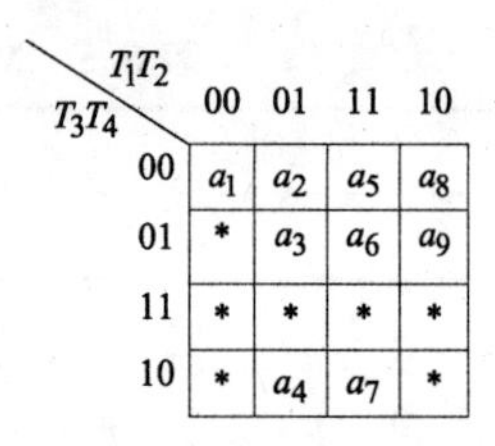

图 6.18 优化 Moore FSM P_0Y 的状态代码

如下类代码可以在图 6.18 中找到：$K(B_1)=00**$，$K(B_2)=01**$，$K(B_3)=11**$，$K(B_4)=10**$。Moore FSM $P_0Y(\Gamma_2)$ 的减少结构表具有 $H_0=9$ 行，见表 6.6。

表 6.6 Moore FSM $P_OY(\Gamma_2)$ 的减少结构表

B_i	$K(B_i)$	a_s	$K(a_s)$	X_h	Φ_h	h
B_1	00**	a_2	0100	x_1	D_2	1
		a_3	0101	$\bar{x}_1x_2$	D_2D_4	2
		a_4	0110	$\bar{x}_1\bar{x}_2$	D_2D_3	3
B_2	01**	a_5	1100	$x_3x_4x_5$	D_1D_2	4
		a_6	1101	$\bar{x}_5x_3x_4$	$D_1D_2D_4$	5
		a_7	1110	$x_3\bar{x}_4$	$D_1D_2D_3$	6
		a_8	1000	$\bar{x}_3x_1$	D_1	7
		a_9	001	$\bar{x}_3\bar{x}_1$	D_1D_4	8
B_3	11**	a_2	0100	1	D_2	9

这个表是构建系统函数 $D_r\in\Phi$ 的基础。最小化之后，系统如下：

$$D_1=B_2=\bar{T}_1T_2$$

$$D_2=B_1\vee B_2x_3\vee B_3$$

$$D_3=B_1\bar{x}_1\bar{x}_2\vee B_2x_3\bar{x}_4$$

$$D_4=B_1\bar{x}_1x_2\vee B_2x_3x_4\bar{x}_5\vee B_2\bar{x}_3\bar{x}_1$$

执行系统 Φ 需要十片具有 $S=4$ 个输入的 LUT。执行函数 D_1 和 D_2 的电路都只使用一片 LUT。对于 D_3 的电路需要三片 LUT（它有两层），对于 D_4 的电路需要五片 LUT，具有三层。GSA Γ_2 的 P_OY，PY 和 $P_{BY}Y$ FSM 的逻辑电路的特性见表 6.7。

表 6.7 FSM 特性

FSM 类型	LUT 片数	层数	EMB 片数
$P_{BY}Y$	9	2	1
PY	15	3	2
P_OY	10	3	2

因此，对于 GSA Γ_2 的情况，Moore FSM $P_{BY}Y$ 的逻辑电路占用最少的 LUT 和 EMB。而且，电路的传播时间具有最小值。当然，结论不能用于通常情况。

BMO 电路中 EMB 的数量可以减少，如果微操作 $y_n\in Y$ 的 t_{FR} 在嵌入存储模块

中执行，则其他微操作的 $N - t_{FR}i$ 在 LUT 执行[36]。解释普通情况下的这个思想。

集 Y 形如 $Y = Y^1 \cup Y^2$，而 $Y^1 \cap Y^2 = \varnothing$。令集 Y^1 具有 N_1 个元素，其中

$$N_1 = t_{FR} \cdot (N(Y) - 1) \tag{6.33}$$

参数 $N(Y)$ 由式（6.19）确定。很明显集 Y^2 具有剩余的 N_2 个元素

$$N_2 = N - t_{FR} \cdot (N(Y) - 1) \tag{6.34}$$

这种情况下，例如，P_0Y Moore FSM 表现为具有混合存储的电路（见图 6.16）。

使用符号 P_0Y_M 代表图 6.19 中的 FSM。在 P_0Y_M Moore FSM 中，模块 LUTer1 执行系统 Φ

$$\Phi = \Phi(T', X) \tag{6.35}$$

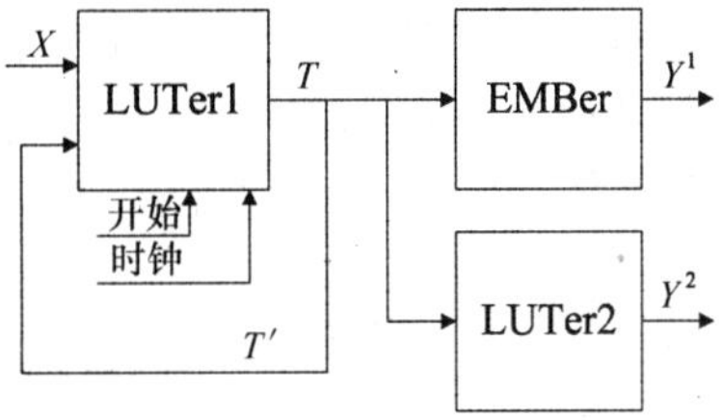

图 6.19　P_0Y_M Moore FSM 的结构图

在式（6.35）中，集 $T' \subseteq T$ 是输入变量集，解码类 $B_i \in \Pi_A$ 是足够的。例如，在 FSM P_0Y（Γ_2）中，集 T' 只具有两个元素，即集 $T' = \{T_1, T_2\}$。同时，一些 LUT 用于执行寄存器 RG。

模块 EMBer 执行微操作 $y_n \in Y^1$，而模块 LUTer2 执行微操作 $y_n \in Y^2$。微操作 $y_n \in Y^2$ 以这样的方式选择，即相应的电路将使用最少的 LUT 执行。

例如，以下方程式可以从分析 GSA Γ_2 和卡诺图中获得（见图 6.18）：

$$\begin{aligned}
y_1 &= A_2 \vee A_5 \vee A_9 = T_2\bar{T}_3\bar{T}_4 \vee \bar{T}_2\bar{T}_3T_4 \\
y_2 &= A_2 \vee A_5 \vee A_7 \vee A_9 \\
y_3 &= A_3 \vee A_6 \\
y_4 &= A_4 \vee A_6 \vee A_8 \\
y_5 &= A_3 \vee A_7
\end{aligned} \tag{6.36}$$

在讨论过的例子中，$R = S = 4$。因此，式（6.36）所示系统的任何函数的逻辑电路使用单个 LUT 执行。如果 $R > S$，则状态应该重新在卡诺图内重新排列。重新排列应该以这样的方式执行，即减小 $A(y_n)$ 的值，其中 $A(y_n)$ 是函数 $y_n \in Y$ 的 SOP 中参数的数量。显然，在优化状态赋值执行之后，状态 $a_m \in B_i$ 的位置可以在卡诺图列的范围内改变，这些卡诺图列被这些状态占用。命名这个方法为完善状态赋值。FSM $P_0Y(\Gamma_2)$ 的完善状态赋值的结果如图 6.20 所示。

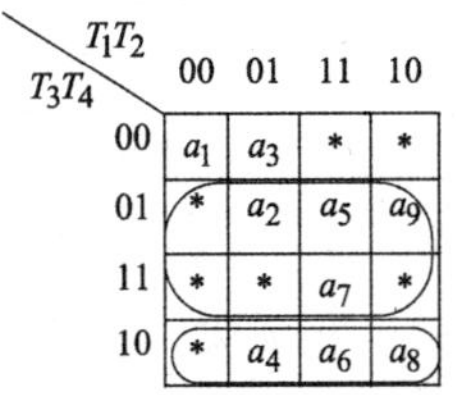

T_3T_4 \ T_1T_2	00	01	11	10
00	a_1	a_3	*	*
01	*	a_2	a_5	a_9
11	*	*	a_7	*
10	*	a_4	a_6	a_8

图 6.20　改善 Moore FSM $P_0Y_M(\Gamma_2)$ 的状态代码

在完善状态赋值的情况下，式（6.36）所示系统表现如下：

$$y_1 = \overline{T}_3 T_4;\quad y_2 = T_4;\quad y_3 = T_2\overline{T}_3\overline{T}_4 \vee T_1 T_2 \overline{T}_4$$
$$y_4 = T_3 T_4;\quad y_5 = T_2\overline{T}_3 T_4 \vee T_3 T_4 \qquad (6.37)$$

式（6.37）所示系统的分析表明使用状态变量 T_4 执行 y_2 电路是足够的。微操作 y_1 和 y_4 的电路使用一片具有 $S\geqslant 2$ 的 LUT 执行。一片具有 $S\geqslant 3$ 的 LUT 执行函数 y_5 的电路是足够的，一片具有 $S\geqslant 4$ 的 LUT 执行函数 y_3 的电路也是足够的。因为 $N_1=4$ 和 $N_2=1$，选择集 $Y^2=\{y_2\}$ 是合理的。在卡诺图中状态重新排列会改变函数 $D_r\in\Phi$ 的 SOP。相应的，它可增加模块 LUTer1 的电路的 LUT 数量，相比初始模块 LUTer。

6.4 替代逻辑条件综合 Moore FSM

考虑 Moore FSM MPY（Γ_1）的综合例子，其中 GSA Γ_1 如图 6.11 所示。如下逻辑条件集从 GSA Γ_1 获得：$X(a_1)=\{x_1, x_2\}$，$X(a_2)=X(a_3)=X(a_4)=\{x_3, x_4\}$，$X(a_5)=\cdots=X(a_8)=\varnothing$。因此，$G=2$。意味着可以形成如下集 $P=\{p_1, p_2\}$。状态具有如下代码：$K(a_1)=000$，$K(a_2)=001$，…，$K(a_8)=111$。构建 FSM MPY（Γ_1）的逻辑条件替换表，见表 6.8。

表 6.8　FSM MPY（Γ_1）的逻辑条件替换表

a_m	a_1	a_2	a_3	a_4	a_5	a_6	a_7
$K(a_m)$	000	001	010	011	100	101	110
P_1	x_1	x_3	x_3	x_3	–	–	–
P_2	x_2	x_4	x_4	x_4	–	–	–

使用表 6.8，可能找到式（6.4）所示系统中的函数如下：

$$P_1 = A_1x_1 \vee A_2x_3 \vee A_3x_3 \vee A_4x_3$$
$$P_2 = A_1x_2 \vee A_2x_4 \vee A_3x_4 \vee A_4x_4 \qquad (6.38)$$

正如本章参考文献［1］中所述，状态 $a_m\in A$ 的状态代码具有 $X(a_m)=\varnothing$，可考虑为不显著的，它们可用于最小化式（6.4）所示系统的函数。使用这个可能性，可以获得以下系统函数：

$$P_1 = \overline{T}_1\overline{T}_2x_1 \vee T_2x_3 \vee T_1x_3$$
$$P_2 = \overline{T}_1\overline{T}_2x_2 \vee T_2x_4 \vee T_1x_4 \qquad (6.39)$$

为了得到式（6.5）所示系统，需要构建 Moore FSM 的转换结构表[27]，初始结构表的列 H_h 应该由列 P_h 替代。替代规则显然如下：对于状态 a_m 转换的结构表部分，如果变量 $x_l\in X$ 位于替代逻辑条件表的列 a_m 和行 p_g 的相交处，则变量 p_g 替代逻辑条件 x_l。在 Moore FSM MPY(Γ_1) 的情况下，转换结构表具有 19 行。在表中，状态 a_1 和 a_2 对应的部分见表 6.9。

表6.9　Moore FSM $MPY(\Gamma_1)$ 的转换结构表的部分

a_m	$K(a_m)$	a_s	$K(a_s)$	P_h	Φ_h	h
a_1 (–)	000	a_2	001	p_1	D_3	1
		a_3	010	$\bar{p}_1 p_2$	D_2	2
		a_4	011	$\bar{p}_1 \bar{p}_2$	$D_2 D_3$	3
a_2 $(y_1 y_2)$	001	a_5	100	$p_1 p_2$	D_1	4
		a_6	101	$p_1 \bar{p}_2$	$D_1 D_3$	5
		a_7	110	$\bar{p}_1 p_2$	$D_1 D_2$	6
		a_8	111	$\bar{p}_1 \bar{p}_2$	$D_1 D_2 D_3$	7

式（6.4）所示系统的部分可以从表6.9中获得如下：

$D_1 = \bar{T}_1 \bar{T}_2 T_3$；$D_2 = \bar{T}_1 \bar{T}_2 \bar{p}_1$；$D_3 = \bar{T}_1 \bar{T}_2 \bar{T}_3 (p_1 \vee \bar{p}_1 \bar{p}_2) \vee \bar{T}_1 \bar{T}_2 T_3 \bar{p}_2$。这些函数已经最小化了。

使用伪等状态类，可简化函数 P 和 Φ。MP_BY Moore FSM 的结构图如图6.21所示。在 MP_BY Moore FSM 中，模块 LUTer1 执行系统

$$P = P(\tau, X) \tag{6.40}$$

MP_BY Moore FSM 的模块 LUTer2 执行寄存器 RG 和输入存储函数系统，形式如下：

$$\Phi = \Phi(\tau, P) \tag{6.41}$$

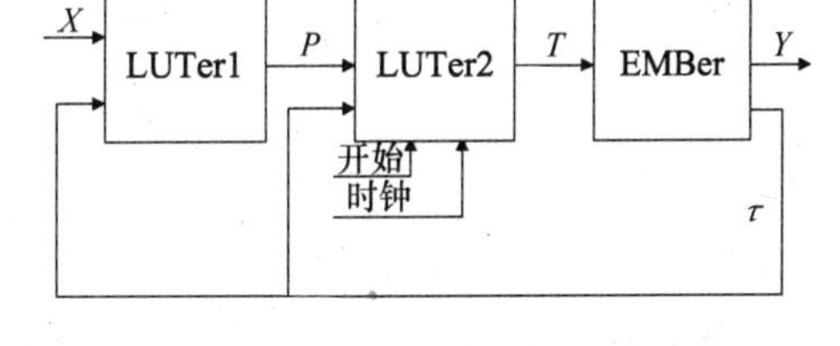

图6.21　MP_BY Moore FSM 的结构图

正如 P_BY Moore FSM 的情况，模块 EMBer 执行系统 $Y(T)$ 和 $\tau(T)$。

提出的 MP_BY Moore FSM 的综合方法具有以下步骤：

1）标记状态，构建集 A；

2）伪等状态类构建状态集的划分处 $\Pi_A = \{B_1, \cdots, B_I\}$；

3）解码状态 $a_m \in A$；

4）构建减少逻辑条件替代表；

5）优化解码类 $B_i \in \Pi_A$；

6）构建减少转换结构表；

7）构建式（6.40）和式（6.41）所示系统；

8）构建 EMBer 表；

9）利用给定逻辑器件执行 FSM 逻辑电路。

考虑 Moore FSM $MPY(\Gamma_1)$ 的综合例子。这样的元素如内部状态集 A、划分处 Π_A 和类 $B_i \in \Pi_A$ 之前就已经获得（见第6.2节）。以较简单的方法解码 $a_m \in A$：

$K(a_1)=000$，$K(a_2)=001$，…，$K(a_8)=111$。

显然，所有状态 $a_m \in B_i$ 的转换都依赖相同的逻辑条件。这个规则可以表现为以下表达式：

$$a_m, a_s \in B_i \rightarrow X(a_m) = X(a_s) \tag{6.42}$$

这个性质允许在逻辑条件替换表中替代状态 $a_m \in B_i$，由相应的类 $B_i \in \Pi_A$ 执行。因此，替代的结果表比 *MPY* Moore FSM 相应的表具有更少的行。在 Moore FSM $MPY(\Gamma_1)$ 的情况下，减少逻辑条件替换表见表 6.10。

表 6.10 Moore FSM $MPY(\Gamma_1)$ 的逻辑条件替换减少表

B_i	B_1	B_2	B_3	B_4
P_1	x_1	x_3	–	–
P_2	x_2	x_4	–	–

以下方程式系统可以从表 6.10 中获得：

$$\begin{aligned} P_1 &= B_1 x_1 \vee B_2 x_3 \\ P_2 &= B_1 x_2 \vee B_2 x_4 \end{aligned} \tag{6.43}$$

由于等式 $X(B_3)=X(B_4)=\varnothing$，类 $K(B_3)$ 和 $K(B_4)$ 的代码都可用于最小化式 (6.43) 所示系统。如果类 $B_i \in \Pi_A$ 的解码可以最小化具有其他变量的系统，则命名为优化解码。优化解码的一个变体是 $K(B_1)=00$，…，$K(B_4)=11$。这个类解码的变体生成以下方程式系统：

$$\begin{aligned} P_1 &= \bar{\tau}_1 x_1 \vee \tau_1 x_3; \\ P_2 &= \bar{\tau}_1 x_2 \vee \tau_1 x_4 \end{aligned} \tag{6.44}$$

式 (6.44) 中的任何函数的逻辑电路由具有 $S=3$ 输入的 LUT 执行。

使用表 6.1 构建 Moore FSM $MP_BY(\Gamma_1)$ 的减少转换结构表，见表 6.11。

表 6.11 Moore FSM $MP_BY(\Gamma_1)$ 的减少转换结构表

B_i	$K(B_i)$	a_s	$K(a_s)$	P_h	Φ_h	h
B_1	11	a_2	001	p_1	D_3	1
		a_3	010	$\bar{p}_1 p_2$	D_2	2
		a_4	011	$\bar{p}_1 \bar{p}_2$	$D_2 D_3$	3
B_2	00	a_5	100	$p_1 p_2$	D_1	4
		a_6	101	$p_1 \bar{p}_2$	$D_1 D_3$	5
		a_7	110	$\bar{p}_1 p_2$	$D_1 D_2$	6
		a_8	111	$\bar{p}_1 \bar{p}_2$	$D_1 D_2 D_3$	7
B_3	01	a_2	001	1	D_3	8

使用表 6.11 构建输入存储函数系统（最小化之后）

$$\begin{aligned} D_1 &= \bar{\tau}_1 \tau_2 \\ D_2 &= \bar{\tau}_1 \bar{\tau}_2 \bar{p}_1 \vee \bar{\tau}_1 \tau_2 \bar{p}_1 = \bar{\tau}_1 \bar{p}_1 \\ D_3 &= \bar{\tau}_1 \bar{\tau}_2 p_1 \vee \bar{\tau}_1 \bar{p}_2 \vee p_1 \bar{p}_2 \end{aligned} \tag{6.45}$$

显然，BCT 和 BMO 的表对于 FSM $MP_BY(\Gamma_1)$ 和 $P_BY(\Gamma_1)$ 是一样的。对于模块 EMBer 也是一样的。FSM $MP_BY(\Gamma_1)$ 的逻辑电路如图 6.22 所示。

两个子函数（$\Phi_1=\bar{\tau}_1\bar{\tau}_2p_1$ 和 $\Phi_2=\bar{\tau}_1\bar{p}_2\vee\bar{p}_1\bar{p}_2$）用于执行函数 D_3 的电路。对比图 6.12 和图 6.22 所示逻辑电路，表明它们占用相同数量的 LUT。但是 $MP_BY(\Gamma_1)$ FSM 有更多的层。因此，在 GSA Γ_1 情况下，逻辑条件替换是没有意义的。因此，这个例子只能说明提出的方法是如何使用的。

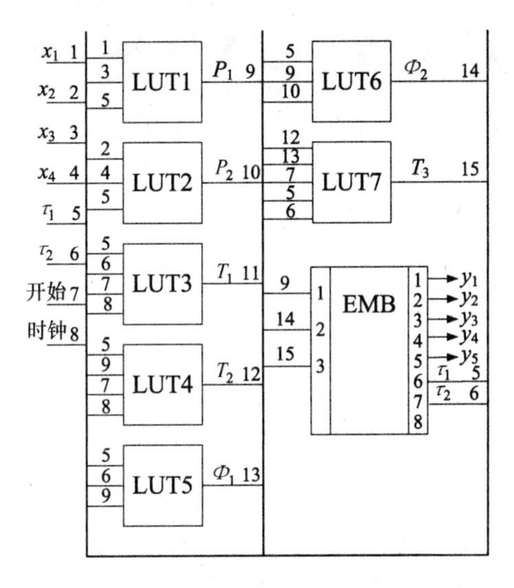

图 6.22 Moore FSM $MP_BY(\Gamma_1)$ 的逻辑电路

比较式（6.26）和式（6.45），表明逻辑条件的替代导致简化函数 $D_r\in\Phi$。对于普通情况，该结论是正确的[19]。普通情况下，逻辑条件的替代对于普通或复杂 FSM 是合理的，复杂时有 $M\geqslant200$，$L\geqslant50$，$G\approx6$。但是这个问题应该研究。

一些优化方法旨在逻辑条件替换模块的优化，在本章参考文献［8，37］中讨论过。这些方法基于逻辑条件的解码。它引入逻辑条件的解码模块（Block of Encoding of the Logic Condition，BELC）。例如，$MP_{BL}Y$ Moore FSM 的结构图如图 6.23 所示。在 $MP_{BL}Y$ 的表达式中，下标 L 表明逻辑条件的解码应用到 FSM 的特定模型。

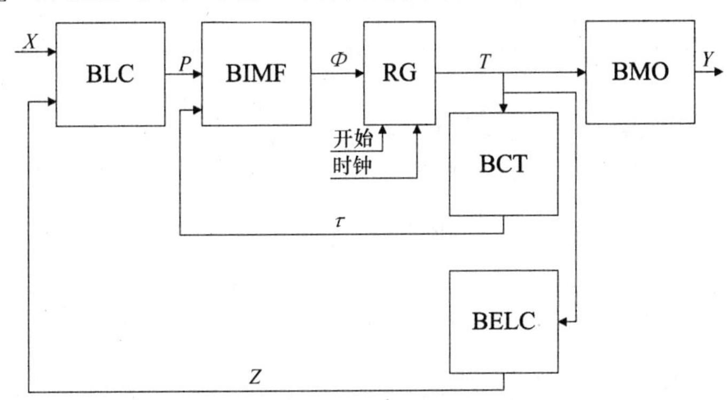

图 6.23 Moore $MP_{BL}Y$ Moore FSM 的结构图

在 $MP_{BL}Y$ Moore FSM 中，BLC 执行函数

$$P=P(Z,X) \tag{6.46}$$

而 BELC 执行函数

$$Z=Z(T) \tag{6.47}$$

函数 Z 的数量由参数 R_x 决定

$$R_x = \log_2(L+1) \tag{6.48}$$

基于这个思想的 Moore FSM 的综合方法还没有发表。这里将这个方法视为一个可能的可进一步研究的方向。

参考文献

1. Baranov SI (1994) Logic synthesis of control automata. Kluwer Academic Publishers, Boston
2. De Micheli G (1994) Synthesis and optimization of digital circuits. McGraw-Hill, New York
3. Grout I (2008) Digital systems design with FPGAs and CPLDs. Elsevier, Oxford University Press, Inc, Amsterdam
4. Jenkins J (1995) Design with FPGAs and CPLDs. Prentice Hall, New York
5. Maxfield C (2004) The design warrior's guide to FPGAs. Elsevier, Amsterdam
6. Zeidman B (2002) Designing with FPGAs and CPLDs. CMP Books, Lawrence
7. Maxfield C (2008) FPGAs: instant access. Elsevier, Oxford
8. Barkalov AA, Titarenko LA (2009) Synthesis of microprogrammed automata with customized and programmable VLSI. UNITEX, Donetsk (in Russian)
9. Baranov S, Sklyarov V (1986) Digital devices on programmable LSI with matrix structure. Radio i Swiaz, Moscow (in Russian)
10. Łuba T, Rawski M, Jachna Z (2002) Functional decomposition as a universal method for logic synthesis of digital circuits. In: Proceeding of IX international conference MIXDES'02, pp 285–290
11. Łuba T (1994) Multi-level logic synthesis based on decomposition. Microprocess Microsyst 18(8):429–437
12. Łuba T, Selvaraj H (1995) A general approach to boolean functions decomposition and its application in fpga-based synthesis. VLSI Des 3(3):289–300
13. Kania D (2004) The logic synthesis for the PAL-based complex programmable logic devices. Zeszyty naukowe Politechniki Ślaskiej, Gliwice (in Polish)
14. Kania D (2011) Efficient technology mapping method for pal-based devices. In: Adamski M, Barkalov A, Wegrzyn M (eds) Design of digital systems and devices. Springer, Berlin, pp 145–163
15. Kania D, Czerwinski R (2012) Area and speed oriented synthesis of FSMs for PAL-based CPLDs. Microprocess Microsyst 36(1):45–61
16. Kania D, Milik A (2010) Logic synthesis based on decomposition for CPLDs. Microprocess Microsyst 34(1):28–38
17. Opara A, Kania D (2010) Decomposition-based logic synthesis for PAL-based CPLDs. Int J Appl Math Comput Sci 20(2):367–384
18. Baranov S (2008) Logic and system design of digital systems. TUT Press, Tallinn
19. Barkalov A, Titarenko L (2009) Logic synthesis for FSM-based control units. Springer, Berlin
20. Barkalov A, Barkalov A (2001) Optimization of logic circuit of Moore FSM with programmable LSI. Control Syst Mach 6:38–41 (in Russian)
21. Barkalov A, Barkalov A (2002) Synthesis of control units with transformation of objects. Control Syst Mach 6:41–44 (in Russian)
22. Barkalov A, Barkalov A (2005) Design of Mealy FSMs with transformation of object codes. Int J Appl Math Comput Sci 15(1):151–158
23. Barkalov A, Titarenko L, Barkalov A (2012) Structural decomposition as a tool for the optimization of an FPGA-based implementation of a Mealy FSM. Cybern Syst Anal 48(2):313–323
24. Solovjov V, Klimowicz A (2008) Logic design of digital systems on the base of programmable logic devices. Hot line-Telecom, Moscow (in Russian)

25. Solovjov VV (2001) Design of digital systems using the programmable logic integrated circuits. Hot line-Telecom, Moscow (in Russian)
26. Palagin A, Barkalov A, Usifov S, Shvets A (1992) Synthesis of microprogrammed automata with FPLDs. IC NAC Ukraine, Preprint 92:18–26 (in Russian)
27. Borowik G (2007) Finite state machine synthesis for FPGA structure with embedded memory blocks. PhD thesis, WUT, Warszawa (in Polish)
28. Rawski H, Tomaszewicz P, Borowski G, Luba T (2011) Logic synthesis method of digital circuits designed for implementation with embedded memory blocks on FPGAs. In: Wegrzyn M, Adamski M, Barkalov A (eds) Design of digital systems and devices. Springer, Berlin, pp 121–144
29. Barkalov A, Titarenko L (2008) Logic synthesis for compositional microprogram control units. Springer, Berlin
30. Barkalov AA (2002) Synthesis of control units with PLDs. Donetsk National Technical University, Donetsk (in Russian)
31. Achasova SN (1987) Algorithms of synthesis of automata on programmable arrays. Radio i Swiaz, Moscow (in Russian)
32. Barkalov A (1998) Principles of logic optimization for a Moore microprogrammed automaton. Cybern Syst Anal 34(1):54–61
33. Yang S (1991) Logic synthesis and optimization benchmarks user guide. Technical report, Microelectronics center of North Carolina
34. Barkalov A, Titarenko L, Hebda O (2010) Matrix implementation of Moore FSM with expansion of coding space. Meas Autom Monit 56(7):694–696
35. Barkalov A, Titarenko L, Hebda O, Soldatov K (2009) Matrix implementation of Moore FSM with encoding of collections of microoperations. Radioelectron Inf 4:4–8
36. Barkalov A, Matvienko A, Tsololo S (2011) Optimization of logic circuit of Moore FSM with FPGAs. IC NAC Ukraine 10:22–29 (in Russian)
37. Barkalov A, Zelenjova I (2001) Optimization of logic circuit of control unit with replacement of variables. Control Syst Mach 1:75–78 (in Russian)

第7章

嵌入存储模块设计FSM

摘要——本章关于使用嵌入存储模块（Embedded Memory Block，EMB）设计Moore FSM。基于EMB执行Moore和Mealy FSM逻辑电路的方法都已经讨论过了。在这种情况下，一片EMB足以执行电路。接下来将讨论优化方法，即基于逻辑条件替换和微操作集解码。考虑的方法基于解码FSM结构表的行。所有这些方法都生成二级Mealy FSM模型和三级Moore FSM模型。接下来，将这些方法组合到一起用于进一步优化，即减少FSM逻辑电路的硬件数量。最后小节将考虑在基于EMB的Moore FSM中应用基于PES的方法。所有讨论的方法都将举例说明。本章由作者和博士生Malgorzata Kolopienczyk（波兰绿山城大学）一起编写。

7.1 Mealy和Moore FSM的简单执行

大多数FPGA具有三个主要模块，即连接到可编程触发器的LUT器件、嵌入存储模块（EMB）和可编程互连矩阵[7,9]。一片LUT和触发器一起形成逻辑器件(Logical Element，LE)，两片LE形成一片器件，两片器件形成可配置逻辑模块(Configurable Logic Block，CLB)。在CLB内部使用快速互连[20]，但这是非常后面的情况。当一片CLB足够执行FSM逻辑电路时，可以绕过LE的触发器，因此LUT的输出可以被寄存器存储或者组合。通常，LUT输入数量相当小（$S \leqslant 6$）[1,20]。如果布尔函数的参数数量超过LUT输入数量，则需要多片LUT执行相应的组合电路。在这样的情况下，使用功能解体方法[8,10,13]。它导致结果电路中逻辑层数增加，使互连复杂。也导致传播时间和功耗增加[17,19]。为了优化FSM的电路参数，嵌入存储模块应该用于执行其部分[5,11,12,15,18]。

正如之前提到过的，现代FPGA的EMB具有可配置性。这意味着参数，如细胞数量和它们的输出可以改变[7,9]。现代EMB的典型配置如下：16K×1，8K×2，4K×4，2K×8，1K×18，512×36（位）[7,9]。

因此，现代EMB非常灵活，可以达到特定设计工程的要求。令EMB具有V个细胞和t_F个输出。令V_0为对应输出数$t_F=1$的细胞数，V可以定义为

$$V = V_0 / t_F \tag{7.1}$$

讨论当单个EMB足以执行FSM逻辑电路的情况。令以下条件发生：

$$2^{L+R}(R+N) \leqslant V_0 \tag{7.2}$$

在这种情况下，Mealy FSM 可以简单执行[6]，即仅使用一片 EMB 和 R 触发器形成的寄存器，如图 7.1 所示。用 Mealy FSM U_1 代表这个电路。

在 FSM U_1 中，EMB 执行函数

$$Y = Y(X, T) \tag{7.3}$$

$$\Phi = \Phi(X, T) \tag{7.4}$$

RG 电路使用 R 个触发器为 D 触发器的逻辑器件执行。

考虑针对 GSA Γ_3 的 FSM 设计的例子，如图 7.2 所示。

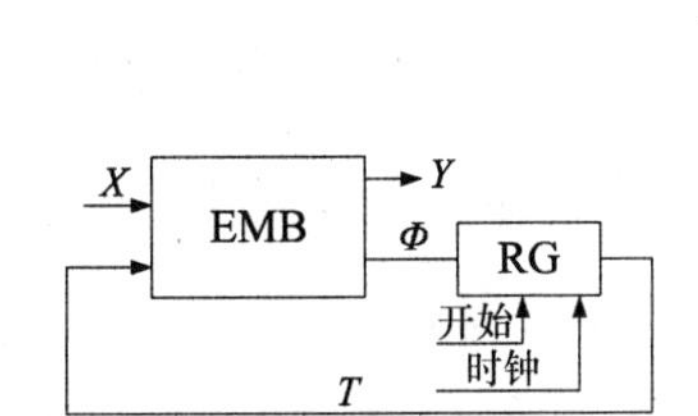

图 7.1　Mealy FSM U_1 的结构图

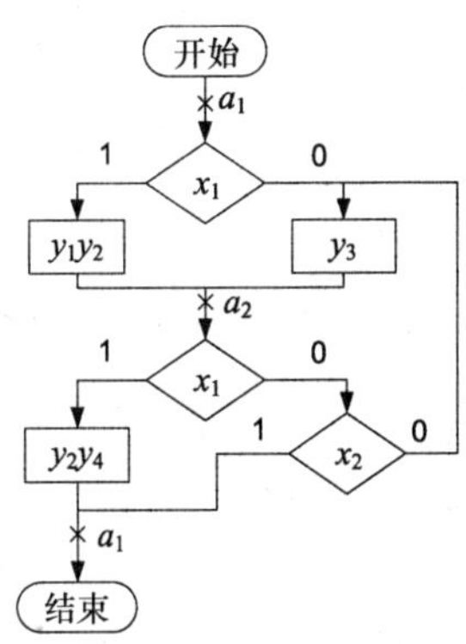

图 7.2　Γ_3 算法的图策略

GSA Γ_3 由 Mealy FSM 的状态标记，使用本章参考文献［2］中的规则。如下集及其参数可以从 GSA Γ_3 获得：$A=\{a_1, a_2\}$，$M=2$，$X=\{x_1, x_2\}$，$L=2$，$Y=\{y_1, \cdots, y_4\}$，$N=4$，$R=1$，$T=\{T_1\}$ 和 $\Phi=\{D_1\}$。

符号 $U_i(\Gamma_j)$ 意味着 FSM 的模型 U_i 用于控制单元的综合，由 GSA Γ_j 表现。为了使用模型 $U_1(\Gamma_3)$，应该发生如下条件：$t_F \geqslant 5$，$S_A=3$。符号 S_A 代表 EMB 的输入地址的数量。针对 FSM $U_1(\Gamma_j)$ 的设计方法包括用于设计 Mealy FSM 的所有步骤[2]和一个额外的步骤。这个步骤减少了初始结构表的一些转换。

FSM $U_1(\Gamma_3)$ 的情况下，结构表具有 $H_1(\Gamma_3)=5$ 行，见表 7.1。在这个表中，使用简单状态代码（$K(a_1)=0$，$K(a_2)=1$）。为了设计逻辑电路，应该转换初始结构表。

表 7.1　Mealy FSM $U_1(\Gamma_3)$ 的结构表

a_m	$K(a_m)$	a_s	$K(a_s)$	X_h	Y_h	Φ_h	h
a_1	0	a_2	1	x_1	y_1y_2	D_1	1
		a_2	1	$\bar{x}_1$	y_3	D_1	2
a_2	1	a_1	0	x_1	y_2y_4	–	3
		a_1	0	$\bar{x}_1x_2$	–	–	4
		a_2	1	$\bar{x}_1\bar{x}_2$	y_3	D_1	5

转换结构表具有 V_1 行

$$V_1 = 2^{R+L} \tag{7.5}$$

这个表具有如下列：$K(a_m)$，X，Y，Φ，ν，其中 ν 是行的数量。在讨论过的例子中，转换结构表有 $V_1(\Gamma_3)=8$ 行，见表 7.2。

表 7.2　Mealy FSM U_1（Γ_3）的转换结构表

$K(a_m)$	X	Y	Φ	ν
T_1	x_1x_2	$y_1y_2y_3y_4$	D_1	
0	00	0010	1	1
0	01	0010	1	2
0	10	1100	1	3
0	11	1100	1	4
1	00	0010	1	5
1	01	0000	0	6
1	10	0101	0	7
1	11	0101	0	8

转换结构表中，列 $K(a_m)$ 和 X 决定细胞地址，而列 Y 和 Φ 决定其内容。初始结构表的每行 h 对应 EMB 的 $n(h)$ 个细胞

$$n(h) = 2^{L-L_h} \tag{7.6}$$

在式（7.6）中，符号 L_h 代表来自行数 h 的逻辑条件的数量。状态 $a_m \in A$ 的转换由转换结构表的 $H(L)$ 行表现：

$$H(L) = 2^L \tag{7.7}$$

令 $H(a_m)$ 是状态 $a_m \in A$ 的转换的数量。如果 $H(a_m) < H(L)$，则一些细胞的内容是相同的。例如，表 7.1 的行 1 只有 x_1。由于等式 $x_1 = x_1x_2 \vee x_1\bar{x}_2$，因此对于列 Y 和 Φ，表 7.2 中的行 3 和 4 具有相同的数据。初始结构表的所有其他行都以这种方式转换。

FSM $U_1(\Gamma_3)$ 的功能电路如图 7.3 所示。为了重申这个事实，即使用的是特定逻辑器件的触发器，相应的 LUT 也与开始脉冲和时钟脉冲连接，如图 7.4 所示。

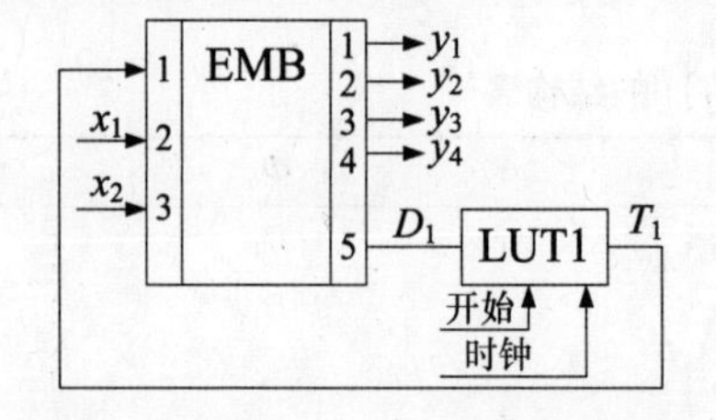

图 7.3　Mealy FSM $U_1(\Gamma_3)$ 的逻辑电路

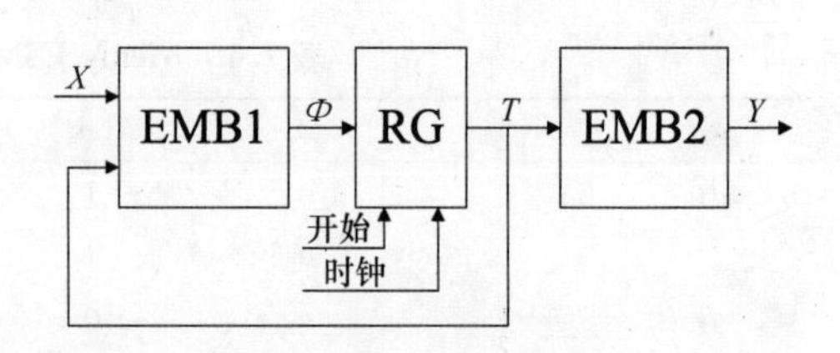

图 7.4　CityplaceMoore FSM U_2 的结构图

现在，考虑简单的基于 EMB 的 Moore FSM 的执行。如果式（7.2）所示条件发生，则模型 U_1 可以用于 Moore FSM。讨论这种简单情况。令以下条件发生：

$$2^{L+R}(R+N)>V_0 \tag{7.8}$$

$$R\cdot 2^{L+R}\leqslant V_0 \tag{7.9}$$

$$N\cdot 2^{L+R}\leqslant V_0 \tag{7.10}$$

式（7.8）表明使用模型 U_1 是可行的。式（7.9）表明对于系统 Φ 的电路可以使用单个 EMB 执行。式（7.10）表明系统电路

$$Y=Y(T) \tag{7.11}$$

可以使用单个 EMB 执行。因此，Moore FSM U_2 的结构图（见图7.5）可以从式（7.9）和式（7.10）获得。

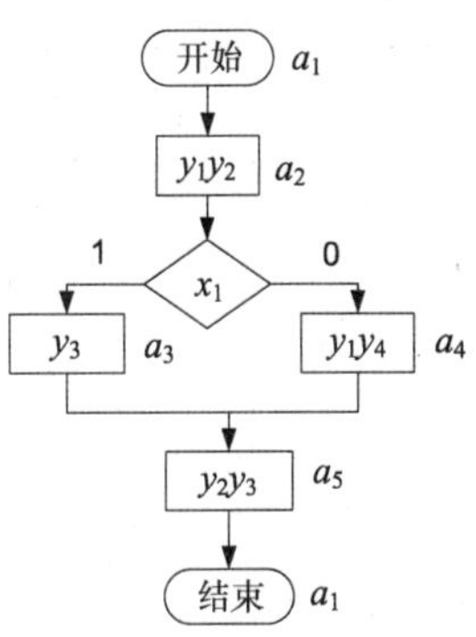

图7.5　Γ_4 算法的图策略

在模型 U_2 中，模块 EMB1 执行输入存储函数系统式（7.3），而模块 EMB2 执行式（7.11）所示微操作系统。FSM U_2 的设计方法具有以下步骤：

1）构建状态集 A；

2）状态赋值；

3）构建结构表；

4）结构表的转换；

5）构建微操作表；

6）在给定 FPGA 芯片上使用 EMB 和 LUT 执行 FSM 逻辑电路。

讨论 Moore FSM $U_2(\Gamma_4)$ 的设计例子，其中 GSA Γ_4 如图7.5所示。

GSA Γ_4 由 Moore FSM 状态标记，使用本章参考文献［2］中的规则。如下集及它们的参数可以从 GSA Γ_4 中获得：$A=\{a_1, \cdots, a_5\}$，$M=5$，$X=\{x_1\}$，$L=1$，$Y=\{y_1, \cdots, y_4\}$，$N=4$，$R=3$，$T=\{T_1, T_2, T_3\}$，$\Phi=\{D_1, D_2, D_3\}$。以如下方法解码状态 $a_m\in A$：$K(a_1)=000$，…，$K(a_5)=100$。使用这些代码和 GSA Γ_4，可以构建 FSM $U_2(\Gamma_4)$ 的结构表，见表7.3。

表7.3　Moore FSM $U_2(\Gamma_4)$ 的结构表

a_m	$K(a_m)$	a_s	$K(a_s)$	X_h	Φ_h	h
a_1	000	a_2	001	1	D_3	1
$a_2(y_1y_2)$	001	a_3	010	x_1	D_2	2
		a_4	011	$\bar{x}_1$	D_2D_3	3
$a_3(y_3)$	010	a_5	100	1	D_1	4
$a_4(y_1y_4)$	011	a_5	100	1	D_1	5
$a_5(y_2y_3)$	100	a_1	000	1	—	6

这个表具有 $H_2(\Gamma_4)=6$ 行。这个表的列 a_m 包括当前状态 $a_m \in A$，和在当前状态产生的微操作集 $Y(a_m) \subseteq Y$。

Moore FSM U_2 的转换结构表具有 V_2 行，其中 $V_2=V_1$。转换结构表具有列 $K(a_m)$，X，Φ，ν，h。在 Moore FSM $U_2(\Gamma_4)$ 的情况下，这个表具有 $V_2(\Gamma_4)=16$ 行。因为行 11 ~16 只有 0，它们不在表 7.4 中。

表 7.4　Moore FSM $U_2(\Gamma_4)$ 的转换结构表

$K(a_m)$	X	Φ	ν	h
$T_1T_2T_3$	x_1	$D_1D_2D_3$		
000	0	001	1	1
000	1	001	2	1
001	0	011	3	3
001	1	010	4	2
010	0	100	5	4
010	1	100	6	4
011	0	00	7	5
011	1	100	8	5
100	0	000	9	6
100	1	000	10	6

表 7.5　Moore FSM $U_2(\Gamma_4)$ 的微操作表

$K(a_m)$	Y	m
$T_1T_2T_3$	$y_1y_2y_3y_4$	
000	0000	1
001	1100	1
010	0010	3
011	1001	2
100	0110	4

为了使表 7.3 和表 7.4 的连接更明显，后者包括行 h。这列表明结构表的行数对应转换结构表的行。例如，表 7.4 的行 1 和 2 对应表 7.3 中的行 1。

微操作表包括列 $K(a_m)$，Y，m。在 FSM $U_2(\Gamma_4)$ 的情况下，它应该包括 8 行。只有其中的 5 行在表 7.5 中。为了构建这个表，使用来自结构表的列 a_m 的数据。

使用的 FPGA 芯片的 EMB 有配置 16×4 和 8×8。第一个配置用于执行转换结构表。两种配置都可执行微操作表。选择配置 8×8 执行系统 Y。Moore FSM $U_2(\Gamma_4)$ 的逻辑电路如图 7.6 所示。

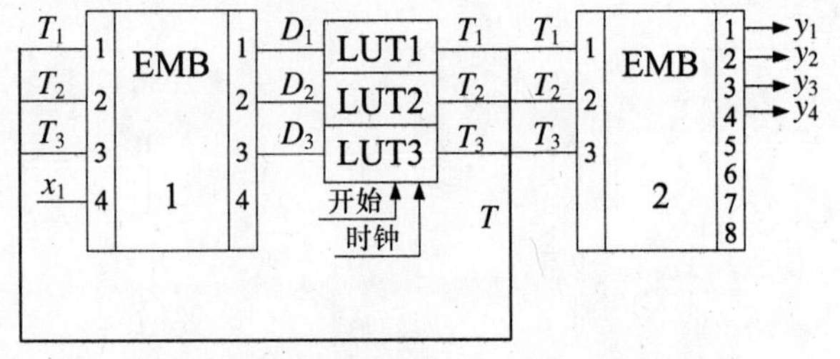

图 7.6　Moore FSM $U_2(\Gamma_4)$ 的逻辑电路

在电路中，LUT1～LUT3 用于执行寄存器 RG。模块 EMB1 和 EMB2 都有未使用的资源。

已知式（7.2）、式（7.9）和式（7.10）所示条件只对简单的 FSM 发生[16]。如果违背这些条件，则结构解体的不同方法应该用于优化基于 EMB 的 FSM 电路[3,4]。

7.2　FSM 的结构解体

为了减少 FSM 逻辑电路中 LUT 的数量，可以使用结构解体的方法。结构解体导致 FSM 电路的结构级数增加。结构解体有如下方法[2,3,14]：①逻辑条件替换；②解码微操作集；③解码兼容微操作域；④解码结构表的行。这里将讨论这些方法。

令 $X(a_m)$ 为逻辑状态集，决定状态 $a_m \in A$ 的转换，令

$$G = \max(|X(a_1)|, \cdots, |X(a_M)|) \tag{7.12}$$

如果发生以下条件

$$G << L \tag{7.13}$$

则采用逻辑条件替换的方法[2]。令 $P = \{p_1, \cdots, p_G\}$ 为额外变量集，用于逻辑条件替换。为了执行替换，应该特殊的构建逻辑条件替换表。在这个表中，列由变量 $p_g \in P$ 标记，而行由状态 $a_m \in A$ 标记。因此，表包括 G 列和 M 行。如果在状态 $a_m \in A$ 中用变量 $p_g \in P$ 替代逻辑条件 $x_l \in X$，则符号 x_l 应该写在这个表的行 a_m 和列 p_g 的交叉处。为了最小化逻辑电路用于替换的硬件数量，逻辑条件的分布以这种方式执行，即每个变量 $x_l \in X$ 总是替换这个表的相同列。当然，这样的分布不总是可行的。以下系统可以从逻辑条件替换表中获得：

$$P = P(T, X) \tag{7.14}$$

MP Mealy FSM 的结构图如图 7.7 所示。在 *MP* 中，符号 *M* 代表逻辑条件替换模块（Block of Replacement of Logical Condition，BRLC）存在，符号 *P* 代表 BIMF。

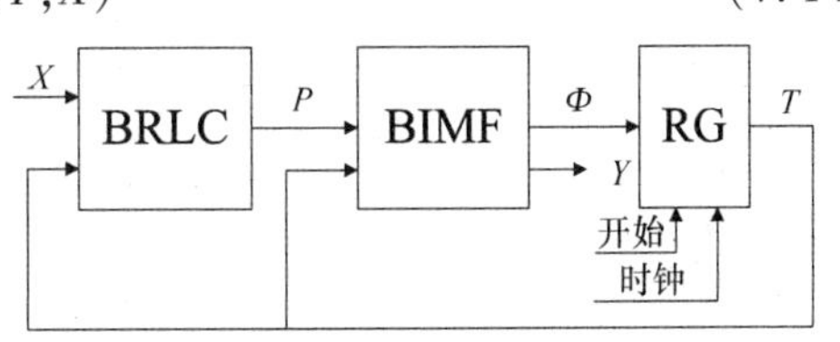

图 7.7　*MP* Mealy FSM 的结构图

在 *MP* Mealy FSM 中，模块 BRLC 以 LUT 执行。它产生函数式（7.14）。模块 BIMF 可以使用 LUT 或者 EMB 执行。它执行函数

$$\Phi = \Phi(T, P) \tag{7.15}$$

$$Y = Y(T, P) \tag{7.16}$$

MPY Moore FSM 的结构图如图 7.8 所示。符号 *Y* 代表 BMO 存在。

在 *MPY* Moore FSM 中，BRLC 产生函数式（7.14），BIMF 执行函数式

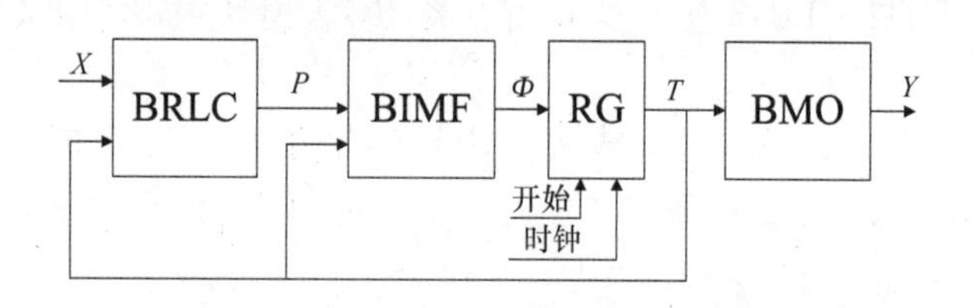

图 7.8　*MPY* Moore FSM 的结构图

(7.15)，BMO 产生函数式 (7.11)。BIMF 和 BMO 都可以使用 LUT 和 EMB 执行。

MP 和 *MPY* FSM 的设计方法将在第 8 章讨论。

将 T_0 个不同的微操作集 $Y_t \subseteq Y$ 写入 GSA Γ 的顶点算子中。使用具有 R_Y 位的二进制代码 $K(Y_t)$ 解码每个集 Y_t，其中

$$R_Y = \log_2(T_0 + 1) \tag{7.17}$$

值从 1 加到 T_0，考虑到空集 $y_0 = \varnothing$。使用变量 $z_r \in Z$ 解码集 $Y_t \subseteq Y$，其中 $|Z| = R_Y$。

这个方法的应用导致 *PY* Mealy FSM 模型，如图 7.9 所示。符号 Y 代表微操作模块 BMO。

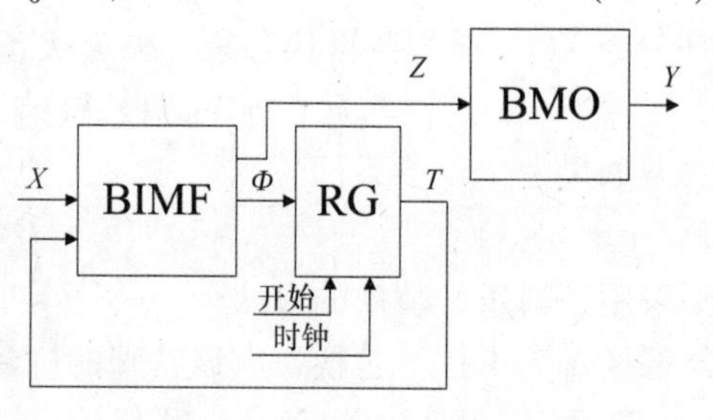

图 7.9　*PY* Mealy FSM 的结构图

在 *PY* Mealy FSM 中，BIMF 执行式 (7.3) 所示系统和函数系统

$$Z = Z(T, X) \tag{7.18}$$

BMO 执行函数

$$Y = Y(Z) \tag{7.19}$$

BMO 电路可以使用 LUT 或 EMB 执行。

在 Moore FSM 的情况下，不使用这个方法。连接到这个事实，即 Moore FSM 的输出函数只依赖其输入。这个方法可以和目标转换方法一起应用[3]，但不在本书讨论。

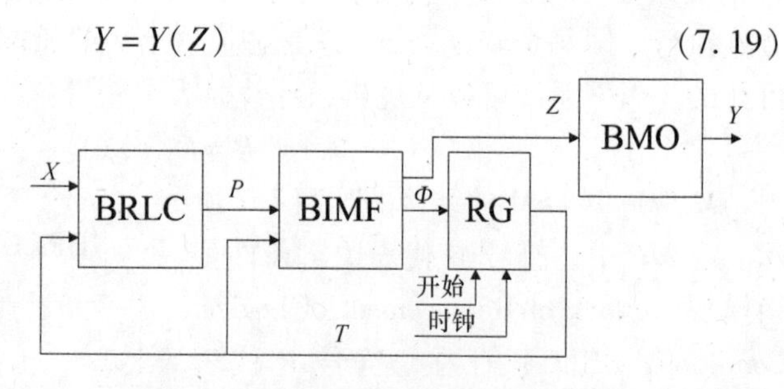

图 7.10　*MPY* Mealy FSM 的结构图

逻辑条件替换和微操作集解码的共同应用导致 *MPY* Mealy FSM，如图 7.10 所示。

在 *MPY* Mealy FSM 中，BIMF 产生函数式 (7.15) 和函数

$$Z = Z(T,\ P) \tag{7.20}$$

如果它们不写入相同的初始 GSA 的顶点算子中，则微操作 y_i，$y_j \in Y$ 可兼容[3]。令微操作集 Y 由兼容微操作类划分，并表现为

$$Y = Y^1 \cup Y^2 \cup \cdots \cup Y^K \tag{7.21}$$

在式（7.21）中，Y^k是兼容微操作的第 k 类（$k = \overline{1, K}$）。令 $|Y^k| = N_k$，以有 R_k 位的二进制代码 $K(y_n)$ 解码微操作 $y_n \in Y^k$，其中

$$R_k = \log_2(N_k + 1) \tag{7.22}$$

N_k 加 1，考虑到没有微操作 $y_n \in Y^k$ 属于任何微操作集 $Y_t \subseteq Y$。为了解码所有的微操作，R_D 个变量 $z_r \in Z$ 是足够的，其中

$$R_D = R_1 + R_2 + \cdots + R_K \tag{7.23}$$

集 Z 可以表示为 $Z = Z^1 \cup Z^2 \cup \ldots \cup Z^k$；变量 $z_r \in Z^k$ 用于解码兼容微操作 $y_n \in Y^k$。解码微操作之后，系统 Y 表示为以下子系统集：

$$\begin{aligned} Y^1 &= Y(Z^1) \\ &\vdots \\ Y^K &= Y(Z^K) \end{aligned} \tag{7.24}$$

微操作 $y_n \in Y^k$ 由解码器 DC_k 产生（$k = \overline{1, K}$），解码器有 R_k 个输入和 N_k 个输出。

解码器整体形成模块 BD。这个方法的应用导致 *PD* Mealy FSM，如图 7.11 所示。

在 *PD* Mealy FSM 中，BIMF 使用 LUT 或者 EMB 执行。它产生函数式（7.3）和式（7.20）。模块 BD 使用 LUT 执行式（7.24）所示系统。

当然，这个方法可以和逻辑条件替换一起应用。它导致 *MPD* Mealy FSM。如果 BMO（见图 7.10）由模块 BD 替换，则 *MPY* Mealy FSM 转换为 *MPD* Mealy FSM。正如前面的情况，这个方法不能直接在 Moore FSM 中使用。

以有 R_H 位的二进制代码 $K(F_h)$ 解码 Mealy FSM 结构表的每行 F_h，其中

$$R_H = \log_2 H \tag{7.25}$$

对于这个解码使用变量 $z_r \in Z$，其中 $|Z| = R_H$。它导致 *PH* Mealy FSM，如图 7.12 所示。

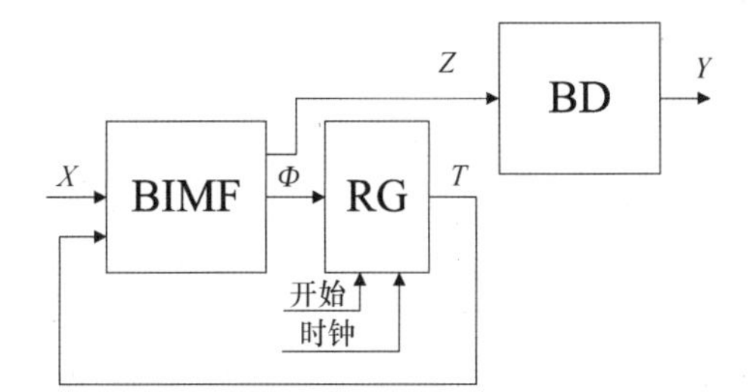

图 7.11　*PD* Mealy FSM 的结构图

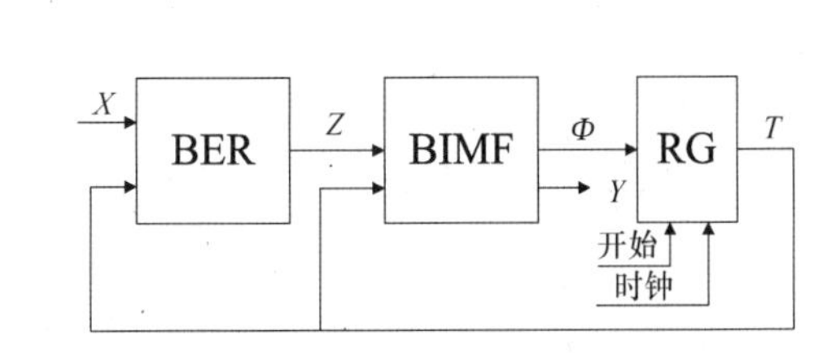

图 7.12　*PH* Mealy FSM 的结构图

在 *PH* Mealy FSM 中，行解码模块（Block of Encoding of Row，BER）执行函数

式（7.18）；BIMF 执行函数式（7.19）和输入存储函数，表示为以下系统：

$$\Phi = \Phi(Z) \tag{7.26}$$

在 *MPH* Mealy FSM 中，BRLC 执行式（7.14）所示系统，BER 执行式（7.20）所示系统，BIMF 执行式（7.19）和式（7.26）所示系统，如图 7.13 所示。相同的方法可以用于 Moore FSM 情况。讨论在第 7.2 节讨论的模型的设计方法和例子。

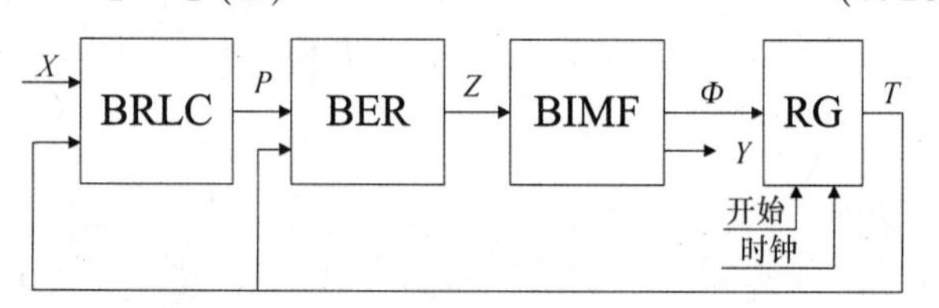

图 7.13　*MPH* Mealy FSM 的结构图

如果 EMB 用于执行 FSM 电路，则只有模型 *PY* 和 *PH* 可以用于 Mealy FSM，而只有模型 *PH* 可以用于 Moore FSM。

7.3　解码微操作集设计 Mealy FSM

基于 EMB 的 *PY* Mealy FSM 的结构图如图 7.14 所示。

重申这个事实，即 BIMF 和 BMO 都用 EMB 执行，用 PY_m Mealy FSM 代表 FSM，如图 7.14 所示。在 PY_m FSM 中，模块 EMB1 执行函数式（7.3）和式（7.18）；模块 EMB2 执行函数式（7.19）。PY_m Mealy FSM 的设计方法具有以下步骤：

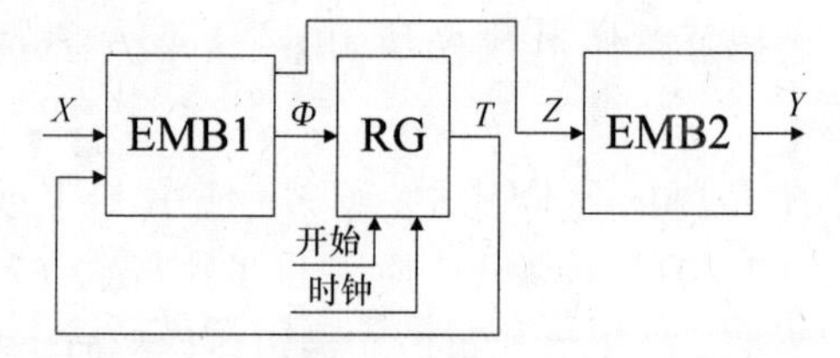

图 7.14　基于 EMB 的 *PY* Mealy FSM 的结构图

1）构建状态集 *A*；
2）状态赋值；
3）构建 Mealy FSM 的结构表；
4）解码微操作集；
5）构建转换结构表；
6）构建 BIMF 表；
7）构建 BMO 表；
8）用 EMB 和 LUT 执行 FSM 逻辑电路。

如果发生以下条件，则可以应用模型 PY_m：

$$2^{L+R}\ (R+R_Y)\ \leqslant V_0 \tag{7.27}$$

$$N \cdot 2^{R_Y} \leqslant V_0 \tag{7.28}$$

讨论针对 $PY_m(\Gamma_5)$ 的设计例子，其中 GSA Γ_5 如图 7.15 所示。这个 GSA 由 Mealy FSM 的状态标记，使用本章参考文献［2］中的规则。

针对 Mealy FSM $U_1(\Gamma_5)$，如下集及其参数可以找到：$A=\{a_1, \cdots, a_5\}$，$M=$

5, $X=\{x_1, x_2, x_3\}$, $L=3$, $Y=\{y_1, \cdots, y_7\}$, $N=7$, $R=3$, $T=\{T_1, T_2, T_3\}$, $\Phi=\{D_1, D_2, D_3\}$。以一般方法解码状态 $a_m \in A$: $K(a_1)=000$, …, $K(a_5)=100$。

令使用的 FPGA 芯片有 $V_0=384$ 位，且 EMB 存在如下配置：64×6 和 32×12 位。对于 FSM $U_1(\Gamma_5)$，则有 $2^{L+R}(R+N)=640$ 位。因此，不能使用模型 $U_1(\Gamma_5)$。

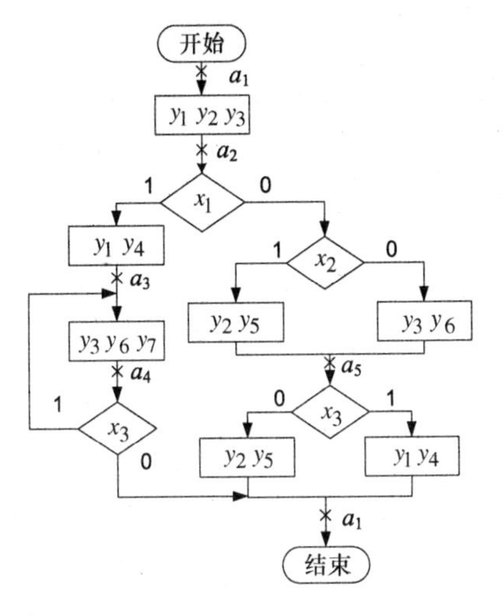

图 7.15　初始化 FSA Γ_5

在 GSA Γ_5 的顶点算子中有 $T_0=5$ 个微操作集：$Y_1=\{y_1, y_2, y_3\}$, $Y_2=\{y_1, y_4\}$, $Y_3=\{y_2, y_5\}$, $Y_5=\{y_3, y_6, y_7\}$。而且，a_4 到 a_1 的转换器件不会生成微操作。因此，在讨论的情况下集 $y_0=\varnothing$。它的存在应该用于考虑找到额外的变量数量。使用式（7.17），可以找到 $R_Y=3$, $Z=\{z_1, z_2, z_3\}$。

检查式（7.27）和式（7.28）所示条件。在 GSA Γ_5 情况下，表达式（7.27）如下：384=384。表达式（7.28）产生不等式 56<384。因此，发生两个条件，可以使用模型 $PY_m(\Gamma_5)$。

Mealy FSM $U_1(\Gamma_5)$ 的结构表具有 $H_1(\Gamma_5)=9$ 行，见表 7.6。

表 7.6　Mealy FSM $U_1(\Gamma_5)$ 的结构表

a_m	$K(a_m)$	a_s	$K(a_s)$	X_h	Y_h	Φ_h	h
a_1	000	a_2	001	1	$y_1y_2y_3$	D_3	1
a_2	001	a_3	010	x_1	y_1y_4	D_2	2
		a_5	100	$\bar{x}_1x_2$	y_2y_5	D_1	3
		a_5	100	$\bar{x}_1\bar{x}_2$	y_3y_6	D_1	4
a_3	010	a_4	011	1	$y_3y_6y_7$	D_2D_3	5
a_4	011	a_4	011	x_3	$y_3y_6y_7$	D_2D_3	6
		a_1	000	$\bar{x}_3$	–	–	7
a_5	100	a_1	000	x_3	y_2y_5	–	8
		a_1	000	$\bar{x}_3$	y_1y_4	–	9

因为 EMB 用于执行 FSM 逻辑电路的所有组合部分，所以微操作集可以以任意方式解码。这里以如下方式解码：$K(Y_0)=000$, $K(Y_1)=001$, …, $K(Y_5)=101$。

为了构建转换结构表，初始表的列 Y_h 应该由列 Y_t 和 $K(Y_t)$ 替换。显然，转换结构表的行数与 Mealy FSM 的初始结构表一样。Mealy FSM $PY_m(\Gamma_5)$ 的转换结构表由表 7.7 替换。转换结构表用于构建 BIMF 表。在 PY_m FSM 情况下，这个表具有如下列：$K(a_m)$，X，Z，Φ，v，h。列 $K(a_m)$ 和 X 形成 EMB 的细胞地址。列 Z 和 Φ 决定细胞的内容。在 Mealy FSM $PY_m(\Gamma_5)$ 情况下，$L=3$，因此，$H(L)=8$。BIMF 的表包括 40 行，其中有些有用的数据。$V_1(\Gamma_5)=64$。因此，表的 24 行全是 0。部分 BIMF 表见表 7.8。

表 7.8 表现状态 $a_2 \in A$ 的转换。加入列 h，表明表 7.7 和表 7.8 的行的连接。

BMO 的表具有如下列：$K(Y_t)$，Y_t，v，以简单方法构建，这个表具有 Z_0 行，其中

$$Z_0 = 2^{R_Y} \tag{7.29}$$

在 Mealy FSM $PY_m(\Gamma_5)$ 情况下，这个表具有 $Z_0=8$ 行，见表 7.9。

表 7.7　Mealy FSM $PY_m(\Gamma_5)$ 的转换结构表

a_m	$K(a_m)$	a_s	$K(a_s)$	X_h	Y_t	$K(Y_t)$	Φ_h	h
a_1	000	a_2	001	1	Y_1	001	D_3	1
a_2	001	a_3	010	x_1	Y_2	010	D_2	2
		a_5	100	$\bar{x}_1 x_2$	Y_3	011	D_1	3
		a_5	100	$\bar{x}_1 \bar{x}_2$	Y_4	100	D_1	4
a_3	010	a_4	011	1	Y_5	101	D_2D_3	5
a_4	011	a_4	011	x_3	Y_5	101	D_2D_3	6
		a_1	000	$\bar{x}_3$	Y_0	000	–	7
a_5	100	a_1	000	x_3	Y_3	011	–	8
		$aM1$	000	$\bar{x}_3$	Y_2	010	–	9

表 7.8　BIMF（状态 a_2）的部分表

$K(a_m)$	X	Z	Φ	v	h
$T_1T_2T_3$	$x_1x_2x_3$	$z_1z_2z_3$	$D_1D_2D_3$		
001	000	100	100	9	4
001	001	100	100	10	4
001	010	011	100	11	3
001	011	011	100	12	3
001	100	010	010	13	2
001	101	010	010	14	2
001	110	010	010	15	2
001	111	010	010	16	2

表 7.9　Mealy FSM $PY_m(\Gamma_5)$ 的 BMO 表

$K(Y_t)$	Y_t	v
$z_1z_2z_3$	$y_1y_2y_3y_4y_5y_6y_7$	
000	0000000	1
001	1110000	3
010	1001000	2
011	0100100	4
100	0010010	5
101	0010011	6
110	0000000	7
111	0000000	8

Mealy FSM $PY_m(\Gamma_5)$ 的逻辑电路如图 7.16 所示。

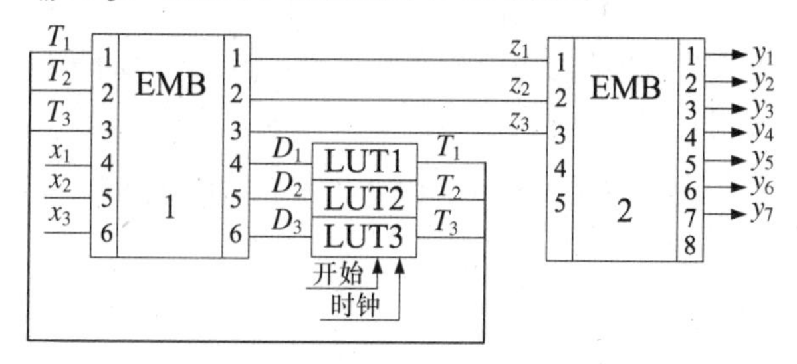

图 7.16　Mealy FSM $PY_m(\Gamma_5)$ 的逻辑电路

正如从图 7.16 中看到的一样，BIMF 的电路使用 EMB 执行，配置为 64 ×6 位，而 BMO 的电路基于 EMB，配置为 32 ×8 位。

7.4　解码兼容微操作域设计 Mealy FSM

基于 EMB 的 *PD* Mealy FSM 的结构图如图 7.17 所示。

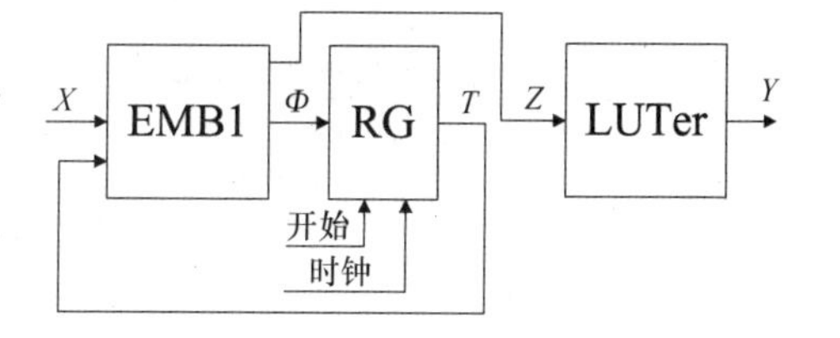

图 7.17　基于 EMB 的 *PD* Mealy FSM 的结构图

在这个模型中，模块 EMB 执行函数式（7.3）和式（7.20）。模块 LUTer 执行函数式（7.24）。寄存器 RG 和 LUTer 的电路都使用 LUT 执行。*PD* Mealy FSM 的设计方法具有同 PY_m Mealy FSM 的方法相同的步骤。唯一不同是步骤 4。

在 *PD* Mealy FSM 的情况下，步骤 4 关于寻找和解码兼容微操作域。如果发生以下条件，则可以应用 *PD* Mealy FSM 的模型：

$$2^{L+R}\ (R+R_{\rm D})\ \leqslant V_0 \tag{7.30}$$

这里讨论 Mealy FSM PD（Γ_5）的设计例子。GSA Γ_5 如图 7.15 所示。所有的集及其参数在 7.3 节已全部找到。令其为 $K(a_1)=000$，…，$K(a_5)=100$。

找到集 Y 的划分处 $\Pi_{\rm Y}=\{Y^1,\cdots Y^K\}$。在 FSM PD（Γ_5）的情况下，可以形成如下兼容微操作集：$Y^1=\{y_1,y_5,y_6\}$，$Y^2=\{y_2,y_4,y_7\}$，$Y^3=\{y_3\}$。因此，$K=3$，$N_1=N_2=3$，$N_3=1$。使用式（7.22）和式（7.23），可以找到如下值：$R_1=R_2=2$，$R_3=1$，$R_{\rm D}=5$。意味着 $Z^1=\{z_1,z_2\}$，$Z^2=\{z_3,z_4\}$，$Z^3=\{Z_5\}$。

令使用的 FPGA 芯片有 $V_0=512$（位），配置为 64×8。执行 Mealy FSM U_1（Γ_5）的逻辑电路需要 $V_0\geqslant 640$。因此，不能使用模型 $U_1(\Gamma_5)$。表达式（7.30）产生如下等式 512=512。因此，可以使用模型 $PD(\Gamma_5)$。

这里以如下方式解码微操作 $y_n\in Y^k$:$K(y_1)=K(y_2)=01$，$K(y_4)=K(y_5)=10$，$K(y_6)=K(y_7)=11$，$K(y_3)=1$。

Mealy FSM $PD(\Gamma_5)$ 的结构表以表 7.6 表现。Mealy FSM $PD(\Gamma_5)$ 的转换结构表和表 7.7 有相同的列。对于讨论过的例子，见表 7.10。

表 7.10　Mealy FSM $PD(\Gamma_5)$ 的转换结构表

a_m	$K(a_m)$	a_s	$K(a_s)$	X_h	Y_t	$K(Y_t)$	Φ_h	h
a_1	000	a_2	001	1	Y_1	01001	D_3	1
a_2	001	a_3	010	x_1	Y_2	01100	D_2	1
		a_5	100	$\bar{x}_1 x_2$	Y_3	10010	D_1	3
		a_5	100	$\bar{x}_1\bar{x}_2$	Y_4	11001	D_1	4
a_3	010	a_4	011	1	Y_5	11111	D_2D_3	5
a_4	011	a_4	011	x_3	Y_5	11111	D_2D_3	6
		a_1	000	$\bar{x}_3$	Y_0	00000	—	7
a_5	100	a_1	000	x_3	Y_3	10010	—	8
		a_1	000	$\bar{x}_3$	Y_2	01100	—	9

这里解释列 $K(Y_t)$是如何填充的。微操作集 $Y_t\subseteq Y$ 的代码 $K(Y_t)$可以表现为代码 $K(y_n)^k(k=\overline{1,K})$，其中 $y_n\in Y_t$:

$$Y_t=K\ (y_n)^1*K\ (y_n)^2*\cdots*K\ (y_n)^K \tag{7.31}$$

在式（7.31）中，符号 * 代表并置。

例如，$Y_1=\{y_1,y_2,y_3\}$。已知 $K(y_1)=01$，$K(y_2)=01$，$K(y_3)=1$。因此，表 7.10 中的第一行应该包括代码 01011 在列 $K(Y_t)$中。集 $Y_4=\{y_3,y_6\}$和 $y_3\in Y^3$，$y_6\in Y^1$。这个集不包括微操作 $y_n\in Y^2$，意味着应该使用 $K(\emptyset)^2=00$。给出代码 $K(Y_4)=11001$。所有其他代码 $K(Y_t)$以这种方式形成。

PD FSM 的 BIMF 表基于转换结构表构建。在 FSM $PD(\Gamma_5)$中，表具有 $V_1(\Gamma_5)=$

64行。这个表的部分为表7.11，这个表描述 $a_2 \in A$ 的转换。

表7.11　FSM $PD(\Gamma_5)$ 的部分BIMF表

$K(a_m)$	X	Z	Φ	v	h
$T_1T_2T_3$	$x_1x_2x_3$	$z_1z_2z_3z_4z_5$	$D_1D_2D_3$		
001	000	11001	100	9	4
001	001	11001	100	10	4
001	010	10010	100	11	3
001	011	10010	100	12	3
001	100	01100	010	13	2
001	101	01100	010	14	2
001	110	01100	010	15	2
001	111	01100	010	16	2

在 *PD* FSM 情况下，不需要BMO表。式（7.24）所示系统可以从微操作码表中获得。在讨论的例子中，以下系统可以从微操作代码中获得：

$y_1 = \bar{z}_1 z_2$，$y_2 = \bar{z}_3 z_4$，$y_3 = z_5$，$y_4 = z_1 \bar{z}_2$，$y_6 = z_1 z_2$，$y_7 = z_3 z_4$

FSM $PD(\Gamma_5)$ 的逻辑电路如图7.18所示。

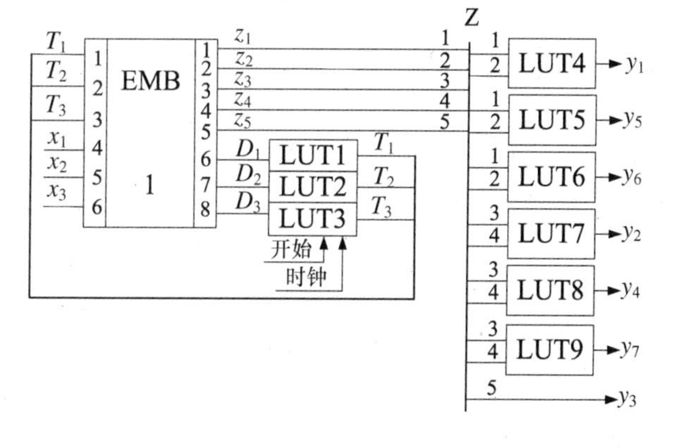

图7.18　Mealy FSM $PD(\Gamma_5)$ 的逻辑电路

BIMF的电路使用单个EMB执行，配置为64×8位。三个逻辑器件用于执行RG电路。最后，六片LUT用于执行BMO电路，等式 $y_3 = z_5$ 的执行不需要LUT。

7.5　解码结构表行设计 Mealy FSM

基于EMB的 *PH* Mealy FSM 的结构图如图7.19所示。

在这个模型中，模块EMB1执行函数式（7.18），模块EMB2执行函数式（7.19）和式（7.26）。*PH* FSM 的设计方法具有以下步骤：

1）构建状态集 A；

2）状态赋值；

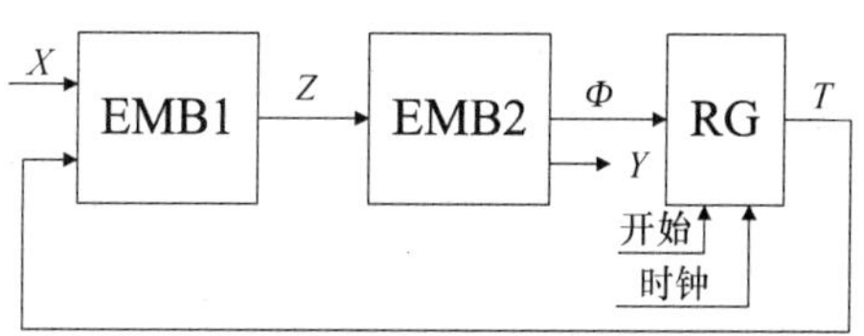

图7.19　基于EMB的 *PH* Mealy FSM 的结构图

3）构建 Mealy FSM 结构表；

4）解码结构表行；

5）构建转换结构表；

6）构建 BER 表；

7）构建 BIMF 表；

8）使用 EMB 和 LUT 执行 FSM 的逻辑电路。

如果以下条件发生，则应用 PH FSM 的模型：

$$2^{L+R} \cdot R_{\mathrm{H}} \leqslant V_0 \tag{7.32}$$

$$(N+R) \cdot 2^{R_{\mathrm{H}}} \leqslant V_0 \tag{7.33}$$

这里讨论针对 Mealy FSM $PH(\varGamma_5)$ 的设计例子。如同前面的例子，有如下的集及其参数：$A=\{a_1, \cdots, a_5\}$，$M=5$，$X=\{x_1, x_2, x_3\}$，$L=3$，$Y=\{y_1, \cdots, y_7\}$，$N=7$，$R=3$，$T=\{T_1, T_2, T_3\}$，$\Phi=\{D_1, D_2, D_3\}$。以一般方法解码状态 $a_m \in A$:$K(a_1)=000$，$\cdots$，$K(a_5)=100$。

令使用的 FPGA 芯片有 $V_0=256$ 位，配置为 256×1，128×2，64×4，32×8，16×16（位）。因为执行 $U_1(\varGamma_5)$ 的逻辑电路需要 640 位，所以不能使用这个模型。

因为 $H_1(\varGamma_5)=9$，所以 $R_{\mathrm{H}}=4$，$Z=\{z_1, \cdots, z_4\}$。对于 FSM $PH(\varGamma_5)$，关系式（7.32）和式（7.33）如下：64×4=256 和 10×16<256。因此，可以使用模型 $PH(\varGamma_5)$。

FSM $U_1(\varGamma_5)$ 的结构表为表 7.6。行集 $F=\{F_1, \cdots, F_9\}$。以简单方法解码行 $F_h \in F$:$K(F_1)=0000$，$K(F_2)=0001$，$\cdots$，$K(F_9)=1000$。

为了构建转换结构表，用列 $K(F_h)$ 足以替换初始结构表的列 Y_h 和 Φ_h。显然，列具有对应行的代码。Mealy FSM $PH(\varGamma_5)$ 的结构表为表 7.12。

表 7.12　Mealy FSM $PH(\varGamma_5)$ 的转换结构表

a_m	$K(a_m)$	a_s	$K(a_s)$	X_h	$K(F_h)$	h
a_1	000	a_2	001	1	0000	1
a_2	001	a_3	010	x_1	0001	2
		a_5	100	$\bar{x}_1 x_2$	0010	3
		a_5	100	$x_1 \bar{x}_2$	0011	4
a_3	010	a_4	001	1	0100	5
a_4	011	a_4	011	x_3	0101	6
		a_1	000	$\bar{x}_3$	0110	7
a_5	100	a_1	000	x_3	0111	8
		a_1	000	$\bar{x}_3$	1000	9

转换结构表用于构建 BER 表。在 PH FSM 的情况下，这个表具有如下列：$K(a_m)$，X，$K(F_h)$，v。对于 Mealy FSM $PH(\varGamma_5)$，这个表有 $V_1(\varGamma_5)=64$ 行。这个表的部分（对于状态 $a_2 \in A$）为表 7.13。

表7.13　FSM $PH(\Gamma_5)$ 的部分 BER 表

$K(a_m)$	X	$K(F_h)$	ν
$T_1T_2T_3$	$x_1x_2x_3$	$z_1z_2z_3z_4$	
001	000	0011	9
001	001	0011	10
001	010	0010	11
001	011	0010	12
001	100	0001	13
001	101	0001	14
001	110	0001	15
001	111	0001	16

BIMF 表具有如下列：$K(F_h)$，Φ，Y，h。第一列具有 EMB2 的细胞地址。细胞内容由列 Φ 和 Y 决定。这个表以简单方法填充，列 Φ 和 Y 的内容直接从结构表中取得。在 FSM $PH(\Gamma_5)$ 的情况下，这个表具有 $H_1(\Gamma_5)=9$ 行，见表7.14。

表7.14　Mealy FSM $PH(\Gamma_5)$ 的 BIMF 表

$K(F_h)$	Φ	Y	h
$z_1z_2z_3z_4$	$D_1D_2D_3$	$y_1y_2y_3y_4y_5y_6y_7$	
0000	001	1 1 1 0 0 0 0	1
0001	010	1 0 0 1 0 0 0	2
0010	100	0 1 0 0 1 0 0	3
0011	100	0 0 1 0 0 1 0	4
0100	011	0 0 1 0 0 1 1	5
0101	011	0 0 1 0 0 1 1	6
0110	000	0 0 0 0 0 0 0	7
0111	000	0 1 0 0 1 0 0	8
1000	000	1 0 0 1 0 0 0	9

在这个电路中，BER 由 EMB1 执行，BIMF 由 EMB2 执行。EMB1（EMB2）的内容来自表7.13（表7.14）。Mealy FSM $PH(\Gamma_5)$ 的逻辑电路如图7.20所示。

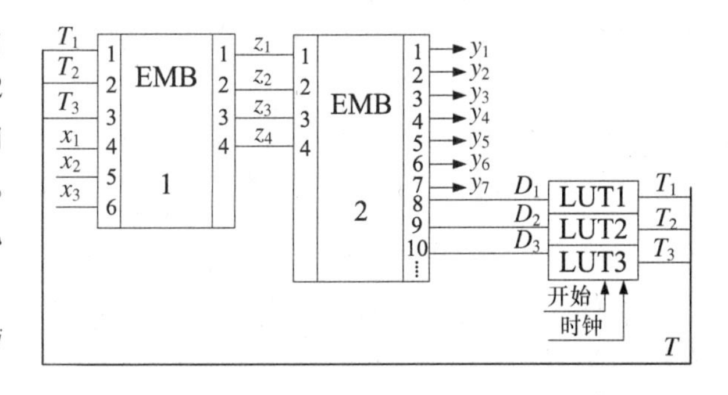

图7.20　Mealy FSM $PH(\Gamma_5)$ 的逻辑电路

对于一些使用的 GSA Γ_j 和 FPGA 芯片，令式（7.23）所示条件被违背。令以下条件满足：

$$(R + R_Y) \cdot 2^{R_H} \leqslant V_0 \tag{7.34}$$

$$N \cdot 2^{R_Y} \leqslant V_0 \tag{7.35}$$

在这种情况下，*PHY* Mealy FSM 的模型（见图 7.21）可以被使用。所有的 *PHY* Mealy FSM 模块可以使用 EMB 执行。BER 执行系统 $Z(T, X)$，BIMF 执行 $\Phi(Z)$ 和

$$Z^1 = Z^1(Z) \tag{7.36}$$

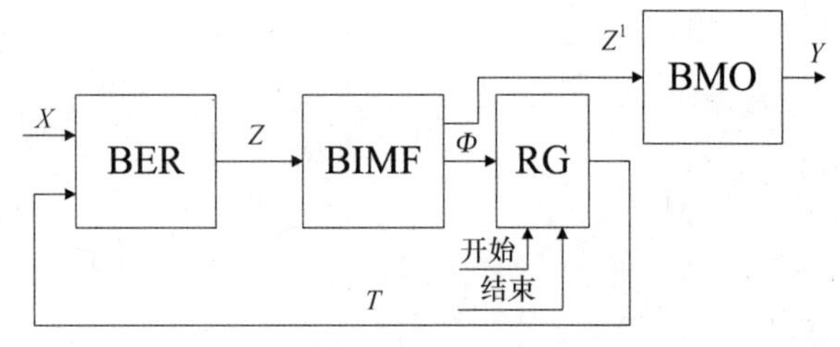

图 7.21　*PHY* Mealy FSM 的结构图

变量 $z_r \in Z^1$ 用于解码微操作集 $Y_t \subseteq Y$。这些变量（R_Y）的数量由式（7.17）决定。BMO 执行以下系统：

$$Y = Y(Z^1) \tag{7.37}$$

式（7.37）所示系统与式（7.19）所示系统相同。

PHY Mealy FSM 的设计方法具有以下步骤：

1）构建状态集 A；

2）状态赋值；

3）构建 Mealy FSM 的结构表；

4）解码结构表行；

5）构建转换结构表；

6）构建 BER 表；

7）解码微操作集；

8）构建 BIMF 表；

9）构建 BMO 表；

10）用特定 FPGA 芯片执行 FSM 的逻辑电路。

这里讨论针对 Mealy FSM $PHY(\Gamma_5)$ 的设计例子。集 A，X，Y，T，Φ 和它们的参数已经找到。以简单方法解码状态 $a_m \in A$：$K(a_1) = 000$，…，$K(a_5) = 100$。

FSM $U_1(\Gamma_5)$ 的结构表为表 7.6。使用相同的代码 $K(F_h)$，正如 $PH(\Gamma_5)$ 情况下。允许构建 Mealy FSM $PHY(\Gamma_5)$ 的转换结构表，和表 7.12 一样。

正如之前找到的一样，对于 FSM $U_1(\Gamma_5)$ 的情况下，有 $T_0 = 5$ 个微操作集。有如下微操作集：$Y_1 = \{y_1, y_2, y_3\}$，$Y_2 = \{y_1, y_4\}$，$Y_3 = \{y_2, y_5\}$，$Y_4 = \{y_3, y_6\}$，$Y_5 = \{y_3, y_6, y_7\}$。鉴于此，$R_Y = 3$。以简单方法解码集 $Y_t \subseteq Y$：$K(Y_0) = 000$，$K(Y_1) = 001$，…，$K(Y_5) = 100$。显然 $Y_0 = \varnothing$。

对于 FSM $PHY(\Gamma_j)$，BER 表和 Mealy FSM $PH(\Gamma_j)$ 的一样。BIMF 表具有如下列：$K(F_h)$，Φ，$K(Y_t)$，h。这个表以简单方法构建。类似 BIMF 表对于 $PHY(\Gamma_j)$ FSM。在 FSM $PHY(\Gamma_5)$ 的情况下，这个表具有 $H_1(\Gamma_5) = 9$ 行，见表 7.15。

表 7.15　Mealy FSM $PH(\Gamma_5)$ 的 BIMF 表

$K(F_h)$	Φ	$K(Y_t)$	h
$z_1z_2z_3z_4$	$D_1D_2D_3$	$z_5z_6z_7$	
0000	001	001	1
0001	010	010	2
0010	100	011	3
0011	100	100	4
0100	011	101	5
0101	011	101	6
0110	000	000	7
0111	000	011	8
1000	000	010	9

从表 7.15 中可以看出，集 Z^1 具有变量 $z_5 \sim z_7$。BMO 表以相同的方式构建，正如其为 *PY* FSM 完成一样。Mealy FSM *PHY*（Γ_5）的逻辑电路如图 7.22 所示。

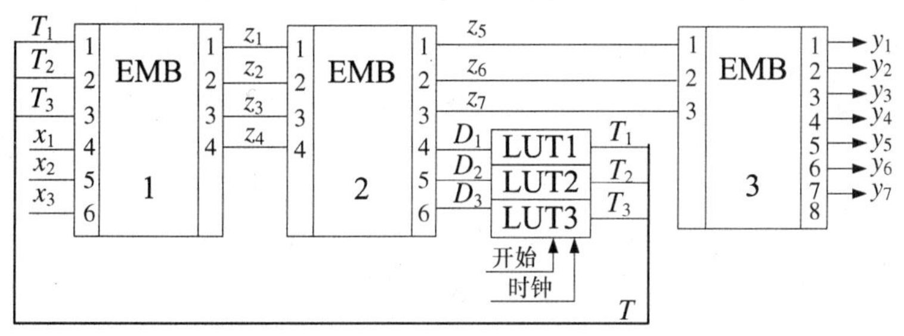

图 7.22　Mealy FSM *PHY*（Γ_5）的逻辑电路

这个电路具有三级 EMB。它执行 FSM 是最慢的，等于 U_1（Γ_5）。FSM 可以使用一级 EMB 执行，配置为 64×4，如图 7.23 所示。

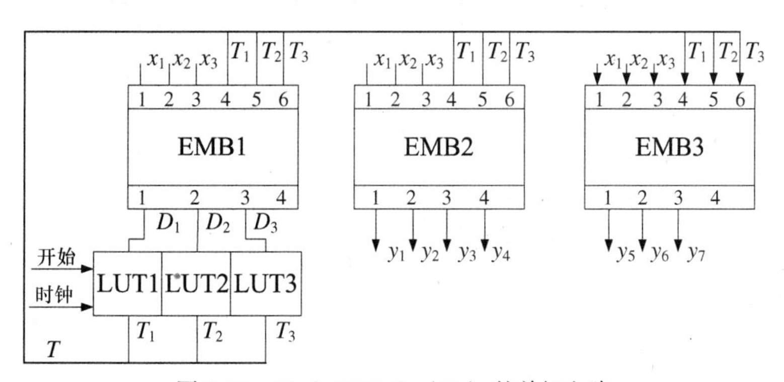

图 7.23　Mealy FSM U_1（Γ_5）的单级电路

用 *P* Mealy FSM 指代单级结构 Mealy FSM。它的结构图如图 7.24 所示。EMB 的数量在 *P* Mealy FSM 中决定为

$$I = \frac{R + N}{t_F} \tag{7.38}$$

在 *P* Mealy FSM 中，模块 EMBi 执行微操作 $y_n \in Y^i$，其中 $Y^i \subseteq Y$。从式（7.38）

可以看出，应该发生以下条件：

$$Y^i \cap Y^j = \varnothing(i \neq j;i,j \in \{1,\cdots,I\}) \tag{7.39}$$

显然，只需要集 $X^i \subseteq X$ 执行函数 $y_n \in Y^i(i=\overline{1,I})$ 的情况是可能的。意味着 P FSM 的不同 EMB 会需要不同数量的细胞。因此，它们将会有不同的 t_F 值。如果考虑事实情况，则相比图 7.24 中的 FSM 的这个参数，I 可以减少。P Mealy FSM 可以用作本章讨论的所有 FSM 的备用。

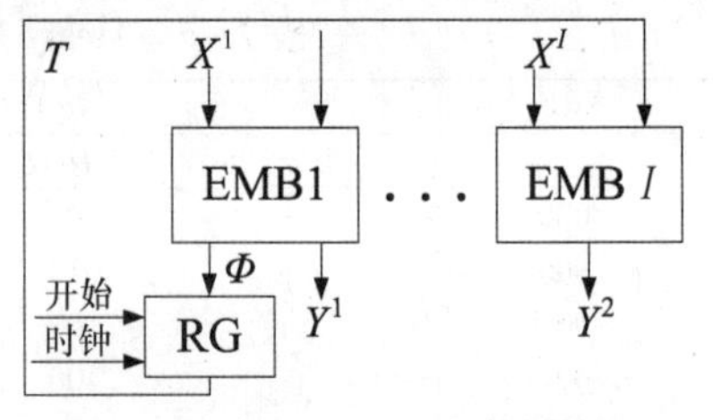

图 7.24　P Mealy FSM 的结构图

7.6　基于 Moore FSM 的伪等状态优化 BIMF

Moore FSM 的一个特征是存在伪等状态类[3]。如果相应的顶点算子的输出与 GSA Γ 的相同顶点的输入相关，则状态 a_m，$a_s \in A$ 是伪等状态。通过伪等状态 B_1，…，B_I 类找到集 A 的划分处 Π_A。

两个方法可以用于优化 Moore FSM 的 BIMF。第一种方法是优化状态赋值。在这种情况下，状态以这样的方式编码，每个类 $B_i \in \Pi_A$ 由 R 维布尔空间的广义区间可能的最小值表现。第二种方法是关于类 $B_i \in \Pi_A$ 的编码。讨论这两种方法和相应的基于 EMB 的 Moore FSM 模型。

如下类 $B_i \in \Pi_A$ 可以从 GSA Γ_4 中找到：$B_1 = \{a_1\}$，$B_2 = \{a_2\}$，$B_3 = \{a_3, a_4\}$，$B_4 = \{a_5\}$。因此，划分 $\Pi_A = \{B_1, \cdots, B_4\}$，$I = 4$。以优化方法编码状态 $a_m \in \Pi_A$，如图 7.25 所示。

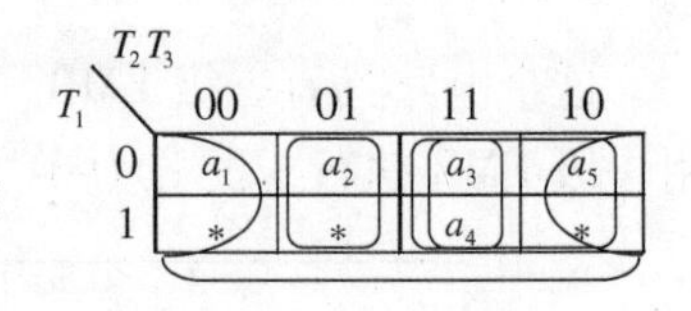

图 7.25　Moore FSM $U_2(\Gamma_4)$ 的优化状态代码

状态 a_5 的转换不在结构表中，因为它们自动执行（只使用时钟脉冲）。由于此，状态 a_5 的代码可以视为“不关心”，对于其他类 $B_i \in \Pi_A$，a_5 的代码可以包括到三次方中。

如此考虑，在讨论的情况下，如下代码可以从类 $B_i \in \Pi_A$ 中获得：$K(B_1) = **0$，$K(B_2) = *01$，$K(B_3) = *11$。因此，T_1 的值不足以决定类 $B_i \in \Pi_A$。在通常情况下，这个方法可以导致 P_EY Moore FSM，如图 7.26 所示。

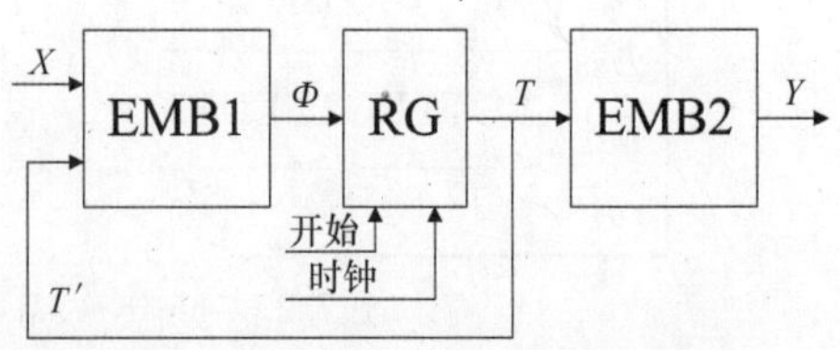

图 7.26　P_EY Moore FSM 的结构图

在 P_EY FSM 中，BIMF 表现为模块 EMB1。它执行系统

$$\Phi = \Phi(T', X) \tag{7.40}$$

模块 EMB2 执行式（7.11）所示系统。对于执行这个模型，应该发生以下条件：

$$R \cdot 2^{L+R_E} \leqslant V_0 \tag{7.41}$$

R_E 的值由集 $T' \in T$ 的基数值决定。对于 P_EY Moore FSM 提出的设计方法如下：

1）构建状态集 A；

2）优化状态赋值；

3）构建转换结构表；

4）构建 BIMF 表；

5）构建微操作表；

6）FSM 逻辑电路的执行。

讨论 $P_EY(\Gamma_4)$ FSM 的设计例子。GSA Γ_4 如图 7.5 所示。令使用的 EMB 有如下的配置：32×1，16×2，8×4（位）。因为 $R=3$。应该选择配置 8×4。但是因为 $R+L=4$，对于 $t_F=4$，细胞数量应该等于 16。对于 $V=16$，$t_F=2$。因此，模型 $PY(\Gamma_4)$ 不能用于所讨论的情况。

前面两步已经执行。采用优化状态赋值给出值 $R_E=2$。现在有 $2^{1+2}\times3=24<32$。意味着满足式（7.40）所示条件，采用模型 $P_EY(\Gamma_4)$。

为了构建 P_EY Moore FSM 的转换结构表，需要构建类 $B_i \in \Pi_A$ 的广义转换公式系统。这个系统不包括类 $B_4 \in \Pi_A$，因为状态 $a_5 \in B_4$ 只与状态 $a_1 \in A_1$ 有关。所以以下系统可以从 GSA Γ_4 中获得：

$$\begin{aligned} &B_1 \to a_2;\ B_3 \to a_5 \\ &B_2 \to x_1a_3 \vee \bar{x}_1a_4 \end{aligned} \tag{7.42}$$

Moore FSM $P_EY(\Gamma_4)$ 的转换结构表为表 7.16。

表 7.16　Moore FSM $P_EY(\Gamma_4)$ 的转换结构表

B_i	$K(B_i)$	a_s	$K(a_s)$	X_h	Φ_h	h
B_1	* *0	a_2	001	1	D_3	1
B_2	*01	a_3	011	x_1	D_2D_3	2
		a_4	111	$\bar{x}_1$	$D_1D_2D_3$	3
B_3	*11	a_5	010	1	D_2	4

表 7.17　Moore FSM $P_EY(\Gamma_4)$ 的 BIMF 表

$K(B_i)$	X	Φ	ν	h
T_2T_3	x_1	$D_1D_2D_3$		
00	0	001	1	1
00	1	001	2	1
01	0	111	3	3
01	1	011	4	2
10	0	001	5	1
10	0	001	6	1
11	0	010	7	4
11	1	010	8	4

BIMF 表包含列 $K(B_i)$，X，$\varPhi$，ν。在 FSM $P_{\mathrm{E}}Y(\varGamma_4)$ 的情况下，这个表具有 8 行，见表 7.17。

表 7.17 中的 4 行对应转换表的行 1。表 7.17 中的 2 行对应转换表的行 4。表 7.16 和表 7.17 中的关系是显然的。对于 Moore FSM U_2，微操作表以相同的方式构建。在讨论的情况下，这个表具有 8 行，见表 7.18。

表 7.18　Moore FSM $P_{\mathrm{E}}Y(\varGamma_4)$ 的微操作表

$K(a_m)$	Y	m
$T_1T_2T_3$	$y_1y_2y_3y_4$	
000	0000	1
001	1100	2
010	0110	3
011	0010	4
100	0000	5
101	0000	6
110	0000	7
111	10001	8

FSM $P_{\mathrm{E}}Y(\varGamma_4)$ 的逻辑电路如图 7.27 所示。BIMF 和 BMO 的电路使用 EMB 执行，配置为 8×4。

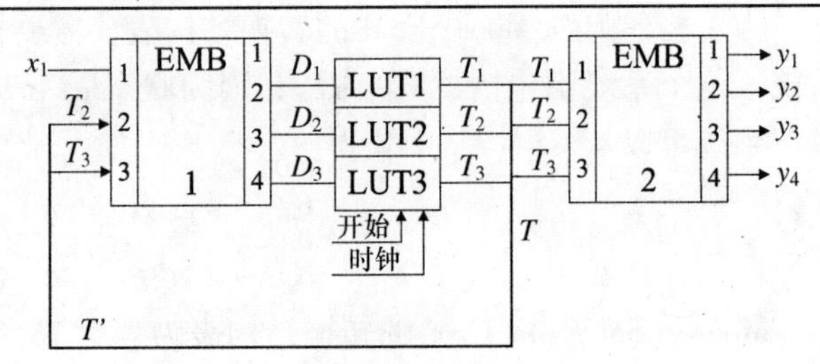

图 7.27　Moore FSM $P_{\mathrm{E}}Y(\varGamma_4)$ 的逻辑电路

优化状态赋值执行之后 $T'=T$ 的情况是可能的[3]。在这种情况下，可以使用以下方法。

以有 R_{B} 位的二进制代码 $K(B_i)$ 编码类 $B_i \in \varPi_{\mathrm{A}}$

$$R_{\mathrm{B}} = \log_2 I \tag{7.43}$$

使用变量$\tau_{\varGamma} \in \tau$编码，其中 $|\tau| = R_{\mathrm{B}}$。令以下条件发生：

$$2^{R_{\mathrm{B}}+L} \cdot R \leqslant V_0$$
$$2^R \cdot (N + R_B) \leqslant V_0 \tag{7.44}$$

在这种情况下，提出使用 $P_{\mathrm{C}}Y$ Moore FSM。它的结构图如图 7.28 所示。

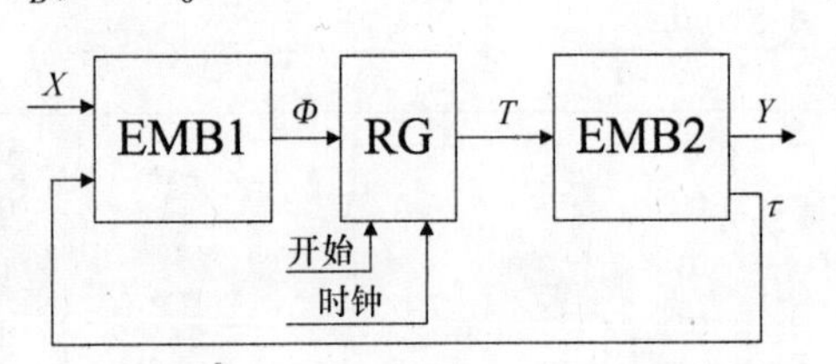

图 7.28　$P_{\mathrm{C}}Y$ Moore FSM 的结构图

在 $P_{\mathrm{C}}Y$ Moore FSM 中，模块 EMB1 对应 BIMF。它执行输入存储函数系统

$$\varPhi = \varPhi(\tau, X) \tag{7.45}$$

模块 EMB2 执行 BMO 电路。它产生函数式（7.11）和有额外变量的系统

$$\tau = \tau(X) \tag{7.46}$$

对于 P_CY Moore FSM 提出的设计方法具有以下步骤：

1）构建状态集 A；

2）状态赋值；

3）找到划分 $\Pi_A = \{B_1, \cdots, B_4\}$；

4）编码类 $B_i \in \Pi_A$；

5）构建转换结构表；

6）构建 BIMF 表；

7）构建 BMO 表；

8）FSM 逻辑电路的执行。

讨论针对 $P_CY(\Gamma_4)$ Moore FSM 的设计例子。集 A 具有 $M=5$ 个元素，$R=3$。以简单方法编码状态 $a_m \in A$：$K(a_1)=000$，…，$K(a_5)=100$。

划分 $\Pi_A = \{B_1, \cdots, B_4\}$，$I=4$。它给定 $R_B=2$。以简单方法编码类 $B_i \in A$：$K(B_1)=00$，… $K(B_4)=11$。

为了构建转换结构表，广义转换公式系统应该从 GSA Γ_j 中获得。在讨论的情况下，这个系统表达为式（7.40）。P_CY Moore FSM 的转换结构表具有相同的列，就像是 P_EY Moore FSM 的副本见表 7.19。

表 7.19　Moore FSM $P_CY(\Gamma_4)$ 的转换结构表

B_i	$K(B_i)$	a_s	$K(a_s)$	X_h	Φ_h	h
B_1	00	a_2	001	1	D_3	1
B_2	01	a_3	010	x_1	D_2	2
		a_4	011	$\bar{x}_1$	D_2D_3	3
B_3	10	a_5	100	1	D_1	4

基于转换结构表构建 BIMF 表。在讨论的情况下，它表现为表 7.20。BMO 表具有额外的列τ，见表 7.21。如果 $a_m \in B$，则行对应状态 a_m，行具有代码 $K(B_i)$。

表 7.20　Moore FSM $P_CY(\Gamma_4)$ 的 BIMF 表

$K(B_i)$	X	Φ	ν	h
$\tau_1\tau_2$	x_1	$D_1D_2D_3$		
00	0	001	1	1
00	1	001	2	1
01	0	011	3	3
01	1	010	4	2
10	0	100	5	4
10	1	100	6	4
11	0	000	7	0
11	1	000	8	0

表 7.21　Moore FSM $P_C Y(\Gamma_4)$ 的 BMO 表

$K(a_m)$	Y	τ	m
$T_1T_2T_3$	$y_1y_2y_3y_4$	$\tau_1\tau_2$	
000	0000	00	1
001	1100	01	2
010	0010	10	3
011	1001	10	4
100	0110	11	5
101	0000	00	6
110	0000	00	7
111	1001	00	8

Moore FSM $P_C Y(\Gamma)$ 的逻辑电路如图 7.29 所示。在这个电路中，EMB 执行 BMO，配置 8×6。执行 BIMF 需要相同的配置，但是在这种情况下只使用了三个输出。

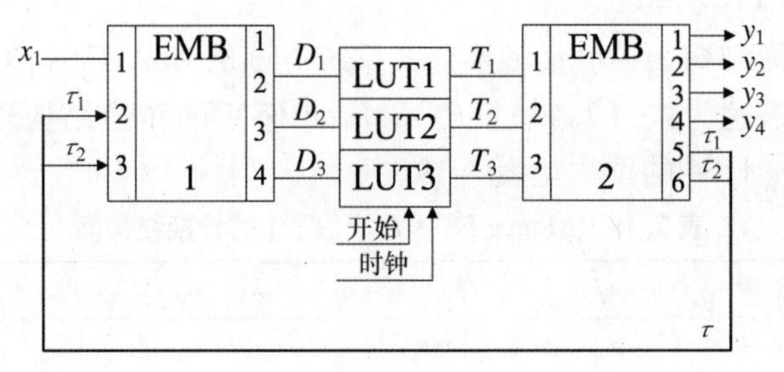

图 7.29　Moore FSM $P_C Y(\Gamma_4)$ 的逻辑电路

当然，本章讨论的例子非常简单。仅仅讲述了主要思想，可用于优化基于 EMB 的 FSM 的逻辑电路。

参 考 文 献

1. ALTERA (2013) Website of the Altera Corporation
2. Baranov S (1994) Logic synthesis of control automata. Kluwer, Boston
3. Barkalov A, Titarenko L (2009) Logic synthesis for FSM-based control units. Springer, Berlin
4. Barkalov A, Titarenko L, Barkalov A (2012) Structural decomposition as a tool for the optimization of an FPGA-based implementation of a mealy FSM. Cybern Syst Anal 48(2):313–323
5. Cong J, Yan K (2000) Synthesis for FPGAs with embedded memory blocks. In: Proceedings of the 2000 ACM, SIGDA 8th international symposwium on FPGAs, pp 75–82
6. Garcia-Vargas I, Senhadji-Navarro R, Civit-Balcells A, Guerra-Gutierrezz P (2007) ROM-based finite state machine implementation in low cost FPGAs. In: IEEE international simposium on industrial electronics, Vigo, pp 2342–2347
7. Grout I (2004) Digital system design with FPGAs and CPLDs. Elsevier, Amsterdam
8. Kim T, Vella T, Brayton R, Sangiovanni-Vincentalli A (1997) Synthesis of finite state machines: functional optimization. Kluwer, Boston
9. Maxfield C (2004) The design Warrior's guide to FPGAs, Academic Press Inc, Orlando

10. Nowicka M, Łuba T, Rawski M (1999) FPGA-based decomposition of boolean functions: algorithms and implementation. In: Proceedings of the 6th international conference on ACS, pp 502–509
11. Rawski M, Tomaszewicz P, Borowik G, Luba T (2011) Logic synthesis method of digital circuits designed with Embedded Memory Blocks of FPGAs. In: Adamski M et al. (eds) Design of digital systems and devices, Springer, Berlin, pp 121–144
12. Rawski M, Selvaraj H, Luba T (2005) An application of functional decomposition in ROM-based FSM implementation in FPGA devices. J Syst Archit 51(6–7):423–434
13. Scholl C (2001) Functional decomposition with application to FPGA synthesis. Kluwer, Norwell
14. Sklyarov V (1984) Synthesis of FSMs based on matrix LSI. Science and Technique, Minsk
15. Sklyarov V (2000) Synthesis and implementation of RAM-based finite state machines in FPGAs. In: Proceedings of conference on field programmable logic, Villach, pp 718–728
16. Sklyarova I, Sklyarov V, Sudnitson A (2008) Design of FPGA-based circuits using hierarchical finite state machines. TUT Press, Tallinn
17. Sutteer G, Todorowich E, Lopez-Buedo S, Boemo E (2002) Lower-power FSMs in FPGA: encoding alternatives. Lecture notes in computer science 2451, Springer, Berlin
18. Tiwari A, Tomko K (2004) Saving power by mapping finite state machines into embedded memory blocks in FPGAs. In: Proceedings of design automation and test in Europe, vol 2. pp 916–921
19. Wu X, Pedram M, Wang L, Multi-code state assignment for low-power design. In: IEEE proceedings on circuits, devices and systems, vol 147. pp 271–275
20. XILINX (2013) Website of the Xilinx Corporation

第8章 优化具有嵌入存储块的FSM

摘要——本章将主要讲述基于EMB的FSM逻辑电路的优化。首先，针对Moore和Mealy FSM的基于逻辑条件替换的设计方法都已经讨论过了。接下来是提出的优化方法。这些方法基于逻辑条件集划分，减少了逻辑条件替换模块电路中LUT的数量。在Moore FSM情况下，优化方法基于优化状态赋值并将状态代码转换为PES类的代码。所有讨论的方法都将举例说明。本章由作者和博士生Malgorzata Kolopienczyk（波兰绿山城大学）一起编写。

8.1 MP Mealy FSM的简单执行

对于某个FSM $U_1(\Gamma_j)$，找到由式(7.12)决定的G值，形成集$P=\{P_1, \cdots P_G\}$。在这种情况下，使用模型$MP(\Gamma_j)$是可行的。它的结构图见图8.1。

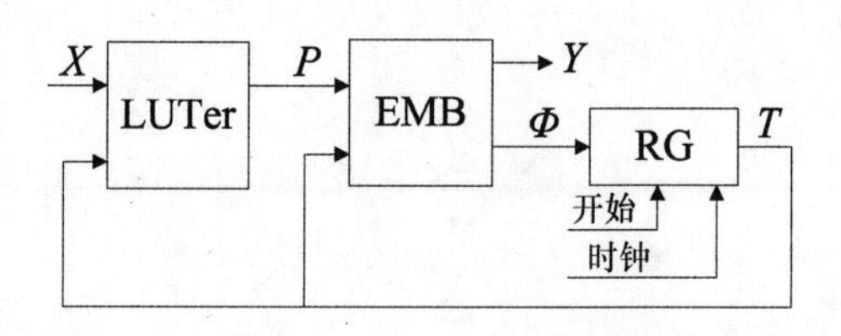

图8.1 *MP* Mealy FSM的结构图

在*MP* Mealy FSM中，模块LUTer代表BRLC，见图7.7所示结构图。它使用FPGA芯片的LUT器件执行。式(7.14)所示LUTer执行系统可以表示如下：

$$P_1 = P_1(T, X^1)$$
$$\vdots \tag{8.1}$$
$$P_G = P_G(T, X^G)$$

在式(8.1)中，X^g包括由变量$P_g \in P$替代的逻辑条件$x_l \in X$。以下关系很可能为真：

$$X^i \cap X^j \neq \varnothing (i \neq j;\ i, j \in \{1, \cdots, G\}) \tag{8.2}$$

模块EMB代表图7.7所示BIMF。它执行式(7.15)和式(7.16)所示系统。

Mealy FSM $MP(\Gamma_j)$的设计方法具有以下步骤：

1）构建状态集A；

2）状态赋值；

3）构建FSM $U_1(\Gamma_j)$的结构图；

4）逻辑条件替换；

5）构建式（8.1）所示系统；

6）构建转换结构表；

7）构建BIMF表；

8）使用特定FPGA芯片的EMB和LUT执行FSM逻辑电路。

如果发生以下条件，则可以应用Mealy FSM MP（Γ_j）的模型：

$$2^{G+R}(R+N) \leqslant V_0 \tag{8.3}$$

讨论针对Mealy FSM MP（Γ_6）的设计例子。GSA Γ_6 如图8.2所示。

GSA由Mealy FSM的状态标记，使用本章参考文献［1］中的规则。针对Mealy FSM U_1（Γ_6），如下集和其参数可以找到：$A=\{a_1, \cdots, a_4\}$，$M=4$，$X=\{x_1, \cdots, x_6\}$，$L=6$，$Y=\{y_1, \cdots, y_6\}$，$N=6$，$R=2$，$T=\{T_1, T_2\}$，$\Phi=\{D_1, D_2\}$。以简单方法编码状态 $a_m \in A$：$K(a_1)=00, \cdots, K(a_4)=11$。

令使用的FPGA芯片有 $V_0=128$ 位，存在如下EMB配置：128×1，64×2，32×4，16×8（位）。对于FSM $U_1(\Gamma_6)$，发生如下关系：$2^{L+R}(R+N)=2^8\times 8=2048>128$。这意味着模型 $U_1(\Gamma_6)$ 不能被使用。

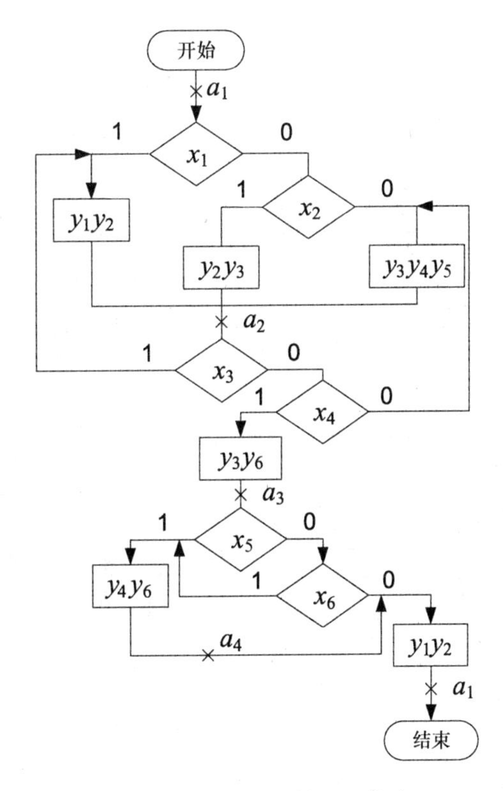

图8.2　Γ_6 初始化算法图策略

Mealy FSM U_1（Γ_6）的结构表具有 H_1（Γ_6）=10行，见表8.1。从表8.1可以看出，有4个逻辑条件集 $X(a_m)$：$X(a_1)=\{x_1, x_2\}$，$X(a_2)=\{x_3, x_4\}$，$X(a_3)=\{x_5, x_6\}$，$X(a_4)=\varnothing$。显然，它定义了 $G=2$，因此有集 $P=\{P_1, P_2\}$。形成针对Mealy FSM MP（Γ_6）的逻辑条件替换表，见表8.2。对于给定的例子，式（8.3）所示条件发生。

对于讨论的例子，在集 $X(a_m) \in X$ 中没有相等的逻辑条件。由于此，变量 $P_g \in P$ 的逻辑条件的分布以简单方法执行。如果 $X(a_i) \cap X(a_j) \neq \varnothing$，则分布应该以这种方式执行，即每对集 $X^g(g=\overline{1, G})$ 的交叉点有最小容量[1]。

以下方程式系统可以从表8.2中获得：

表 8.1　Mealy FSM U_1（Γ_6）的结构表

a_m	$K(a_m)$	a_s	$K(a_s)$	X_h	Y_h	Φ_h	h
a_1	00	a_2	01	x_1	y_1y_2	D_2	1
		a_2	01	$\bar{x}_1 x_2$	y_2y_3	D_2	2
		a_2	01	$\bar{x}_1 \bar{x}_2$	$y_3y_4y_5$	D_2	3
a_2	01	a_2	01	x_3	y_1y_2	D_2	4
		a_3	10	$\bar{x}_3 x_4$	y_3y_6	D_1	5
		a_2	01	$\bar{x}_3 \bar{x}_4$	$y_3y_4y_5$	D_2	6
a_3	10	a_4	11	x_5	y_4y_6	D_1D_2	7
		a_4	11	$\bar{x}_5 x_6$	y_4y_6	D_1D_2	8
		a_1	00	$\bar{x}_5 \bar{x}_6$	y_1y_2	—	9
a_4	11	a_1	00	1	y_1y_2	—	10

表 8.2　Mealy FSM MP（Γ_6）的逻辑条件替换表

a_m	a_1	a_2	a_3	a_4
P_1	x_1	x_3	x_5	—
P_2	x_2	x_4	x_6	—

$$
\begin{aligned}
P_1 &= A_1x_1 \vee A_2x_3 \vee A_3x_5 \\
P_2 &= A_1x_2 \vee A_2x_4 \vee A_3x_6
\end{aligned} \tag{8.4}
$$

如果变量 $A_m(m=\overline{1,M})$ 由相应的状态代码代替，则式（8.4）所示系统变为如下形式：

$$
\begin{aligned}
P_1 &= \bar{T}_1\bar{T}_2x_1 \vee \bar{T}_1T_2x_3 \vee T_1\bar{T}_2x_5 \\
P_2 &= \bar{T}_1\bar{T}_2x_2 \vee \bar{T}_1T_2x_4 \vee T_1\bar{T}_2x_6
\end{aligned} \tag{8.5}
$$

显然，在 Mealy FSM PM（Γ_6）的情况下，式（8.5）所示系统代表式（8.1）所示系统。对应式（8.5）所示系统的逻辑电路应该使用查找表器件执行。

PM（Γ_j）的转换结构表具有所有的列，其副本对于 Mealy U_1（Γ_j）。但是列 X_h 由列 P_h 替代。转换以非常明显的方式执行。对于讨论过的例子，转换生成表 8.3。

表 8.3 是构建 BIMF 表的基础，BIMF 具有如下列：K（a_m），P，Y，Φ，ν，h。列 K（a_m）和 P 形成细胞地址。对于讨论过的情况，BIMF 表具有 V（Γ_6）=16列。表达状态 $a_m \in A$ 的转换的行数 H（P）的决定式如下：

$$H(P) = 2^G \tag{8.6}$$

表 8.3　Mealy FSM MP（Γ_6）的转换结构表

a_m	$K(a_m)$	a_s	$K(a_s)$	P_h	Y_h	Φ_h	h
a_1	00	a_2	01	P_1	y_1y_2	D_2	1
		a_2	01	$\bar{P}_1P_2$	y_2y_3	D_2	2
		a_2	01	$\bar{P}_1P_2$	$y_3y_4y_5$	D_2	3
a_2	01	a_2	01	P_1	y_1y_2	D_2	4
		a_3	10	$\bar{P}_1P_2$	y_3y_6	D_1	5
		a_2	01	$\bar{P}_1\bar{P}_2$	$y_3y_4y_5$	D_2	6
a_3	10	a_4	11	P_1	y_4y_6	D_1D_2	7
		a_4	11	$\bar{P}_1P_2$	y_4y_6	D_1D_2	8
		a_1	00	$\bar{P}_1\bar{P}_2$	y_1y_2	—	9
a_4	11	a_1	00	1	y_1y_2	—	10

在讨论过的情况中，$H(P)=4$。BIMF 表为表 8.4。FSM MP（Γ_6）的逻辑电路表如图 8.3 所示。在讨论过的例子中，使用有 $S=5$ 个输入的 LUT。在这种情况下，每个函数 $P_g \in P$ 使用单个 LUT 执行。在普通情况下，如果发生以下条件，则每个函数 $P_g \in P$ 使用单个 LUT 执行：

$$R+|X^g| \leqslant S(g=\overline{1,G}) \tag{8.7}$$

表 8.4　Mealy FSM MP（Γ_6）的 BIMF 表

$K(a_m)$	P	Y	Φ	v	h
T_1T_2	P_1P_2	$y_1y_2y_3y_4y_5y_6$	D_1D_2		
00	00	001110	01	1	3
00	01	011000	01	2	2
00	10	110000	01	3	1
00	11	110000	01	4	1
01	00	001110	01	5	6
01	01	001001	10	6	5
01	10	110000	01	7	4
01	11	110000	01	8	4
10	00	110000	00	9	9
10	01	000101	11	10	8
10	10	000101	11	11	7
10	11	000101	11	12	7
11	00	110000	00	13	10
11	01	110000	00	14	10
11	10	110000	00	15	10
11	10	110000	00	16	10

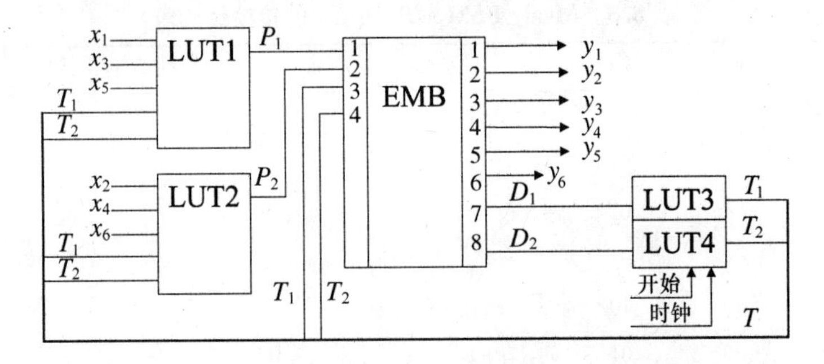

图 8.3　Mealy FSM *MP*（Γ_6）的逻辑电路

因此，*MP*（Γ_6）的逻辑电路包括 4 片 LUT 和一个模块 EMB。使用 2 片 LUT 执行 RG 电路。*MPY* Moore FSM 的结构图如图 8.4 所示。模块 LUTer 代表 BRLC，模块 EMB1 代表 BIMF，模块 EMB2 代表 BMO。

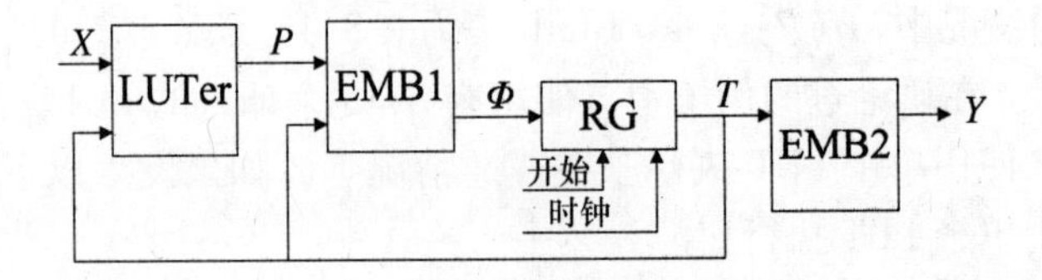

图 8.4　*MPY* Moore FSM 的结构图

在 *MP* Mealy FSM 的情况下，LUTer 执行式（8.1）所示。EMB1 执行式（7.15），而 EMB2 执行式（7.11）所示系统。如果发生以下条件，则模型可以应用：

$$2^{R+G} \cdot R \leqslant V_0 \tag{8.8}$$

$$2^{R} \cdot N \leqslant V_0 \tag{8.9}$$

Moore FSM MPY（Γ_j）的设计方法具有以下步骤：

1）构建状态集 A；

2）状态赋值；

3）构建 FSM U_2（Γ_j）的结构表；

4）逻辑条件的替换；

5）构建式（8.1）所示系统；

6）构建转换结构表；

7）构建 BIMF 表；

8）构建 BMO 表；

9）使用特定 FPGA 芯片的 EMB 和 LUT 执行 FSM 逻辑电路。

讨论针对 Moore FSM *MPY*（Γ_7）的设计例子。GSA Γ_7 如图 8.5 所示。

GSA 由 Moore FSM 的状态标记，使用本章参考文献［1］中的规则。对于 Moore FSM U_2（Γ_7），如下集和它们的特性可以找到：$A=\{a_1,\cdots,a_6\}$，$M=6$，$X=\{x_1,\cdots,x_4\}$，$L=4$，$Y=\{y_1,\cdots,y_7\}$，$N=7$，$R=3$，$T=\{T_1,T_2,T_3\}$和 $\Phi=\{D_1,D_2,D_3\}$。

令使用的 FPGA 芯片有 $V_0=128$ 位，令如下 EMB 配置存在：128×1，64×2，32×4，16×8（位）。对于 FSM U_2（Γ_7），发生如下关系：$2^{L+R}\cdot R=128\times3>128$。因此，这个模型不能用于所讨论的情况。

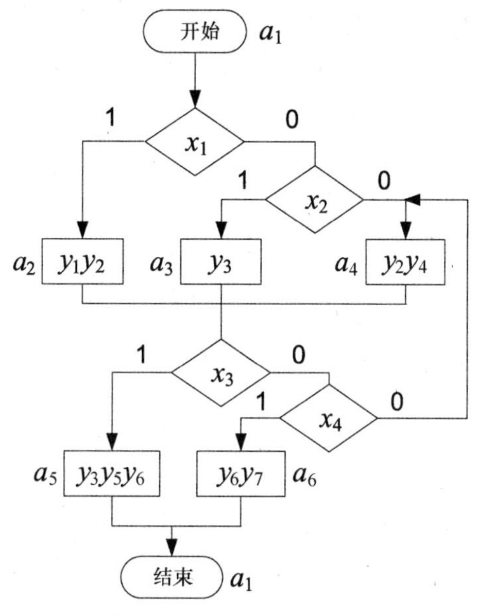

图 8.5　初始化 GSA Γ_7

以简单方式编码 $a_m\in A$，即 $K(a_1)=000$，…，$K(a_6)=101$。FSM U_2（Γ_7）的结构表具有 $H_2(\Gamma_7)=14$ 行，见表 8.5。

表 8.5　FSM U_2（Γ_7）的结构表

a_m	$K(a_m)$	a_s	$K(a_s)$	X_h	Φ_h	h
a_1	000	a_2	001	x_1	D_3	1
		a_3	010	$\bar{x}_1x_2$	D_2	2
		a_4	011	$\bar{x}_1\bar{x}_2$	D_2D_3	3
$a_2y_1y_2$	001	a_5	100	x_3	D_1	4
		a_6	101	$\bar{x}_3x_4$	D_1D_3	5
		a_4	011	$\bar{x}_3\bar{x}_4$	D_2D_3	6
a_3y_3	010	a_5	100	x_3	D_1	7
		a_6	101	$\bar{x}_3x_4$	D_1D_3	8
		a_4	011	$\bar{x}_3\bar{x}_4$	D_2D_3	9
$a_4y_2y_4$	011	a_5	100	x_3	D_1	10
		a_6	101	$\bar{x}_3x_4$	D_1D_3	11
		a_4	011	$\bar{x}_3\bar{x}_4$	D_2D_3	12
$a_5y_3y_5y_6$	100	a_1	000	1	—	13
$a_6y_6y_7$	101	a_1	000	1	—	14

从这个表可以看出，有如下集 $X(a_m)\subseteq X$：$X(a_1)=\{x_1,x_2\}$，$X(a_2)=X(a_3)=X$

$(a_4) = \{x_3, x_4\}$, $X(a_5) = X(a_6) = \varnothing$。显然，$G=2$, $P = \{P_1, P_2\}$。

检查式（8.8）和式（8.9）所示条件。对于讨论的情况，它们是

$$2^5 \times 3 = 96 < 128$$

$$2^3 \times 7 = 56 < 128$$

意味着可以使用模型 MPY（Γ_7）。

逻辑条件替代表为表 8.6。

表 8.6 Moore FSM MPY（Γ_7）的逻辑条件替换表

a_m	a_1	a_2	a_3	a_4	a_5	a_6
P_1	x_1	x_3	x_3	x_3	—	—
P_2	x_2	x_4	x_4	x_4	—	—

以下方程式系统可以从表 8.6 中获得：

$$P_1 = A_1 x_1 \vee (A_2 \vee A_3 \vee A_4) x_3$$
$$P_2 = A_1 x_2 \vee (A_2 \vee A_3 \vee A_4) x_4 \quad (8.10)$$

如果变量 $A_m \in A$ 由相应的连词替代，则对于给定例子，式（8.10）所示系统变为式（8.1）所示系统。

Moore FSM MPY（Γ_j）的转换结构表以相同方式构建，如其副本对于 Mealy FSM MPY（Γ_j）。在讨论的例子中，它为表 8.7。这个表是构建 BIMF 表的基础。

表 8.7 Moore FSM MPY（Γ_7）的转换结构表

a_m	$K(a_m)$	a_s	$K(a_s)$	P_h	Φ_h	h
a_1	000	a_2	001	P_1	D_3	1
		a_3	010	$\overline{P}_1 P_2$	D_2	2
		a_4	011	$\overline{P}_1\ \overline{P}_2$	$D_2 D_3$	3
$a_2 y_1 y_2$	001	a_5	100	P_1	D_1	4
		a_6	101	$\overline{P}_1\ P_2$	$D_1 D_3$	5
		a_4	011	$\overline{P}_1\ \overline{P}_2$	$D_2 D_3$	6
$a_3 y_3$	010	a_5	100	P_1	D_1	7
		a_6	101	$\overline{P}_1 P_2$	$D_1 D_3$	8
		a_4	011	$\overline{P}_1\ \overline{P}_2$	$D_2 D_3$	9
$a_4 y_2 y_4$	011	a_5	100	P_1	D_1	10
		a_6	101	$\overline{P}_1 P_2$	$D_1 D_3$	11
		a_4	011	$\overline{P}_1\ \overline{P}_2$	$D_2 D_3$	12
$a_5 y_3 y_5 y_6$	100	a_1	000	1	—	13
$a_6 y_6 y_7$	101	a_1	000	1	—	14

BIMF 表具有如下列：$K(a_m)$，P，Φ，ν，h。在讨论的例子中，这个表具有$V_2(\Gamma_7)=32$行。使用式（8.6）可以找到 $H(P)=4$。对于状态 $a_3\in A$，部分 BIMF 表为表 8.8。

表 8.8　FSM *MPY*（Γ_7）的部分 BIMF 表

$K(a_m)$	P	Φ	ν	h
$T_1T_2T_3$	P_1P_2	$D_1D_2D_3$		
010	00	011	9	9
010	01	101	10	8
010	10	100	11	7
010	11	100	12	7

FSM MPY（Γ_7）的逻辑电路如图 8.6 所示。正如前面的情况，BRLC 的电路使用有 $S=5$ 个输入的 LUT 执行。在这个电路中，EMB 配置为 32 ×4（位），用于执行 BIMF 逻辑电路。因为 $R=3$，所以最高有效数字地址位等于 0。对于变量 P_1 和 P_2，式（8.7）所示条件是真。由于此，只有 2 片 LUT 在 BRLC 电路中使用。

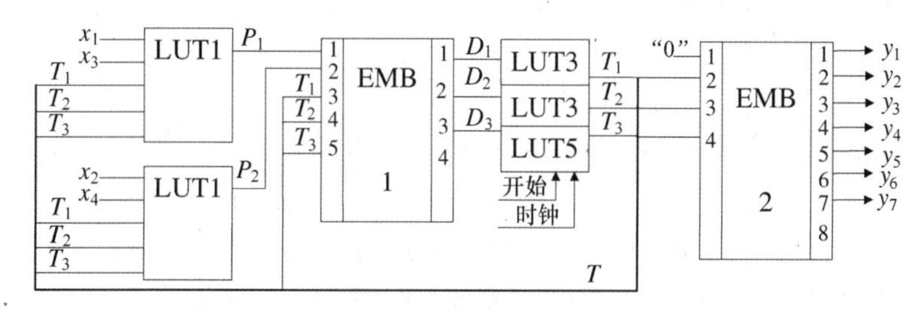

图 8.6　Moore FSM *MPY*（Γ_7）的逻辑电路

8.2　LUTer 的优化

讨论这种情况，即以下条件发生：

$$S_A > G + R \tag{8.11}$$

在式（8.11）中，值 S_A 决定对于给定的 t_F，EMB 的地址位数。如果式（8.11）为真，则发生以下条件：

$$S_0 = S_A - (G + R) > 0 \tag{8.12}$$

值 S_0 等于 EMB 的“空闲”地址输入数。这些输入不连接到变量 $T_r\in T$ 或者 $P_g\in P$。这里使用他们用于 LUTer 电路的优化。

从 *MP* Mealy FSM 开始。集 X 为 $X^1\cup X^2$，其中发生以下条件：

$$X^1 \cap X^2 = \varnothing; X^1 \cup X^2 = X$$
$$|X^1| = S_0; |X^2| = L - S_0 \tag{8.13}$$

用额外的变量 $P_g \in P$ 替代逻辑条件 $x_l \in X^2$。它导致 M_0P Mealy FSM，如图 8.7 所示。

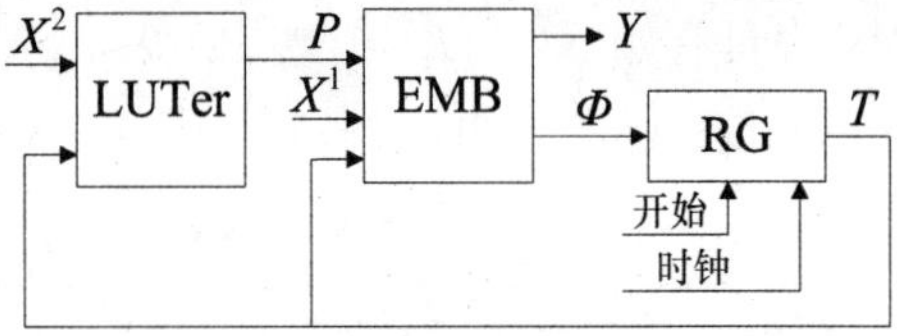

在 M_0P FSM 中，LUTer 执行逻辑条件 $x_l \in X^2$ 的替换。它执行系统

$$P = P(T, X^2) \tag{8.14}$$

图 8.7　M_0P Mealy FSM 的结构图

EMB 执行函数

$$Y = Y(T, P, X^1) \tag{8.15}$$

$$\Phi = \Phi(T, P, X^1) \tag{8.16}$$

对于 M_0P Mealy FSM 提出的以下设计方法：

1）构建状态集 A；

2）状态赋值；

3）构建 Mealy FSM 的结构表；

4）划分集 X，找到集 X^1 和 X^2；

5）替代逻辑条件 $x_l \in X^2$；

6）构建 Mealy FSM M_0P（Γ_j）的转换结构表；

7）构建 BIMF 表；

8）使用给定的 FPGA 芯片执行 FSM 逻辑电路。

讨论针对 Mealy FSM M_0P（Γ_6）的设计例子，其中 GSA Γ_6 如图 8.2 所示。令使用的 FPGA 芯片包括 EMB 有如下配置：512×1，256×2，128×4，64×8（位）。对于 Mealy FSM U_1（Γ_6），$N+R=8$。因此，配置 64×8 可以使用，$S_A=6$。若 $R=2$，则可能有 $G+S_0=4$。

Mealy FSM U_1（Γ_6）的结构表为表 8.1。以下集可以从这个表中获得：$X(a_m) \subseteq X$：$X(a_1)=\{x_1, x_2\}$，$X(a_2)=\{x_3, x_4\}$，$X(a_3)=\{x_5, x_6\}$。每个集 $X(a_m) \subseteq X$ 为 $X(a_m)^1 \cup X(a_m)^2$，其中 $X(a_m)^1 \cap X(a_m)^2 = \varnothing(m=\overline{1,M})$。使用以下规则找到集 X^1 和 X^2：

$$X^1 = \bigcup_{m=1}^{M} X(a_m)^1 \tag{8.17}$$

$$X^2 = \bigcup_{m=1}^{M} X(a_m)^2 \tag{8.18}$$

构建如下逻辑条件集：$X(a_1)^1=\{x_1\}$，$X(a_1)^2=\{x_2\}$，$X(a_2)^1=\{x_3\}$，$X(a_2)^2=\{x_4\}$，$X(a_3)^1=\{x_5\}$，$X(a_3)^2=\{x_6\}$。它导致集 $X^1=\{x_1, x_3, x_5\}$，$X^2=\{x_2, x_4. x_6\}$。显然，$G=1$。额外的变量由以下方程式决定：

$$P_1 = A_1x_2 \vee A_2x_4 \vee A_3x_6$$

Mealy FSM M_0P（Γ_j）的转换结构表包括如下列：a_m，$K(a_m)$，a_s，$K(a_s)$，X_h^1，P_h，Y_h，Φ_h，h。在讨论的情况中，它由表 8.9 表示。

表 8.9　Mealy FSM M_0P（Γ_6）的转换结构表

a_m	$K(a_m)$	a_s	$K(a_s)$	X_h^1	P_h	Y_h	Φ_h	h
a_1	00	a_2	01	x_1	1	y_1y_2	D_2	1
		a_2	01	$\bar{x}_1$	P_1	y_2y_3	D_2	2
		a_2	01	$\bar{x}_1$	$\bar{P}_1$	$y_3y_4y_5$	D_2	3
a_2	01	a_2	01	x_2	1	y_1y_2	D_2	4
		a_3	10	$\bar{x}_2$	P_1	y_3y_6	D_1	5
		a_2	11	$\bar{x}_2$	$\bar{P}_1$	$y_3y_4y_5$	D_2	6
a_3	10	a_4	11	x_3	1	y_{46}	D_1D_2	7
		a_4	11	$\bar{x}_3$	P_1	y_4y_6	D_1D_2	8
		a_1	00	$\bar{x}_3$	$\bar{P}_1$	y_1y_2	—	9
a_4	11	a_1	00	1	1	y_1y_2	—	10

BIMF 表包括如下列：$K(a_m)$，X^1，P，Y，Φ，ν，h。前 3 列创建 EMB 细胞的一些地址。这个表包括 $V_3(\Gamma_j)$行：

$$V_3(\Gamma_j) = 2^{S_0+G+R} \tag{8.19}$$

可以发现 $V_3(\Gamma_8)=64$。$M_0P(\Gamma_j)$的每个状态 $a_m \in A$ 的转换由 H_3（Γ_j）表示，其中

$$H_3(\Gamma_j) = 2^{S_0+G} \tag{8.20}$$

在 FSM M_0P（Γ_6）的情况下，$H_3(\Gamma_6)=16$。对于 FSM $M_0P(\Gamma_6)$，部分 BIMF 表为表 8.10。这个表包括状态 $a_1 \in A$ 的转换。

FSM M_0P（Γ_6）的逻辑电路如图 8.8 所示。有 $S=5$ 个输入的 LUT 用于执行 LUTer 逻辑电路。在讨论过的例子中，对于 LUTer，一片 LUT 足够，两片或多片 LUT 用于执行寄存器 RG。

表 8.10　Mealy FSM M_0P（Γ_6）的部分 BIMF 表

$K(a_m)$	X^1	P	Y	Φ	ν	h
T_1T_2	$x_1x_2x_3$	P_1	$y_1y_2y_3y_4y_5y_6$	D_1D_2		
00	000	0	001110	01	1	3
00	000	1	011000	01	2	2
00	001	0	001110	01	3	3
00	001	1	011000	01	4	4
00	010	0	001110	01	5	3
00	010	1	011000	01	6	2

（续）

$K(a_m)$	X^1	P	Y	Φ	ν	h
T_1T_2	$x_1x_2x_3$	P_1	$y_1y_2y_3y_4y_5y_6$	D_1D_2		
00	011	0	001110	01	7	3
00	011	1	011000	01	9	1
00	100	0	110000	01	10	1
00	101	0	110000	01	12	1
00	101	1	110000	01	13	1
00	110	1	110000	01	14	1
00	111	0	110000	01	15	1
00	111	1	110000	01	16	1

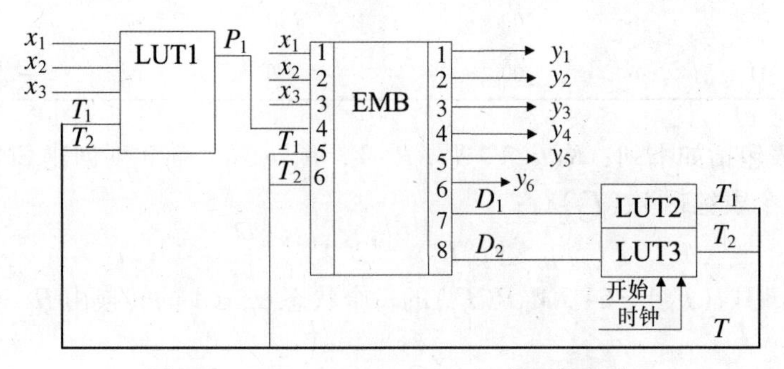

图 8.8　Mealy FSM M_0P（Γ_6）的逻辑电路

相同的方法可以用于优化 *MPY* Moore FSM 的 LUTer。它的结构图如图 8.9 所示。正如前面的情况，LUTer 对应字母 M_0，是“M_0PY”。在 M_0PY Moore FSM 中，LUTer 执行式（8.14）所示系统，而 EMB1 执行式（8.16）所示系统。EMB2 执行微操作系统 Y（T）。

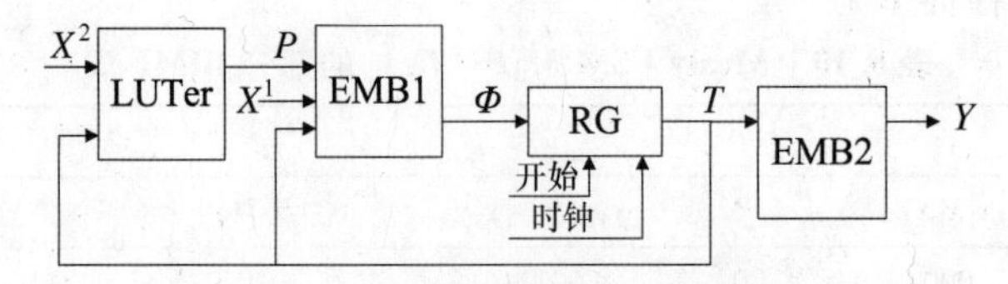

图 8.9　M_0PY Moore FSM 的结构图

指出 LUTer 对应 BRLC、EMB1 对应 BIMF 和 EMB2 对应 BMO。如果发生以下条件，则可以使用模型：

$$2^{G+S_0+R}\cdot R\leqslant R_0 \tag{8.21}$$

Moore FSM M_0PY（Γ_j）的设计方法包括以下步骤：

1）构建状态集 A；

2）状态赋值；

3）构建 FSM PY（Γ_j）的结构表；

4）划分集 X 为子集 X^1 和 X^2；

5）替代逻辑条件 $x_l \in X^2$；

6）构建转换结构表；

7）构建 BIMF 表；

8）构建 BMO 表；

9）执行 FSM 逻辑电路。

讨论针对 Moore FSM M_0PY（Γ_7）的设计例子。所有的集和它们的参数之前就已经找到。使用内部状态的简单代码 $K(a_1)=000$，…，$K(a_6)=101$。FSM $U_2(\Gamma_7)$ 的结构表（见表8.5）同 PY（Γ_7）Moore FSM。

令使用的 FPGA 芯片包括 EMB，配置如下：256×1，128×2，64×4，32×8（位）。在这种情况下，模型 U_2（Γ_7）不能使用。对于 Moore FSM MPY（Γ_7），$G=2$。因此，$G=2$。所以模型 MPY（Γ_7）可以应用，但是 EMB 的 160 位不能使用。尝试使用模型 M_0PY（Γ_7）。

若 X（a_5）$=X$（a_6）$=\varnothing$，则可以选择配置 X（a_m）$\subseteq X$。在这种情况下 $|X^1|=1$，$S_A-R=3$。因此，两种可能的情况可以使用逻辑条件替换：①$G=2$，$|X'|=1$；②$G=1$，$|X'|=2$。有如下集 $X(a_m)\subseteq X$：$X(a_1)=\{x_1, x_2\}$，$X(a_2)=X(a_3)=X(a_4)=\{x_3, x_4\}$，$X(a_5)=X(a_6)=\varnothing$。划分集 X 为如下子集：$X^1=\{x_2, x_4\}$，$X^2=\{x_1, x_3\}$。给出 $P=\{P_1\}$，发现以下方程式：

$$P_1 = A_1x_1 \vee A_2x_3 \vee A_3x_3 \vee A_4x_3 \tag{8.22}$$

Moore FSM U_2（Γ_7）的结构表为表8.5。改变它从而得到表8.11。BIMF 表有64行。每个状态 $a_m \in A$ 的转换由8行表现。部分 BIMF 表由表8.12表现。它表明状态 $a_1 \in A$ 的转换。

表8.11　Moore FSM M_0PY（Γ_7）的转换结构

a_m	$K(a_m)$	a_s	$K(a_s)$	X_h^1	P_h	Φ_h	h
$a_1(-)$	000	a_2	001	1	P_1	D_3	1
		a_3	010	x_2	$\bar{P}_1$	D_2	2
		a_4	011	$\bar{x}_2$	$\bar{P}_1$	D_2D_3	3
$a_2(y_1y_2)$	001	a_5	100	1	P_1	D_1	4
		a_6	101	x_4	$\bar{P}_1$	D_1D_3	5

（续）

a_m	$K(a_m)$	a_s	$K(a_s)$	X_h^1	P_h	Φ_h	h
		a_4	011	$\bar{x}_4$	$\bar{P}_1$	D_2D_3	6
$a_3(y_3)$	010	a_5	100	1	P_1	D_1	7
		a_6	101	x_4	$\bar{P}_1$	D_1D_3	8
		a_4	011	$\bar{x}_4$	$\bar{P}_1$	D_2D_3	9
$a_4(y_2y_4)$	011	a_5	100	1	$\bar{P}_1$	D_1	10
		a_6	101	x_4	$\bar{P}_1$	D_1D_3	11
		a_4	011	$\bar{x}_4$	$\bar{P}_1$	D_2D_3	12
$a_5(y_3y_5y_6)$	100	a_1	000	1	1	—	13
$a_6(y_6y_7)$	101	a_1	000	1	1	—	14

表 8.12　Moore FSM M_0PY（Γ_7）的部分 BIMF 表

$K(a_m)$	X^1	P	Φ	ν	h
$T_1T_2T_3$	x_2x_4	P_1	$D_1D_2D_3$		
000	00	0	011	1	3
000	00	1	001	2	1
000	01	0	011	3	3
000	01	1	001	4	1
000	10	0	010	5	2
000	10	1	001	6	1
000	11	0	010	7	2
000	11	1	001	8	1

8.3　基于伪等状态优化 LUTer

讨论这种情况，即当 LUT 用于执行 LUTer 电路时，有 $S=4$。在 Moore FSM M_0PY（Γ_7）情况下，LUTer 由式（8.22）表现。可以表达为以下形式：

$$P_1 = \bar{T}_1\bar{T}_2\bar{T}_3x_1 \vee \bar{T}_1\bar{T}_2T_3x_3 \vee \bar{T}_1T_2\bar{T}_3x_3 \vee T_1\bar{T}_2\bar{T}_3x_3 \tag{8.23}$$

如果 $S=4$，则式（8.23）使用函数解体的规则转换[5,6]。转换方程式如下：

$$P_1 = \bar{T}_1(\bar{T}_2\bar{T}_3x_1 \vee \bar{T}_2T_3x_3 \vee T_2\bar{T}_3x_3) \vee T_1(\bar{T}_2\bar{T}_3x_3) \tag{8.24}$$

式（8.25）对应 LUTer 逻辑电路，如图 8.11 所示。

在图 8.11 中，有 $A=\bar{T}_2\bar{T}_3x_1 \vee \bar{T}_2T_3x_3 \vee T_2\bar{T}_3x_3$，$B=\bar{T}_2\bar{T}_3x_3$。这个电路有 2 个电平，使用 3 片有 $S=4$ 的 LUT。尝试提高这个电路，使用 Moore FSM 的伪等状态[2,3]。

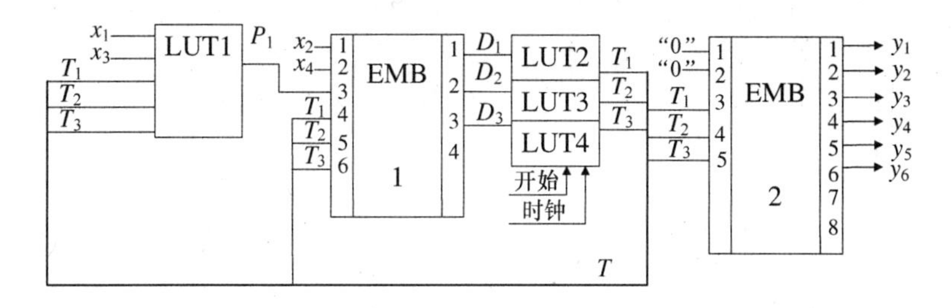

图 8.10　Moore FSM M_0PY（Γ_7）的结构电路

在 Moore FSM U_2（Γ_7）情况下，划分为 $\Pi_A=\{B_1, B_2, B_3\}$，其中 $B_1=\{a_1\}$，$B_2=\{a_1, a_2, a_3\}$，$B_3=\{a_5, a_6\}$。编码状态 $a_m\in A$，正如图 8.12 中一样。

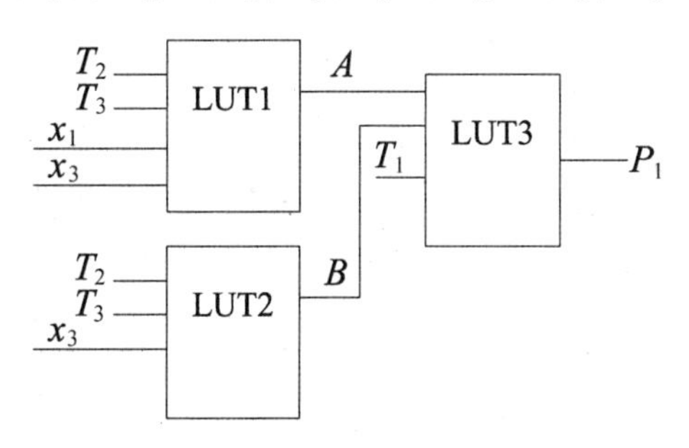

图 8.11　LUTer 的逻辑电路，$S=4$

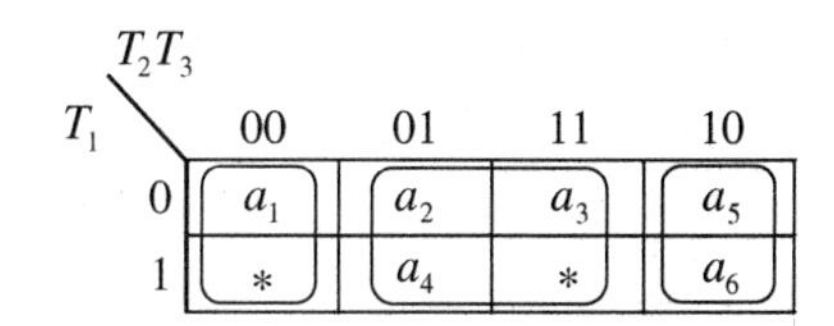

图 8.12　Moore FSM U_2（Γ_7）的优化状态代码

Moore FSM M_0PY（Γ_7）的逻辑电路如图 8.10 所示。

现在，方程式（8.22）可以表达为

$$P_1=\bar{T}_2\bar{T}_3x_1\vee T_3x_3 \tag{8.25}$$

这个方程式对应单电平逻辑电路，如图 8.13a 所示。

由于等式 $X(a_5)=X(a_6)=\varnothing$，对于函数 P_1，它们的代码可以视为“不关心”。它允许获得以下的方程式：

$$P_1=\bar{T}_3x_1\vee T_3x_3 \tag{8.26}$$

图 8.13　LUTer 的优化电路

式（8.26）的电路可以执行为单电平电路，甚至对于 $S=3$ 的情况，如图 8.13b 所示。

如下伪等状态类 $B_i\in\Pi A$ 的代码 $K(B_i)$ 从卡诺图中获得（见图 8.12）：$K(B_1)=*00$，$K(B_2)=**1$，$K(B_3)=*10$。意味着输入存储函数 $D_r\in\Phi$ 依赖变量 $T_r\in T'$，其中 $T'\subset T$。在讨论过的情况中，$T'=\{T_2, T_3\}$。

对于 Moore FSM，讨论的方法基于优化状态赋值[2]。它导致 M_EP_EY（Γ_j）Moore FSM（见图 8.14），其中下角“E”表明未使用优化状态赋值。

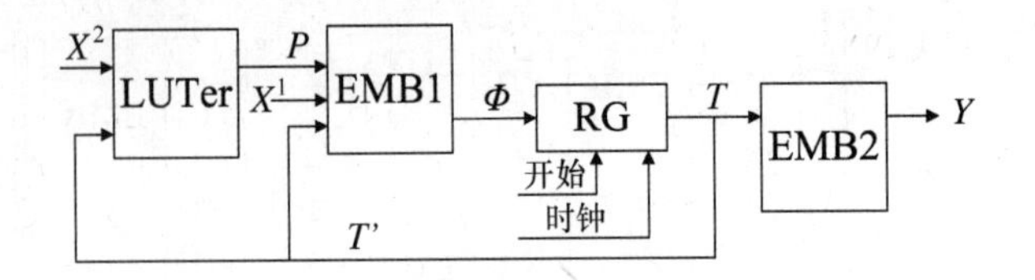

图 8.14 Moore FSM $M_E P_E Y$（Γ_j）的结构图

在这个模型中，LUTer 执行系统

$$P = P(T', X^2) \tag{8.27}$$

EMB 执行系统

$$\Phi = \Phi(T', P, X^2) \tag{8.28}$$

令 $R_E = |T'|$。在这种情况下，如果发生以下条件，则提出的模型可以使用：

$$2^{G+S_0+R_E} \cdot R \leqslant V_0 \tag{8.29}$$

提出的针对 $M_E P_E Y(\Gamma_j)$ Moore FSM 的设计方法具有以下步骤：

1）构建状态集 A；

2）构建划分 $\Pi_A = \{B_1, \cdots, B_I\}$；

3）优化状态赋值；

4）构建 $P_E Y$（Γ_j）Moore FSM 的结构表；

5）划分集 X 为子集 X^1 和 X^2；

6）替代逻辑条件 $x_l \in X^2$；

7）构建 BIMF 表；

8）构建 BMO 表；

9）执行 FSM 逻辑电路。

讨论 Moore FSM $M_E P_E Y$（Γ_7）的设计例子。状态集 A 之前就已经建立，划分 $\Pi_A = \{B_1, \cdots, B_I\}$ 也已经建立。使用图 8.12 所示状态代码。

为了构建 $P_E Y$（Γ_j）Moore FSM 的结构表，形成转换的广义方程式系统[3]。在讨论的情况中，是以下系统：

$$B_1 \to x_1 a_2 \vee \bar{x}_1 x_2 a_3 \vee \bar{x}_1 \bar{x}_2 a_4$$

$$B_2 \to x_3 a_5 \vee \bar{x}_3 x_4 a_6 \vee \bar{x}_3 \bar{x}_4 a_4$$

$$B_3 \to a_1 \tag{8.30}$$

Moore FSM $P_E Y$（Γ_7）的结构表具有 H_E（Γ_7）=7 行，见表 8.13。表具有如下列：B_i, $K(B_i)$, a_s, $K(a_s)$, X_h, Φ_h, h。类 $B_i \in \Pi_A$ 的代码 $K(B_i)$ 来自图 8.12，状态 $a_m \in A$ 的代码也来自图 8.12。

表 8.13　Moore FSM $P_EY(\Gamma_7)$的结构图

B_i	$K(B_i)$	a_s	$K(a_s)$	X_h	Φ_h	h
B_1	*00	a_2	001	x_1	D_3	1
		a_3	011	$\bar{x}_1x_2$	D_2D_3	2
		a_4	101	$\bar{x}_1\bar{x}_2$	D_1D_3	3
B_2	**1	a_5	010	x_3	D_2	4
		a_6	110	$\bar{x}_3x_4$	D_1D_2	5
		a_4	101	$\bar{x}_3\bar{x}_4$	D_1D_3	6
B_3	*10	a_1	000	1	—	7

令使用的 FPGA 芯片有 EMB,配置如下:128×1, 64×2, 32×4, 16×8(位)。因为 $R=3$，所以对于执行 BIMF 电路,应该选择配置 32×4。$T'=\{T_2, T_3\}$，因此 $R_E=2$。对于给定配置，有 $S_A=5$。意味着 3 个输入可以用于逻辑条件 $x_l \in X^1$ 和额外的变量 $P_g \in P$。使用以下逻辑条件集划分 X:$X^1=\{x_2, x_4\}$, $X^2=\{x_1, x_3\}$。给出集$P=\{P_1\}$。使用表 8.13，可以发现以下方程式:

$$P_1 = B_1x_1 \vee B_2x_3 = \bar{T}_2\bar{T}_3x_1 \vee T_3x_3 \quad (8.31)$$

令 $X(B_i)$为逻辑条件集,决定状态 $a_m \in B_i(i=\overline{1,I})$的转换。因为 $X(B_3)=\varnothing$，所以状态 a_5, $a_6 \in B_3$ 的代码可以视为“不关心”。对于给定例子，它给出式(8.27)所示系统的最终形式:

$$P_1 = \bar{T}_3x_1 \vee T_3x_3 \quad (8.32)$$

Moore FSM M_EP_EY 的转换结构表具有如下列: B_i, $K(B_i)$, a_s, $K(a_s)$, P_h, X_h^1, Φ_h,h。在讨论的情况下，它为表 8.14。

表 8.14　Moore FSM M_EP_EY (Γ_7) 的转换结构表

B_i	$K(B_i)$	a_s	$K(a_s)$	P_h	X_h^1	Φ_h	h
B_1	*00	a_2	001	P_1	1	D_3	1
		a_3	011	$\bar{P}_1$	x_2	D_2D_3	2
		a_4	101	$\bar{P}_1$	$\bar{x}_2$	D_1D_3	3
B_2	**1	a_5	010	P_1	1	D_2	4
		a_6	110	$\bar{P}_1$	x_4	D_1D_2	5
		a_4	101	$\bar{P}_1$	$\bar{x}_4$	D_1D_3	6
B_3	*10	a_1	000	1	1	—	7

Moore FSM M_EP_EY 的 BIMF 表具有如下列: $K(B_i)$, P, X^1, Φ, ν, h。列 $K(B_i)$, P, X^1 创建 EMB 的内部细胞地址。在讨论的情况中，每个类 $B_i \in \Pi_A$ 的转换为这个表的 8 行。类 $B_1 \in \Pi_A$ 的转换为表 8.15。

表 8.15 Moore FSM $M_E P_E Y$（Γ_7）的部分 BIMF 表

$K(B_i)$	P	X^1	Φ	ν	h
T_2T_3	P_1	x_2x_4	$D_1D_2D_3$		
00	0	00	101	1	3
00	0	10	011	3	2
00	0	11	011	4	2
00	1	00	001	5	6
00	1	01	001	6	1
00	1	10	001	7	1
00	1	11	001	8	1

对于给定的 GSA，BMO 表总是一样的。它具有列 $K(a_m),Y,m$。细胞地址由状态代码 $K(a_m)$决定。令使用的 FPGA 芯片包括有 $S=3$ 的 LUT。在这种情况下，方程式（8.32）需要单个 LUT 用于执行。FSM $M_E P_E Y$（Γ_7）的逻辑电路如图 8.15 所示。

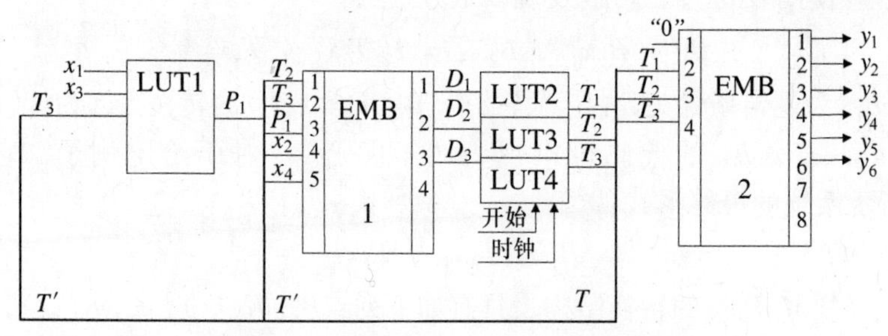

图 8.15 FSM $M_E P_E Y$（Γ_7）的逻辑电路

由于最优状态编码，BRLC 电路使用单个有 $S=3$ 的 LUT 执行。为了执行方程式（8.25）和 3 输入的 LUT，它应该解体，如下：

$$\begin{aligned} P_1 &= T_1(T_2\bar{T}_3x_3) \vee \bar{T}_1(T_2(\bar{T}_3x_3) \vee \bar{T}_2(\bar{T}_3x_1 \vee T_3x_3)) \\ &= T_1A \vee \bar{T}_1(T_2B \vee \bar{T}_2C) = T_1A \vee \bar{T}_1D \end{aligned}$$

这个方程式对应电路有 3 层，由 5 片 LUT 形成，如图 8.16 所示。

因此，提出的方法 5 次减少 BRLC 硬件，并 3 次增加传播时间。当然，只对给定例子为真。有时候优化状态编码是不可能的[3]。在逻辑条件替代的情况下，它可以导致 BRLC 的硬件总量和传播时间都增加。在这种情况下提出了以下方法。

用有 R_B 位的二进制代码 K（B_i）编码每个类 $B_i \in \Pi_A$：

$$R_B = \log_2 I \tag{8.33}$$

对于编码，使用变量$\tau_r \in \tau$，其中$|\tau| = R_B$。

令以下条件发生：

$$2_R(N + R_B) \leqslant V_0 \tag{8.34}$$

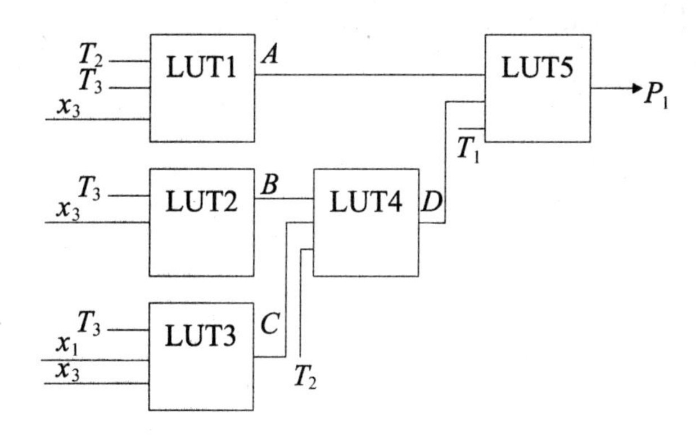

图 8.16　BRLC 的逻辑电路基于简单状态代码

在这种情况下，提出使用 M_CP_CY Moore FSM。它的结构图如图 8.17 所示。在这个 FSM 中，LUTer 执行额外的变量

$$P = P(\tau, X^2) \tag{8.35}$$

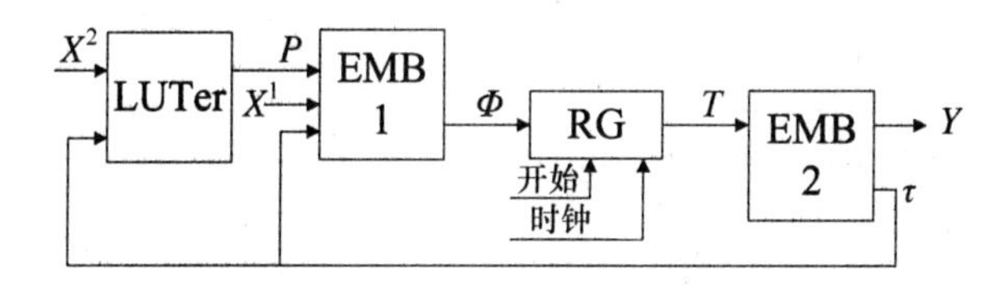

图 8.17　M_CP_CY Moore FSM 的结构图

模块 EMB1 执行输入存储函数

$$\Phi = \Phi(\tau, X^1, P) \tag{8.36}$$

模块 EMB2 执行微操作 $y_n \in Y$ 和系统

$$\tau = \tau(T) \tag{8.37}$$

如果式（8.22）的条件和以下条件一起发生，则提出的模型可以应用：

$$2^{G+S_0+R_B} \cdot R \leqslant V_0 \tag{8.38}$$

提出的针对 M_CP_CY Moore FSM 的设计方法具有以下步骤：

1）构建状态集 A；

2）构建划分 $\Pi_A = \{B_1, \cdots, B_I\}$；

3）状态赋值；

4）编码类 $B_i \in \Pi_A$；

5）构建 P_CY Moore FSM 的结构表；

6）划分集 X 为子集 X^1 和 X^2；

7）替代逻辑条件 $x_l \in X^2$；

8）构建转换结构表；

9）构建 BIMF 表；

10）构建 BMO 表；

11）执行 FSM 逻辑电路。

讨论针对 FSM $M_C P_C Y$（Γ_8）的设计例子。GSA Γ_8 如图 8.18 所示。

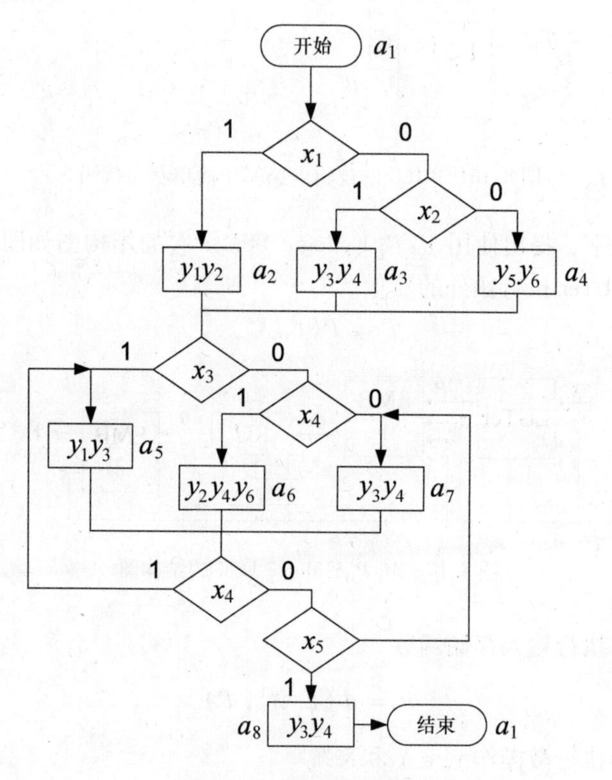

图 8.18　初始化 GSA Γ_8

对于 FSM U_2（Γ_8），有如下集和参数：$A=\{a_1, \cdots, a_8\}$，$M=8$，$X=\{x_1,\cdots, x_5\}$，$L=5$，$Y=\{y_1,\cdots,y_6\}$，$N=6$，$R=3$，$T=\{T_1,T_2,T_3\}$，$\Phi=\{D_1,D_2,D_3\}$。

针对 Moore FSM U_2（Γ_8）的划分 Π_A 可以找到 $\Pi_A=\{B_1,\cdots,B_4\}$，其中 $B_1=\{a_1\}$，$B_2=\{a_2, a_3, a_4\}$，$B_3=\{a_5, a_6, a_7\}$，$B_4=\{a_8\}$。因此有 $I=4$，$R_B=2$。如果任何 $B_i \in \Pi_A$ 类表现为单个 R 维布尔空间的广义区间，则状态赋值视为优化[2]。对于 Moore FSM $U_2(\Gamma_8)$，不可能找到这样的结果。因此，以简单方法编码状态 $a_m \in A$：$K(a_1)=000$，…，$K(a_8)=111$。

由于 $R_B=2$，有 $\tau=\{\tau_1, \tau_2\}$。以简单方法编码类 $B_i \in \Pi_A$：$K(B_1)=00$，…，$K(B_4)=11$。没有必要用结构表表现状态 $a_8 \in B_4$ 的转换。在 D 触发器的情况下，这样的转换自动执行（只使用时钟脉冲）。

因此，代码11可以视为“不关心”的输入赋值。它可以用于最小化FSM逻辑电路。

为了构建 P_CY Moore FSM的结构表，有必要构建转换的广义公式系统。在讨论的情况下，这个系统如下：

$$
\begin{aligned}
&B_1 \to x_1a_2 \vee \bar{x}_1x_2a_3 \vee \bar{x}_1\bar{x}_2a_4 \\
&B_2 \to x_3a_5 \vee \bar{x}_3x_4a_6 \vee \bar{x}_3x_4a_7 \\
&B_3 \to x_4a_5 \vee \bar{x}_4x_5a_8 \vee \bar{x}_4\bar{x}_5a_7
\end{aligned} \tag{8.39}
$$

在式（8.39）所示系统中，类 $B_4 \in \Pi_A$ 没有公式。

式（8.39）所示系统具有 $H_C(\Gamma_8)=9$ 个参数。显然，Moore FSM P_CY（Γ_8）的结构表有9行，见表8.16。

表8.16　Moore FSM P_CY（Γ_8）的结构表

B_i	$K(B_i)$	a_s	$K(a_s)$	X_h	Φ_h	h
B_1	00	a_2	001	x_1	D_3	1
		a_3	010	$\bar{x}_1x_2$	D_2	2
		a_4	011	$\bar{x}_1\bar{x}_2$	D_2D_3	3
B_2	01	a_5	100	x_3	D_1	4
		a_6	101	$\bar{x}_3x_4$	D_1D_3	5
		a_7	110	$\bar{x}_3\bar{x}_4$	D_1D_2	6
B_3	10	a_5	100	x_4	D_1	7
		a_8	111	$\bar{x}_4x_5$	$D_1D_2D_3$	8
		a_7	110	$\bar{x}_4\bar{x}_5$	D_1D_2	9

使用FPGA芯片包括EMB，具有如下配置：256×1，128×2，64×4，32×8（位）。在 U_2（Γ_8）的情况下，有必要使用EMB，$V_0=2^{3+8}\times 3=6144$ 位。显然，逻辑条件替代应该用于讨论的情况。

在讨论的情况下，有 $R=3$。意味着必须使用配置64×4。因为 $R_B=2$。EMB有 $S_A-S_B=6-2=4$ 个空闲输入。它给出 $|X_1|=3$，$|X_2|=2$，$G=1$。将集 X 表现为 $X^1\cup X^2$，其中 $X^1=\{x_2, x_3, x_5\}$，$X^2=\{x_1, x_4\}$。

形成针对Moore FSM M_CP_CY（Γ_8）的逻辑条件替代表，见表8.17。

表8.17　Moore FSM M_CP_CY（Γ_8）的逻辑条件替换表

B_i	B_1	B_2	B_3	B_4
P_1	x_1	x_4	x_4	—

以下方程式可以从表8.17中获得，$P_1=B_1x_1 \vee B_2x_4 \vee B_3x_4=\bar{\tau}_1\bar{\tau}_2x_1 \vee \bar{\tau}_1\tau_2x_4$

$\vee \tau_1 \bar{\tau}_2 x_4$。这个方程式可以作为单电平执行，使用 $S \geqslant 4$ 的 LUT。由于类 $B_i \in \Pi_A$ 的合适编码，所以方程式可以简化。例如，如果 $K(B_1)=00$，$K(B_2)=10$，$K(B_3)=11$，$K(B_4)=01$，则以下方程式 $P_1=\bar{\tau}_1 x_1 \vee \tau_1 x_4$ 可以使用单片有 $S=3$ 个输入的 LUT 执行。

表 8.18　Moore FSM $M_C P_C Y$ (Γ_8) 的转换表

B_i	$K(B_i)$	a_s	$K(a_s)$	X_h^1	P_h	Φ_h	h
B_1	00	a_2	001	1	P_1	D_3	1
		a_3	010	x_2	$\bar{P}_1$	D_2	2
		a_4	011	$\bar{x}_2$	$\bar{P}_1$	D_2D_3	3
B_2	01	a_5	100	x_3	1	D_1	4
		a_6	101	$\bar{x}_3$	P_1	D_1D_3	5
		a_7	110	$\bar{x}_3$	$\bar{P}_1$	D_1D_2	6
B_3	10	a_5	100	1	P_1	D_1	7
		a_8	111	x_5	P_1	$D_1D_2D_3$	8
		a_7	110	$\bar{x}_5$	P_1	D_1D_2	9

$M_C P_C Y$ FSM 的转换结构表有如下列：B_i，$K(B_i)$，a_s，$K(a_s)$，X_h^1，P_h，Φ_h，h。对于 Moore FSM $M_C P_C Y$ (Γ_8)，它是表 8.18。BIMF 表有相同的列，同 $M_E P_E Y$ FSM。在讨论的情况下，每个 $B_i \in \Pi_A$ 的转换由表的 16 行表现。表 BMO 有如下列：$K(a_m)$，Y，$K(B_i)$，m。列 $K(B_i)$ 有类 $B_i \in \Pi_A$ 的代码，这样的话，$a_m \in B_i$（表的行数 m）。在 Moore FSM $M_C P_C Y$ (Γ_8) 的情况下，这个表有 $M=8$ 行，见表 8.19。

表 8.19　Moore FSM $M_C P_C Y$ (Γ_8) 的 BMO 表

$K(a_m)$	Y	$K(B_i)$	m
$T_1T_2T_3$	$y_1y_2y_3y_4y_5y_6$	$\tau_1\tau_2$	
000	000000	00	1
001	110000	01	2
010	001100	01	3
011	000011	01	4
100	101000	10	5
101	010101	10	6
110	001100	10	7
111	101000	11	8

FSM $M_C P_C Y$ (Γ_8) 的逻辑电路如图 8.19 所示。

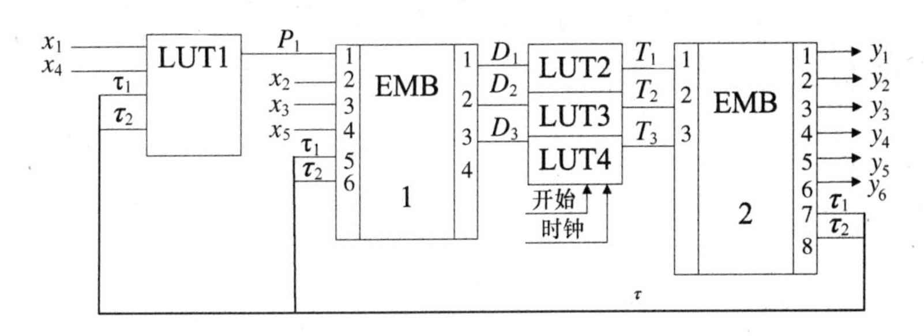

图 8.19 Moore FSM M_CP_CY（Γ_8）的逻辑电路

8.4 基于微操作集编码优化 LUTer

三种方法可以用于优化 Mealy FSM 的 BRLC 电路。第一种方法基于划分集 X。第二种关系特定状态赋值。第三种基于逻辑条件编码[4]。

以 M_0P Mealy FSM 的方法一样划分集 X 为子集 X^1，X^2。它导致 M_0PY Mealy FSM，如图 8.20 所示。

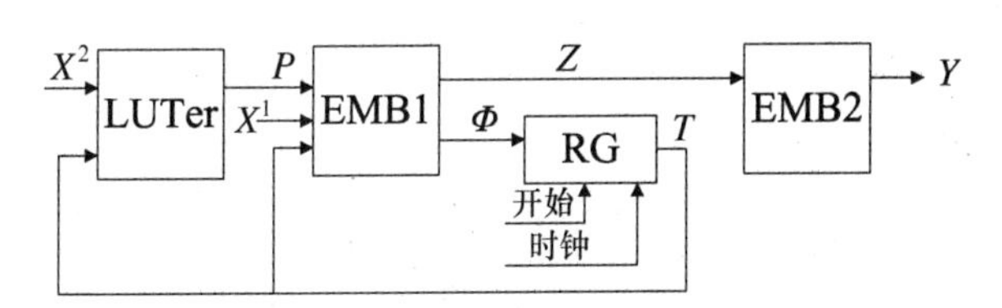

图 8.20 M_0PY Mealy FSM 的结构图

在这个 FSM 中，LUTer 执行式（8.14）所示系统。模块 EMB1 执行式（8.16）所示系统和具有额外变量的系统

$$Z = Z(T,P,X^1) \tag{8.40}$$

模块 EMB2 执行微操作 $y_n \in Y$，由以下系统表现：

$$Y = Y(Z) \tag{8.41}$$

对于 M_0PY Mealy FSM 的情况，应该发生以下条件：

$$\begin{gathered} 2^{G+S_0+R}(R + R_Y) \leqslant V_0 \\ 2^{R_Y} \cdot N \leqslant V_0 \end{gathered} \tag{8.42}$$

提出的针对 Mealy FSM M_0PY（Γ_j）的设计方法具有以下步骤：

1）构建状态集 A；

2）状态赋值；

3）构建 FSM U_1（Γ_j）的结构表；

4）划分集 X 为子集 X^1 和 X^2；

5）替代逻辑条件 $x_l \in X^2$；

6）编码微操作集；

7）构建转换结构表；

8）构建 BIMF 表；

9）构建 BMO 表；

10）执行 FSM 逻辑电路。

讨论针对 Mealy FSM $M_0PY(\Gamma_9)$的设计例子。GSA Γ_9 如图 8.21 所示。如下集和参数可以为 Mealy FSM U_1（Γ_9）找到：$X=\{x_1, \cdots x_5\}$，$L=5$，$Y=\{y_1, \cdots y_{10}\}$，$N=10$，$A=\{a_1, \cdots, a_6\}$，$M=6$，$R=3$，$T=\{T_1, T_2, T_3\}$，$\Phi=\{D_1, D_2, D_3\}$。以简单方式执行状态赋值 $K(a_1)=000, \cdots, K(a_6)=101$。FSM U_1（Γ_9）的结构表具有 $H_1(\Gamma_9)=12$ 行，见表 8.20。

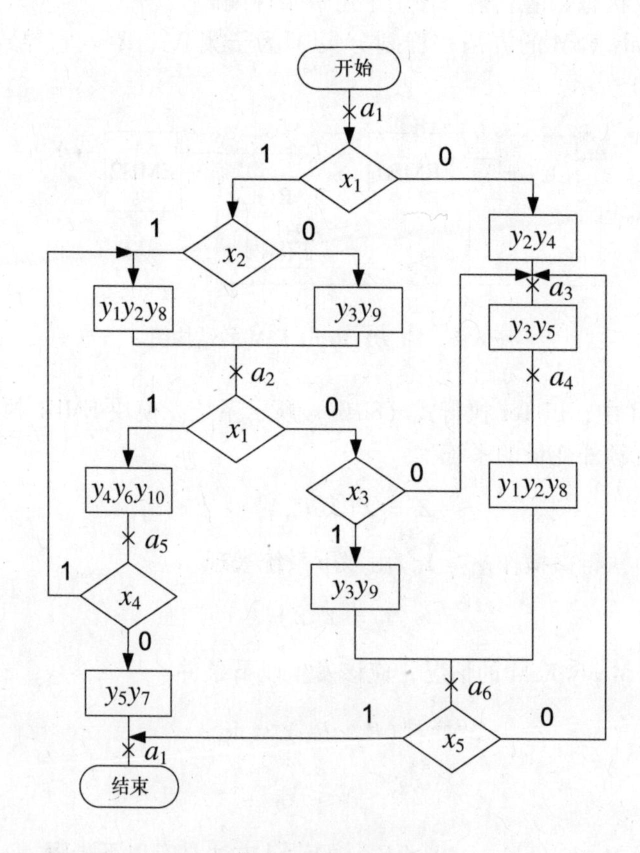

图 8.21 初始化 GSAΓ_9

表 8.20　Mealy FSM U_1（Γ_9）的结构表

a_m	$K(a_m)$	a_s	$K(a_s)$	X_h	Y_h	Φ_h	h
a_1	000	a_2	001	x_1x_2	$y_1y_2y_8$	D_3	1
		a_2	001	$x_1\bar{x}_2$	y_3y_9	D_3	2
		a_3	010	$\bar{x}_1$	y_2y_4	D_2	3
a_2	001	a_5	100	x_1	$y_4y_6y_{10}$	D_1	4
		a_6	101	$\bar{x}_1x_3$	y_3y_9	D_1D_3	5
		a_4	011	$\bar{x}_1\bar{x}_3$	y_3y_5	D_2y_3	6
a_3	010	a_4	011	1	y_3y_5	D_2D_3	7
a_4	011	a_6	101	1	$y_1y_2y_8$	D_1D_3	8
a_5	100	a_2	001	x_4	$y_1y_2y_8$	D_3	9
		a_1	000	$\bar{x}_4$	y_5y_7	—	10
a_6	101	a_1	000	x_5	—	—	11
		a_4	011	$\bar{x}_5$	y_3y_5	D_2D_3	12

令使用的 FPGA 芯片包括 EMB，有如下配置：512×1，256×2，128×4，64×8，32×16（位）。为了执行 FSM U_1（Γ_9）的电路，有必要 $V_0=2^8\times13=3328$（位）。但是使用的 EMB 只有 512 位。最少七个模块用于执行 FSM 逻辑电路。因此，应该使用逻辑条件替换。

在 GSA Γ_9 的顶点中，有 $T_0=7$ 个不同的微操作集。它们如下：$Y_1=\varnothing$，$Y_2=\{y_1, y_2, y_8\}$，$Y_3=\{y_3, y_9\}$，$Y_4=\{y_2, y_4\}$，$Y_5=\{y_3, y_5\}$，$Y_6=\{y_4, y_6, y_{10}\}$，$Y_7=\{y_5, y_7\}$。$R_Y=3$ 个变量 $z_r\in Z$ 用于这些集的编码是足够的。

由于 $R+R_Y=6$，因此应该选择配置 64×8，$S_A=6$。它给出 $G=1$，$S_0=2$；因此，$|X^1|=2$，$|X^2|=3$。

集 X 为 $X=X^1\cup X^2$，其中 $X^1=\{x_2, x_3\}$，$X^2=\{x_1, x_4, x_5\}$。对于 FSM M_0PY（Γ_9），逻辑条件的替换表见表 8.21。

表 8.21　Mealy FSM M_0PY（Γ_9）的逻辑条件替换

a_m	a_1	a_2	a_3	a_4	a_5	a_6
P_1	x_1	x_1	—	—	x_4	x_5

以下方程式可以从表 8.21 中获得：

$$P_1=\bar{T}_1\bar{T}_2x_1\vee T_1\bar{T}_2\bar{T}_3x_4\vee T_1\bar{T}_2T_3x_5. \tag{8.43}$$

LUTer 电路要求 LUT 有 $S\geqslant6$ 个输入。

使用微操作集 $Y_t\in Y$ 的编码，以简单方法 $K(Y_1)=000$，…，$K(Y_7)=110$。现在，可以构建 Mealy FSM M_0PY（Γ_j）的转换结构表。表具有列 a_m，$K(a_m)$，a_s，K

(a_s), X_h^1, P_h, Z_h, Φ_h, h。列 Z_h 具有额外的变量 $z_r \in Z$,在代码 $K(Y_t)$ 中等于 1,写入表中的第 h 行。FSM M_0PY（Γ_9）的转换表为表 8.22。这个表是构建 BIMF 表的基础。

表 8.22　Mealy FSM M_0PY（Γ_9）的转换表

a_m	$K(a_m)$	a_s	$K(a_s)$	X_h^1	P_h	Z_h	Φ_h	h
a_1	000	a_2	001	x_2	P_1	z_3	D_3	1
		a_2	001	$\bar{x}_2$	P_1	z_2	D_3	2
		a_3	010	1	$\bar{P}_1$	z_2z_3	D_2	3
a_1	001	a_5	100	1	P_1	z_1z_3	D_1	4
		a_6	101	x_3	$\bar{P}_1$	z_2	D_1D_3	5
		a_4	011	$\bar{x}_3$	$\bar{P}_1$	z_1	D_2D_3	6
a_3	010	a_4	011	1	1	z_1	D_2D_3	7
a_4	011	a_6	101	1	1	z_3	D_1D_3	8
a_5	100	a_2	001	1	P_1	z_3	D_3	9
		a_1	000	1	$\bar{P}_1$	z_1z_2	—	10
a_6	101	a_1	000	1	P_1	—	—	11
		a_4	011	1	$\bar{P}_1$	z_1	D_2D_3	12

BIMF 表具有如下列：K（a_m），P，X^1，Z，Φ，ν、h。在讨论的情况中，每个状态 $a_m \in A$ 的转换表现为 BIMF 表的 8 行。部分这个表为表 8.23。它描述状态 $a_1 \in A$的转换。

表 8.23　Mealy FSM M_0PY（Γ_9）的部分 BIMF 表

$K(a_m)$	P	X^1	Z	Φ	ν	h
$T_1T_2T_3$	P_1	x_2x_3	$x_1x_2x_3$	$D_1D_2D_3$		
000	0	00	011	101	1	3
000	0	01	011	101	2	3
000	0	10	011	011	3	3
000	0	11	011	011	4	3
000	1	00	010	001	5	2
000	1	01	010	001	6	2
000	1	10	001	001	7	1
000	1	11	001	001	8	1

BMO 表有列 $K(Y_t)$, Y, t。在讨论的情况中，这个表为表 8.24。

表 8.24　Mealy FSM M_0PY（Γ_9）的 BMO 表

$K(Y_t)$	Y										t
$z_1z_2z_3$	y_1	y_2	y_3	y_4	y_5	y_6	y_7	y_8	y_9	y_{10}	
000	0	0	0	0	0	0	0	0	0	0	1
001	1	1	0	0	0	0	0	1	0	0	2
010	0	0	1	0	0	0	0	0	1	0	3
011	0	1	0	1	0	0	0	0	0	0	4
100	0	0	1	0	1	0	0	0	0	0	5
101	0	0	0	1	0	1	0	0	0	1	6
110	0	0	0	0	1	0	1	0	0	0	7
111	0	0	0	0	0	0	0	0	0	0	8

令使用的 FPGA 芯片有 $S=4$ 的 LUT。意味着表达式（8.43）应该变为以下形式：

$$P_1 = \overline{T}_1\overline{T}_2x_1 \vee T_1(\overline{T}_2\overline{T}_3x_4 \vee \overline{T}_2T_3x_5) = A \vee T_1B \tag{8.44}$$

表达式（8.44）对应 BRLC 电路，如图 8.22a 所示。由于特定状态赋值，所以 BRLC 电路中 LUT 的数量可以减少[4]。在这种情况下，集 A 表现为 $A^1 \cup A^2$。集 A^1 包括状态 $a_m \in A$ 中的条件转换和初始状态 $a_1 \in A$。集 A^2 包括状态 $a_m \in A$ 中的无条件转换。状态赋值开始于状态 $a_m \in A^1$。状态 $a_m \in A^1$ 的代码 $K(a_m)$对应十进制数 $0 \sim M_1-1$，其中 $|A^1| = M_1$。

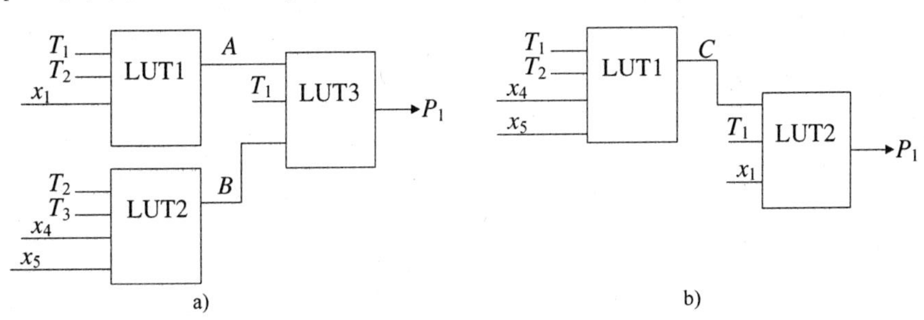

图 8.22　BRLC 的逻辑电路

a）对于 Mealy FSM M_0PY（Γ_7）　b）对于 M_EPY（Γ_9）

R_E 个变量 $T_r \in T$ 用于编码状态 $a_m \in A^1$ 是足够的，其中

$$R_E = \log_2 M_1 \tag{8.45}$$

在 FSM U_1（Γ_9）情况下，有如下集：$A^1 = \{a_1, a_2. a_5, a_6\}$，$A^2 = \{a_3, a_4\}$。有 $R_E=2$，因此可以只使用状态变量 T_2 和 T_3 决定状态 $a_m \in A^1$，如图 8.23 所示。

这个方法导致 M_EPY Mealy FSM。其结构图如图 8.24 所示。集 $T' \subseteq T$ 包括 R_E 个变量。

T_1 \ T_2T_3	00	01	11	10
0	a_1	a_2	a_6	a_5
1	a_3	a_4	*	*

图 8.23　Mealy FSM U_1（Γ_9）的特殊状态赋值结果

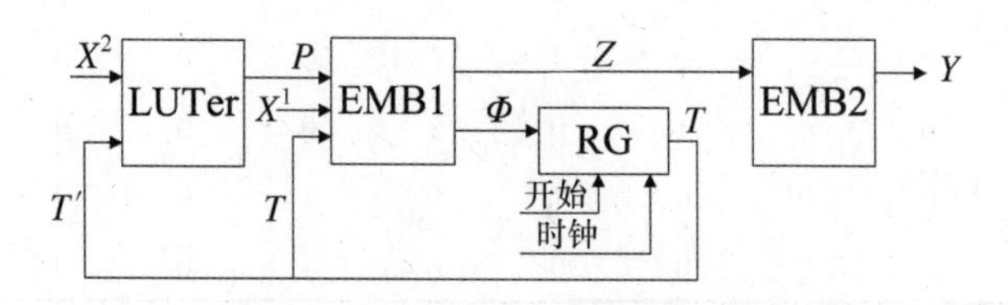

图 8.24　M_EPY Mealy FSM 的结构图

M_0PY 和 M_EPY FSM 唯一的不同是系统 P 减少了。在后一种情况，额外的变量由以下系统表现：

$$P = P(T', X_2) \tag{8.46}$$

在讨论的情况下，以下方程式可以由函数 $P_1 \in P$ 找到：

$$P_1 = \bar{T}_2 x_1 \lor T_2 \bar{T}_3 x_4 \lor T_2 T_3 x_5 = \bar{T}_2 x_1 \lor C \tag{8.47}$$

对于 Mealy FSM M_EPY（Γ_9）的 BRLC 的逻辑电路如图 8.22b 所示。它要求比其副本对于 M_0PY（Γ_9）少 1.5 倍的 LUT。

M_0PY 和 M_EPY FSM 的唯一不同是不同状态的赋值减少了。对于 M_EPY Mealy FSM，应该执行特定状态赋值。

如果 $G=1$，则可以采用逻辑条件编码的方法。令符号 $X(P)$ 代表由变量 $P_1 \in P$ 代替的逻辑条件集。R_L 个变量对于逻辑条件 $x_l \in X(P)$ 编码是足够的：

$$R_L = \log_2 | X(P) | \tag{8.48}$$

对于逻辑条件编码，使用变量 $b_r \in B$。这个方法导致 M_CPY Mealy FSM，如图 8.25 所示。

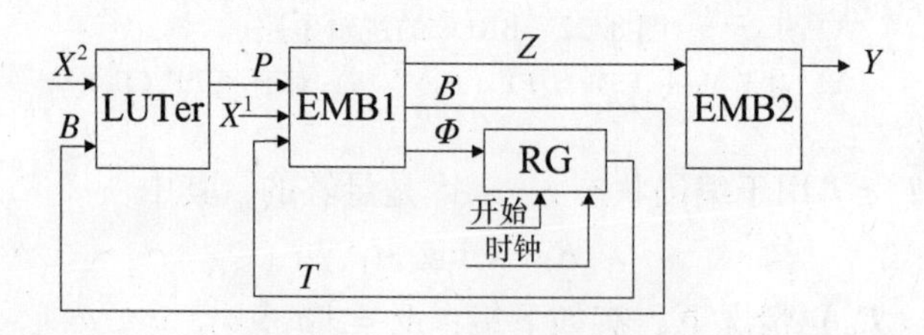

图 8.25　M_CPY Mealy FSM 的结构图

在 M_CPY Mealy FSM 中，LUTer 执行系统

$$P = P(B, X^2) \tag{8.49}$$

模块 EMB1 执行式（8.16）和式（8.40）所示系统

$$B = B(T, P, X^1) \tag{8.50}$$

模块 EMB2 执行式（8.41）所示系统。

Mealy FSM M_CPY（Γ_j）的设计方法包括 M_0PY FSM 的设计方法的所有步骤。但是逻辑条件的编码在它们的替代步骤前执行。讨论 Mealy FSM M_CPY（Γ_9）的设计例子。

步骤 1～4 在之前执行。有集 $X(P) = X^2 = \{x_1, x_4, x_5\}$，$L_P = 3$。逻辑条件可以使用 $R_L = 2$ 个变量编码。它给出集 $B = \{b_1, b_2\}$。以如下方式编码逻辑条件：$K(x_1) = 00$，$K(x_4) = 01$，$K(x_5) = 10$。对于模块 BRLC，给出了以下方程式：

$$P_1 = \bar{b}_1 \bar{b}_2 x_1 \vee b_2 x_4 \vee b_1 x_5 = A \vee C \tag{8.51}$$

编码微操作集，正如编码 $M_0PY(\Gamma_9)$。

M_CPY Mealy FSM 的转换结构表具有其副本对于 M_0PY Mealy FSM 的所有列。它包括变量 $b_r \in B$ 等于 1 的列 B_h，在表的第 h 行的代码 $K(x_l)$ 中。

Mealy FSM M_CPY（Γ_9）的转换结构表为表 8.25。BIMF 表有额外的列 B 和 $K(x_l)$。BMO 表同 Mealy FSM $M_0PY(\Gamma_9)$。Mealy FSM M_CPY（Γ_9）的逻辑电路如图 8.26 所示。

表 8.25　Mealy FSM M_CPY（Γ_9）的转换结构表

a_m	$K(a_m)$	a_s	$K(a_s)$	X_h^1	P_h	Z_h	B_h	Φ_h	h
a_1	000	a_2	001	x_2	P_1	z_3	—	D_3	1
		a_2	001	$\bar{x}_2$	P_1	z_2	—	D_3	2
		a_3	010	1	$\bar{P}_1$	z_2z_3	—	D_2	3
a_2	001	a_5	100	1	P_1	z_1z_3	—	D_1	4
		a_6	101	x_3	$\bar{P}_1$	z_2	—	D_1D_3	5
		a_4	011	$\bar{x}_3$	$\bar{P}_1$	z_1	—	D_2D_3	6
a_3	010	a_4	011	1	1	z_1	—	D_2D_3	7
a_4	011	a_6	101	1	1	z_3	—	D_1D_3	8
a_5	100	a_2	001	1	P_1	z_3	b_2	D_3	9
		a_1	000	1	$\bar{P}_1$	z_1z_2	b_2	—	10
a_6	101	a_1	000	1	P_1	—	b_1	—	11
		a_4	011	1	$\bar{P}_1$	z_1	b_1	D_2D_3	12

如果以下条件发生，则可以使用这个方法：

$$2^{R+S_0+G}(R + R_Y + R_L) \leqslant V_0 \tag{8.52}$$

如果 $G>1$，则来自不同集 $X(P_g)$ 的逻辑条件应该使用不同变量 $b_r \in B$ 编码。令 $X(P_g) \subseteq X$ 是逻辑条件集，R_L^g 个变量是足够的，其中

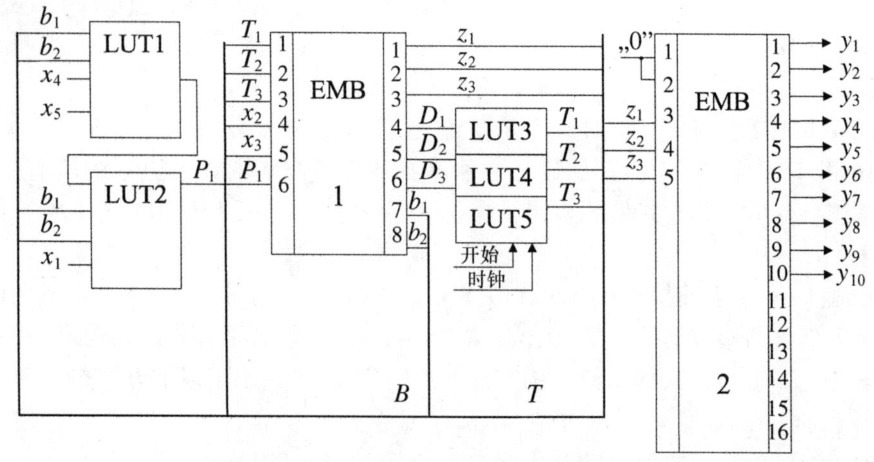

图 8.26 Mealy FSM M_CPY（Γ_9）的逻辑电路

$$R_L^g = \log_2 | X(P_g) | \tag{8.53}$$

它给出值 $R_L = R_L^1 + R_L^2 + \cdots + R_L^G$。这个值应该用于式（8.52）。

逻辑条件编码应该用于优化 Moore FSM 的 BRLC。在这种情况下，代码 $K(x_l)$ 应该加到微操作集。它导致 M_CPY Moore FSM，如图 8.27 所示。

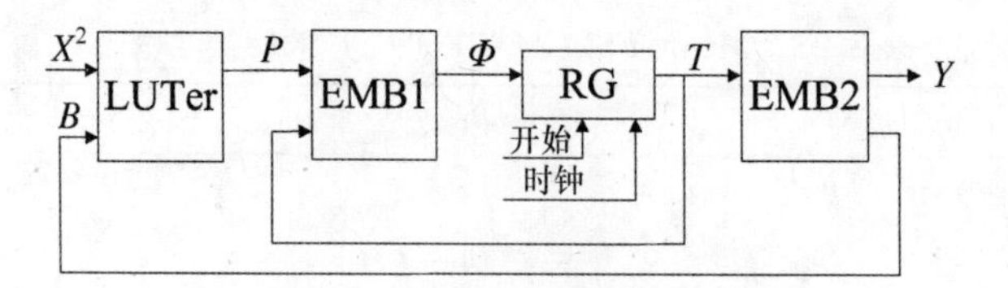

图 8.27 Moore FSM 的结构图

这个方法可以和优化状态赋值一起使用，也可以和伪等状态类编码一起。在本章不讨论这些方法。

参 考 文 献

1. Baranov SI (1994) Logic synthesis of control automata. Kluwer, Boston
2. Barkalov A (1998) Principles of logic optimization for a Moore microprogrammed automaton. Cybern Syst Anal 34(1):54–61
3. Barkalov A, Titarenko L (2009) Logic synthesis for FSM-based control units. In: Number 53 in Lecture notes in electrical engineering. Springer, Heidelberg
4. Barkalov A, Zelenjova I (2000) Optimization of replacement of logical conditions for an automaton with bidirectional transitions. Autom Control Comput Sci 34(5):48–53
5. Łuba T (1994) Multi-level logic synthesis based on decomposition. Microprocess Microsyst 18(8):429–437
6. Rawski M, Selvaraj H, Łuba T (2005) An application of functional decomposition in ROM-based FSM implementation in FPGA devices. J Syst Archit 51(6–7):423–434

第9章

操作实现转换的FSM

摘要——本章主要使用数据通路来减少基于FPGA的Moore FSM逻辑电路中LUT的数量。首先，提出内状态转换操作执行的准则。它基于操作器件的使用（加法器、计数器、位移器等），计算转换状态的代码。其次，讨论具有内状态转换操作执行的FSM组织。给出了应用所提出方法的实例。再次，提出具有内状态转换操作执行的Moore FSM综合进程的基本结构。综合进程结构依赖初始条件，比如操作集或FSM状态代码。讨论操作自动执行转换的典型结构。再次，该方法基于传统和建议方法的混合来计算状态转换代码。本章最后将讨论提出的解决方法的有效性。本章由作者和博士生Roman Babakov（乌克兰国立顿涅茨克大学）一起编写。

9.1 转换操作执行的概念

FSM设计的经典方法的基础由Viktor Glushkov提出，是结构综合的权威方法。根据这个准则，BIMF的逻辑电路由布尔函数系统（System Boolean Function，SBF）表现。在这个系统中，状态变量和逻辑条件通过布尔操作连接，比如否定、连词、析取。

用SBF表现逻辑电路相当方便，因为对应的综合方法和不同的优化技术都深刻地研究过。对应不同的逻辑器件（门、PAL、PLA、CPLD、FPGA等）有不同的有效方法[8]。现代CAD工具支持基于布尔函数的综合。而且，大量工业CAD包都有最小化逻辑电路的嵌入工具[10,12]。

使用SBF执行BIMF电路应该考虑到以下特色：

（1）如果内状态转换数增加，则SBF复杂性增加。内状态转换数量增加会导致执行的SBF中乘积项的数量增加，每个乘积项的内容也将增加。它与状态变量数量的增加相关，因为每个状态的状态代码独一无二。硬件总量增加和GSA参数增加是自然进程，这个事件可以部分补偿，是由于采用不同的优化方法优化FSM[1,7,9]。在一些情况下，它可以获得分析GSA参数的独立性和执行相应FSM电路需要的逻辑器件的数量。例如，它可以对于PAL或PLA完成。

（2）SBF的准确最小化可以通过对所有可能方法的完整计数来执行。正如所知，这个问题是 NC 完整的，寻找准确的解决方法是非常消耗时间的任务[13]。有许多探索的方法可以减少计数量，但它们不能保证找到最优方法[11]。

考虑用提出的概念方法构建 BIMF。如果一些条件发生，则这个方法允许限制 BIMF 逻辑电路的复杂性随着 FSM 转换的数量增加[2,3]。

控制单元的主要目标是通过进入某个数字系统的数据通路（操作自动），产生微操作集的合理顺序。这个顺序由特定 GSA 决定，代表执行某个任务的控制算法。操作自动（Operational Automation，OA）执行需要的数据进程。为了实现它，使用了一些操作模块，比如加法器、乘法器、移位器等。通常，FSM 使用布尔函数或者真值表处理逻辑条件。例如，转换地址由对应微程序控制单元的控制存储表来表现，微程序控制单元具有强制微指令地址。唯一的例外是组合微程序控制单元，其中一些转换地址通过计数器增加来产生[5,6]。

通常，状态代码考虑为二进制向量。但是在某些按位数字系统（大多数是二进制系统）中，很有可能考虑为某个算术值。例如，状态代码 $K(a_i) = 11101011_2$ 可以视为整数 235 或者符号数 -107，或者二进制补码 -21，或者实数 $-10.11_2 = -2.75_{10}$ 等。显然，如果状态代码视为二进制数，则不同的算术的和逻辑的操作可以在这些数下执行。

FSM 的每个转换都可以视为当前状态代码 $K(a_j)$ 到转换状态代码 $K(a_i)$ 的转换。例如，有必要转换状态 $K(a_i) = 01010110_2 = 86_{10} = +86_{SM} = +86_{2C}$ 到代码 $K(a_j) = 10101001_2 = 169_{10} = -41_{SM} = -87_{2C}$。下标 SM 意味着数字表现为信号幅度形式，而下标 2C 是二进制补码形式[8]。

解释状态代码的二进制向量为不同表达式的数，要求执行转换 $K(a_i) \to K(a_j)$，例如，同图 9.1 中表现的一样。中间的模块包括算术操作，对于转换 $K(a_i) \to K(a_j)$ 是需要的。每个这样的方法都给出结果二进制向量 $K(a_j)$。

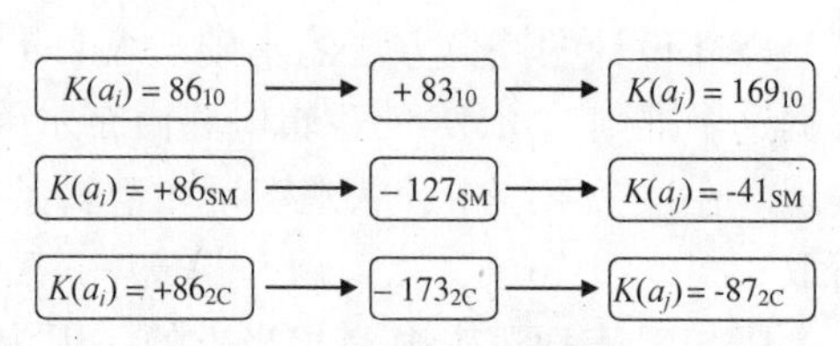

图 9.1　不同数量的二进制向量变换

显然，每个这样的转换可以使用不同的操作执行，也可以使用一些操作的顺序。例如，对于转换 $K(a_i) \to K(a_j)$ 的三个变体如图 9.2 所示，假设这些代码视为

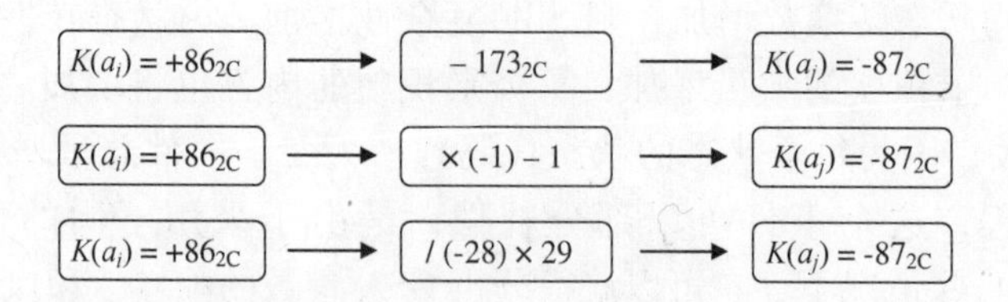

图 9.2　二进制向量作为二进制补码的对等转换

二进制补码。在最后一种情况中，$K(a_i)$ 除以 -28 执行为准确除法（没有保存除法的余数）。

在一些情况下，转换可以使用布尔操作执行，在状态代码的二进制向量下，也可以使用一些组合算术和逻辑操作。例如，讨论的转换 $K(a_i) \to K(a_j)$ 可以由向量 $K(a_i)$ 的按位反演执行。从设计点来看，这个操作会导致电路有最佳性能并占有最少硬件总量，相比于其他讨论的操作。但是在特定情况下，只对讨论过的代码且它们为双字节数时才会发生。

以下两个语句基于前面讨论的内容：

语句 9.1 FSM 代码的转换随着使用算术和逻辑操作是可能的，其选择依赖对应的状态代码的二进制向量的算术解释。

语句 9.2 在普通例子中，有很多随着算术和逻辑操作的转换变体。对于给定的逻辑器件，可以最少选择一个变体，从而导致逻辑电路有最少硬件总量或者最佳性能，相比于其他可能的变体。

将 FSM 代码的转换的新方法，即使用算术和逻辑操作命名为转换可操作生成。这个方法会导致 FSM 的新结构（模型），其中 BIMF 表现为组合电路的构成，执行不同的算术和逻辑操作。

9.2 转换可操作生成的 FSM 组织

Moore FSM 的规范结构图[9]如图 9.3 所示。在这个模型中，BIMF 执行输入存储函数系统 Φ，产生进入寄存器 RG 的下一状态代码。由集 T 的状态变量代表的当前状态代码进入到 BIMF 和 BMO。BMO 使用 ROM 执行，它保留集 Y 的微操作。微操作进入数据通路，初始化原语操作的执行。开始脉冲用于载入初始状态代码到 RG 中，时钟脉冲改变 RG 的内容。

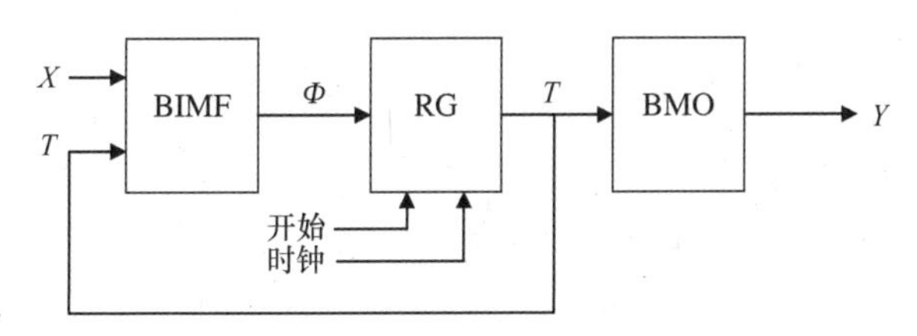

图 9.3 Moore FSM 的规范结构图

令对应某个 GSA 的 Moore FSM 有状态集 $A = \{a_1, \cdots, a_M\}$。令 GSA 有对应内状态转换（条件的和无条件的）的分支，形成集 $B = \{B_1, \cdots, B_V\}$，命名为内状态分支。显然，每个内状态分支对应 FSM 结构表独一无二的一行[9]。如果所有的转换都是无条件的，则有 $V = M$，否则 $V > M$。

在输入存储函数系统中，每个内状态分支对应多达 R 个乘积项，其中 R 是状态代码位数。显然，分支数的增加会导致 FSM 逻辑电路中硬件总量的增加。这个关系大约是线性的。

以如下方法改变模型（见图 9.3）：

（1）BIMF 作为组合电路 CC(O_i)($i=\overline{1,Q}$)的组成部分。

每个都执行某个独一无二的算术或逻辑操作 $O_i \in O$，使用状态变量 T 和逻辑条件 X 作为操作数，如图 9.4 所示。电路 CC(O_i)的输出进入多路复用器 MX。MX 由操作 Ψ 的代码控制，它产生输入存储函数 Φ，载入下一状态的代码到 RG。命名电路 CC(O_i)执行的操作为转换操作，命名模块集{CC(O_1),…,CC(O_Q),MX}为 Moore FSM 的操作部分（Operational Part，OP）。OP 函数是输入存储函数 Φ（下一状态的代码）基于状态变量 T（当前状态的代码）生成的，逻辑条件 X 和操作 Ψ 的代码如下：

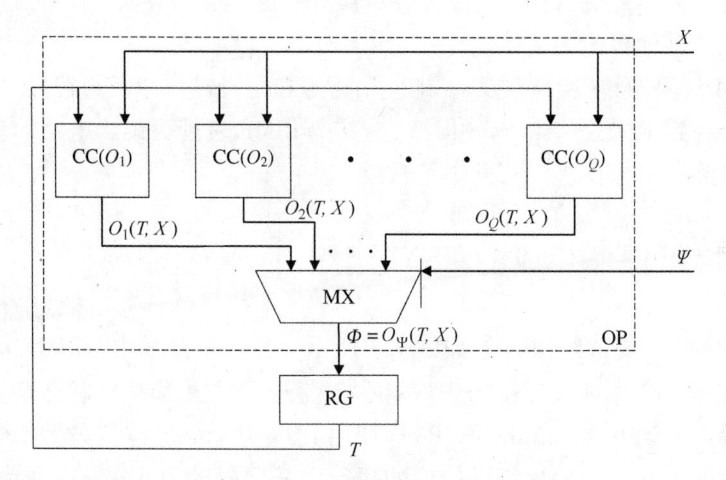

图 9.4 Moore FSM 的操作部分的结构

$$\Phi=\Phi(T,X,\Psi) \tag{9.1}$$

应该指出 OP 结构（见图 9.4）类似于操作自动化的组合部分[9]。寄存器 RG 接收多路复用器 MX 的输出数据，而 RG 的输出进入 OP 的输入。因此，寄存器可以视为 OA 存储。因为模块 OP 实际上执行内状态转换，所以命名操作对<OP，RG>为转换的操作自动化（Operational Automation of Transition，OAT）。

（2）在 FSM 结构中引入额外的转换操作模块（Block of Operation of Transition，BOT）。它使用 ROM（FPGA 的 EMB）执行。BOT 的主函数是转换操作 Ψ 代码基于状态变量 T 生成的。接下来，这个代码进入多路复用器 MX 的输入。命名结果 FSM 结构为具有转换操作自动化的 Moore FSM（具有 OAT 的 FSM）。具有 OAT 的 Moore FSM 的结构图如图 9.5 所示。这个 FSM 基于内状态转换的操作生成准则。

具有 OAT 的 FSM 以如下方式操作：在每个操作周期中，寄存器 RG 接收下一

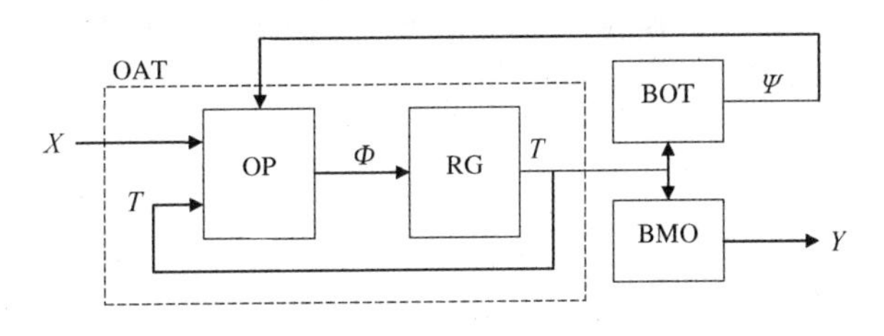

图 9.5　具有 OAT 的 FSM 的结构

状态代码，表现为函数 Φ。现在这个代码为表现状态变量 T，并视为当前状态代码。使用这个代码，BMO 产生微操作 Y。同时，BOT 产生操作 Ψ 的代码并进入 OAT。使用这个代码，OP 生成输入存储函数的新值，执行 Q 个可能的转换操作中的一个。

因此，具有 OAT 的 FSM 具有以下特点，区别于传统 Moore FSM：

1）状态代码不解释为位集，而是在二进制数字系统中表现为某些算术值；

2）当前状态代码 $K(a^t)$ 转换到下一状态代码 $K(a^{t+1})$，其中 $t=0, 1$，是自动化时间，使用算术和逻辑操作集执行；

3）转换操作的选择是当前状态代码函数。

如果从状态 a^t 到状态 a^{t+1} 存在无条件转换，则转换函数只依赖当前状态代码。

$$K(a^{t+1}) = O^t(K(a^t)) \tag{9.2}$$

在式（9.2）中，符号 O^t 代表转换操作，用于执行来自状态 a^t 的转换。

如果存在来自状态 a^t 的条件转换，则它们可以组成某些 FSM 状态，依赖当前状态代码和逻辑条件代码，对于这些转换是足够。转换函数如下：

$$K(a^{t+1}) = O^t(K(a^t), X^t) \tag{9.3}$$

在式（9.3）中，符号 $K(a^{t+1})$ 代表下一状态的代码；X^t 是逻辑条件集的子集，检查执行当前状态的转换；O^t 是转换操作，执行当前状态的条件转换。

因此，以下集可以在具有 OAT 的 FSM 的结构表达式中找到：

1）状态代码集 $K=\{K(a_1),K(a_2),\cdots,K(a_M)\}$，其中 M 是集 A 的基数，只有一个转换对应每个状态（可以是无条件或有条件的）；

2）转换操作集 $O=\{O_1,\cdots,O_Q\}$，其中 $Q \leq M$。在通常情况下，集 O 的每个器件允许不同的执行（它可以使用不同组合电路执行）。对于执行每个操作，选择合适的方式会明显影响最终 FSM 电路的硬件特性。

关系 $Q \leq M$ 基于这个事实，即相同的操作可以用于执行多个转换。例如，来自有代码 20 的状态 a_i 的转换进入有代码 40 的状态 a_j，可以使用操作“+20”执行。对于来自有代码 34 的状态 a_i 的转换进入有代码 54 的状态 a_j 执行相同的操作为真。在这种情况下，转换的相同操作可以用于执行这些转换。意味着转换使用相同的组合电路执行。显然，相同的组合电路可以用于执行 1 ~ M 的转换。很明显，对于给定 GSA 选择的转换操作应该执行所有给定状态代码值的内状态变换。

提出的 FSM 模型可以表达为以下向量：

$$S = <K,O,Y> \tag{9.4}$$

根据本章参考文献［9］，具有 OAT 的 FSM 逻辑电路的综合减少到构建和物理执行所有来自式（9.4）的集。微操作使用特定 GSA 的顶点算子执行，而集 K 和 O 根据给定优化准则构建。

9.3 FSM 设计实例

这里讨论针对有 OAT 的 Moore FSM 的设计实例。这个实例的主要目标只是概述提出的准则，这里不考虑这样的问题，即最小化硬件总量和优化 FSM 性能。这个例子非常简单，令控制算法由 GSA Γ_{10}表现，如图 9.6 所示。这里构建转换操作集，具有 3 个元素。操作 O_1是无条件 “顺序” 转换操作，对应沿着 GSA 到下一状态的 “down” 转换。令操作 O_1对应以下表达式：

$$O_1(a^t) = a^t - k_1 \tag{9.5}$$

其中，k_1 是某个常数。这里指出符号 a^t视为代码 $K(a^t)$，意味着所有相似的表达式都使用状态代码。

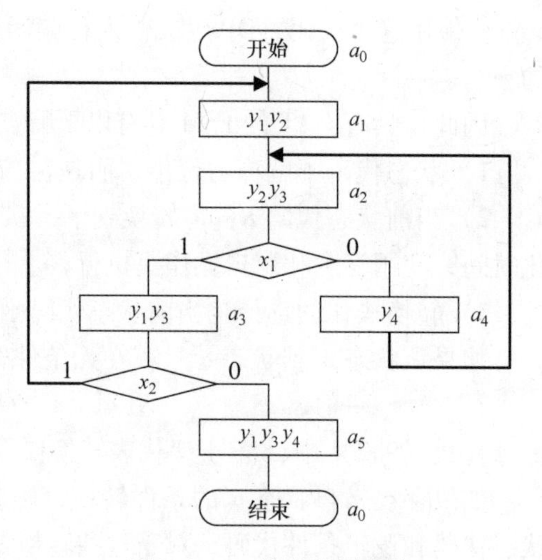

图 9.6　Γ_{10}算法的图策略

操作 O_2是条件转换操作。这个操作产生两个可能结果中的一个，依赖被检查的逻辑条件值

$$O_2(a^t,x^t) = \begin{cases} 2a^t + k_2, & x^t = 0 \\ 2a^t - k_2, & x^t = 1 \end{cases} \tag{9.6}$$

其中，k_2是某个常数。这个操作可以划分为两部分，表达式为

$$O_{2-0}(a^t) = 2a^t + k_2 \tag{9.7}$$

$$O_{2-1}(a^t) = 2a^t - k_2 \tag{9.8}$$

操作 O_3是无条件 “颠覆” 转换操作；是 GSA 的更高点的转换。在讨论的例子中，这样的转换执行从状态 a_4到状态 a_2。定义这样的操作为

$$O_3(a^t) = a^t - k_3 \tag{9.9}$$

其中，k_3是某个常数。

这里指出本书不讨论如何选择式（9.5）~式（9.9），对于选择应该采用特殊

的方法。显然，相当不同的操作可以选择用于另外的GSA。

这里构建等式系统，将具有状态代码的数字值作为其根。对于给定的GSA，系统的每个等式对应独一无二的转换，而等式的总数等于内状态转换的数量。每个转换使用函数$O_1 \sim O_3$中的一个执行。

在普通情况下，任何指定操作可以用于转换。唯一条件是转换的正确执行。但是对于转换操作，这里选择紧随上述选择的约定。因此，转换$a_0 \to a_1$，$a_1 \to a_2$，$a_5 \to a_0$应该使用操作O_1执行。转换$a_2 \to a_3$，$a_3 \to a_1$应该使用操作O_{2-1}执行，转换$a_2 \to a_4$，$a_3 \to a_5$使用操作O_{2-0}执行，转换$a_4 \to a_2$应该使用操作O_3执行。因此，应该构建以下方程式系统：

$$\begin{cases} a_0 = O_1(a_5); & a_2 = O_3(a_4) \\ a_1 = O_1(a_0); & a_3 = O_{2-1}(a_2) \\ a_1 = O_{2-1}(a_3); & a_4 = O_{2-0}(a_2) \\ a_2 = O_1(a_1); & a_5 = O_{2-0}(a_3) \end{cases} \tag{9.10}$$

显然，式（9.10）所示系统有许多可能的解决方案（根）。这里选择常数$k_1 = k_2 = 3$，$k_3 = 7$，各自对于操作$O_1 \sim O_3$。在这种情况下，可以获得如下十进制值，对应满足式（9.10）所示系统的状态代码：$K(a_0) = 10, K(a_1) = 7, K(a_2) = 4, K(a_3) = 5, K(a_4) = 11, K(a_5) = 13$。

这个解决方案可以表现为流程图，如图9.7所示。这个图的矩形顶点包含状态代码，而它的移动符合转换操作。

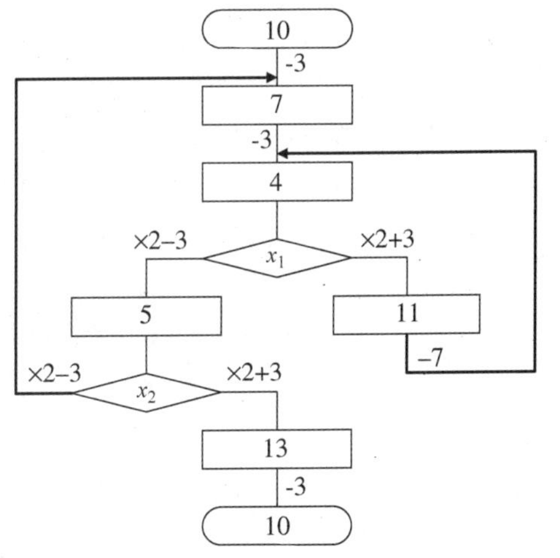

图9.7 图对应GSA Γ_{10}的状态代码和转换操作

事实上对于Moore FSM只有$M = 6$个状态对应GSA Γ_{10}，作为状态代码的最大十进制数等于13。显然状态赋值需要4位，这个值决定了组合模块OAT的RG和PROM的参数。

两个逻辑条件中的一个（x_1或x_2）由操作O_2分析。为了选择这些条件中的一个，可以使用已知的逻辑条件替代方法[1,7]。为了这样做，这里增加了领域Z进入到BOT的PROM中。这个领域包括选择的逻辑条件代码。在讨论的例子中，这个领域只有一位。为了在OP的输入上只转换逻辑条件中的一个，有必要在组合模块执行操作O_2之前，放置特殊的逻辑条件多路复用器。多路复用器由来自领域Z的代码控制。

这里以如下方式编码操作$O_1 \sim O_3$：$K(O_1) = 00, K(O_2) = 01, K(O_3) = 10$。使

用如下代码编码逻辑条件：$K(x_1)=0$ 和 $K(x_2)=1$。构建表用于表现 BOT 的 PROM 的内容，见表 9.1。在这个表中，符号“*”代表 PROM 中“不关心”的位的值。

表 9.1　BOT 的 PROM 的内容（GSA Γ_{10}）

a_i	$K(a_i)$	$T_1T_2T_3T_4$	ψ	Z
		0000	* *	*
		0001	* *	*
		0010	* *	*
a_2	4	0100	01	0
a_3	5	0101	01	1
		0110	* *	*
a_1	7	0111	00	*
		1000	* *	*
		1001	* *	*
a_0	10	1010	00	*
a_4	11	1011	10	*
		1100	* *	*
a_5	13	1101	00	*
		1110	* *	*
		1111	* *	*

这里指出，BMO 的 PROM 的内容构建方式类似于图 9.1 中的模型的这个内容的构建方式。为了这样做，应该使用操作顶点和状态代码值的内容。在讨论的例子中，BMO 应该有四个地址输入，而对于图 9.1 中的 Moore FSM 只需要三个输入。基于 one - hot 微操作编码的 BMO 内容见表 9.2。

表 9.2　BMO 的 PROM 的内容（GSA Γ_{10}）

a_i	$K(a_i)$	$T_1T_2T_3T_4$	$y_1y_2y_3y_4$
		0000	* * * *
		0001	* * * *
		0010	* * * *
		0011	* * * *
a_2	4	0100	0110
a_3	5	0101	1010
		1000	* * * *
		1001	* * * *
a_0	10	1010	0000
a_4	11	1011	0001
		1100	* * * *
a_5	13	1101	1011
		1110	* * * *
		1111	* * * *

具有转换操作自动化的 Moore FSM 的结构图如图 9.8 所示。模块 O_1 ~ O_3 执行由式（9.5）~式（9.9）表现的对应操作。逻辑条件的多路复用器 MX_1 根据变量 Z 的值产生逻辑条件值。结果的多路复用器 MX_2 根据变量 Ψ 的值产生输入存储函数

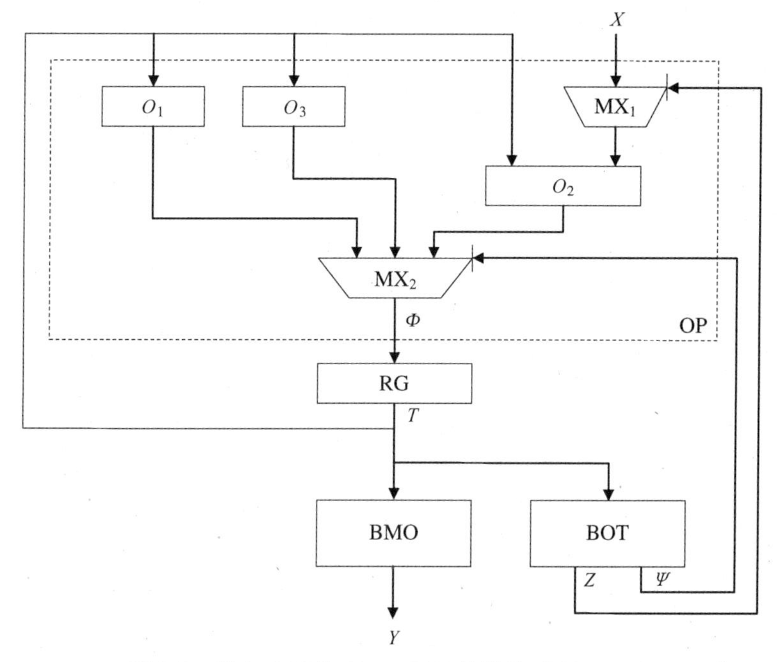

图 9.8　具有 OAT 的 Moore FSM 的结构（GSA Γ_{10}）

Φ 的值。当然，操作模块的这个集对于每个具有转换操作自动化的 FSM 是独一无二的，但是这个设计方法对于任何初始化算法图策略都是通用的。

9.4　具有 OAT 的 FSM 的综合进程结构表达

对于具有 OAT 的 FSM，有一些问题涉及普通综合方法的发展。首先，需要确定 FSM 的参数，作为综合进程的条件。发现了以下问题：

1）固定的状态代码集，用于构建转换操作集；

2）固定的转换操作集，由可用操作模块决定（这个模块视为特定 CAD 的库元素）；

3）优化标准，用于选择转换的状态代码或操作。

当然，可以选择不同参数开始，也可以选择多个参数开始。这个选择依赖一系列特别因子。最后的选择决定综合进程的特点。

除了选择合适的开始参数外，还应该考虑综合的不同阶段可以由不同工具输出。例如，不同的转换操作集可以根据给定状态代码值构建。在最终 FSM 电路中，这些集在硬件总量和性能方面都不同。另一方面，对于相同的操作集，状态代码可以以不同方式选择。在这种情况下，选择会影响状态代码的位数，从而影响 BOT 和 BMO 的硬件总量。

毫无疑问，这个或那个方法的选择，对于执行综合的某个阶段，会影响最终结果，但是在得到 FSM 电路之前很难评估这个影响。因此，设计具有 OAT 的 FSM 的设计者应该处理大量常量，用于开始条件选择，以及执行综合阶段的可能情况。同时，没有关于综合阶段、数量和执行顺序等重要问题的精确初步知识。这样的问题限制了具有 OAT 的 FSM 的普通综合方法发展的复杂性。

9.4.1 具有 OAT 的 FSM 的综合进程的基本结构

对于具有 OAT 的 FSM 的普通设计方法的发展[4]，这里考虑以下方法：

(1) 形成设计进程的主要阶段的集。以下问题可以为这个集的元素：

1) 状态代码值的选择；

2) 构建转换操作集；

3) 构建对于给定 GSA 的内状态转换集（如果需要，则额外的顶点可以引入到初始化 GSA 中，对应闲置 FSM 状态）；

4) 用于解释状态代码的数据类型（如状态代码可以视为符号及数值表示法，或者 1 的补码或二进制补码，或浮点数，或 BCD 码等）；

5) 用于执行转换操作的库器件集（相同的 OT 可以用模块执行，旨在使硬件最小化或性能最大化，这个选择会影响特定电路占用芯片的区域）；

6) 用于 FSM 电路的基本优化准则（硬件总量、性能、功率消耗、可靠性等）。

显然，其他综合步骤可以加入，以达到特定工程的某些明确要求。

(2) 这里将综合进程表现为某个方向图。图节点对应综合阶段。图线数对应可能的综合进程连接。上面提到的综合阶段允许构建具有 OAT 的 FSM 图，如图 9.9 所示。这个图的特点是整个综合交错和器件之间稳定连接。鉴于此，图 9.9 可以命名为具有 OAT 的 FSM 综合进程的基本结构。术语“基本”意味着这个结构不是严格的，可以增加或者删除一些节点或线数。

考虑基本结构器件之间的连接。

模块 6“主要优化准则”可能影响所有其他模块。用于执行所有其他模块的方法明显依赖使用的优化准则。没有其他模块能改变优化准则。

模块 7“优化级”限制模块 1 ~5 使用方法的复杂性。

模块 3 和 4 影响状态代码的生成进程（模块 1）。使用由模块 1 生成的状态代码，转换操作集可以被发展（模块 2）。

使用来自模块 2 的转换操作集，选择可能的状态代码形式（模块 4）和可以找到决定状态代码值（模块 1）的内状态交换集（模块 3）。使用模块 2，6，7，选择库器件执行转换操作（模块 5）。

模块 8“具有 OAT 的 FSM 的功能电路”没有离开线数。其可视为图的最后节点。它包括设计进程的结果。这个模块的内容由模块 5（操作部分的组合电路集）和模块 1（BMO 和 BOT 的 PROM 中状态代码和数据地址的数量）决定。

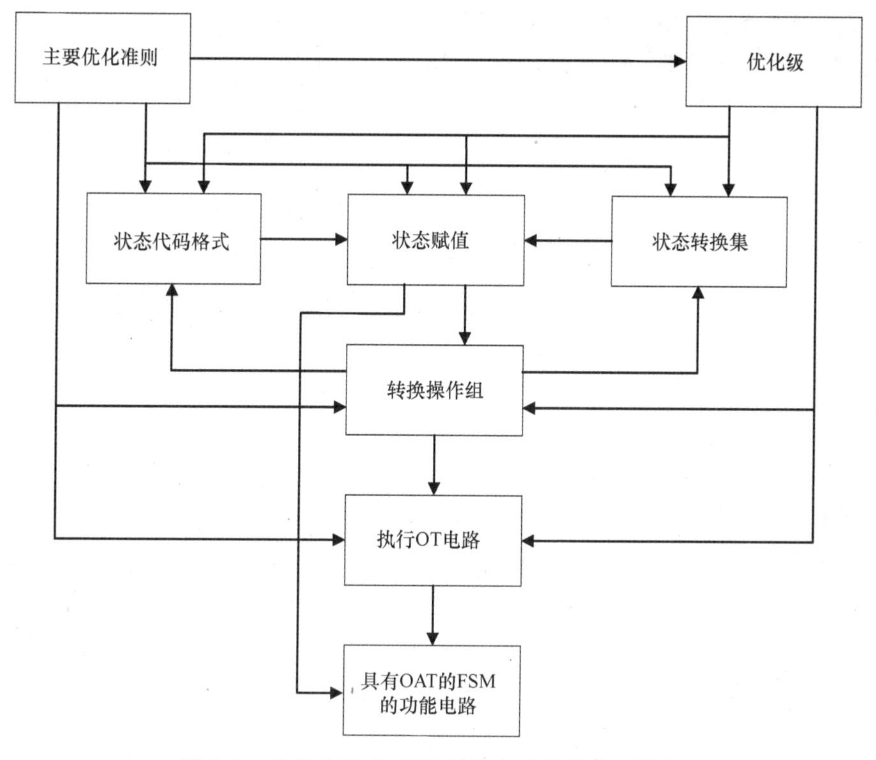

图9.9　具有OAT的FSM的综合进程的基本结构

9.4.2　改良综合进程的基本结构

模块图（见图9.9）只表现了可能的综合步骤集和具有OAT的FSM的内连接。为了获得可以在实际中使用的综合方法，需要改良基本结构。根据以下问题改良：

（1）选择一些模块（一个或多个）作为综合的开始条件。可以选择模块1，2，6，7中的一个或者模块对 <1，4>，<2，4> 作为开始条件。在通常情况下，选择应该提供执行FSM功能函数。其次，进入初始化模块的线数从图中删除了。因此，这个综合步骤不依赖其他步骤。

（2）路线选择从初始化节点到节点8。在通常情况下，路线可以是连续的、并行的或迭代的（有周期）。

（3）对于每个综合步骤都定下了执行方式。在通常情况下，其依赖前面节点的结果。

这里讨论一些例子。

例9.1　令步骤1和6作为开始条件。其会导致图9.10的综合进程。

（1）模块1和6都为开始，它们没有进入线数，有离开线数连接模块1和6的节点都删除了（在这种情况下，删除了节点3和4）。

(2) 节点 6 和 7 对节点 1 没有影响。当然，它们可以影响其他综合步骤。这个影响的结果依赖每个步骤的执行特性。

考虑到模块 1 和 2 的相互关系（见图 9.1），可以将语句初步状态赋值在综合进程的这个步骤发生。构建转换集的步骤如下。

每个模块的按步执行产生对于具有 OAT 的 Moore FSM 的综合算法。对于大多数模块，执行不同算法是可行的。因此，结构（见图 9.10）可能产生综合算法的变体。当然，对于综合进程基本结构的任何改良它都为真。

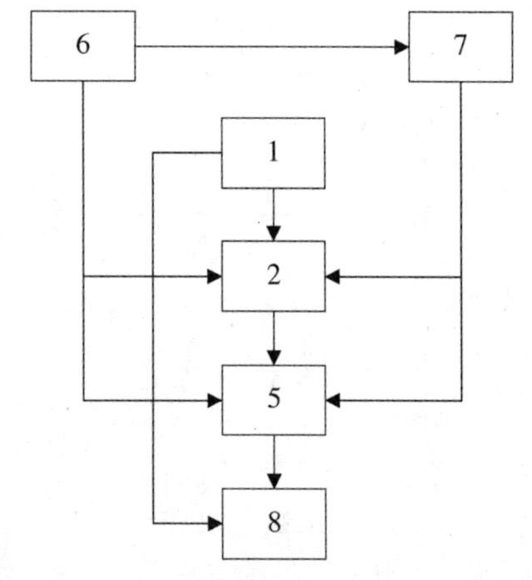

图 9.10　开始模块 1 和 6 的综合进程结构

图 9.10 中的方法可以在状态代码（模块 1）事先定义的情况下使用。例如，使用这些代码获得 BMO 的内容是可能的。第二种可能是给出初步设计的一些模块，用于 FSM 结构解体的情况[6]。

例 9.2　令步骤 2 和 6 为开始。在这种情况下，基本结构如图 9.11 所示。其有以下特性：

(1) 模块 6 不影响模块 2（两个模块都已开始），意味着不能改变指定的转换操作集。对于所有可能的状态代码，如果 OT 集不足以执行所有的内状态转换，则不可能执行综合。

(2) 使用 OT 集，则可以选择状态代码的表现形式（模块 4）和内状态转换集（模块 3）。选择可以考虑优化准则完成（模块 6 对模块 3 和 4 的影响）。可以选择不同程度的优化（模块 7 对模块 3 和 4 的影响）。

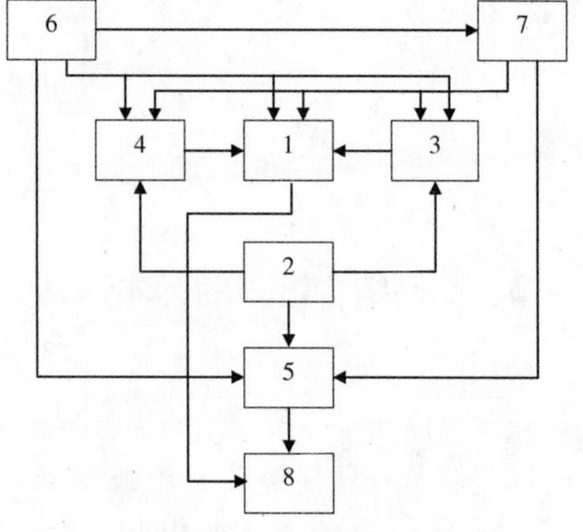

图 9.11　开始模块 2 和 6 的综合进程结构

考虑到模块 1 和 2 之间的关系，可以将语句转换操作集的初步构建放在这个模型中。这步之后是状态赋值步骤。

图 9.11 中的图对应这种情况，即当转换操作集事先定义而且不能被改变时执行。例如，当操作集使用一些标准 LUT 或其他标准设备执行时是可行的。

例 9.3　令模块 4 和 6 为开始。在这种情况下，基本结构变为图 9.12 所示结构。

正如所见，模块 1，2，3 形成环。意味着阶段 1 ~ 3 可以在综合进程中大量重复。对于给定阶段，这个结构假定执行不同迭代。它可以提高综合结果的定性特

征。另一方面，它会导致增加这些步骤执行的复杂性。

图9.12中的结构对应这种情况，即当状态赋值阶段和构建内状态集同时转换执行。这个进程可以命名为并发状态赋值和构建转换集。

因此，指出了三种明确的综合进程结构，如下：

1）具有初步状态赋值的结构（见图9.10）；

2）具有初步构建转换操作集的结构（见图9.11）；

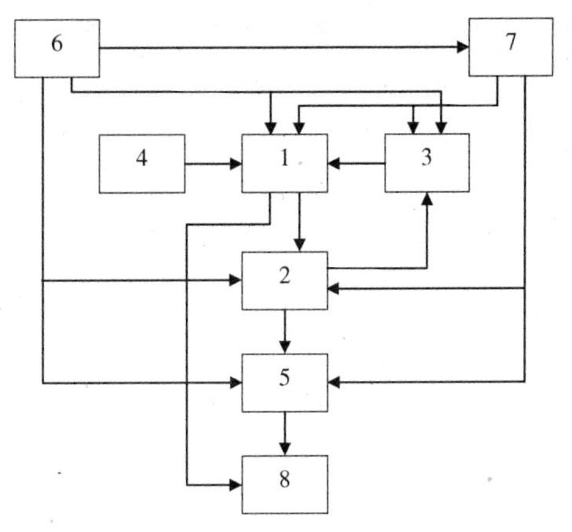

图9.12　开始模块4和6和综合进程结构

3）具有并发状态赋值和构建内状态转换集的结构（见图9.12）。

对于每个结构的每个模块，有很多可能的执行，意味着有很多不同的可能的综合进程。而且，每个结构可以调整，根据引入一些连接到应用不同约束或FSM使用的优化方法的新阶段。正如所知，执行FSM逻辑电路的逻辑器件的每个改变都会导致基于这些新器件特点的新的优化方法发展。

9.5　转换操作自动化组织

9.5.1　操作自动化的典型结构模型

在结构综合理论中，通过这些特性，即硬件总量、性能、规律性和普遍性，评估操作自动化结构是可接受的。这些特性的不同组合可以使它们具体化，比如结构模型，如基本自动机（C－OA），有单个微操作的自动机（I－OA），有相互微操作的自动机（M－OA）和有顺序或并行组合部分的自动机（IM－OA）[9]。

在C－OA中，算法的每个微操作由独一无二的组合电路执行。这样OA具有硬件总量和性能的最大值（在一个操作周期内执行微操作的平均数量），和相等OA中传播时间的最小值。这里指出如果它们执行相同的操作集，则操作自动化相等。

在I－OA中，信息的每个字（操作数）由独一无二的组合电路执行。这个电路不包括相同的操作器件。例如，只有一个加法器或者移位器可以包括到每个CC中。额外的多路复用器引入到I－OA中，与C－OA相比。它会导致硬件总量减少，传播时间增加，与C－OA相比。

在M－OA中只有单个CC，对于保存可能的操作数的所有寄存器是相互的。单操作数和双操作数的微操作都可以由CC在一个周期内执行。对于一个给定的操作集，操作器件的数量可以优化。它会导致硬件总量和性能的减少。在操作的一个周期内只有一个微操作可以执行，意味着 M－OA 的性能不超过 1。

IM－自动化允许一个周期内执行多达 3 个微操作。对于两个接收寄存器，一个单操作数和一个双操作数可以在一个周期内执行（IM_P－OA，其中下标 P 代表并行组合部分），或者对于相同的接收寄存器，两个单操作数和一个双操作数在一个周期内执行（IM_S－OA，其中下标 S 代表顺序组合部分）。组合电路的数量增加使这个模型收敛为 I－OA，而减少为 M－OA。通常，相比于其他模型，IM－OA 具有特性的平均值。

9.5.2　OAT 的组织特性

转换操作自动化作为 Moore FSM 的一部分，具有以下特性：

（1）对于给定的 GSA，在执行所有的转换时应该执行所有改变状态代码的操作。因此，其电路执行的 OT 集由内状态转换集决定。换句话说，由初始 GSA 决定。

（2）只有一个寄存器存在 OAT 中，用于保留 FSM 状态代码。这个寄存器对于任何 OT 都只是一个接收器。执行转换操作的初始数据包括 RG 的内容和逻辑条件值。逻辑条件是外部的，在通常情况下，它们关于 OAT 是异步的。

（3）在 OA 中，操作数的值是随机的，对于重复多次的相同操作，它们可以不同。它会导致相同的错误（如加法溢出或被 0 除）。这个错误情况由 flag 表现（逻辑条件），由特殊的模块 OA 产生，进入 FSM 电路。在 OAT 情况下，固定的状态代码用作操作数。因此，在处理状态代码过程中，OAT 应该在没有错误的情况下设计。每个可能的内状态转换应该不出错。所以，没有必要在 flag 中通知错误。因此，OAT 结构不包括逻辑条件生成模块。

9.5.3　OAT 组成部分的组织

用于设计 OA 组合部分的初始数据是微操作集，为执行的算法存在。通常，它可以为上文讨论的 OA 结构，可以视为映射微操作集到组合电路集的不同方法。通过模拟数字系统的传统 OA[7]，它可以为 OAT 执行一些内状态转换集映射到组合电路集。以下变体对于执行这样的映射是可能的。

（1）单个执行。在这种情况下，H 个转换中的每个都对应单个 OT。一些独一无二的组合电路对应每个 OT 执行要求的函数，用于将当前状态代码转换到下一状态代码。所有的模块 CC（O_1）~CC（O_H）连接到结果 MX 的多路复用器，如图 9.13 所示。命名图 9.13 中的 OAT 为有 I 类组合部分的 OAT（OATI）。在 OATI 中，组合电路的内部组织可以不同。如果 CC 对应无条件转换，则它可以执行为下一状态代码的不变代码的生成器。其功能不依赖当前状态代码和逻辑条件值。如果 CC 对应条件转换，则其可以执行为有常量输入的多路复用器，由相应的逻辑条件控制。常量对应下一状态的代码。

这个 OA 的最消耗硬件的器件是结果多路复用器。如果在给定的 FSM 中有 M

个状态和 M 个转换操作，则状态代码和操作代码都是 $R = \log_2 M$ 位。在这种情况下，MX 是 R 位的 MX，有 M 个信息输入和 R 个控制输入。对于普通复杂性的 FSM，可能有 $M = 200$[5]。在这种情况下，存在具有200个8位方向的MX。这样复杂的 MX 可以执行为多层（级联）电路。显然，它需要大量硬件资源而且很慢。

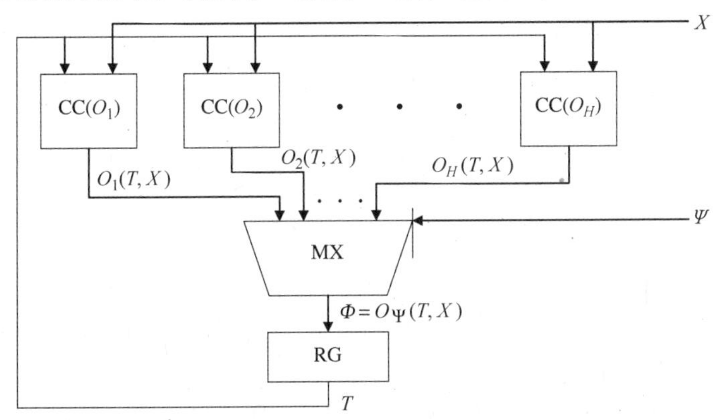

图9.13 具有I－OA的OAT的结构图

因此，OATI 的主要缺陷是极大的硬件总量和较长的传播时间，随着 FSM 状态数量的增加而增加。它会导致 BOT 电路的高复杂性，是由于操作代码的最大可能的位数。这个方法的主要积极特性是设计进程的普遍性。意味着对于任何 GSA 设计方法都一样，对于所有 OT，它就变成了所有 CC 连续执行，由结果 MX 设计完成。

（2）转换操作的广义执行。命名两个或多个转换为伪等转换，假设相同的 OT 可以用于它们的执行。例如，从有代码5的状态转换到有代码20的状态，执行为初始代码左移2位。使用这个操作，可以执行从有代码8的状态转换到有代码32的状态。这些转换形成伪等转换类 $B_i \in B$，其中有 $i = \overline{1, Q}$。因此，在 GSA 中形成 Q 个伪等转换类是可能的。

这样的广义转换操作的减少了进入到 OAT 电路的 CC 总量。它导致 OAT 有 IM 类操作部分（OATIM），如图9.14所示。

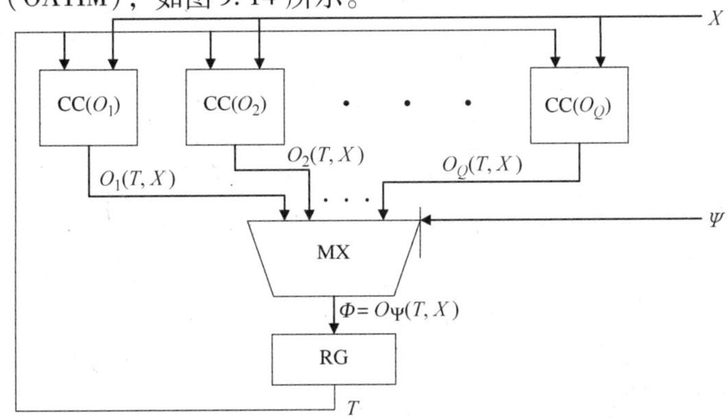

图9.14 OATIM 的结构图

对比 OATI，这个结构有以下特色：

1）CC 的数量减少到 $Q \leqslant M$，是由于伪等转换类的存在；

2）CC 的内部结构更加复杂，它们执行一些算术和逻辑操作，而不是产生一些常量，因此，传播时间对于操作部分增加；

3）由于操作数量的减少，操作代码的位数从 $R_\Psi = \log_2 M$ 减少到 $R_\Psi = \log_2 Q$，它会导致 BOT 和结果 MX 简化；

4）伪等转换类的总量依赖状态代码的值，它会影响组合电路的总量和复杂性。因此，有可能对于这样的状态代码选择，OATIM 将包括 CC 的最小量（最小的硬件总量）。但是合适的状态代码的选择问题相当复杂，它需要发展特殊的算法。

（3）转换的普通执行。在一些情况下（对于一些 GSA），可能减少 OT 集为由两个组合电路执行的两个操作。第一个 CC 执行无条件转换，而第二个 CC 执行条件转换。通过用 IM－OA 模拟，两个组织是可行的。其中一个是有顺序 OP 的 OAT（OATS），第二个是有并行 OP 的 OAT（OATP）。

OATS 允许独立使用无条件转换操作和部分条件转换的复杂操作。在第二种情况下，不使用结果多路复用器。

在有并行 OP 的模型中，转换操作由两个 CC 并行操作执行。FSM 的传播时间小于前面的情况。其传播时间由 CC 的最大传播时间决定。结果 MX 由 BOT 产生的操作 Ψ 的 1 位代码控制。

显然，应用这类 OP 的必要条件是两个组合电路执行所有的内状态转换是可行的。对于任意 GSA，这个条件是不可能发生的。因此，这个模型可以视为某个“理想模型”。

对于讨论的广义 OAT 结构，可以得出如下结论：OATI 占用最大硬件总量，允许使用执行转换操作的广义模型找到伪等转换类，综合结果依赖使用的优化方法和执行的 GSA 特性。

（4）OAT 的基本执行。传统 C－OA 假定存在一些寄存器接收数据。每个寄存器对应其 CC 集。因为在 OAT 中只可能有一个寄存器，所以 OATI 的结构可以视为有基本 OP 的 OAT。

9.6 有转换操作增补集的 FSM 的综合方法

在初步构建转换操作集的情况下，设计者应该解决连接到基于这些操作的状态代码的选择问题。独一无二的状态代码应该以这样的方式选择，即任何内状态转换可以使用这些操作执行。很可能的情况是，当只使用存在的转换操作时执行所有转换是可行的。在这种情况下，可以完成以下行为：

1）部分状态形成集 $A_1 \subseteq A$，使用代码的可接受范围赋值；

2）余下部分状态形成集 $A_2 = A \setminus A_1$，可以从代码的可接受范围内使用未使用

的状态代码编码；

3）来自集 O 的操作对应来自集 A_1 的操作；

4）没有操作对应来自集 A_2 的状态。

在这种情况下，设计 OT 电路有必要改良来自集 A_2 的状态代码。其次，应该执行来自这些状态的转换。可以完成用于解决这个问题如下：

1）删除这些结构表的行，对于这些行，当前和下一状态属于 A_1（它们的代码是已经决定了的），它可以完成，如果转换的一些操作对应这些转换，则命名结果表为转换综合表（Synthesizable Table of Transition，STT）；

2）编码来自集 A_2 的状态，使用任意独特、来自可接受范围的代码；

3）考虑到状态代码为二进制向量且使用 STT，这里构建布尔函数系统，执行来自状态 A_2 的转换；

4）视结果 SBF 为转换的单操作，O_{Q+1}。这个操作提供存在的 OT 集，以这样的方式执行所有的内状态转换。设计组合电路对应这个系统，通过独特的代码 $\Psi(U_{Q+1})$ 编码操作 O_{Q+1}。

命名有增补 OT 的 OAT 执行从 A_2 的状态转换为有增补状态操作集的转换操作自动化（OATS）。其操作部分的组织类似图 9.4。

OATS 的积极特色是任意 GSA 使用任何指定的 OT 集综合 FSM 的可能性。这个方法的缺陷是随着增补 OT 执行转换数量的增加而增加了硬件总量。

讨论基于 GSA Γ_{11} 的 Moore FSM 的 OATS 综合例子，如图 9.15 所示。在本章参考文献［3］中提出的方法用于综合。GSA Γ_{11} 由如下参数形成：它包括 $M=12$ 个微操作集 $a_1 \sim a_{12}$ 和 $L=2$ 个逻辑条件 x_1 和 x_2。微操作在操作顶点的分布不影响设计进程。鉴于此，操作顶点的内容没有明确要求。意味着 GSA Γ_{11} 相当抽象。

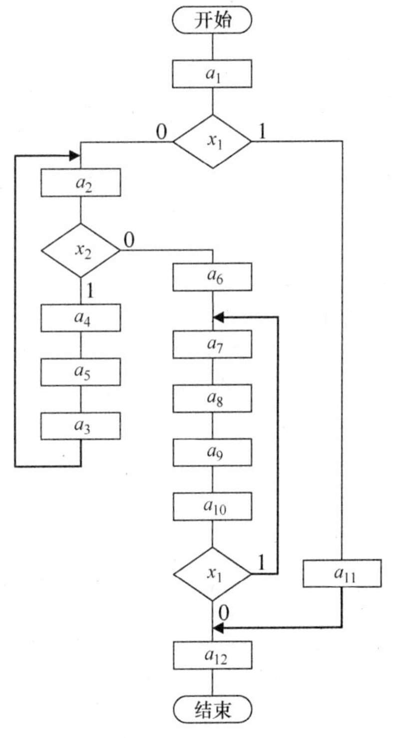

图 9.15　Γ_{11} 算法的图策略

令如下 OT 集被设置为 $O=\{O_1, O_2, O_3\}$。令其元素决定为

$$O_1:\ A^{t+1}=\begin{cases}A^t+3, & x_1=0\\ A^t+5, & x_1=0\end{cases}$$

$$O_2:\ A^{t+1}=\begin{cases}A^t+3, & x_2=0\\ A^t+5, & x_2=0\end{cases}$$

$$O_3:\ A^{t+1}=A^t+3$$

构建对于 GSA Γ_{11} 的 Moore FSM 的结构表见表 9.3。表 9.3 包括如下行：a_i 是当前状态；$K(a_i)$ 是当前状态代码；OT 是来自状态 a_i 的转换操作代码；a_j 是转换状态；$K(a_j)$ 是转换状态代码；X 是逻辑条件，在 a_i 转换到 a_j 期间检查。在表 9.3 中，代码对应所有状态和大量转换操作。

表 9.3　转换表（GSA Γ_{11}）

a_i	$K(a_i)$	OT	a_j	$K(a)$	X
a_1	0	O_1	a_{11}	5	x_1
			a_2	3	$\bar{x}_1$
a_2	3	O_2	a_4	8	x_2
			a_6	6	$\bar{x}_2$
a_3	14	*	a_2	3	1
a_4	8	O_3	a_5	11	1
a_5	11	O_3	a_3	14	1
a_6	6	O_3	a_9	9	1
a_7	9	O_3	a_8	12	1
a_8	12	O_3	a_9	15	1
a_9	15	*	a_{10}	4	1
a_{10}	4	O_1	a_7	9	x_1
			a_{12}	7	$\bar{x}_1$
a_{11}	5	*	a_{12}	7	1

这里指出对于如下无条件转换是没有转换操作的：从 a_3 到 a_2，从 a_9 到 a_{10}，从 a_{11} 到 a_{12}。它连接到这个事实，即没有介于指定的能够使 $K(a^t)$ 转换到 $K(a^{t+1})$ 实现的操作。这里通过操作 O_4 增补 OT 集，用于执行上面提到的未编码转换。为了实现如此，表现状态代码为 4 位二进制数，使用变量 T_1-T_4 用于编码。例如，令 $K(a_5)=11_{10}=1011_2$。

构建综合的结构表，其中状态代码由对应的二进制值表达，见表 9.4。在这个表中，列 D 包括输入存储函数，用于载入寄存器 RG。

表 9.4　综合结构表（GSA Γ_{11}）

a_i	$K(a_i)$	OT	a_j	$K(a_j)$	D	X
a_3	1110	*	a_2	0011	D_3D_4	1
a_9	1111	*	a_{10}	0100	D_2	1
a_{11}	0101	*	a_{12}	0111	$D_2D_3D_4$	1

使用 SST 获得以下方程式系统：

$$D_1 = 0$$

$$D_2 = T_1T_2T_3T_4 \lor \overline{T}_1T_2\overline{T}_3T_4$$

$$D_3 = T_1T_2T_3\overline{T}_4 \lor \overline{T}_1T_2\overline{T}_3T_4$$

$$D_4 = D_3$$

这里设计对应这个系统的组合电路。它给出CC执行OT O_4。现在，OT O_4 在表9.3中指出，而不是符号“ * ”。这里指出对于操作 $O_1 \sim O_3$，CC以简单方式综合。这个方法的结果如图9.16所示。

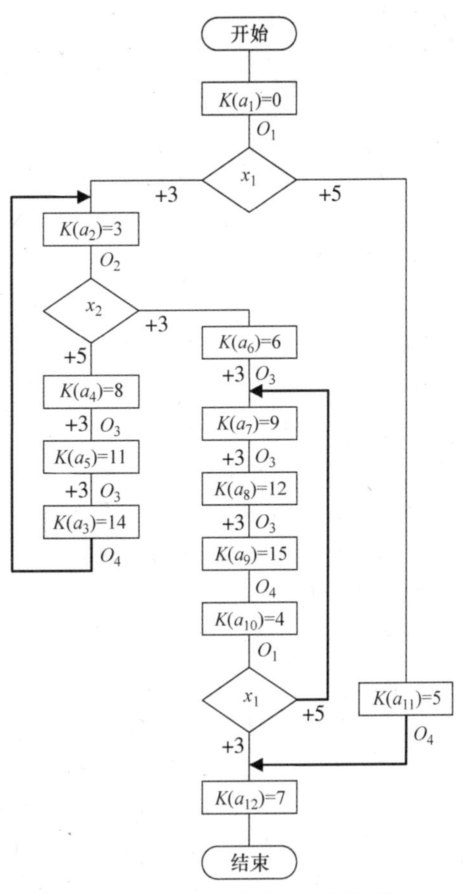

图9.16　GSA Γ_{11}的状态和操作代码

为了提供具有OAT的FSM的正确操作，有必要找到模块BOT的PROM的内容。使用变量 Ψ_1，Ψ_2 以如下二进制代码编码操作 $O_1 \sim O_4$：$K(O_1)=00$，$K(O_2)=01$，$K(O_3)=10$，$K(O_4)=11$。PROM的内容是基于对应细胞地址的状态代码和对应细胞内容的OT代码构建的。对于GSA Γ_{11}，PROM的内容对于模块BOT表现见表9.5。

这里解释这个表。代码10写入细胞，具有地址1011。它已经完成了，因为来自 a_5 的转换状态有代码1011，使用有代码10的OT O_3 执行。细胞中有任意值和地址1101。它已经完成了，因为这里没有含有代码 $1101_2 = 13_{10}$的状态。细胞中有任意值和地址0111。它已经完成了，因为代码0111对应最终状态 a_{12}，没有离开转换。

表9.5　模块BOT的PROM的内容

地址	内容	地址	内容
$K(a_i)$	Ψ_1,Ψ_2	$K(a_i)$	Ψ_1,Ψ_2
0000	00	1000	11
0001	* *	1001	11
0010	* *	1010	* *
0011	01	1011	10
0100	01	1100	10
0101	11	1101	* *
0110	10	1110	11
0111	* *	1111	11

FSM 的进一步综合减少到操作部分的逻辑电路的综合。如果微操作集已知，则对于 BMO，PROM 的内容可以获得。

9.7 有 OAT 的 FSM 的有效性研究

对于传统 Moore FSM，硬件总量的增加与内状态转换的数量增加是成比例的。有必要找到转换操作的最小集，可用于执行所有的转换。如果介于转换数和操作数之间的比率以 10（甚至 100）测量，则提出的方法相比传统方法会节约大量的硬件。BIMF 是 FSM 最复杂的模块。对于传统 Moore FSM 和有 OAT 的 FSM（其中这个模块由 OP 表现）它都为真。鉴于此，这里使用 BIMF 和 OP 的硬件总量对比这两个模型。这里选择硬件总量最小化为优化准则。

这里比较有 BIMF 的 Moore FSM 和有 OP 的 Moore FSM 的有效性。对于这个比较，使用相等的门（Equivalent Gate，EG）为标准单元。正如采用的那样，一个 EG 对应一个双操作数的布尔操作，比如 NAND。

令 SBF 有 R 个布尔操作用于执行 BIMF 电路。没有最小化，这个系统的每个乘积项表达为连词 $R_T = R_{LC} + R$。符号 R_{LC} 代表逻辑条件数量的平均值，决定 GSA 的所有状态转换。在这种情况下，需要 H_1 个相等的门执行每项，其中

$$H_1 = R_T - 1 = R_{LC} + R - 1 \tag{9.11}$$

令每个等式中的数量 f 等于 V，其中这个数字等于对于给定 GSA 的内状态转换的数量。为了连接这些项，需要 H_2 个相等的门。

$$H_2 = V - 1 \tag{9.12}$$

对于有 R 个布尔函数的系统，值 $R \cdot H_1$ 对应执行一个转换所需的硬件总量，而值 $R \cdot H_2$ 对应执行系统中的所有析取。考虑到对于给定 FSM 有 V 个内状态转换，Moore FSM 的 EG 的数量由式（9.13）决定。

$$H_K = R \cdot (V \cdot H_1 + H_2) = R \cdot (V \cdot (R_{LC} + R - 1) + V - 1) \tag{9.13}$$

通常，使用一些优化方法会导致 H_K 值减少。考虑到这个问题，在式（9.13）中引入系数 k_1。这个系数反映最小化程度。现在，式（9.13）变为以下形式：

$$H_K = k_1 \cdot R \cdot [V \cdot (R_{LC} + R - 1) + T - 1] \tag{9.14}$$

估计有 OAT 的 FSM 的硬件总量。因为内状态转换由 OAT 执行，所以估计模块中需要的硬件总量。表现 OAT 的硬件总量为紧随的两个器件的求和结果。第一个（H_3）是执行转换操作电路需要的硬件，第二个器件（H_4）是执行结果多路复用器需要的硬件。

$$H_{OAT} = H_3 + H_4 \tag{9.15}$$

值 H_3 依赖不同 OT 的数量 Q 及其复杂性。OAT 中的硬件总量可以根据一次转换操作的硬件平均量（H_{OT}）进行粗略估计。在这种情况下，值 H_3 决定为

$$H_3 = Q \cdot H_{OT} \tag{9.16}$$

增加一次转换导致 H_K 值通过式（9.17）增加。

$$H_V = R \cdot H_1 \tag{9.17}$$

对于给定 R 和 RLC 的值，式（9.17）是常量。增加的转换可以是无条件或有条件的。在这两种情况下，有必要定义对应的 OT，用于执行这个新的转换。如果转换不能使用已经存在的组合电路执行，则某些新的 OT 应该引入对应的 CC。它会导致 H_{OAT}值通过值 H_{OT}增加。如果忽视 MX 中的硬件的增加，则对于给定 R 和 RLC 的值，H_{OT}的值是常量。引入系数 k_2 到式（9.16）中。系数用于通过 H_V 的值表达 H_{OT}的值。

$$H_{OT} = k_2 \cdot H_V = k_2 \cdot R \cdot H_1 \tag{9.18}$$

转换操作量 Q 是最难预测的，因为对于每个具体的例子，它都依赖 GSA 结构和转换操作类型。可以假定 Q 的值是关于 V 的函数，但是对于任意 GSA，不太可能找到普遍独立的 $Q(V)$。它与存在多种类型选择的可能性和对于每个具体 GSA 的 OT 数量有关。

在对 LGSynth93 的 GSA 做了一些研究之后，找到了如下相关性 $Q(V)$：如果有 $V \in [0,10]$，则每个新 OT 加上大约 1～2 个新转换，意味着有相关性 $Q \approx V/2$。如果有 $V \in [10,30]$，则每个新 OT 加上大约 7～10 个新转换等。获得的离散相关性可以表达为对数函数，对应以下表达式：

$$Q = k_3 \cdot \ln(V/2) + 2 \tag{9.19}$$

在式（9.19）中，系数 k_3 在执行大量对于不同 GSA 的实验之后获得。通常，这个系数的范围为 2.5～5。

考虑式(9.18)和式(9.19)，式（9.16）可以表达为以下形式：

$$H_3 = [k_3 \cdot \ln(V/2) + 2] \cdot k_2 \cdot R \cdot H_1 \tag{9.20}$$

结果多路复用器产生下一状态代码，有 R 位。由操作代码控制，$R = \log_2 Q$。MX 的每个输出都可以视为 SOP，有 Q 项。考虑到内项析取，执行 MX 需要的 EG 数量的决定式如下：

$$H_4 = R \cdot (Q \cdot \log_2 Q + Q - 1) \tag{9.21}$$

考虑到式（9.19）～式（9.21），式（9.15）变为以下形式：

$$H_{OAT} = [k_3 \cdot \ln(V/2) + 2] \cdot k_2 \cdot R \cdot H_1 + R \cdot (Q \cdot \log_2 Q + Q - 1) \tag{9.22}$$

决定 OAT 电路的有效性，以如下方式与 BIMF 电路对比：

$$E_{OAT} = H_K / H_{OAT} \tag{9.23}$$

如果 $E_{OAT} > 1$，则有 OAT 的 FSM 比传统 Moore FSM 更有效（从硬件方面考虑）。研究式（9.23）去寻找其与不同器件的相关性。令以下参数是常量，有如下值：$R = 10$，$V = 2000$，$R_{LC} = 2$，$k_1 = 0.8$，$k_2 = 30$，$k_3 = 3.5$。获得以下图进行研究：

（1）相关性 $E_{OAT}(V)$ 见表 9.6 和图 9.17。显然，对于给定的参数值范围，函数是线性的。对于给定常数，有 OAT 的 FSM 变得更加有效，从 $V>800$ 开始。V 的增长会导致有效性的增加。

（2）相关性 $E_{OAT}(R)$ 见表 9.7 和图 9.18。从图 9.18 中结果可以看出，研究的函数以指数方式衰减。对于给定参数范围，它趋于 2.05。对于整个 R 域，有 OAT 的 FSM 比有 BIMF 的 FSM 更有效。

表 9.6　依赖性 $E_{OAT}(V)$

V	200	400	600	800	1000	1200	1400	1600	1800	2000
E_{OAT}	0.32	0.56	0.78	1.0	1.20	1.41	1.60	1.80	2.00	2.18

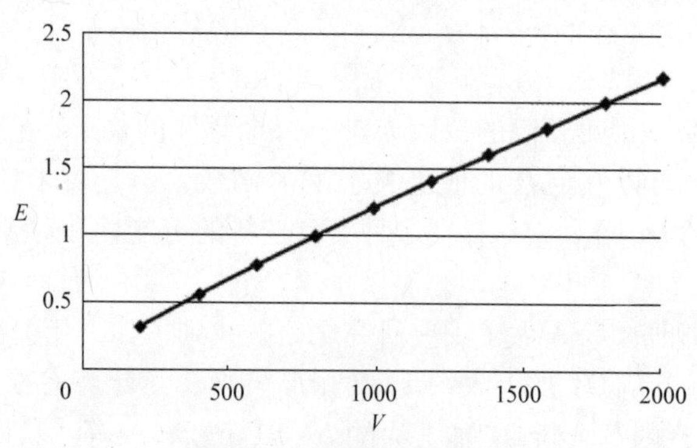

图 9.17　依赖性 $E_{OAT}(V)$

表 9.7　依赖性 $E_{OAT}(R)$

R	3	4	5	6	7	10	15	20	25	30
E_{OAT}	2.43	2.35	2.30	2.26	2.24	2.18	2.14	2.11	2.10	2.09

（3）相关性 $E_{OAT}(k_1)$ 见表 9.8 和图 9.19。对于输入存储函数系统，图 9.19 表现最小化系数的增加，导致有 OAT 的 FSM 的有效性线性增加。如果没有最小化，则最高有效性达到值 2.29。只有最小化简化函数系统达到 60%，有 BIMF 的 FSM 变得比有 OAT 的 FSM 更有效。

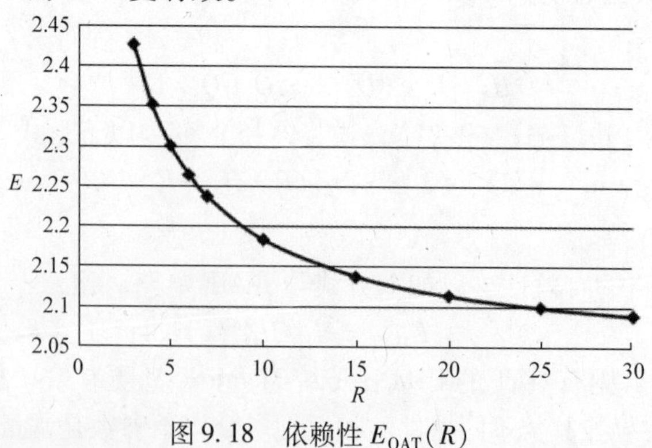

图 9.18　依赖性 $E_{OAT}(R)$

（4）相关性 $E_{OAT}(k_2)$ 见表 9.9 和图 9.20。图 9.20 的分析表明有 OAT 的 FSM 的有效性随着执行转换操作的组合电路的复杂性的增加而减少。对于给定参数值，

有效性从 $k_2>65$ 开始减少。

（5）相关性 $E_{OAT}(k_3)$ 见表 9.10 和图 9.21。图 9.21 中的指数衰减解释为指数函数式（9.19）的系数 k_3 的影响。随着 k_3 的增加，OT 量的增加比转换数量的增加更快。如果有 $k_3>8$，则有 OAT 的 FSM 的硬件量超过有 BIMF 的 FSM 的这个值。为了减少 k_3 的值，有必要正确选择转换操作。

表 9.8 依赖性 $E_{OAT}(k_1)$

k_1	0.3	0.35	0.4	0.45	0.5	0.6	0.7	0.8	0.9	1.0
E_{OAT}	0.82	0.96	1.09	1.23	1.36	1.64	1.91	2.18	2.46	2.73

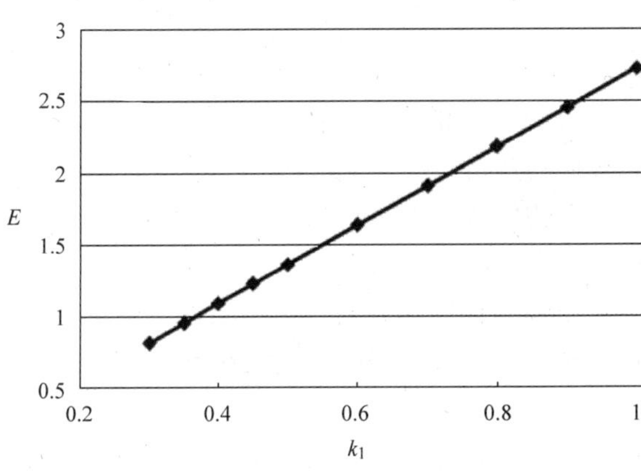

图 9.19 依赖性 $E_{OAT}(k_1)$

表 9.9 依赖性 $E_{OAT}(k_2)$

k_2	10	20	30	40	50	60	70	80	90	100
E_{OAT}	6.32	3.25	2.18	1.64	1.32	1.10	0.95	0.83	0.74	0.66

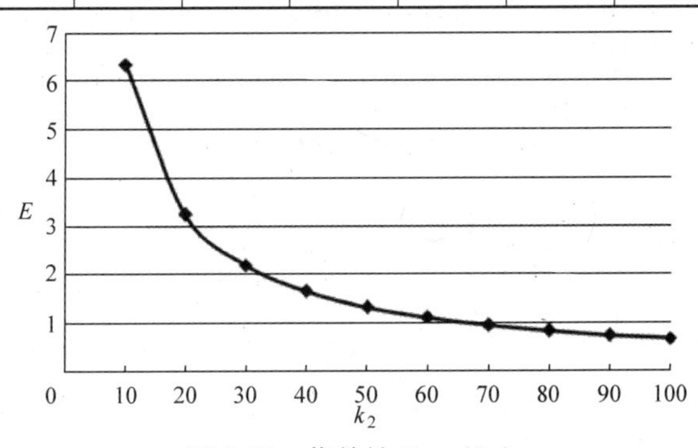

图 9.20 依赖性 $E_{OAT}(k_2)$

表 9.10 依赖性 $E_{OAT}(k_3)$

k_3	1	2	3	4	5	6	7	8	9	10
E_{OAT}	6.44	3.62	2.51	1.93	1.56	1.31	1.13	0.99	0.89	0.80

以下结论可以从完整地分析图 9.17 ~ 图 9.21 得出。以下因子会导致有 OAT 的

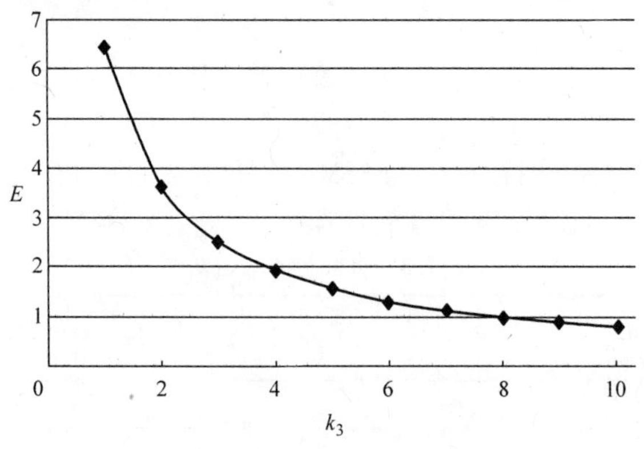

图 9.21 依赖性 E_{OAT}（k_3）

FSM 的有效性增加，与有 BIMF 的 FSM 相比：

1）增加内状态转换的数量；

2）减少状态代码中的位数（在理想情况下，对于给定的 GSA，这个数量应该是可能的最小值）；

3）执行 GSA，对于输入存储函数的系统不能进一步最小化；

4）减少执行转换操作的组合电路的平均复杂性（因此，应该选择会导致简化组合电路的操作）；

5）对于任意 GSA，其内状态转换数量的增加会导致转换操作质量的增加，而构建转换操作集使用的特殊方法会最大限度减少这种增加。

参 考 文 献

1. Barkalov A (1998) Principles of logic optimization for a Moore microprogrammed automaton. Cybern Syst Anal 34(1):54–61
2. Barkalov A, Babakov R (2008) Organization of control units with operational addressing. Control Syst Mach 6:34–39 (in Russian)
3. Barkalov A, Babakov R (2011) Operational formation of state codes in microprogram automata. Cybern Syst Anal 2:193–199
4. Barkalov A, Babakov R (2011) Structural representation of syntheses process for control automata with operational automaton of transitions. Control Syst Mach 3:47–53
5. Barkalov A, Titarenko L (2008) Logic synthesis for compositional microprogram control units. Springer, Berlin
6. Barkalov A, Titarenko L (2009) Logic synthesis for FSM-based control units. Springer, Berlin
7. Barkalov A, Wegrzyn M (2006) Design of control units with programmable logic. UZ Press, Zielona Góra
8. De Micheli G (1994) Synthesis and optimization of digital circuits. McGraw–Hill, New York
9. Glushkov V (1962) Synthesis of digital automata. Fizmatgiz, Moscow (in Russian)
10. Grout I (2008) Digital systems design with FPGAs and CPLDs. Elsevier, Oxford
11. Kim T, Villa T, Brayton R, Sangiovanni-Vincentelli A (1997) Synthesis of finite state machines: functional optimization. Kluwer Academic Publishers, Boston
12. Maxfield C (2004) The design warrior's guide to FPGAs. Elsevier, Amsterdam
13. Zakrevskij A (1981) Logic synthesis for cascaded circuits. Nauka, Moscow

附　　录

附录 A　本书使用的 VHDL 结构和其他支持材料

摘要——这里关于本书使用的 VHDL 可综合结构和关键字（保留字）的简要信息以字母排序，并补充简要描述。这里还有一些有用的表格（如 ASCII），提供各章节需要的数据。

绝对值——abs

这是一元操作符，为数值类型定义，返回操作数的绝对值。见 2.2 节的实例。

Aggregate

这是值组，用于形成阵列或记录表达式。在位置关联时，值和器件从左向右关联。命名关联明确了每个值。注意，位置关联不能跟随命名关联。实例如下：

－－以下合计用于复制记录（位置关联）：

```
-- Aggregates below are used in order to assign a record (positional association):
record_data <= ('0', '1', "01");          -- record_data是类 my_packet (见下)的信号
type my_packet is record                  -- 见下
        first_bit, second_bit  : std_logic;
        data                   : std_logic_vector (1 downto 0);
end record;
```

元素可以按命名关联成组，其中关键字 others 表示剩余的元素。

```
(0=>bit3, 2=>bit2, 1=>bit1, 3=>bit0)                          -- 命名关联实例
A(7 downto 0) <=(7=>'0', 5 downto 4 => '0', others => '1'); -- 命名关联实例
```

Aggregate 和 Array

见以下实例。二位阵列声明如下（阵列和索引可以是信号或变量）：

```
type my_array is array (3 downto 0) of std_logic; -- type 是一维阵列
type my_packet is array (0 to 9) of my_array;     -- type 是二维阵列
signal my_data : my_packet;                       -- my_data是二维阵列
```

假定以下声明在结构体完成：

```
type array2vect is array (0 to 1) of std_logic_vector(1 downto 0);
type array4vect is array (0 to 3) of array2vect;
signal table       : array4vect;                              -- table是三维阵列
signal table_line  : array2vect;                              -- table_line是二维阵列
signal table_data : std_logic_vector(1 downto 0);  -- table_data是一维阵列
```

不同结果可在结构体使用板集 LED 测试：

```
led <= table(0)(0) & table(0)(1) & table(1)(0) & table(1)(1) &          -- 有16个LED灯
       table(2)(0) & table(2)(1) & table(3)(0) & table(3)(1);           -- LED: led(15 downto 0)
```

以下语句赋值给所有的 LED 使其值为“1”（即 LED 亮）：

```
table <= (others=>(others=>(others=>'1')));
```

以下语句给出注释的结果：

```
-- 结果如下: led(15 downto 0) = 00 01 10 11 11 00 10 01
table <= (("00","01"),("10","11"),("11","00"),("10","01"));

-- sw(15 downto 0) 以相同的索引连接 led(15 downto 0)
table <= ((sw(15 downto 14), sw(13 downto 12)), (sw(11 downto 10), sw(9 downto 8)),  -- #
     (sw(7 downto 6), sw(5 downto 4)), (sw(3 downto 2), sw(1 downto 0)));            -- #

-- 结果如下: led(15 downto 0) = 00 00 01 11 01 11 00 00
table <= (1 to 2 =>(1=>(others=>'1'), 0=>"01"), others=>(others=>(others=>'0')));

-- 结果如下: led(15 downto 0) =  01 10 11 00 00 01 10 11
table <=        (0 =>(0=>"01", 1=>"10"), 1 =>(0=>"11", 1=>"00"),
                 2 =>(0=>"00", 1=>"01"), 3 =>(0=>"10", 1=>"11"));

-- 以下 (1 downto 0) 控制 led(15 downto 14),
-- sw(3 downto 2) control led(13 downto 12), etc.
table <=        (0 =>(0=>sw(1 downto 0), 1=>sw(3 downto 2)),
                 1 =>(0=>sw(5 downto 4), 1=>sw(7 downto 6)),
                 2 =>(0=>sw(9 downto 8), 1=>sw(11 downto 10)),
                 3 =>(0=>sw(13 downto 12), 1=>sw(15 downto 14)));

-- 以下进程中, sw(15 downto 0)以相同的索引连接 leds(15 downto 0)

process(table)
begin
  for i in array4vect'range loop
    for j in array2vect'range loop
      led(i*4+j*2+1 downto i*4+j*2) <= table(i)(j);
    end loop;
  end loop;
end process;

-- 以下代码中， sw(7 downto 4) 控制led(3 downto 0), 前文用#标记的赋值语句
table_line <= table(2);
led <= (15 downto 4 => '0') & table_line(0) & table_line(1);

-- the table_line is linked with different groups of 4 switches depending on the values of two buttons
table_line <=     table(3) when buttons = "11" else          -- we assume the use of 2 buttons
                  table(2) when buttons = "10" else -- we assume the assignment above marked with #
                  table(1) when buttons = "01" else
                  table(0); -- 下面的LED逆序指明开关的值
led(3 downto 0) <=  table_line(1)(0) & table_line(1)(1) & table_line(0)(0) & table_line(0)(1);
```

Alias

声明允许多个命名定义目标。别名声明可在声明部分完成。别名声明方法

如下：

Alias <新的名字> is <现有的标识符>;

All

在包或库中定义声明，例如 use ieee. std _ logic _ 1164. all.

Architecture

以如下普通模板说明：

```
architecture <结构体名> of <实体名> is
  -- 声明部分
  -- 声明(信号，器件，函数，过程)
  -- 定义(类)
begin
        -- 结构体
end <结构体名>;
```

Array

以如下普通形式声明：

```
type <类型名> is array <阵列范围> of <元素类型>;
```

ASCII 表

该表提供 128 个字符的代码。表 A. 1 给出了 33 个特殊的字符（代码 0，…，31，127），表 A. 2 给出了剩余的 95 个打印字符（代码 32，…，126）。

表 A. 1　控制字符的 ASCII 代码

代码	名称
0	无
1	soh（标题开始）
2	stx（文本开始）
3	etx（文本结束）
4	eot（传输结束）
5	enq（询问）
6	ack（确认信号）
7	bel（钟）
8	bs（退格符）
9	ht（横向制表符）
10	lf（换行）
11	vt（竖向制表符）
12	ff（换页）

（续）

代码	名称
13	cr（回车）
14	so（移出）
15	si（移入）
16	dle（数据通信换码）
17	dc1（装置控制 1）
18	dc2（装置控制 2）
19	dc3（装置控制 3）
20	dc4（装置控制 4）
21	nak（否定确认信号）
22	syn（同步空闲）
23	etb（传输块结束）
24	can（取消）
25	em（媒介结束）
26	sub（替代）
27	esc（退出）
28	fsp（文件分隔符）
29	gsp（组分隔符）
30	rsp（记录分隔符）
31	usp（单元分隔符）
127	del（删除）

表 A.2　95 个打印字符的 ASCII 代码

代码	+0	+1	+2	+3	+4	+5	+6	+7
32	<space>	!	"	#	$	%	&	'
40	(	)	*	+	,	-	.	/
48	0	1	2	3	4	5	6	7
56	8	9	:	;	<	=	>	?
64	@	A	B	C	D	E	F	G
72	H	I	J	K	L	M	N	O
80	P	Q	R	S	T	U	V	W
88	X	Y	Z	[	\	]	^	_
96	、	a	b	c	d	e	f	g
104	h	i	j	k	l	m	n	o
112	p	q	r	s	t	u	v	w
120	x	y	z	{	|	}	~	

Assert

描述必须评估的条件，通常用于报告警告和错误信息（细节见2.5节）。

Attribute

确定目标的命名特性，允许约束直接在代码中描述。本书中只定义了使用的属性（存在的type，array和signal）。定义形式为type/array/signal' <NAME OF ATTRIBUTE>。Event属性举例，对于信号clk为if clk'event and clk = '1' then…（时钟从0改变到1，即相同的对于if rising_edge（clk） then …）或clk'event and clk = '0' then…（时钟从1改变到0，即相同的对于if falling_edge（clk） then …）。其他有用的属性实例如下：

1）测试递增范围，例如led_flash <= divided_clk when not led'ascending else '1'；如果LED是递减范围，则led_flash得到划分时钟值；

2）类的最高值integer'high；

3）在lv的终事件之前测试终值lv，例如last_led <= lv（3）'last_value；

4）左边索引signal'left。考虑如下实例：internal_clock（internal_clock'left），其中internal_clock的类是std_logic_vector；

5）维度长度array'length，例如my_RAM（i）'length。

6）类内的位置type'pos（…）。例如character'pos（'A'）返回ASCII表中'A'的位置为65；

7）左downto/to右在阵列中array'range，例如for i in input'range loop；

8）右downto/to左在阵列中array'reverse_range，例如for i in input'reverse_range loop；

9）右边索引signal'right。例如internal_clock（internal_clock'right），其中internal_clock的类是std_logic_vector。

以下代码是用户定义的属性实例：

```
attribute LOC : string;                    -- specifying location constraints
attribute LOC of led: signal is "P2";      -- the led signal is assigned to the pin P2
attribute IOSTANDARD : string;             -- specifying input/output standard
attribute IOSTANDARD of led: signal is "LVCMOS33";     -- see the user constraints file for Nexys-4
```

Begin

标记进程/函数/过程的声明或结构体开始，在进程/函数/过程的声明部分结束。也用于其他结构，比如块和在普通语句描述多例。

Block

设计中的并性语句简化划分，使用以下基本格式声明（实例见 2.4 节）：

```
<OPTIONAL LABEL>: block (<OPTIONAL BOOLEAN GUARD EXPRESSION>) is
begin
        -- 并行语句
end block <可用标号>;
```

Body

包（package）的保留字（见 package）。

Buffer

用于接口，使相关信号可读写。这样的接口拥有不多于一个资源，可连接到另一个缓冲或拥有不多于一个资源的信号。区别于 inout 接口，buffer 接口不能连接到三态总线（见 inout），它们允许输出信号在模块中声明为接口并在模块中可读。

Case

该语句具有如下的普通格式：

```
case <表达式> is
   when <表达式的值> => <语句>;
   -- 其他值: when <表达式的值> => <语句>;
   when others => <语句>;
end case;
```

case 语句用于进程、函数和过程中，不能直接用于结构体（如果要求 when…else，则可以应用在结构体）。以下简单实例例证 case 语句的应用：

```
process(A, B, C)                    -- A,B,C are integers: signal A,B,C: integer range 0 to 7;
begin
  case (A+B+C) is                              -- A+B+C is the evaluated expression;
        when 1 to 3 | 5 | 10 => led <= '1'; -- when A+B+C = 1 or 2 or 3 or 5 or 10
        when others => led <= '0';
  end case;
  case (A+B+C)>12 is
        when true => led1 <= '1'; -- when A+B+C is greater than 12
        when others => led1 <= '0';
  end case;
end process;
```

Component

较高级实体的声明，使较低级实体实例化。以下两个模板可用于器件声明和实例化：

```
component <器件名>
generic (
  <属性名> : <类型> := <属性名的默认值>;
  <other generics...> );
port (
  <接口名> : <接口模式如 in, out, inout, buffer> <类型>;
  <其他接口...> );
end component;

<例化名> : <器件名>
generic map ( <位置关联或命名关联> )
port map ( <位置关联或命名关联> );
```

注意，位置关联不能紧随命名关联。

器件实体可包含在库中。命名为 work 的库默认可用。以下代码例证这个库的使用，没有明确的器件声明：

```
u1: entity work.half_adder   port map(A, B, s2, s1);          -- using the default library work
```

不同名字的库也可以创建（见 2.6 节）。本书的大部分实例使用默认库 work，没有明确的器件声明。

Constant

可以在任何声明部分声明。常量值不能改变。

```
constant <常量名> : <类型> := <用户值>;
```

举例如下：

```
constant line_with_equal_sign : string(1 to 3) := " = "; -- the symbol = is placed in between two spaces
constant ternary_vector       : std_logic_vector(5 downto 0) := "01-1-0";
constant my_integer           : integer := 7;
constant line1                : string(7 downto 1):="Index:" & CR; -- CR is a non-printing character
constant binary_constant      : std_logic_vector(5 downto 0) := "011100";
```

VHDL 实体（test _ const）例证如下：

```
entity test_const is
  port ( sw      : in  std_logic_vector (2 downto 0);
         led     : out std_logic_vector (6 downto 0));
end test_const;

architecture Behavioral of test_const is
  constant binary          : std_logic_vector(6 downto 0)  := "0101010";
  constant octal           : std_logic_vector(6 downto 0)  := o"12" & '1';
  constant hexadecimal     : std_logic_vector(6 downto 0)  := x"a" & o"5";
  constant decimal         : integer                       := 63;
  type rom is array (0 to 3) of std_logic_vector (6 downto 0);
  constant ex              : rom :=(x"6" & o"3", x"8" & "101", '1' & o"45", o"3" & '0' & o"2");
begin
  led <= binary          when   sw = "001" else     -- the result: 0101010
         octal           when   sw = "010" else     -- the result: 0010101
         hexadecimal     when   sw = "011" else     -- the result: 1010101
         ex(0)           when   sw = "100" else     -- the result: 0110011
         ex(1)           when   sw = "101" else     -- the result: 1000101
         ex(2)           when   sw = "110" else     -- the result: 1100101
         ex(3)           when   sw = "111" else     -- the result: 0110010
         conv_std_logic_vector(decimal,7);          -- the result: 0111111
end Behavioral;
```

转换函数

转换类型（见 type conversion 和 2.2 节）。

Downto

声明范围方向，例如 A（7 downto 0）。

End

结束进程/函数/过程/结构的描述（语句）。也用于其他结构，如 block 和 generate 语句。

Entity

描述设计模块的输入和输出。以如下普通模板例证：

```
entity <实体名> is
generic (  <属性名> : <类型> := <用户值>;
              <其他属性...> );
port (  <接口名> : <接口模式如 in, out, inout, buffer > <type>;
  <其他接口...>
);
end <实体名>;
```

枚举类型

可由用户自定义，比如经常需要的 FSM 中列举状态名，如下：

```
type state_type is (init, run_state);        -- there are two states in the state_type: init and run_state
```

Exit

强制退出内循环或从标记循环中退出。在以下实例中，变量 count（声明为 variable count：integer range 0 to 4：=0；）总是为 0，如果使用语句 exit，则当使用没有标记 a 的语句时，总是为 4。

```
a: for i in 0 to 3 loop                  -- a is an optional label
  for j in 0 to 3 loop                   -- begin of the innermost loop
    if i = j then exit a;                -- count is always equal to 0 with the label a
      -- ..................................  -- count is always equal to 4 without the label a
    end if;
  end loop;                              -- end of the innermost loop
  count := count+1;
end loop a;                              -- a is an optional label
```

File

提供具有存储器件设计的通信类型。File 实例见 2.6 节。另一个实例函数 read _array 见 2.6 节，使用 while 循环从文件 data. txt 读数据。

```
impure function read_array (input_data : in string) return my_array is
  file          my_file    : text is in input_data;
  variable      line_name: line;
  variable      a_name     : my_array;
  variable      index      : natural;
begin
  index := 0;
  while not endfile(my_file) loop        -- 使用函数endfile(file) [2]
    readline (my_file, line_name);
    read (line_name, a_name(index));
    index := index+1;                    -- index增加，直到达到文件尾
  end loop;
  return a_name;
end function;
```

以下实例关于写入文件：

```
library IEEE;
use IEEE.STD_LOGIC_1164.all;
use IEEE.STD_LOGIC_UNSIGNED.all;
use IEEE.STD_LOGIC_arith.all;
use IEEE.STD_LOGIC_TEXTIO.all;
use STD.TEXTIO.all;

entity WriteToFile is
generic (M        : integer := 32;
         N        : integer := 1024);
port ( const_bit  : out std_logic;
       bit_number : in integer range 0 to 14);
end WriteToFile;

architecture Behavioral of WriteToFile is         -- 打开文件MyFile.txt 用于写
  file generic_and_constants : text open write_mode is "MyFile.txt";
  constant oct_const: std_logic_vector(14 downto 0) :=o"37145";
begin

process(bit_number)          -- combinational process
  variable file_line : LINE;
begin
  write(file_line, string'("----------"));              -- 准备串"----------"
  writeline(generic_and_constants, file_line);          -- 记录串"----------"
  write(file_line, string'("M = "));                    -- 准备串"M = "
  write(file_line, M);                                  -- 准备属性值M
  writeline(generic_and_constants, file_line);          -- 准备串M
  write(file_line, string'("N = "));                    -- 准备串和属性值"N = "
  write(file_line, N);                                  -- 准备属性值N
  writeline(generic_and_constants, file_line);          -- 准备串和属性值N
  write(file_line, string'("The maximum value of an integer: ")); -- 准备串...
  write(file_line, integer'high);                       -- preparing the value of the largest integer
  writeline(generic_and_constants, file_line);          -- recording the prepared string and value
  write(file_line, string'("Decimal value of octal constant: "));  -- preparing the string ...
  write(file_line, conv_integer(oct_const));            -- converting the octal constant to integer
  writeline(generic_and_constants, file_line);          -- recording the converted value
  for i in 3877 to 3879 loop                    -- this loop records binary values of the index i in the file
      write(file_line, conv_std_logic_vector(i,12));-- converting integers to std_logic_vector
      writeline(generic_and_constants, file_line); -- recording the std_logic_vector
  end loop;
  const_bit <= hex_const(bit_number);  -- other statements
```

```
    -- the remaining part of the code
  end process;
  -- the remaining part of the code

end Behavioral;
```

假定模块 WriteToFile 是另一模块的器件，声明如下：

```
entity Top is
  generic (M: integer  := 16; N: integer := 512);
  port -- descriptions of ports
end Top;

architecture Behavioral of Top is
begin
test: entity work.WriteToFile
        generic map (M, N)
        port map (const_bit, bit_number);

end Behavioral;
```

文件 MyFile. txt 在综合时创建，构成以下内容：

```
--------------------
M = 16
N = 512
The maximum value of an integer: 2147483647
Decimal value of octal constant: 15973
111100100101
111100100110
111100100111
```

包括实体 Top 提供的属性值。

文件对初始化阵列（ROM）、仿真时读激励等任务有用。在库 std 中定义的包 textio 收集有用的函数、类型和操作，这些允许从设计中读/写文件。其他细节见本章参考文献［1，2］。

For

语句允许在 generat 和 loop 结构中复制逻辑，也服务于其他目的[1,2]。迭代 for-loop 可用于进程、函数和过程。假定声明以下信号：

```
signal vector : std_logic_vector(N-1 downto 0);
```

以下内容声明 for 语句实例：

```
<OPTIONAL LABEL>: for i in vector'range loop   -- 1) 使用向量元素 N-1 到 0
  -- 必须赋值的逻辑语句
end loop <OPTIONAL LABEL>;
---------------------------------------------------------------------------
for i in vector'reverse_range loop              -- 2) 使用向量元素 0 到 N-1
  -- 必须赋值的逻辑语句
end loop;
---------------------------------------------------------------------------
for i in N-1 downto 0 loop                      -- 3) 使用向量元素 N-1 到 0
```

```
  -- 必须赋值的逻辑语句
end loop;
----------------------------------------------------------------------------------------------------
for i in a downto b loop                    -- 4) 使用元素a到b (a≥b, a<N, b≥0)
  -- 必须赋值的逻辑语句
end loop;
----------------------------------------------------------------------------------------------------
for i in vector'left downto vector'right loop    -- 5) 使用元素N-1到0
  -- 必须赋值的逻辑语句
end loop;
```

Function

计算单值，总是以 return 语句结束。声明模板如下：

```
function <函数名> (<输入参数列表>) return <类型> is
<声明部分>
begin
  -- 时序语句(函数体)
end <函数名>;
```

输入参数可以不约束，即它们没有上下界。函数体类似组合进程体。

2.4 节主要讲解简单函数实例。

Generate

结构用于例化器件阵列，允许赋值并行语句。模式 for 和 if 可应用，见如下实例（图 A.1 所示为给定 input _ vector 的 output _ vector）：

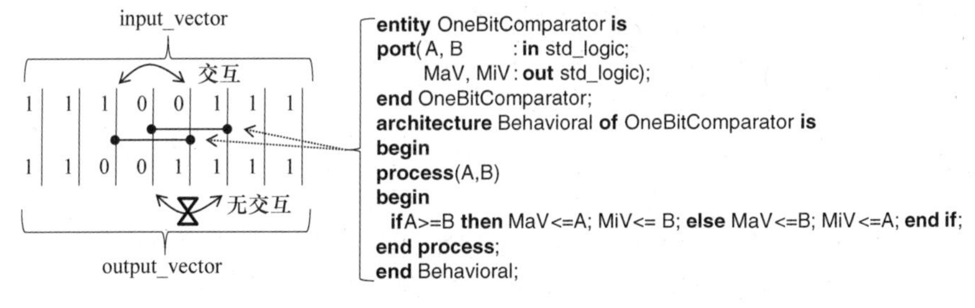

图 A.1　输入/输出向量实例和 1 位比较器的 VHDL 代码

```
entity Test_generic is
  generic( N              : integer := 8);
  port   ( input_vector   : in  std_logic_vector (N-1 downto 0);
           output_vector  : out std_logic_vector (N-1 downto 0));
end Test_generic;

architecture Behavioral of Test_generic is
begin

 example: for i in N-1 downto 0 generate
   exchange: if (i >= 2 and i <= 3) generate
      for_example:  entity work.OneBitComparator
```

```
            port map( input_vector(i), input_vector(i+2), output_vector(i), output_vector(i+2));
    end generate exchange;

    copy: if (i < 2) generate
            output_vector(i) <= input_vector(i);
            output_vector(i+6) <= input_vector(i+6);
    end generate copy;

  end generate example;

end Behavioral;
```

Generic

提供特定常量到实体和器件中。可包括默认值，可在属性映射没有其他明确值时使用。2.5 节中有关于属性的简单实例。属性映射结构允许默认属性值在较低级模块改变。

保护信号

允许并行语句只在块中的保护条件为真时执行（见 2.4 节的实体实例 TestBlockGuarded）。

If

条件语句，可用于进程、函数和过程。许多简单实例见 2.3 节。以下是普通模板实例的 if 语句：

```
if <条件1> then          <条件1为真时执行语句>
elsif <条件2> then       <条件2为真时执行语句>
else                     <条件1和条件2都为假时执行语句为真时执行语句>
end if;                  -- then, elsif, else, end if 是保留字
```

Impure

函数可选项，扩展函数外声明的变量和信号的范围即可在函数内使用。因此，impure 函数（对比 pure 函数）对于相同参数可能返回不同值（见 2.4 节）。

In

接口模式，允许接口只读。如果接口模式没有声明，则默认为 in。

Inout

双向接口模式（读写）。Inout 主要用于三状态接口，可以是 output 和 input。可用于信号 MyBus，赋值如下：MyBus < = MyIntBus when（MyWr = ‘1’）else（others = > ‘Z’）;。当需要双向通信时，Inout 类型的接口必须使用。Inout 类型也可用于过程（见 procedure），允许返回参数值到调用模块，然后在过程中读/写这些参数。

Is

链接不同结构的身份定义，例如 architecture behavioral of TestTextFile is。

Library

允许使用库资源。以下实例例证库 IEEE 和 UNISIM 的声明：

```
library IEEE;                           -- "library", "use" 和 "all" 是保留字
use IEEE.STD_LOGIC_1164.all;            -- 细节见2.6小节
use IEEE.STD_LOGIC_ARITH.all;           -- 细节见2.6小节
use IEEE.STD_LOGIC_UNSIGNED.all;        -- 细节见2.6小节
library UNISIM;  -- 如果使用Linux原语和商用库则必须包含这行
use UNISIM.VComponents.all;
```

库 work 不需要声明。用户定义的库必须明确定义（实例见 2.6 节）。

Literal

设计中明确的值，以数字、字符、字符串或位串的形式出现在表达式中。

（1）数字表现为整数和实数（可综合工程不能定义实数）。十进制整数，例如 45、0 和 1872，基数可以不为 10。在这种情况下，数字可以包围在符号#内，基数可为 2 ~ 16 的任意整数。例如，值 25 可以写为 2#11 _ 001#，或 16#19#或 5#100#。在数字中忽略分隔符（下划线_），只是为了数字的可读性。本书的转换可用于数字，例如 leds（10 downto 2） < = conv _ std _ logic _ vector（3#01 _ 10#，9）;。

（2）字符，单字符包围在单引号内。例如 ‘3’，‘f’，‘S’，‘ ’（最后面是空格）。有些特殊字符（不可打印的）可用它们的名字指代（如 del），例如 signal：character：= del；（见 ASCII 表）。

（3）串是字符顺序包围在双引号之内。例如：“this is a string”，“”（最后这个串是空白）。两个串可以连接在一起用并置操作符（&）。指数是正数，范围可递增可递减，尽管大多数应用是从 1 开始递增[1]。递减经常用于串范围的默认初始化索引。

（4）位串表达二进制值串。例如，二进制向量可描述为 B “1 _ 001”，其中 B（或 b）为基数（二进制）。其他可能的基数可以是（O 或 o）八进制和（X 或 x）十六进制。正如前所述，分隔符（下划线_）可忽略。位串可以将合适大小赋值给 std _ logic _ vector：SLV（2 downto 0）< = b “1 _ 0 _ 0”。

逻辑运算符

总结见表 A. 3。

表 A.3　二进制逻辑操作的真值表

A	B	AandB	AnandB	A norB	not A	not B	A or B	A xor B	A xnor B
假	假	假	真	真	真	真	假	假	真
假	真	假	真	假	真	假	真	真	假
真	假	假	真	假	假	真	真	真	假
真	真	真	假	假	假	假	真	假	真

Map

关联模块中的名字（接口或属性）和外部的名字。可以使用位置和命名关联。且看以下实例：

```
divider: entity work.clock_divider          -- 位置关联
-- clk 和 divided_clk 是信号，在模块中声明，使用 clock_divider
port map (clk, divided_clk);
```

The entity clock_divider can be, for example, declared as:

```
entity clock_divider is                  -- c 和 d_c 是实体 clock_divider 的内部信号
port ( c        : in std_logic;          -- c 对应较高级模块的信号 clk
       d_c      : out std_logic);        -- d_c 对应信号 divided_clock
end clock_divider;
```

模运算——mod

这个二进制操作符为整数类型定义。结果的符号同第二个操作数，绝对值小于第二个操作数的绝对值。定义为 $a \bmod b = a - b \times n$，其中 n 是某个整数。实例见第 2.2 节。

Names

用于标识符。它们可由字母、数字和下划线组成。命名（Name）不是大小写敏感的（即 AAa 和 aAA 命名是相同的）。命名必须以字母开头，不能以下划线结束，不能包含两个连续的下划线。VHDL 保留字不能用作命名。

Next

结束当前循环的迭代（逻辑复制）并初始化新的迭代（复制）。很像语句 exit，next 可以有可用标号（如 next a;）解释同 exit。

Null

表示没有可执行动作（通常用于 case 和 if 语句，例如 when others = >null）。

Of

确认元素的命名和类型，例如 type my _ array is arrar（0 to 7） of std _ logic _ vector（15 downto 0）。

Open

用于保留明确的接口不关联。IEEE VHDL 规范不允许未连接的输入接口，但是允许未连接的（open）输出接口。

操作数

本书使用如下：阵列集合、位串、枚举、函数调用、整数、记录集合、串、静态表达式、类型转换（见 literal）。

运算符

分为算术（+，－，*，/，abs，mod，rem，sign + 和 sign －，* *），并置（&），逻辑（and，nand，nor，not，or，xnor，xor），关系（=，/=，<，<=，>，>=），赋值（:=，<=）和移位（rol，ror，sla，sll，sra，srl）。一些操作符以特殊符号表示，由单个或成对字符组成。字符对如 <=（如果它们对应操作符的话）必须紧挨着，它们之间没有空格。逻辑操作符可以由关系操作符组成（如 if（（a>b）and（c/=d））或位操作（如 a xor b，其中 a 和 b 是 std_logic_vector 信号，具有相同大小）。运算符根据它们的优先级分组如下：（power － * *），（abs），（not），（*），（/），（mod，rem），（+identity，— negetion），（+，—），（&），（rol，ror，sll，srl），（sla，sra），（=，/=），（<，<=，>，>=），（and，nand，nor，or，xnor，xor），开始的具有最高优先级，最后的具有最低优先级。括号可用于改变操作顺序，且建议使用。

On

用于 wait 语句引入敏感列表，如下：wait on <敏感列表> until <布尔表达式>。实例如下：

```
process          -- 时序进程
begin            -- 对于组合进程下面的行修改为: wait on count;
  wait on count until rising_edge(divided_clk);
       led <= count;
end process;     -- wait语句支持受限(见[2]中的约束)
```

Others

用于 case 语句的最后分支，信号/变量赋值的右边不包含具体的值，赋值给剩余的未赋值的阵列元素。实例如下（也可见 aggregate）：

```
type memory is array (15 downto 0) of std_logic_vector (7 downto 0);
signal s_mem : memory := (others => (others => '0')); -- 二维阵列的所有元素都为0
-- beginning of a case statement
when others => null;
```

Out

接口模式，允许接口只写。

Package

描述函数、过程、常量和类型，在分开的文件中，可以被不同工程共享。实例见 2.6 节。包的普通模板如下：

```
package <NAME OF THE PACKAGE> is
  type                              -- 可用类型声明
  constant                          -- 可用常量声明
  function                          -- 可用函数声明
  procedure                         -- 可用过程声明
end <包名>;

package body <包名> is
   -- 定义函数和过程
end <包名>;
-- some predefined packages are described in section 2.6
```

Port

使实体与其他较高级模块通信的信号。Port map 结构定义信号映射，从较高级模块到较低级模块。

Procedure

区别于函数，因为它可以产生多个信号。过程的普通模板如下：

```
procedure <过程名> (< INPUT, OUTPUT 和 INOUT 参数列表>) is
        -- 声明部分
begin
        -- sequential statements (过程体 )
end <过程名>;
```

过程中 out 和 inout 的参数将它们的值返回到调用模块。参数可以没有约束，即没有上下界。过程体类似组合进程体。2.4 节有过程和相关的简单实例。

Process

描述设计层次级。不同进程可以并行执行（与其他进程并行和并行信号赋值）。进程的普通模板如下：

```
<可用标号>: process (<敏感列表>)
        -- 声明部分
begin
        -- 时序主体(进程体)
end process <可用标号>;
```

进程内语句顺序执行。只在进程挂起时更新信号。进程内信号赋值（< =）不立即生效，区别于变量赋值（: =）立即完成。敏感列表是信号集，在 process 后面的括号内。这些信号的任何变化（任何事件发生）都会造成进程激活。组合

进程的敏感列表（组合电路）必须包含所有输入信号，进程必须更新所有输出信号。时序进程包括边沿触发时钟定时。一个进程可改变另一个进程的敏感列表中的信号。没有敏感列表的进程应该包括 wait 语句。2.3 节主要是进程和相关简单实例。

Pure

函数的可选项，不允许使用函数外部声明的信号和变量。所有函数默认为 pure（见 2.4 节的 impure 函数）。

限定表达式

（type'（expression））允许表达式类型明确，例如：

```
architecture .....
signal user_signal : integer range 0 to 15 := 11;
begin
user_out <= unsigned'("0000") + user_signal;
```

Range

允许明确定义值的区间（见 subtype）。以下实例声明整数范围：

```
signal user_signal : integer range -5 to 10; -- the range of integers is from -5 to 10
```

Record

表达数据集（具有相同或不同类型）。Record 可声明为类型（见 type 的其他信息）。记录类型信号可使用 aggregate 赋值（见 aggregate 的其他信息）。以下实例证明 record 类型可为串包声明，可用于 RS232 接口通信：

```
type serial_package is record          -- type definition
        start_bit   : std_logic;
        data_bits   : std_logic_vector (7 downto 0);
        parity_bit  : std_logic;
        stop_bit    : std_logic;
        number      : integer range 0 to 127;
end record;
signal my_sp : serial_package;         -- declaration of my_sp signal of type serial_package
```

以下实例表明如何进入并赋值单个领域：

```
my_sp.number <= 10;                    my_sp.start_bit <= '1';
my_sp.data_bits <= (others => '1');
```

关系运算符

=（等于），/=（不等于），<（小于），<=（小于等于），>（大于），>=（大于等于）。

求余——rem

二进制操作符，可用于任何整数类型。结果符号同第一个操作数，定义为 a

rem b = a - (a/b) × b。实例见 2.2 节。

Report

生成报告信息的语句（细节见 2.5 节）。

Return

结束函数并将控制传送到调用函数。任何函数必须有 return 语句。

Select

可在结构体用于信号赋值。例如，以下结构描述全加器：

```
architecture STRUCT of FULLADD is                    -- another example is given in section 3.1.2
  signal three_bits : std_logic_vector(2 downto 0);
begin   three_bits <= A & B & CIN;
  with three_bits select SUM <= '1' when "100"|"010"|"001"|"111",  -- SUM=1 for the listed vectors
                                '0' when others;                    -- SUM=0 for non-listed vectors
  with three_bits select COUT <= '1' when "011"|"101"|"110"|"111", -- COUT=1 for the listed vectors
                                 '0' when others;                   -- COUT=0 for non-listed vectors
end STRUCT;                                          -- another example is given in subtype
```

Severity

定义值标记、警告、错误和失败的类型（细节见 2.5 节）。

共享变量

Shared 关键字允许不同进程获得相同的变量。共享变量只能在实体、结构体和生成（常规变量不能声明的地方）声明，句柄如下：

```
shared variable <VARIABLE_NAME> : <NAME OF TYPE> := <EXPRESSION>;
```

For example (N is the number of RAM words, M is the size of the words):

```
type type_of_the_RAM_block is array (0 to N-1) of std_logic_vector (M-1 downto 0);
shared variable RAM_block : type_of_the_RAM_block;
```

Xilinx 建议共享变量用于建模具有两个写接口的 RAM（实例见本章参考文献[1]）。

移位运算符 rol，ror，sla，sll，sra，srl

文献[1]指出这些操作定义用于一维阵列、位或布尔参数。有两个参数，即 A 和 B，其中 A 是阵列，B 是阵列位置的数量，阵列位置是移位或循环。假定操作数 A 有 N 位（N - 1 downto 0），操作数 B 是整数，给出以下逻辑等式：

- **rol** (rotate left): A(N-B-1 **downto** 0) & A(N-1 **downto** N-B);
- **ror** (rotate right): A(B-1 **downto** 0) & A(N-1 **downto** B);
- **sla** (shift left arithmetic): A(N-B-1 **downto** 0) & (B-1 **downto** 0 => A(0));
- **sll** (shift left logic): A(N-B-1 **downto** 0) & (B-1 **downto** 0 => '0');
- **sra** (shift right arithmetic): (B-1 **downto** 0 => A(N-1)) & A(N-1 **downto** B);
- **srl** (shift right logic): (B-1 **downto** 0 => '0') & A(N-1 **downto** B);

```
entity L_shift is          -- the library numeric_std has to be included (use ieee.numeric_std.all;)
  port(clk      : in std_logic;                   -- system clock 100 MHz
       sw       : in unsigned(15 downto 0);       -- switches of the Nexys-4 or any other board
       led      : out unsigned(13 downto 0) );    -- LEDs of the Nexys-4 or any other board
end L_shift;
architecture Behavioral of L_shift is
  signal data_in          : unsigned(13 downto 0);  -- an input vector from the switches
  signal data_tmp         : unsigned(13 downto 0);  -- a temporary vector that is rotated
  signal sel              : unsigned(1 downto 0);   -- selects the number of positions to rotate
  signal divided_clk      : std_logic;              -- low frequency (1Hz) to make the rotations visible
begin
  data_in     <= sw(13 downto 0);                   -- taking an input vector from the switches
  sel         <= sw(15 downto 14);                  -- taking the sel value from the switches

process (divided_clk)       -- sequential process that demonstrates the use of the rol operator
begin
  if rising_edge(divided_clk) then
    case sel is             -- selection of the number of positions to rotate
       when "00" => data_tmp <= data_in ;          -- taking an initial vector from the switches
       when "01" => data_tmp <= data_tmp rol 1;-- rotate one position (B=1)
       when "10" => data_tmp <= data_tmp rol 2;-- rotate two positions (B=2)
       when "11" => data_tmp <= data_tmp rol 3;-- rotate three positions (B=3)
       when others => data_tmp <= data_in ;
    end case;    -- the operators ror, sll, srl can be used above instead of the operation rol
  end if;
end process;

led <= data_tmp;                          -- showing rotated data on leds
div: entity work.clock_divider            -- clock divider to reduce clock frequency from 100 MHz to  1Hz
      port map  (clk, '0', divided_clk); -- the reset signal is always deasserted ('0')

end Behavioral;
```

推荐使用逻辑与运算符而不是移位操作。

Signal

信号建模硬件电路中的物理线。信号赋值使用符号对 < =，且赋值存在延时（默认一个 delta 延时）。考虑延时赋值在时钟类完成或进程的时序语句部分（见 2.3.2 节的 TestProc 实体）。信号不同于变量，变量赋值不存在延时。信号在结构体声明（不能在进程、过程和函数中声明），声明格式如下：

```
signal <NAME OF SIGNAL> : <TYPE OF SIGNAL>;
signal <NAME OF SIGNAL> : <TYPE OF SIGNAL> := <INITIAL VALUE>;
```

信号可在结构体、进程、过程或函数中使用，可以是函数或过程的正式参数。进程的敏感列表没有变量只有信号。

并行信号赋值（ < = ），条件信号赋值（when…esle）和选择性赋值（with…. select…. when）都可用于结构体。在进程（过程）中，通常只有时序信号赋值

（< =）。以下规则很重要：

1）时序信号赋值在进程中完成，且只在进程挂起时完成；

2）如果进程中有多条语句对一个信号进行赋值，则只有最后一条赋值语句有效。

Subtype

对于选定的基本类型，子类型引入约束或值的子集。声明格式如下：

```
subtype <子类型名> is <基本类型>
        range <值范围>;
```

The use of subtypes is considered on an example below.

```
entity types_and_subtypes is
  port (          switches  : in   std_logic_vector(1 downto 0);        -- two switches
                  leds      : out  std_logic_vector (3 downto 0));      -- four LEDs
end types_and_subtypes;

architecture Behavioral of types_and_subtypes is
  subtype four_bits_std_logic_vector is std_logic_vector (3 downto 0);
  type my_pack is array (0 to 3) of four_bits_std_logic_vector;        -- a subtype of std_logic_vector
  constant set_of_lines : my_pack := (x"F", b"00_11", o"6"&'0', "0101"); -- defining a constant value
begin
  with switches select leds <= set_of_lines(0) when "00",   -- displayed value is "1111" = x"F"
                        set_of_lines(1) when "01",          -- displayed value is "0011" = b"00_11"
                        set_of_lines(2) when "10",          -- displayed value is "1100" = o"6"&'0'
                        set_of_lines(3) when "11",          -- displayed value is "0101" = "0101"
                        (others => '0') when others;
end Behavioral;
```

To

声明范围方向，例如 A（0 to 7）。

Type

以如下格式声明：

```
type <NAME OF TYPE> is <SPECIFICATION OF TYPE>; -- see also enumerated type
```

表 A.4 总结了在综合 VHDL（解决类型允许信号被多个资源驱动）时最常用的类型信息。注意，使用类型 real 存在诸多约束。

表 A.4　经常使用的定义的 VHDL 数据类型

类型	声明位置	可能取值
位	VHDL 标准	“0”，“1”
位向量	VHDL 标准	位数组
布尔量	VHDL 标准	假，真
字符	VHDL 标准	ISE 中的 7 位 ASCII 代码
整数量	VHDL 标准	最少 32 位（$-2^{31} \sim 2^{31}-1$）
自然数	VHDL 标准	整数的子类型（$0 \sim 2^{31}-1$）
正数	VHDL 标准	整数的子类型（$1 \sim 2^{31}-1$）
实数	综合时存在许多约束	浮点数

（续）

类型	声明位置	可能取值
有符号数	包：ieee. std – logic arith，ieee. number_std	std_logic 数组
std_logic	包：ieee. std_logic_1164	决定的 std_ulogic
std_logic_vector	包：ieee. std_logic_1164	std_logic 数组
std_ulogic	包：ieee. std_logic_1164	"U"，"X"，"0"，"1"，"Z"，"W"，"L"，"H"，" – "
std_ulogic_vector	包：ieee. std_logic_1164	std_ulogic 数组
string	VHDL 标准	字符数组
time	VHDL 标准	时间单位
unsigned	包：ieee. std_logic_1164	std_logic 数组

每个类型允许值集和关联操作集。定义的类型组如标量（位、布尔、字符、枚举、整数、物理、实数、严重）和组合（阵列、位向量、记录、串）。

无符号向量"1111"对应整数 15，符号向量"1111"对应整数 -1。后者是二进制补码记法，即最高有效位表示符号（1 是减号" – "，0 是加号" + "），具有负权值 -2^3，其余位具有正权值（分别为 2^0，2^1，2^2）等于 2^x，其中 x 是各自位的索引（最低有效位是索引 0）。

类型转换

（类型转换）经常会用到。它们可自动提供通过类型 casts 或转换函数（也可见 2.2 节）。类型 cast 用于转换相同大小的 signed 或 unsigned 到 std _ logic _ vector，反之亦然。

```
signed_vector              <= signed(std_logic_vector_signal);
unsigned_vector            <= unsigned(std_logic_vector_signal);
std_logic_vector_signal    <= std_logic_vector(signed_vector);
std_logic_vector_signal    <= std_logic_vector(unsigned_vector);
```

以下赋值需要转换函数：

```
integer_signal             <= conv_integer (unsigned_vector);
integer_signal             <= conv_integer (signed_vector);
integer_signal             <= conv_integer (std_logic_vector_signal);
unsigned_vector            <= conv_unsigned (integer_signal, size_of_unsigned_vector);
signed_vector              <= conv_signed (integer_signal, size_of_signed_vector);
std_logic_vector_signal    <= conv_std_logic_vector (integer_signal, size);
```

使用转换函数需要包含相关的库。例如 conv _ integer 函数定义在库 std _ logic _ unsigned（或 std _ logic _ signed），conv _ std _ logic _ vector 函数定义在库 std _ logic _ arith。

Until

用于 wait 语句的条件中（见 on）。给出实例如下：

```
process
begin
  wait until rising_edge(divided_clk) and BTNC = '1';
        count <= count + 1;
end process;
```

Use

使函数、过程、约束和包的类型变得在相关的实体/结构体中可用（可见）。

Variable

在 VHDL 中非常类似通用可编程语言的变量。它们可在进程、过程和函数中声明和使用。允许信号向变量赋值（<变量>：=<信号>;），反之亦然（<信号>：=<变量>;），但是必须满足类型匹配，必须选择合适的操作符（：= 或 <=）。变量赋值立即生效（区别于信号赋值）。

Wait

挂起进程。本章参考文献［1］建议描述进程有敏感列表，并指出以下限制：① 只允许一个 wait 语句，且必须在进程的首部；② wait 语句的条件必须描述时钟信号。见 on 和 until。

When

可用于 case 语句和信号赋值（见 case 和 select）。

While

语句允许重复操作通过复制逻辑执行。格式如下：

```
process (vector) -- this process finds the position (from 1 to 8) of the first '1' in the vector
  variable first_right          : integer range 0 to N;
  variable i                    : integer range 0 to N;
begin
  first_right := 0;  -- variables have to be used here
  i := 0;
  while i < N loop              -- vector is declared as std_logic_vector (7 downto 0);
       if vector(i) = '1' then  first_right := i+1; exit;
       else                     i := i+1;
       end if;                  -- positions of the vector bits are: 8 for bit 7, 7 for bit 6, 6 for bit 5, etc.
  end loop;                     -- an optional label can be used for the loop
  led <=conv_std_logic_vector(first_right, 8); -- if vector = "00010100" then the result is 0011
end process;     -- the result 0011 indicates position 3 (for bit 2) which is the first '1' from the right
```

With

用于被选择的信号赋值（见 select）。

参 考 文 献

1. Xilinx Inc. (2013) XST user guide for Virtex-6, Spartan-6, and 7 series devices. http://www.xilinx.com/support/documentation/sw_manuals/xilinx14_7/xst_v6s6.pdf. Accessed 17 Nov 2013
2. Ashenden PJ (2008) The designer's guide to VHDL, 3rd edn. Morgan Kaufmann, Boston

附录 B　代码实例

摘要——附录 B 包含常用模块的代码实例，可轻松通过名字定位。实体与在第 3 章和第 4 章描述过的相关器件使用的实体具有相同的名字。所有工程的 VHDL 代码、用户约束文件和比特流都在网上可找到，网址 http：//sweet. ua. pt/skl/Springer2014. html。

二进制到 BDC 码转换（BinToBCD8）

以下 VHDL 代码是完整的模块，实现将 8 位二进制数（binary）转换为二进制编码的十进制数（BCD）（BCD2，BCD1，BCD0）：

```
library IEEE;                        -- a conversion can also be done on request and this will be
use IEEE.STD_LOGIC_1164.all;         -- shown after the next example BinToBCD16
use IEEE.STD_LOGIC_ARITH.all;
use IEEE.STD_LOGIC_UNSIGNED.all;

entity BinToBCD8 is          -- Binary to BCD converter for 8-bit numbers of std_logic_vector type
generic( size_of_data_to_convert :    integer := 8 );
port (  clk          : in  std_logic;
        reset        : in  std_logic;
        ready        : out std_logic;      -- ready is 0 when the number is being converted
        binary       : in  std_logic_vector (size_of_data_to_convert-1 downto 0);
        BCD2         : out std_logic_vector (3 downto 0);  -- BCD code for the most significant digit
        BCD1         : out std_logic_vector (3 downto 0);  -- BCD code for the digit in the middle
        BCD0         : out std_logic_vector (3 downto 0)); -- BCD code for the least significant digit
end BinToBCD8;

architecture Behavioral of BinToBCD8 is
  type state is (idle, op, done);
  signal c_s, n_s              : state;
  signal BCD2_c, BCD1_c, BCD0_c, BCD2_n, BCD1_n, BCD0_n : unsigned(3 downto 0);
  signal BCD1_tmp, BCD0_tmp                              : unsigned(3 downto 0);
  signal BCD2_tmp                                        : unsigned(2 downto 0);
  signal int_rg_c, int_rg_n   : std_logic_vector (size_of_data_to_convert-1 downto 0);

  signal index_c, index_n     : unsigned(3 downto 0);
  signal get_outputs          : std_logic;
begin

process(clk, reset)
begin
  if rising_edge(clk) then
    if reset = '1' then
        c_s <= idle;             -- idle state at the beginning
        BCD2_c <= (others => '0'); BCD1_c <= (others => '0'); BCD0_c <= (others => '0');
        BCD0 <= (others=>'0'); BCD1 <= (others=>'0'); BCD2 <= (others=>'0');
    else c_s <= n_s;             -- next values are copied to current values
        BCD2_c <= BCD2_n; BCD1_c <= BCD1_n; BCD0_c <= BCD0_n;
        index_c <= index_n; int_rg_c <= int_rg_n;
        if (get_outputs = '1') then
                    BCD0 <= std_logic_vector(BCD0_n);
                    BCD1 <= std_logic_vector(BCD1_n);
                    BCD2 <= std_logic_vector(BCD2_n);
        end if;
```

```
    end if;
  end if;
end process;

process (c_s, BCD2_c, BCD1_c, BCD0_c, BCD2_tmp,
         BCD1_tmp, BCD0_tmp, binary, int_rg_c, index_c, index_n)
begin
  get_outputs <= '0'; n_s <= c_s;
  BCD2_n <= BCD2_c;        BCD1_n <= BCD1_c;
  BCD0_n <= BCD0_c;        index_n <= index_c;
  int_rg_n <= int_rg_c;    ready <= '0';

  case c_s is    -- at the beginning ready is 0
    when idle => n_s <= op; ready <= '0'; int_rg_n <= binary; index_n <= "1000";
    when op =>  ready <= '0';
       int_rg_n <= int_rg_c(size_of_data_to_convert-2 downto 0) & '0';
       BCD0_n <= BCD0_tmp(2 downto 0) & int_rg_c(size_of_data_to_convert-1);
       BCD1_n <= BCD1_tmp(2 downto 0) & BCD0_tmp(3);
       BCD2_n <= BCD2_tmp(2 downto 0) & BCD1_tmp(3);
       index_n <= index_c - 1;
       if (index_n = 0) then  n_s <= done; get_outputs <= '1';
       end if;
    when done => n_s <= idle;
       BCD2_n <= (others => '0');
       BCD1_n <= (others => '0');
       BCD0_n <= (others => '0');
       ready <= '1'; -- now ready is 1, i.e. a new conversion can be done
  end case;
end process;

BCD0_tmp <= BCD0_c + 3 when BCD0_c > 4 else BCD0_c;
BCD1_tmp <= BCD1_c + 3 when BCD1_c > 4 else BCD1_c;
BCD2_tmp <= BCD2_c(2 downto 0) + 3 when BCD2_c > 4 else BCD2_c(2 downto 0);

end Behavioral;
```

图 B.1a 所示为模块 BinToBCD8 的界面。信号 ready 在一个时钟周期内有效，

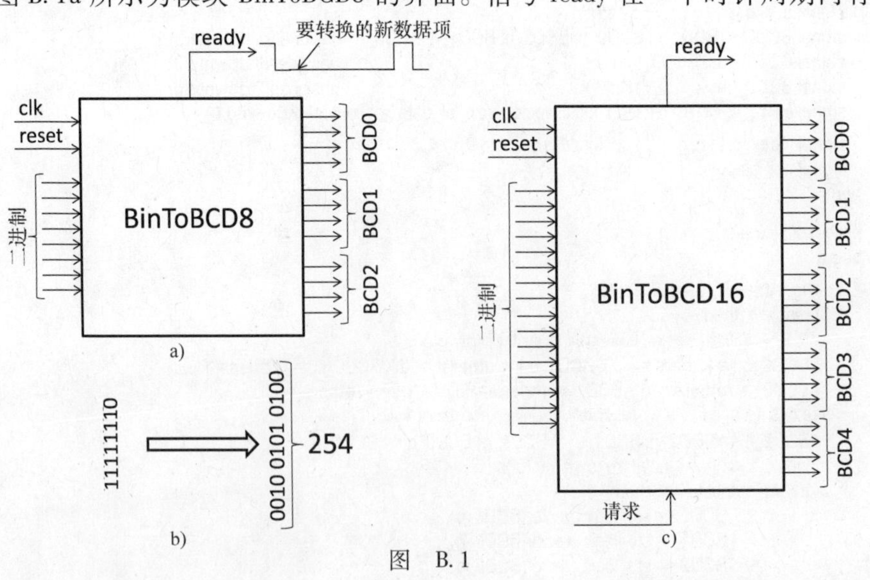

图 B.1

a）BinToBCD8 模块接口　b）换算举例　c）BinToBCD16 模块接口

它表示转换完成结果可以使用。当 ready = 0 时可以准备新的转换数据。代码可以稍微改变，一旦 ready 激活，FSM 继续为闲置状态直到接收到新的转换请求。其他细节见后面的实例。

二进制到 BCD 转换（BinToBCD16）

以下 VHDL 代码是模块的完整描述，将 16 位二进制数（binary）转换为二进制编码的十进制数（BCD）（BCD4，BCD3，BCD2，BCD1，BCD0）：

```
library IEEE;
use IEEE.STD_LOGIC_1164.all;
use IEEE.STD_LOGIC_ARITH.all;
use IEEE.STD_LOGIC_UNSIGNED.all;

entity BinToBCD16 is     -- binary to BCD converter for 16-bit numbers of std_logic_vector type
generic( size_of_data_to_convert :    integer := 16 );
port (  clk          : in  std_logic;
        reset        : in  std_logic;
        ready        : out std_logic;          -- ready is 0 when the number is being converted
        binary       : in  std_logic_vector (size_of_data_to_convert-1 downto 0);
        request      : in std_logic;           -- a request is assumed to be sent when ready is active (1)
        BCD4         : out  std_logic_vector (3 downto 0); -- BCD code for the most significant digit
        BCD3         : out  std_logic_vector (3 downto 0);
        BCD2         : out  std_logic_vector (3 downto 0);
        BCD1         : out  std_logic_vector (3 downto 0);
        BCD0         : out  std_logic_vector (3 downto 0)); -- BCD code for the least significant digit
end BinToBCD16;

architecture Behavioral of BinToBCD16 is
  type state is (idle, op, done);
  signal c_s, n_s              : state;
  signal BCD4_c, BCD3_c, BCD2_c, BCD1_c, BCD0_c, BCD4_n, BCD3_n, BCD2_n, BCD1_n,
         BCD0_n : unsigned(3 downto 0);
  signal BCD3_tmp, BCD2_tmp, BCD1_tmp, BCD0_tmp      : unsigned(3 downto 0);
  signal BCD4_tmp                                    : unsigned(2 downto 0);
  signal int_rg_c, int_rg_n    : std_logic_vector (size_of_data_to_convert-1 downto 0);
  signal index_c, index_n      : unsigned(4 downto 0);
  signal get_outputs           : std_logic;
begin
process(clk, reset)
begin
  if rising_edge(clk) then
    if reset = '1' then c_s <= idle;
         BCD4_c <= (others => '0'); BCD3_c <= (others => '0'); BCD2_c <= (others => '0');
         BCD1_c <= (others => '0'); BCD0_c <= (others => '0'); BCD0 <= (others=>'0');
         BCD1 <= (others=>'0'); BCD2 <= (others=>'0'); BCD3 <= (others=>'0');
         BCD4 <= (others=>'0');
    else c_s <= n_s;
         BCD4_c <= BCD4_n; BCD3_c <= BCD3_n; BCD2_c <= BCD2_n;
         BCD1_c <= BCD1_n; BCD0_c <= BCD0_n;
         index_c <= index_n; int_rg_c <= int_rg_n;
         if (get_outputs = '1') then
```

```
                BCD0 <= std_logic_vector(BCD0_n); BCD1 <= std_logic_vector(BCD1_n);
                BCD2 <= std_logic_vector(BCD2_n); BCD3 <= std_logic_vector(BCD3_n);
                BCD4 <= std_logic_vector(BCD4_n);
            end if;
        end if;
    end if;
end process;

    process (c_s, BCD4_c, BCD3_c, BCD2_c, BCD1_c, BCD0_c, BCD4_tmp, BCD3_tmp,
            BCD2_tmp, BCD1_tmp, BCD0_tmp, binary, int_rg_c, index_c, index_n, request)
    begin
      get_outputs <= '0';
      n_s <= c_s; BCD4_n <= BCD4_c; BCD3_n <= BCD3_c; BCD2_n <= BCD2_c;
      BCD1_n <= BCD1_c; BCD0_n <= BCD0_c; index_n <= index_c; int_rg_n <= int_rg_c;
      ready <= '0';

      case c_s is
        when idle =>
            n_s <= op; ready <= '1'; int_rg_n <= binary; index_n <= "10000";
            if request /= '1' then n_s <= idle; -- transition to the op state is
            end if;                            -- done as soon as the request is active (i.e. equal to 1)
        when op =>   ready <= '0';
            int_rg_n <= int_rg_c(size_of_data_to_convert-2 downto 0) & '0';
            BCD0_n <= BCD0_tmp(2 downto 0) & int_rg_c(size_of_data_to_convert-1);
            BCD1_n <= BCD1_tmp(2 downto 0) & BCD0_tmp(3);
            BCD2_n <= BCD2_tmp(2 downto 0) & BCD1_tmp(3);

          BCD3_n <= BCD3_tmp(2 downto 0) & BCD2_tmp(3);
          BCD4_n <= BCD4_tmp(2 downto 0) & BCD3_tmp(3);
          index_n <= index_c - 1;
          if (index_n = 0) then n_s <= done; get_outputs <= '1';
          end if;
      when done => n_s <= idle;
          BCD4_n <= (others => '0'); BCD3_n <= (others => '0'); BCD2_n <= (others => '0');
          BCD1_n <= (others => '0'); BCD0_n <= (others => '0');
          ready <= '1';          -- now ready is 1, i.e. a new conversion can be done
    end case;
end process;

BCD0_tmp <= BCD0_c + 3 when BCD0_c > 4 else BCD0_c;
BCD1_tmp <= BCD1_c + 3 when BCD1_c > 4 else BCD1_c;
BCD2_tmp <= BCD2_c + 3 when BCD2_c > 4 else BCD2_c;

BCD3_tmp <= BCD3_c + 3 when BCD3_c > 4 else BCD3_c;
BCD4_tmp <= BCD4_c(2 downto 0) + 3 when BCD4_c > 4 else BCD4_c(2 downto 0);

end Behavioral;
```

模块 BinToBCD16 操作与模块 BinToBCD8 稍有不同。现在 ready 信号在闲置状态激活（ready < = ‘1’），模块等待新转换的 request。一旦 request 信号激活，新数据接收并完成新的转换（见图 B. 1c）。在实体 TopForInteractingWitlPCores 中使用 BinToBCD16（见 4. 2 节），稍做改动如下：

```
binTO_BCD3: entity work.BinToBCD16 – the request below is assumed to be always active (i.e. 1)
    port map (clk, reset, open, To_BCD, '1', BCD4, BCD3, BCD2, BCD1, BCD0);
```

以下改变可在实体 TopForInteractingWitlPCores 中完成，包含 request 信号：

1）新信号必须声明：signal request，ready：std _ logic；

2）request 必须生成，例如 request < = ready and BTNR；

3）port map 的映射如下：

```
port map (clk, reset, ready, To_BCD, request, BCD4, BCD3, BCD2, BCD1, BCD0);
```

现在转换可从板集按钮 BTNR 传送的 request 完成。

时钟划分（clock _ divider）

时钟划分允许系统时钟被 2^{how_fast+1} 划分。具有信号 reset signal 的模块如下（从内容来看，reset 可以移除）：

```
library IEEE;
use IEEE.STD_LOGIC_1164.all;
use IEEE.STD_LOGIC_UNSIGNED.all;

entity clock_divider is
generic (how_fast : integer := 25 );
port ( clk, reset      : in std_logic;          -- similar circuit without the reset signal can also be used
       divided_clk     : out std_logic);
end clock_divider;

architecture Behavioral of clock_divider is
  signal internal_clock : std_logic_vector (how_fast downto 0);
begin

process(clk, reset)          -- remove reset if there is no reset in the circuit
begin
  if rising_edge(clk) then
    if reset = '1' then      -- remove reset if there is no reset in the circuit
       internal_clock <= (others=>'0');     -- remove this line if there is no reset in the circuit
    else internal_clock <= internal_clock+1;
    end if;                  -- remove else and end if keywords if there is no reset in the circuit
  end if;
end process;

divided_clk <= internal_clock(internal_clock'left) when falling_edge(clk);

end Behavioral;
```

基于 DSP 的汉明权重计数器/比较器，N = 32（Test _ HW32）

以下 VHDL 代码为汉明权重计数器/比较器的完整描述（具有固定阈值），N = 32：

```
library IEEE;    -- The top-level module to test the 32-bit Hamming weight counter/comparator
use IEEE.STD_LOGIC_1164.all;           -- this circuit occupies 0 logical slices and 2 DSP48 slices
use IEEE.STD_LOGIC_UNSIGNED.all;       -- the maximum combinational path delay is 3.9 ns

entity Test_HW32 is      -- the project was tested in the Nexys-4 board
  port ( Sw         : in  std_logic_vector (15 downto 0);    -- Nexys-4 onboard switches
         led        : out  std_logic_vector (5 downto 0);    -- Nexys-4 onboard LEDs
         in16bit    : in std_logic_vector(15 downto 0);      -- signals from Nexys-4 PMod connectors
         led_comp : out std_logic);                          -- the result of comparison
end Test_HW32;

architecture Behavioral of Test_HW32 is
  signal threshold              : std_logic_vector(5 downto 0);
  signal HW1, HW2               : std_logic_vector(4 downto 0);
  signal remaining_inputs1      : std_logic_vector(11 downto 0);
  signal remaining_inputs2      : std_logic_vector(11 downto 0);
  signal remaining_outputs1     : std_logic_vector(5 downto 0);
  signal remaining_outputs2     : std_logic_vector(5 downto 0);
```

```
begin

threshold                 <= not "011010" + 1;  -- this value of threshold was taken just for test
remaining_inputs1         <= '0' & HW1 & '0' & HW2;
remaining_inputs2         <= remaining_outputs1 & threshold;
led                       <= remaining_outputs1;

HWCC16_1: entity work.HW_counter_comparator_16bit     -- see the code below
      port map(Sw, HW1, remaining_inputs1, remaining_outputs1, open);

HWCC16_2: entity work.HW_counter_comparator_16bit     -- see the code below
      port map(in16bit, HW2, remaining_inputs2, open, led_comp);

end Behavioral;

library IEEE;      -- this is the component for the top-level module above
use IEEE.STD_LOGIC_1164.all;          -- this is 16-bit Hamming weight counter/comparator

entity HW_counter_comparator_16bit is -- this component is used as HWCC16_1 and HWCC16_2 above
  port ( Sw                     : in  std_logic_vector (15 downto 0);
      Hamming_weight            : out  std_logic_vector (4 downto 0);
      remaining_inputs          : in std_logic_vector(11 downto 0);
      remaining_outputs         : out std_logic_vector(5 downto 0);
      comp                      : out std_logic);
end HW_counter_comparator_16bit;

architecture Behavioral of HW_counter_comparator_16bit is
  signal A, B, Y  : std_logic_vector(47 downto 0); -- A and B are operands for DSP48E1, Y is the result
begin

process(Sw, Y, remaining_inputs)
begin
  A <= (others => '0'); B <= (others => '0'); -- at the beginning the operands are assigned zero values

  for i in 7 downto 0 loop   -- see also Fig. 4.10 and Fig. 4.11
    A(2*i) <= Sw(i);
    B(2*i) <= Sw(i+8);
  end loop;

  for i in 3 downto 0 loop
    A(16+3*i+1 downto 16+3*i) <= Y(2*i+1 downto 2*i);
    B(16+3*i+1 downto 16+3*i) <= Y(2*i+1+8 downto 2*i+8);

  end loop;

  for i in 1 downto 0 loop
    A(28+4*i+2 downto 28+4*i) <= Y(16+3*i+2 downto 16+3*i);
    B(28+4*i+2 downto 28+4*i) <= Y(16+3*i+2+6 downto 16+3*i+6);
  end loop;

  A(39 downto 36) <= Y(31 downto 28);
  B(39 downto 36) <= Y(35 downto 32);
  A(46 downto 41) <= remaining_inputs(5 downto 0);
  B(46 downto 41) <= remaining_inputs(11 downto 6);
end process;

Hamming_weight <= Y(40 downto 36);             -- the resulting Hamming weight
comp  <= Y(47);                                -- the result of comparison
remaining_outputs <= Y(46 downto 41);          -- the threshold is supplied here

DSP   : entity work.TesDSP48E1_HW16
      port map (A, B, "0000", Y);

end Behavioral;
```

图 B. 2a 所示为电路的可能界面。

显然，阈值可来自外部，图 3.30 的任何模式都可轻松添加，仅需一片额外的查找表（见图 B.2b）。Xilinx 原语 CFGLUT5[1] 是运行时间、动态配置的 5 输入 LUT，使执行的逻辑函数在电路操作期间改变（配置 LUT）。因此，界限/阈值在运行时间可改变。

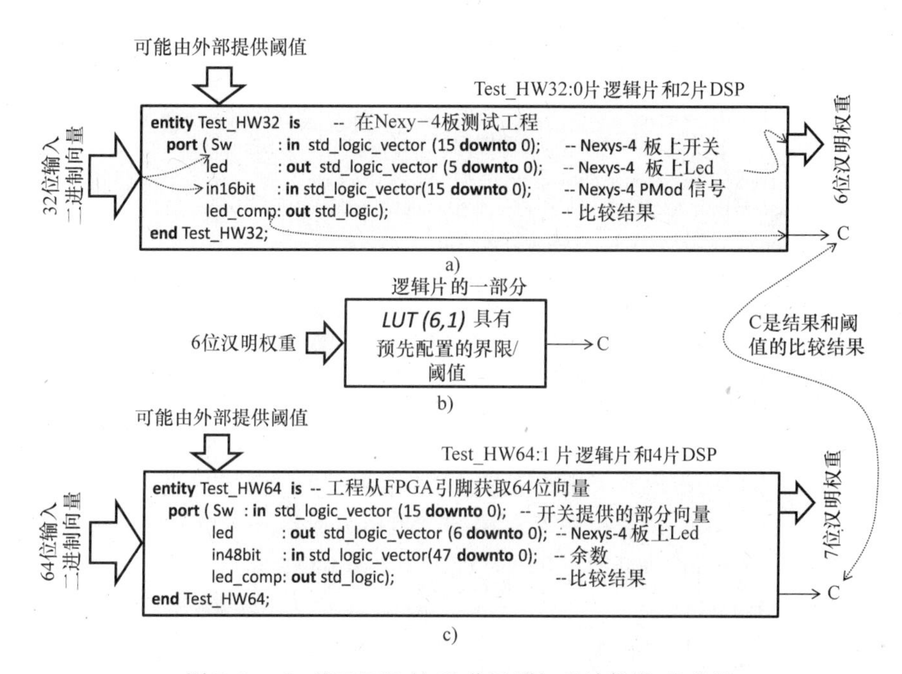

图 B.2　a）基于 DSP 的 32 位汉明权重计数器/比较器
b）比较实用多界限　c）基于 DSP 的 64 位汉明权重计数器/比较器

基于 DSP 的汉明权重计数器/比较器，N = 64 （Test _ HW64）

以下 VHDL 代码为汉明权重计数器/比较器的完整描述（具有固定阈值），N = 64：

```
library IEEE;    -- the top-level module to test the 64-bit Hamming weight counter/comparator
use IEEE.STD_LOGIC_ARITH.all;                   -- the project was tested in the Nexys-4 board
use IEEE.STD_LOGIC_UNSIGNED.all;                -- the maximum combinational path delay is 6.1 ns

entity Test_HW64 is -- this projects takes 64-bit vectors from FPGA pins
  port ( Sw         : in  std_logic_vector (15 downto 0);   -- part of the vector from Nexys-4 switches
         led        : out std_logic_vector (6 downto 0);    -- Nexys-4 onboard LEDs
         in48bit    : in std_logic_vector(47 downto 0);     -- the rest of the vector from other pins
         led_comp   : out std_logic);                       -- the result of comparison
end Test_HW64;

architecture Behavioral of Test_HW64 is        -- this circuit occupies 1 logical slice and 4 DSP48 slices
  signal threshold              : std_logic_vector(6 downto 0);
  signal HW1, HW3               : std_logic_vector(4 downto 0);
  signal HW2, HW4               : std_logic_vector(5 downto 0);
  signal remaining_inputs1      : std_logic_vector(11 downto 0);
  signal remaining_inputs2      : std_logic_vector(11 downto 0);
  signal remaining_inputs3      : std_logic_vector(11 downto 0);
  signal remaining_inputs4      : std_logic_vector(11 downto 0);
```

```
  signal remaining_outputs1         : std_logic_vector(5 downto 0);
  signal remaining_outputs2         : std_logic_vector(6 downto 0);
  signal remaining_outputs3         : std_logic_vector(5 downto 0);
  signal comp                       : std_logic;
begin
  threshold          <= not "0110010" + 1; -- this value of threshold was taken just for test
  remaining_inputs1  <= '0' & HW1 & HW2;
  remaining_inputs2  <= remaining_outputs1 & remaining_outputs3;
  remaining_inputs3  <= '0' & HW3 & HW4;
  remaining_inputs4  <= remaining_outputs2(5 downto 0) & threshold(5 downto 0);
  led_comp           <= comp or remaining_outputs2(6);
  led                <= remaining_outputs2;

HWCC16_1: entity work.HW_counter_comparator_16bit    -- see the code above
      port map(Sw, HW1, remaining_inputs1, remaining_outputs1, open);

HWCC16_2: entity work.HW_counter_comparator_16bit_m
      port map( in48bit(15 downto 0), HW2, remaining_inputs2, remaining_outputs2, open);

HWCC16_3: entity work.HW_counter_comparator_16bit    -- see the code above
      port map(in48bit(31 downto 16), HW3, remaining_inputs3, remaining_outputs3, open);

HWCC16_4: entity work.HW_counter_comparator_16bit_m -- the code above is slightly changed
      port map(in48bit(47 downto 32), HW4, remaining_inputs4, open, comp);

end Behavioral;
```

当 Nexys－4 板的板集开关用于提供 64 位二进制向量作为 4 个 16 位的部分来自 16 个可用的开关时，以下模块是有用的。当相关板集开关按下时，每个部分都被保存（BTNL 对于 in _ 16bit1，BTNC 对于 in _ 16bit2，BTNR 对于 in _ 16bit3 和 BTND 对于 in _ 16bit4）。

```
library IEEE;    -- the top-level module to test the 64-bit Hamming weight counter/comparator
use IEEE.STD_LOGIC_1164.all;        -- the project was tested in the Nexys-4 board
use IEEE.STD_LOGIC_UNSIGNED.all;

entity Test_HW64 is
  port ( clk        : in std_logic;          -- for reading and saving 16-bit segments of 64-bit vector
         Sw         : in std_logic_vector (15 downto 0);  -- segments of the vector from Nexys-4 switches
        led         : out std_logic_vector (6 downto 0); -- Nexys-4 onboard LEDs
         BTNL, BTNC, BTNR, BTND   : in std_logic;    -- Nexys-4 onboard buttons
       led_comp : out std_logic);                     -- the result of comparison
end Test_HW64;

architecture Behavioral of Test_HW64 is
       -- the same signal declarations as in the previous example
signal in_16bit1, in_16bit2, in_16bit3, in_16bit4 : std_logic_vector(15 downto 0);
begin

process(clk)
begin -- reading and saving 16-bit fragments of 64-bit vector
  if rising_edge(clk) then
    if BTNL = '1' then          -- saving the first 16 bits if BTNL is pressed
       in_16bit1 <= Sw;
    elsif BTNC = '1' then       -- saving the second 16 bits if BTNC is pressed
       in_16bit2 <= Sw;
    elsif BTNR = '1' then       -- saving the third 16 bits if BTNR is pressed
       in_16bit3 <= Sw;
    elsif BTND = '1' then       -- saving the forth 16 bits if BTND is pressed
       in_16bit4 <= Sw;
```

```
    else null;
    end if;
  end if;
end process;

-- the code here is almost the same as in the example above. The only difference is in supplying the fragments
-- in_16bit1, in_16bit2, in_16bit3, and in_16bit4 to the 16-bit Hamming weight counters/comparators

end Behavioral;
```

奇偶合并排序网络，N = 16 （EvenOddMergeSort16）

网络使用 2 片 EvenOddMerge8Sort，在 3.4.1 节讲过。

```
library IEEE;                       -- the project was tested in the Atlys board involving interactions with a host PC
use IEEE.STD_LOGIC_1164.all;        -- interactions with a host PC are not shown here
use work.set_of_data_items.all;     -- see the given below user-defined package

entity EvenOddMerge16Sort is        -- this circuit occupies 187 logical slices (including interactions)
generic (M     : integer := 4;      -- generic size of data items
         N     : integer := 16 );   -- generic number of data items (cannot be changed for this project)
 port ( input_1items        : in set_of_8items;
        input_2items        : in set_of_8items;
         sorted             : out set_of_16items );
 end EvenOddMerge16Sort;

architecture Structural of EvenOddMerge16Sort is
  signal sorted1,sorted2      : set_of_8items;
  signal out1_in2, out2_in3   : set_of_16items;
  signal out3_in4             : set_of_16items;
begin

sort8items1: entity work.EvenOddMerge8Sort      -- even-odd merge sorter for 8 items
      generic map (M => M, N => 8)
      port map(input_1items, sorted1);          -- the code of the sorter is given in section 3.4.1

sort8items2: entity work.EvenOddMerge8Sort      -- even-odd merge sorter for 8 items
      generic map (M => M, N => 8)
      port map(input_2items, sorted2);          -- the code of the sorter is given in section 3.4.1

stage4: for i in N/2-1 downto 0 generate
  group1stage4:  entity work.Comparator
      generic map (M => M)
      port map(sorted1(i), sorted2(i), out1_in2(i), out1_in2(i+8));
  step1stage4: if (i >= 4) generate
      group2stage4:  entity work.Comparator
      generic map (M => M)
      port map(out1_in2(i), out1_in2(i+4), out2_in3(i), out2_in3(i+4));
  end generate;

  step2stage4: if (i < 4) generate
      out2_in3(i) <= out1_in2(i);
      out2_in3(i+12) <= out1_in2(i+12);
  end generate;
  step3stage4: if (i < 3) generate
      incide_stage4: for j in 0 to N/8-1 generate
```

```
            group3stage4: entity work.Comparator
                        generic map (M => M)
                        port map(out2_in3(2+i*4+j), out2_in3(2+i*4+j+2), out3_in4(2+i*4+j),
                                    out3_in4(2+i*4+j+2));
        end generate incide_stage4;
    end generate;
    step4stage4: if (i < 2) generate
        out3_in4(i) <= out2_in3(i);
        out3_in4(i+14) <= out2_in3(i+14);
    end generate;
    step5stage4: if (i < N/2-1) generate
    step5stage4: entity work.Comparator
        generic map (M => M)
        port map(out3_in4(1+i*2), out3_in4(1+i*2+1), sorted(1+i*2), sorted(1+i*2+1));
    end generate;
end generate stage4;

sorted(0) <= out3_in4(0);
sorted(15) <= out3_in4(15);

end Structural;
```

使用以下包 set _ of _ data _ items：

```
library IEEE;
use IEEE.STD_LOGIC_1164.all;

package set_of_data_items is
  constant N     : integer := 8;
  constant M     : integer := 4; -- for different values of M this constant needs to be changed
  type set_of_8items is array (N-1 downto 0) of std_logic_vector (M-1 downto 0);
  type set_of_16items is array (2*N-1 downto 0) of std_logic_vector (M-1 downto 0);
end set_of_data_items;

package body set_of_data_items is
end set_of_data_items;
```

汉明权重比较器，N =15 （HammingWeightComparator）

以下 VHDL 代码为汉明权重比较器的完整综合规范，来自图 3. 31a（对于以下任何模块，最后的比较电路都可使用图 3. 25 所示电路）：

```
library IEEE;                          -- the project was tested for the Nexys-4 board and occupies 3 slices
use IEEE.STD_LOGIC_1164.all;           -- maximum combinational path delay is 2.5 ns
-- the final comparator LUT6_I is configured for: if (3 < weight < 10) then LED if OFF otherwise - ON

entity HammingWeightComparator is
port (  Sw        : in  std_logic_vector (14 downto 0); -- input 15-bit vector

        LedC      : out std_logic);                      -- the result of comparison
end HammingWeightComparator;

architecture Behavioral of HammingWeightComparator is
  signal Upper_bits, Middle_bits, Bottom_bits     : std_logic_vector(2 downto 0);
  signal ToLast                                  : std_logic_vector(5 downto 0);
  signal comp                                    : std_logic;
begin

LUT_5_3_upper  : entity work.LUT_5to3
      port map(Sw(14 downto 10), Upper_bits);

LUT_5_3_middle : entity work.LUT_5to3
      port map(Sw(9 downto 5), Middle_bits);
```

```
LUT_5_3_bottom : entity work.LUT_5to3
        port map(Sw(4 downto 0), Bottom_bits);

LUT6_1_comp: entity work.LUT6_1
        port map (ToLast, LedC);

FA_generate: for i in 0 to 2 generate
        FA: entity work.FullAdder        -- see entity FullAdder in section 3.7
        port map(Bottom_bits(i), Middle_bits(i), Upper_bits(i), ToLast(2*i), ToLast(2*i+1));
        end generate FA_generate;

        end Behavioral;
```

以下代码为 LUT_5to3 部分：

```
library IEEE;
use IEEE.STD_LOGIC_1164.all;
library UNISIM;                         -- for FPGA LUTs
use UNISIM.vcomponents.all;

entity LUT_5to3 is
   port ( fiveBitIn           : in  std_logic_vector (4 downto 0);
          ThreeBitOut         : out  std_logic_vector (2 downto 0));
end LUT_5to3;

architecture Structural of LUT_5to3 is
begin

LUT5_inst1 : LUT5
  generic map (INIT => X"E8808000") -- LUT Contents
  port map (ThreeBitOut(2), fiveBitIn(0), fiveBitIn(1), fiveBitIn(2), fiveBitIn(3), fiveBitIn(4));

LUT5_inst2 : LUT5
  generic map (INIT => X"177E7EE8") -- LUT Contents
  port map (ThreeBitOut(1), fiveBitIn(0), fiveBitIn(1), fiveBitIn(2), fiveBitIn(3), fiveBitIn(4));

LUT5_inst3 : LUT5
  generic map (INIT => X"96696996") -- LUT Contents
  port map (ThreeBitOut(0), fiveBitIn(0), fiveBitIn(1), fiveBitIn(2), fiveBitIn(3), fiveBitIn(4));

end Structural;
```

以下代码为图 3.29a 所示最后的比较器（LUT6_1）：

```
library IEEE;
use IEEE.STD_LOGIC_1164.all;
library UNISIM;                         -- for FPGA LUTs
use UNISIM.vcomponents.all;

entity LUT6_1 is
   port ( SixIn     : in  std_logic_vector (5 downto 0);
          Comp      : out std_logic);
end LUT6_1;

architecture Structural of LUT6_1 is
begin -- this LUT is used just for comparator and it is configured for two bounds

  LUT6_inst0 : LUT6                               -- if required the LUT contents can be configured
        generic map (INIT => X"ffffffffc00003f")   -- for different bounds (see table B.1 for details)
        port map (Comp, SixIn(0), SixIn(1), SixIn(2), SixIn(3), SixIn(4), SixIn(5));

end Structural;
```

表 B.1 解释对于图 3.29a 所示最后的比较器如何配置查找表 LUT6_1。

SixIn 列表示由 3 个 2 位子向量表示的输入向量。最高有效子向量权重为 4，中间的子向量权重为 2，最低有效子向量权重为 1。因此，代码 000101 有值 0 ×4 +2 ×

表 B.1　为最终的比较器配置 LUT6_1（见图 3.29a）

SixIn	Comp			SixIn	Comp			SixIn	Comp			SixIn	Comp		
000000	1		F	010000	0		0	100000	1		F	110000	1		F
000001	1			010001	0			100001	1			110001	1		
000010	1			010010	0			100010	1			110010	1		
000011	1			010011	0			100011	1			110011	1		
000100		1	3	010100		0	0	100100		1	F	110100		1	F
000101		1		010101		0		100101		1		110101		1	
000110		0		010110		0		100110		1		110110		1	
000111		0		010111		0		100111		1		110111		1	
001000	0		0	011000	0		C	101000	1		F	111000	1		F
001001	0			011001	0			101001	1			111001	1		
001010	0			011010	1			101010	1			111010	1		
001011	0			011011	1			101011	1			111011	1		
001100		0	0	011100		1	F	101100		1	F	111100		1	F
001101		0		011101		1		101101		1		111101		1	
001110		0		011110		1		101110		1		111110		1	
001111		0		011111		1		101111		1		111111		1	

2 +2 ×1 =3，这是设定的界限3。如下代码000110 有值0 ×4 +1 ×2 +2 ×1 =4，这个值超过界限3。其后的所有值，直到数字011001 都在界限内（高于3 低于10）。数字011010 具有第一个值1 ×4 +2 ×2 +2 ×1 =10 超过界限。表B. 1 的十六进制数用于配置LUT。它们必须从底部右边到上面左边获得，给出下常量：FFFFFFFFFC00003F，用于INIT 语句INIT = >X “fffffffffc00003f”。

电路必须在Nexys –4 板测试。输入向量从15 个板集开关获得，即14，13，……，0（开关15 没有使用）。比较结果显示在LED0。

汉明权重计数器（N =31）和比较器（N =32）（HW31 _ HWC32）

以下VHDL 代码可直接用于图3. 32 所示电路中，计算任何输入向量（N =31）的汉明权重（即B = { B_0，…，B_{30} }），并提供任何二进制向量（N =32）的比较，具有固定阈值（可以选择图3. 30 中的任何界限集）。

```
library IEEE;                 -- the project was tested for the Nexys-4 board and occupies 14 logical slices
use IEEE.STD_LOGIC_1164.all;     -- the maximum combinational path delay is 4.4 ns
use IEEE.STD_LOGIC_ARITH.all;    -- constant compare configured for two bounds: 1) 10≥weight -
-- LedC is OFF; 2) 10<weight<20 - LedC is ON; 3) 20≤weight<30 - LedC is OFF;
use IEEE.STD_LOGIC_UNSIGNED.all;          -- and 30≤weight - LedC is ON;

entity HW31_HWC32 is     -- the names of used components are the same as in Fig. 3.32
  port ( Data_in  : in std_logic_vector (31 downto 0); -- 32-bit binary vector (Vector31_in in Fig. 4.6)
         led      : out std_logic_vector (4 downto 0);
        LedC      : out std_logic);
end HW31_HWC32;

architecture Mixed of HW31_HWC32 is

  signal HW15_1 : std_logic_vector(3 downto 0);   -- the Hamming weight for Data_in(14 downto 0)
  signal HW15_2 : std_logic_vector(3 downto 0);   -- the Hamming weight for Data_in(29 downto 15)
  signal LUT5_3 : std_logic_vector(3 downto 0);   -- LUT5_3 in Fig. 3.32 (see block D)
  signal LUT4_3 : std_logic_vector(3 downto 0);   -- LUT4_3 in Fig. 3.32 (see block C)
  signal Out5_3  : std_logic_vector(2 downto 0);  -- LUT5_3 in Fig. 3.32 (see block D)
  signal Out4_3  : std_logic_vector(2 downto 0);  -- LUT4_3 in Fig. 3.32 (see block C)
  constant compare : std_logic_vector(127 downto 0) :=    -- 128-bit constant for comparator
       X"FEE000077FFCC000FCC0000FFFF88000";
  -- there are five 64-bit constants below for the Hamming weight bits (4 downto 0) for a 31-bit binary vector
  constant bit0   : std_logic_vector(63 downto 0) := X"AAAAAAAAAAAAAAAA";
  constant bit1   : std_logic_vector(63 downto 0) := X"CCCCCCCCCCCCCCCC";
  constant bit2   : std_logic_vector(63 downto 0) := X"0FF00FF00FF00FF0";
  constant bit3   : std_logic_vector(63 downto 0) := X"0FFFF0000FFFF000";
  constant bit4   : std_logic_vector(63 downto 0) := X"0FFFFFFFF0000000";
begin
LUT_based1: entity work.HW15Counter                        -- see block B in Fig. 3.32
       port map (Data_in(14 downto 0), HW15_1);

LUT_based2: entity work.HW15Counter                        -- see block A in Fig. 3.32
       port map (Data_in(29 downto 15), HW15_2);

LUT4_3 <= HW15_1(3 downto 2) & HW15_2(3 downto 2);  -- see LUT4_3 lines in Fig. 3.32
LUT5_3 <= HW15_1(1 downto 0) & HW15_2(1 downto 0);  -- see LUT5_3 lines in Fig. 3.32

LUT_4_3: entity work.LUT4to3                     -- see block C in Fig. 3.32
       port map(LUT4_3, Out4_3);
```

```
LUT_5_3 : entity work.LUT5to3                    -- see block D in Fig. 3.32
      port map(LUT5_3, Data_in(30), Out5_3);

LedC <= compare(conv_integer(Data_in(31) & Out4_3 & Out5_3)); -- the result of comparison (block E)
-- 5-bit Hamming weight of the vector Data_in(30 downto 0) is copied to LED (this part is not shown in Fig. 3.32)
-- if necessary to get the Hamming weight for a vector Data_in(31 downto 0) an extra bit 31 can be added
led <= bit4(conv_integer(Out4_3 & Out5_3)) & bit3(conv_integer(Out4_3 & Out5_3)) &
      bit2(conv_integer(Out4_3 & Out5_3)) & bit1(conv_integer(Out4_3 & Out5_3)) &
      bit0(conv_integer(Out4_3 & Out5_3));  -- computation of Hamming weight is not shown in Fig. 3.32
end Mixed;
```

表 B.2 解释如何准备约束 compare，bit4，bit3，bit2，bit1，bit0。

表 B.2　为模块 HW31_HWC32 准备约束

SixIn	汉明权重/比较器		SixIn	汉明权重/比较器	
000000（0）	00000（0）	0 000CA	100000（16）	10000（1）	F F00CA
000001（1）	00001（0）		100001（17）	10001（1）	
000010（2）	00010（0）		100010（18）	10010（1）	
000011（3）	00011（0）		100011（19）	10011（1）	
000100（4）	00100（0）	0 00FCA	100100（20）	10100（0）	0 F0FCA
000101（5）	00101（0）		100101（21）	10101（0）	
001010（6）	00110（0）		101010（22）	10110（0）	
001011（7）	00111（0）		101011（23）	10111（0）	
001100（8）	01000（0）	8 0F0CA	101100（24）	11000（0）	0 FF0CA
001101（9）	01001（0）		101101（25）	11001（0）	
001110（10）	01010（0）		101110（26）	11010（0）	
001111（11）	01011（1）		101111（27）	11011（0）	
010000（8）	01000（0）	8 0F0CA	110000（24）	11000（0）	0 FF0CA
010001（9）	01001（0）		110001（25）	11001（0）	
010010（10）	01010（0）		110010（26）	11010（0）	
010011（11）	01011（1）		110011（27）	11011（0）	
010100（12）	01100（1）	F 0FFCA	110100（28）	11100（0）	C FFFCA
010101（13）	01101（1）		110101（29）	11101（0）	
010110（14）	01110（1）		110110（30）	11110（1）	
010111（15）	01111（1）		110111（31）	11111（1）	
011000（12）	01100（1）	F 0FFCA	111000（28）	11100（0）	C FFFCA
011001（13）	01101（1）		111001（29）	11101（0）	
011010（14）	01110（1）		111010（30）	11110（1）	
011011（15）	01111（1）		111011（31）	11111（1）	
011100（16）	10000（1）	F F00CA	111100（32）	100000（1）	F 000CA
011101（17）	10001（1）		111101（33）	100001（1）	
011110（18）	10010（1）		111110（34）	100010（1）	
011111（19）	10011（1）		111111（35）	100011（1）	

比较结果在表 B.2 的左边改变两次。第一次改变为 001110（10）和 001111（11）。括号内的值（在 SixIn 列）是对应的十进制值。对于向量 001110，十进制值形式为 $1_{10}\times4_{10}+6_{10}=10_{10}$（也可见图 3.32）。对于列汉明权重/比较器括号内的值是比较结果。对于（10_{10}）等于 0，对于（11_{10}）等于 1。对于第二个向量 010010（10），值（10_{10}）形式为 $2_{10}\times4_{10}+2_{10}=10_{10}$（也可见图 3.32）。其他解释如图 B.3 所示。上面的 1 位数字十六进制数用于配置比较器，下面的 5 位数字十六进制数用于配置计数器。图 B.3 解释如何准备约束。这个图关于表 B.2 底部右边。十六进制数形成的比较结果如图 B.3 所示。因此，16 位数字常量 FCC0000FFFF88000 被定义。常量（FEE000077FFCC000）的最高有效 16 位数字使用相同的技术形成，但是也考虑了最

高有效位 Data _ in（31）（这部分不在表 B.2 和图 B.3 中）。汉明权重的十六进制常量建立与之类似，但是使用了 5 列 5 位数字的十六进制数（最右边的列对于 bit0，最左边的列对于 bit4；剩余的常量从中间的数字建立）。

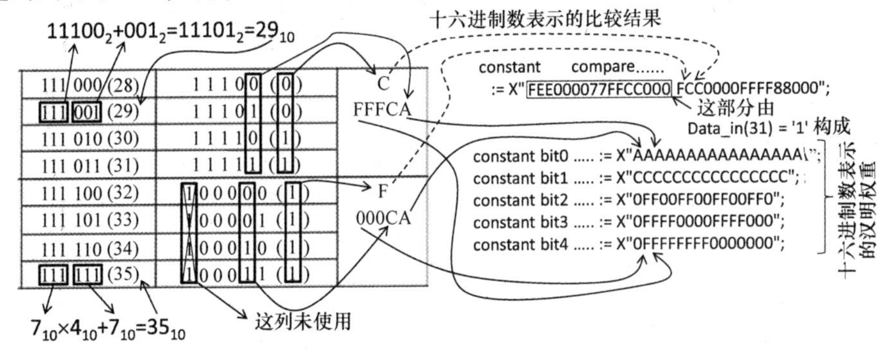

图 B.3　准备常数值

因此，使用了如下十六进制数：000CA（表 B.2 的底部右边），FFFCA，FFFCA，FF0CA，FF0CA，F0FCA，F0FCA，F00CA，F00CA，0FFCA，0FFCA，0F0CA，0F0CA，00FCA，00FCA，000CA（表 B.2 的顶部左边）。这样的常量只为 5 个最低有效数字定义，在列汉明权重/比较器（因为汉明权重只为计算 31 位向量，5 个字足够）。现在，常量已经为每个十六进制数字准备好。对于最高有效数字，常量 bit4 是 0FFFFFFFF0000000（每个十六进制数中最高有效数字组成）。下一常量对于 bit3 是 0FFFF0000FFFF000 等。

器件 HW15Counter 与上文讲述的器件 HammingWeightComparator 非常相似。唯一的不同是计算 15 位输入向量的汉明权重而不是比较结果。以下 VHDL 代码用于器件 HW15Counter 计算汉明权重：

```
library IEEE;
use IEEE.STD_LOGIC_1164.all;

entity HW15Counter is
  port ( Data_in   : in std_logic_vector (14 downto 0);        -- input binary vector
         HW15      : out std_logic_vector(3 downto 0));        -- Hamming weight of the input vector
end HW15Counter;

architecture Structural of HW15Counter is -- it is very similar to the entity HammingWeightComparator
  signal Upper, Middle, Bottom          : std_logic_vector(2 downto 0);
  signal ToLast                         : std_logic_vector(5 downto 0);
begin

LUT_5_3_upper  : entity work.LUT_5to3
       port map(Data_in(14 downto 10), Upper);

LUT_5_3_middle : entity work.LUT_5to3
       port map(Data_in(9 downto 5), Middle);

LUT_5_3_bottom : entity work.LUT_5to3
       port map(Data_in(4 downto 0), Bottom);

LUT6_4_comp_HW: entity work.LUT6_4
       port map (ToLast, HW15);
```

```
FA_generate: for i in 0 to 2 generate
  FA:   entity work.FullAdder             -- see entity FullAdder in section 3.7
        port map(Bottom(i), Middle(i), Upper(i), ToLast(2*i), ToLast(2*i+1));
end generate FA_generate;

end Structural;
```

器件 LUT_5to3 与上述实体 HammingWeightComparator 相同。器件 LUT6_4 的代码如下：

```
library IEEE;
use IEEE.STD_LOGIC_1164.all;

library UNISIM;                            -- for FPGA LUTs
use UNISIM.vcomponents.all;

entity LUT6_4 is
  port ( Data_in   : in  std_logic_vector (5 downto 0);      -- input binary vector
         Data_out : out  std_logic_vector (3 downto 0));     -- Hamming weight for the input vector
end LUT6_4;

architecture Structural of LUT6_4 is
begin

LUT6_inst2: LUT6
  generic map (INIT => X"003f3fffffc0c000") -- LUT Contents
  port map (Data_out(3), Data_in(0), Data_in(1), Data_in(2), Data_in(3), Data_in(4), Data_in(5));

LUT6_inst3 : LUT6

generic map (INIT => X"c03f3fc0c03f3fc0") -- LUT Contents
port map (Data_out(2), Data_in(0), Data_in(1), Data_in(2), Data_in(3), Data_in(4), Data_in(5));

LUT6_inst4 : LUT6
  generic map (INIT => X"3c3c3c3c3c3c3c3c") -- LUT Contents
  port map (Data_out(1), Data_in(0), Data_in(1), Data_in(2), Data_in(3), Data_in(4), Data_in(5));

LUT6_inst5 : LUT6
  generic map (INIT => X"aaaaaaaaaaaaaaaa") -- LUT Contents
  port map (Data_out(0), Data_in(0), Data_in(1), Data_in(2), Data_in(3), Data_in(4), Data_in(5));

end Structural;
```

器件 LUT4to3 的代码如下：

```
library IEEE;
use IEEE.STD_LOGIC_1164.all;
library UNISIM;                            -- for FPGA LUTs
use UNISIM.vcomponents.all;

entity LUT4to3 is
  port ( Data_in   : in  std_logic_vector (3 downto 0);
          Data_out : out  std_logic_vector (2 downto 0));
end LUT4to3;

architecture Structural of LUT4to3 is
begin

LUT4_inst1 : LUT4
  generic map (INIT => X"EE80")
  port map (Data_out(2), Data_in(0), Data_in(1), Data_in(2), Data_in(3));

LUT4_inst2 : LUT4
  generic map (INIT => X"936C")
  port map (Data_out(1), Data_in(0), Data_in(1), Data_in(2), Data_in(3));

LUT4_inst3 : LUT4
```

```
  generic map (INIT => X"5A5A")
  port map (Data_out(0), Data_in(0), Data_in(1), Data_in(2), Data_in(3));

end Structural;
```

器件 LUT5to3（注意这个器件不同于上文实体 HammingWeightComparator 的器件 LUT_5to3）的代码如下：

```
library IEEE;
use IEEE.STD_LOGIC_1164.all;
library UNISIM;                         -- for FPGA LUTs
use UNISIM.vcomponents.all;

entity LUT5to3 is
  port ( Data_in  : in  std_logic_vector (3 downto 0);
         Extra_bit : in std_logic;
         Data_out : out  std_logic_vector (2 downto 0));
end LUT5to3;
architecture Structural of LUT5to3 is
begin
LUT5_inst1 : LUT5
  generic map (INIT => X"FEC8EE80")
  port map (Data_out(2), Data_in(0), Data_in(1), Data_in(2), Data_in(3), Extra_bit);
LUT5_inst2 : LUT5
  generic map (INIT => X"C936936C")
  port map (Data_out(1), Data_in(0), Data_in(1), Data_in(2), Data_in(3), Extra_bit);
LUT5_inst3 : LUT5
  generic map (INIT => X"A5A55A5A")
  port map (Data_out(0), Data_in(0), Data_in(1), Data_in(2), Data_in(3), Extra_bit);

end Structural;
```

工程可用于测试，电路（最大组合通路延时等于 4.4ns）占用 14 片 Artix－7 FPGA。可用于汉明权重计数器和比较器。如果只需要其中的一个函数（即计数或比较），则可以移除不需要的部分。上文的工程也作为附录 B 的最后一个器件实例。

汉明权重计数器，N＝36（HammingWeightCounter36bits）

以下 VHDL 代码是完整的图 3.27 和图 3.28 的汉明权重计数器的可综合规范（图 3.25 的任何最终比较电路可用于汉明权重比较器）：

```
library IEEE;                  -- the project was tested for the Nexys-4 board and occupies 15 slices
use IEEE.STD_LOGIC_1164.all;      -- the maximum combinational path delay is 3.5 ns

entity HammingWeightCounter36bits is
  generic ( N     : integer := 36 );
  port (Data_in    : in  std_logic_vector (N-1 downto 0);        -- inputs a0,a1,...,a35 in Fig. 3.27
         Data_out : out  std_logic_vector (5 downto 0));        -- the Hamming weight in Fig. 3.28
end HammingWeightCounter36bits;

architecture Behavioral of HammingWeightCounter36bits is
  type array_of_inputs is array (N/12-1 downto 0) of std_logic_vector(5 downto 0);
  signal Out18_bits : std_logic_vector(N/2-1 downto 0);        -- outputs of the layer I in Fig. 3.27
```

```
  signal In6_bits : array_of_inputs;                         -- inputs of the layer 2 in Fig. 3.27
  signal Res9_bits : std_logic_vector(N/4-1 downto 0);       -- outputs of the layer 2 in Fig. 3.27
begin

generate_LUTs_at_level_0: for i in N/6-1 downto 0 generate
one_slice: entity work.LUT_6to3
        -- VHDL code of this component (LUT_6to3) is given in section 3.9
        port map(Data_in(6*i+5 downto 6*i), Out18_bits(3*i+2 downto 3*i));
 end generate generate_LUTs_at_level_0;

 generate_LUTs_at_level_1: for i in N/12-1 downto 0 generate
        In6_bits(i) <= Out18_bits(i) & Out18_bits(i+3) & Out18_bits(i+6) &
                       Out18_bits(i+9) & Out18_bits(i+12) & Out18_bits(i+15);

 one_slice:  entity work.LUT_6to3
        -- VHDL code of this component (LUT_6to3) is given in section 3.9
        port map(In6_bits(i), Res9_bits(3*i+2 downto 3*i));
 end generate generate_LUTs_at_level_1;

 FinalCircuit: entity work.Final_LUT_based_adders
        port map (Res9_bits(7 downto 0), Res9_bits(8), Data_out );

 end Behavioral;
```

器件 Final _ LUT _ based _ adders 描述图 3. 28a 的电路功能，其代码如下（可为图 3. 28b 构建相似但更简单的电路）：

```
library IEEE;
use IEEE.STD_LOGIC_1164.all;
use IEEE.STD_LOGIC_UNSIGNED.all;

entity Final_LUT_based_adders is        -- the mapping is described below by constants
port (  A_3bits_B_3bits_C_2bits: in std_logic_vector(7 downto 0);
        C_last_bit              : in std_logic;    -- C_last_bit is the symbol χ3 in Fig. 3.28 a
        Data_out                : out std_logic_vector(5 downto 0));   -- Hamming weight (N=36)
end Final_LUT_based_adders;

architecture Behavioral of Final_LUT_based_adders is
  type for_LUT is array (0 to 31) of std_logic_vector(3 downto 0); -- the first constant corresponds to
  -- INIT statements for ρ1,ρ0,γ2,γ1 in Fig. 3.28a and the second constant – to the INIT statement for γ5,γ4,γ3
  constant LUTs1 : for_LUT :=
        (x"0", x"1", x"2", x"3", x"1", x"2", x"3", x"4", x"2", x"3", x"4", x"5", x"3", x"4", x"5", x"6",
         x"2", x"3", x"4", x"5", x"3", x"4", x"5", x"6", x"4", x"5", x"6", x"7", x"5", x"6", x"7", x"8");
  -- only 3 least significant bits in 4-bit vectors are used below for the INIT statement for γ5,γ4,γ3 (see Fig. 3.28a)
  constant LUTs2 : for_LUT :=
        (x"0", x"1", x"1", x"2", x"2", x"3", x"3", x"4", x"1", x"2", x"2", x"3", x"3", x"4", x"4", x"5",
         x"2", x"3", x"3", x"4", x"4", x"5", x"5", x"6", x"3", x"4", x"4", x"5", x"5", x"6", x"6", x"7");
  -- A_3bits/B_3bits/C_2 bits are associated with the symbols α1α2α3/β1β2β3/χ1χ2 in Fig. 3.28 a
  signal A1A2A3, B1B2B3, C1C2C3     : std_logic_vector(2 downto 0);
  signal CmClO2O1                   : std_logic_vector(3 downto 0);
  signal O5_3                       : std_logic_vector(2 downto 0);
begin -- the lines below describe the circuit in Fig. 3.28a

-- (LUTs1 is the bottom block in Fig. 3.28a and LUTs2 is the upper block in Fig. 3.28a)
A1A2A3 <= C_last_bit & A_3bits_B_3bits_C_2bits(7 downto 6); -- signals α1α2 for the upper block
B1B2B3 <= A_3bits_B_3bits_C_2bits(5 downto 3);  -- signals β1 (upper block) and β2β3 (bottom block)
C1C2C3 <= A_3bits_B_3bits_C_2bits(2 downto 0);  -- signal χ3 (direct output) and χ1χ2 (bottom block)
O5_3   <= LUTs2(conv_integer(CmClO2O1(3 downto 2) &
        A1A2A3(2 downto 1) & B1B2B3(2)))(2 downto 0);
CmClO2O1 <= LUTs1(conv_integer(A1A2A3(0) & B1B2B3(1 downto 0) &
```

```
        C1C2C3(2 downto 1)));
Data_out <= O5_3 & CmCIO2O1(1 downto 0)& C1C2C3(0); -- concatenation of (γ0) (γ1γ2) and (γ3γ4γ5)

end Behavioral;
```

工程可用于测试，电路（最大组合通路延时等于 3.5ns）占用 15 片 Artix－7 FPGA。只计算 36 位向量的汉明权重。简单的加法使相同的工程可用作汉明权重比较器。

注意，这里涉及了许多不同的工程，它们可独立嵌入 FPGA 器件。而且，如果嵌入 DSP slice 可用，则基于 DSP 的工程最佳。如果只有逻辑器件可用，则这里讲述的工程可能会有用。

随机数生成器（RanGen）

模块生成随机数，属性大小为 width，代码如下（默认 width = 32）：

```
library IEEE;
use IEEE.STD_LOGIC_1164.all;

entity RanGen is
  generic (width          : integer :=  32  );     -- generic size of random numbers
  port (  clk             : in std_logic;          -- system clock
          random_num      : out std_logic_vector (width-1 downto 0)  ); -- generated number
end RanGen;

architecture Behavioral of RanGen is
begin

process(clk)
  variable rand_temp : std_logic_vector(width-1 downto 0):=(width-1 => '1', others => '0');
  variable temp    : std_logic := '0';
begin

  if(rising_edge(clk)) then
    temp                        := rand_temp(width-1) xor rand_temp(width-2);
    rand_temp(width-1 downto 1) := rand_temp(width-2 downto 0);
    rand_temp(0)                := temp;
  end if;

  random_num <= rand_temp;

end process;

end Behavioral;
```

在每个时钟周期，生成新的 32 位伪随机数。大小 width = 32 是属性，可轻松改变。

段解码器（segment _ decoder）

解码器转换 4 位二进制代码，以每个数在 7 段显示管上可见的方式，比如在 Nexys－4 板上。VHDL 代码如下：

```
library IEEE;
use IEEE.STD_LOGIC_1164.all;
entity segment_decoder is  -- any one hexadecimal or BCD code can be used as an input
port ( BCD        : in  std_logic_vector (3 downto 0);        -- decoder input
       segments   : out std_logic_vector (7 downto 1));       -- decoder output
end segment_decoder;

architecture Behavioral of segment_decoder is
begin -- segment is active when the signal is '0' and passive when the signal is '1'
  segments <=   "1000000" when BCD = "0000" else                 -- 0
                "1111001" when BCD = "0001" else                 -- 1
                "0100100" when BCD = "0010" else                 -- 2
                "0110000" when BCD = "0011" else                 -- 3
                "0011001" when BCD = "0100" else                 -- 4
                "0010010" when BCD = "0101" else                 -- 5
                "0000010" when BCD = "0110" else                 -- 6
                "1111000" when BCD = "0111" else                 -- 7
                "0000000" when BCD = "1000" else                 -- 8
                "0010000" when BCD = "1001" else                 -- 9
                "0001000" when BCD = "1010" else                 -- a
                "0000011" when BCD = "1011" else                 -- b
                "1000110" when BCD = "1100" else                 -- c
                "0100001" when BCD = "1101" else                 -- d
                "0000110" when BCD = "1110" else                 -- e
                "0001110" when BCD = "1111" else                 -- f
                "1111111";                    -- all segments are passive
end Behavioral;
```

段显示控制（EightDisplayControl）

在 Nexys-4 板上，器件控制 8 个 7 段显示管。模块的功能在图 B.4 中解释，其 VHDL 代码如下：

```
library IEEE;     -- this code is for 8 7-segment displays available on the Nexys-4 board
use IEEE.STD_LOGIC_1164.all;            -- small changes permit the same code to be used for many
use IEEE.STD_LOGIC_UNSIGNED.all; -- prototyping boards, for example, Nexys-2/Nexys-3

entity EightDisplayControl is -- FourDisplayControl for Nexys-2/Nexys-3 can be also based on the code below
  port ( clk                    : in  std_logic;
        leftL, near_leftL       : in std_logic_vector (3 downto 0);
        near_rightL, rightL     : in std_logic_vector (3 downto 0);
        leftR, near_leftR       : in std_logic_vector (3 downto 0);
        near_rightR, rightR     : in std_logic_vector (3 downto 0);
        select_display          : out std_logic_vector (7 downto 0);
        segments                : out std_logic_vector (6 downto 0));
end EightDisplayControl;

architecture Behavioral of EightDisplayControl is
  signal Display   : std_logic_vector(2 downto 0);
  signal div       : std_logic_vector(16 downto 0);
  signal convert_me        : std_logic_vector(3 downto 0);
begin

div<= div + 1 when rising_edge(clk);
Display <= div(16 downto 14);

process(Display, leftL, near_leftL, near_rightL, rightL, leftR, near_leftR, near_rightR, rightR)
```

```
begin -- sequential activation of the displays with proper control of the segments of the selected display
  if    Display ="111" then  select_display <= "11111110"; convert_me <= leftL;
  elsif Display ="110" then  select_display <= "11111101"; convert_me <= near_leftL;
  elsif Display ="101" then  select_display <= "11111011"; convert_me <= near_rightL;
  elsif Display ="100" then  select_display <= "11110111"; convert_me <= rightL;
  elsif Display ="011" then  select_display <= "11101111"; convert_me <= leftR;
  elsif Display ="010" then  select_display <= "11011111"; convert_me <= near_leftR;
  elsif Display ="001" then  select_display <= "10111111"; convert_me <= near_rightR;
  else                       select_display <= "01111111"; convert_me <= rightR;
  end if;          -- the display is active when the corresponding bit in 8-bit vector above is zero
end process;

decoder : entity work.segment_decoder                    -- segment decoder (see above)
      port map (convert_me, segments);

end Behavioral;
```

7 6 5 4 3 2 1 0

Left group L

Right group R

leftL near_leftL near_rightL rightL leftR near_leftR near_rightR rightR

7位：对应8段中同名的每位

```
entity EightDisplayControl is
  port ( clk                    : in  std_logic;
    leftL, near_leftL           : in std_logic_vector (3 downto 0);
    near_rightL, rightL         : in std_logic_vector (3 downto 0);
    leftR, near_leftR           : in std_logic_vector (3 downto 0);
    near_rightR, rightR         : in std_logic_vector (3 downto 0);
    select_display              : out std_logic_vector (7 downto 0);
    segments                    : out std_logic_vector (6 downto 0));
end EightDisplayControl;
```

由0位选择显示

```
if     Display ="111" then   select_display <= "11111110"; convert_me <= leftL;
elsif  Display ="110" then   select_display <= "11111101"; convert_me <= near_leftL;
elsif  Display ="101" then   select_display <= "11111011"; convert_me <= near_rightL;
elsif  Display ="100" then   select_display <= "11110111"; convert_me <= rightL;
elsif  Display ="011" then   select_display <= "11101111"; convert_me <= leftR;
elsif  Display ="010" then   select_display <= "11011111"; convert_me <= near_leftR;
elsif  Display ="001" then   select_display <= "10111111"; convert_me <= near_rightR;
else                         select_display <= "01111111"; convert_me <= rightR;
```

segment_ decoder (见上述代码)

4位代码

图 B.4　模块 EightDisplayControl 的功能

4 位代码（BCD 或二进制）leftL，near _ leftL，near _ rightL，rightL，leftR，near _ leftR，near _ rightR，rightR 关联图 B.4 的显示。这些代码送到段解码器的输入端。因为每次只激活一个显示，所以扫描所有显示使不同数得以显示。显示顺序激活 div < = div + 1 when rising _ edge（clk）和 Display < = div（16 downto 14）。如果转换从二进制到 BCD 码也使用，则二进制数（见图 B.1b）将以十进制形式显示。

```
library IEEE;                      -- the project was tested for the Nexys-4 board and occupies 34 slices
use IEEE.STD_LOGIC_1164.all;          -- the project shows on segment displays the Hamming weight of
use IEEE.STD_LOGIC_UNSIGNED.all; -- 32-bit input binary vector and the result of comparison

entity HW32_HWC32 is -- in the experiments 32-bit input binary vector is received from onboard
  port ( clk       : in std_logic; -- switches of two Nexys-4 boards connected through PMod
       seg        : out std_logic_vector(6 downto 0); -- segments of onboard displays
       sel_disp   : out std_logic_vector(7 downto 0); -- control of onboard displays
       Data_in    : in  std_logic_vector (31 downto 0); -- 32-bit input binary vector
       LedC       : out  std_logic); -- the result of comparison (see the entity HW31_HWC32 above)
end HW32_HWC32;

architecture Mixed of HW32_HWC32 is
  signal HW15_1,HW15_2  : std_logic_vector(3 downto 0);
  signal binary         : std_logic_vector(7 downto 0);
  signal BCD2,BCD1,BCD0 : std_logic_vector(3 downto 0);
  signal bits4_0        : std_logic_vector(4 downto 0);
begin
-- This line is used to compute the Hamming weight for 32-bit binary vector
binary <=  "00" & (("00000"&Data_in(31)) + ('0'&bits4_0));

DispCont : entity work.EightDisplayControl
        port map(clk, "0000", "0000", "0000", "0000", "0000", BCD2, BCD1, BCD0,
                 sel_disp, seg);

BinToBCD : entity work.BinToBCD8
         port map (clk, '0', open, binary, BCD2, BCD1, BCD0);

HW_HWC_32 : entity work.HW_HWC32
            port map (Data_in, bits4_0, LedC);

end Mixed;
```

在 1.5 节提到，本书的所有工程可在 http：//sweet. ua. pt/skl/Springer2014. html 获得。它们在 Xilinx ISE 14. 7 中执行和测试，多数也转换并在 Xilinx Vivado 2013. 4 设计工具中测试过。以下工程检查 4. 2 节的 Test _ HW16 实体，是基于 DSP 的汉明权重（HW）计数器。结果 HW 显示在 Nexys－4 的左边，以十六进制显示。如果 HW＝16，则左边的 LED 亮，显示 0。

```
library IEEE;
use IEEE.STD_LOGIC_1164.all;
entity HW16 _DISPLAY is  -- Nexys-4 circuit occupies 4 logical slices and 1 DSP slice
port (ledL        : out std_logic;                        -- ledL is the leftmost LED
      seg         : out std_logic_vector(6 downto 0); -- from segment decoder
      sel_disp    : out std_logic_vector(7 downto 0); -- pins:N6,M6,M3,N5,N2,N4,L1,M1
      Sw          : in std_logic_vector(15 downto 0));-- input vector to count the HW
end HW16 _DISPLAY;

architecture Mixed of HW16 _DISPLAY is
signal HW16       : std_logic_vector(4 downto 0); -- represents the HW
begin
-- DSP-based computing of the Hamming weight (HW16) for 16-bit binary vector Sw from Sect. 4.2
HWCC        : entity work.Test_HW16    -- combining positional and named associations
              port map (Sw,led=>HW16,led_comp=> open);
-- segment display decoder for hexadecimal input numbers
seg_dec          : entity work.segment_decoder-- only named association is used
```

```
                port map(BCD=>HW16(3 downto 0),segments=>seg);

ledL            <= HW16(4);          -- if HW16 = 16 then LedL is ON otherwise - OFF
sel_disp        <= "11111110";       -- only the leftmost display is chosen

end Mixed;
```

在 ISE 中测试该工程，然后做一下转换使之能在 Vivado 综合、执行和测试。首先，Nexys－4 UCF 文件必须转换为 XDC 文件：

1）运行 Xilinx PlanAhead 软件，打开在 ISE 创建的工程；

2）在 PlanAhead 运行综合，打开综合设计；

3）在 PlanAhead 的 Tcl 控制台运行如下要求：write _ xdc c：/tmp/Nexys4. xdc（注意，子目录 tmp 可手动创建）；

还必须完成下面的步骤：

4）为 Nexys－4 的 FPGA 创建新的 RTL Vivado 工程；

5）复制 ISE 工程中的所有 VHDL 文件（上述工程需要复制 4 个文件）和新创建的 XDC 文件到新的 Vivado 工程中；

6）在 Vivado 中允许综合、执行和生成比特流；

7）在 Vivado 中打开硬件管理，烧录到 Nexys－4 的 FPGA；

8）在 Nexys－4 板中测试工程。

为了简化在 ISE 和 Vivado 中测试工程，所有必须的器件可在 http：//sweet. ua. pt/skl/Springer2014. html（在 ISE 或 Vivado 子目录中）找到。它们含有所有必须包含在 ISE/Vivado 工程中的文件，因此只有步骤4）～8）需要完成。注意，如果转换工程有 XCO 文件，则必须升级（见 1. 5 节）。如果转换工程有 COE/TXT 文件，则它们必须复制到 Vivado 工程中或必须明确说明它们的位置，例如：

```
signal array_name : my_array := read_array("c:/tmp/data.txt");
```

不同可用模块的其他 VHDL 实例见本章参考文献［2，3］。本章参考文献［4］描述从 ISE 工程转换到 Vivado 工程的细节。

参考文献

1. Xilinx Inc. (2011) Xilinx 7 series FPGA libraries guide for HDL designs. http://www.xilinx.com/support/documentation/sw_manuals/xilinx13_3/7series_hdl.pdf. Accessed 21 Nov 2013
2. Sklyarov V, Skliarova I (2013) Parallel processing in FPGA-based digital circuits and systems. TUT Press, Tallinn
3. Skliarova I, Sklyarov V, Sudnitson A (2012) Design of FPGA-based circuits using hierarchical finite state machines. TUT Press, Tallinn
4. Xilinx Inc. (2013) Vivado Design Suite. ISE to Vivado Design Suite Migration Guide. http://www.xilinx.com/support/documentation/sw_manuals/xilinx2013_3/ug911-vivado-migration.pdf. Accessed 24 Jan 2014

图书在版编目（CIP）数据

基于 FPGA 的系统优化与综合/（俄罗斯）瓦莱里·斯克里亚洛夫（Valery Sklyarov）著；廖永波译. —北京：机械工业出版社，2018.5
（国际信息工程先进技术译丛）
书名原文：Synthesis and Optimization of FPGA - Based Systems
ISBN 978-7-111-59722-3

Ⅰ.①基…　Ⅱ.①瓦…②廖…　Ⅲ.①可编程序逻辑器件 - 系统设计 - 高等学校 - 教学参考资料　Ⅳ.①TP332.1

中国版本图书馆 CIP 数据核字（2018）第 081852 号

机械工业出版社（北京市百万庄大街 22 号　邮政编码 100037）
策划编辑：江婧婧　责任编辑：江婧婧　翟天睿
责任校对：陈　越　封面设计：马精明
责任印制：张　博
唐山三艺印务有限公司印刷
2018 年 6 月第 1 版第 1 次印刷
169mm×239mm · 24.5 印张 · 502 千字
0001-3000 册
标准书号：ISBN 978 - 7 - 111 - 59722 - 3
定价：139.00 元

凡购本书，如有缺页、倒页、脱页，由本社发行部调换

电话服务	网络服务
服务咨询热线：010 - 88361066	机 工 官 网：www. cmpbook. com
读者购书热线：010 - 68326294	机 工 官 博：weibo. com/cmp1952
010 - 88379203	金 书 网：www. golden - book. com
封面无防伪标均为盗版	教育服务网：www. cmpedu. com